教育部–阿里云产学合作协同育人项目成果

计算机类专业
系统能力培养
系列教材

云计算方向

云计算原理与实践

CLOUD COMPUTING PRINCIPLE AND PRACTICE

过敏意 主编

吴晨涛 李超 阮娜 陈雨亭 编著

U0378582

机械工业出版社

CHINA MACHINE PRESS

图书在版编目（CIP）数据

云计算原理与实践 / 过敏意主编 . —北京：机械工业出版社，2017.9（2025.2 重印）
（计算机类专业系统能力培养系列教材）

ISBN 978-7-111-57970-0

I. 云… II. 过… III. 云计算 – 高等学校 – 教材 IV. TP393.027

中国版本图书馆 CIP 数据核字（2017）第 220600 号

本书跨越云计算的各个层次，全面系统地介绍了云计算的基本概念、原理和技术，并结合产业实践介绍了云计算的最新发展和相关的工程问题。本书内容涵盖云计算的技术框架、数据中心、网络、虚拟化技术、分布式存储技术、云数据库、中间件和分布式部署，并从产业角度给出了对云计算的理解和思考以及云上架构设计的常用方法和最佳实践。

本书适合作为高等院校计算机、电子工程及相关专业云计算课程的教材，也适合作为对云计算技术感兴趣的技术人员和研究人员的参考书。

出版发行：机械工业出版社（北京市西城区百万庄大街 22 号　邮政编码：100037）

责任编辑：朱　劼　　　　　　　　　　　责任校对：李秋荣

印　　刷：北京捷迅佳彩印刷有限公司　　版　　次：2025 年 2 月第 1 版第 7 次印刷

开　　本：186mm×240mm　1/16　　　　印　　张：22.5

书　　号：ISBN 978-7-111-57970-0　　　定　　价：79.00 元

客服电话：（010）88361066　68326294

丛书序言

——计算机专业学生系统能力培养和系统课程设置的研究

未来的 5 ~ 10 年是中国实现工业化与信息化融合，利用信息技术与装备提高资源利用率、改造传统产业、优化经济结构、提高技术创新能力与现代管理水平的关键时期，而实现这一目标，对于高效利用计算系统的其他传统专业的专业人员需要了解和掌握计算思维，对于负责研发多种计算系统的计算机专业的专业人员则需要具备系统级的设计、实现和应用能力。

1. 计算技术发展特点分析

进入本世纪以来，计算技术正在发生重要发展和变化，在上世纪个人机普及和 Internet 快速发展基础上，计算技术从初期的科学计算与信息处理进入了以移动互联、物物相联、云计算与大数据计算为主要特征的新型网络时代，在这一发展过程中，计算技术也呈现出以下新的系统形态和技术特征。

（1）四类新型计算系统

1）**嵌入式计算系统**　在移动互联网、物联网、智能家电、三网融合等行业技术与产业发展中，嵌入式计算系统有着举足轻重和广泛的作用。例如，移动互联网中的移动智能终端、物联网中的汇聚节点、"三网融合"后的电视机顶盒等是复杂而新型的嵌入式计算系统；除此之外，新一代武器装备，工业化与信息化融合战略实施所推动的工业智能装备，其核心也是嵌入式计算系统。因此，嵌入式计算将成为新型计算系统的主要形态之一。在当今网络时代，嵌入式计算系统也日益呈现网络化的开放特点。

2）**移动计算系统**　在移动互联网、物联网、智能家电以及新型装备中，均以移动通信网络为基础，在此基础上，移动计算成为关键技术。移动计算技术将使计算机或其他信息智能终端设备在无线环境下实现数据传输及资源共享，其核心技术涉及支持高性能、低功耗、无线连接和轻松移动的移动处理机及其软件技术。

3）**并行计算系统**　随着半导体工艺技术的飞速进步和体系结构的不断发展，多核 / 众核处理机硬件日趋普及，使得昔日高端的并行计算呈现出普适化的发展趋势；多核技术就是在处理器上拥有两个或更多一样功能的处理器核心，即将数个物理处理器核心整合在一个内核中，数个处理器核心在共享芯片组存储界面的同时，可以完全独立地完成各自操作，从而能在平衡功耗的基础上极大地提高 CPU 性能；其对计算系统微体系结构、系统软件与编程环境均有很大影响；同时，云计算也是建立在廉价服务器组成的大规模集群并行计算基础之上。因此，并行计算将成为各类计算系统的基础技术。

4）基于服务的计算系统 无论是云计算还是其他现代网络化应用软件系统，均以服务计算为核心技术。服务计算是指面向服务的体系结构（SOA）和面向服务的计算（SOC）技术，它是标识分布式系统和软件集成领域技术进步的一个里程碑。服务作为一种自治、开放以及与平台无关的网络化构件可使分布式应用具有更好的复用性、灵活性和可增长性。基于服务组织计算资源所具有的松耦合特征使得遵从 SOA 的企业 IT 架构不仅可以有效保护企业投资、促进遗留系统的复用，而且可以支持企业随需应变的敏捷性和先进的软件外包管理模式。Web 服务技术是当前 SOA 的主流实现方式，其已经形成了规范的服务定义、服务组合以及服务访问。

（2）"四化"主要特征

1）网络化 在当今网络时代，各类计算系统无不呈现出网络化发展趋势，除了云计算系统、企业服务计算系统、移动计算系统之外，嵌入式计算系统也在物联时代通过网络化成为开放式系统。即，当今的计算系统必然与网络相关，尽管各种有线网络、无线网络所具有的通信方式、通信能力与通信品质有较大区别，但均使得与其相联的计算系统能力得以充分延伸，更能满足应用需求。网络化对计算系统的开放适应能力、协同工作能力等也提出了更高的要求。

2）多媒体化 无论是传统 Internet 应用服务，还是新兴的移动互联网服务业务，多媒体化是其面向人类、实现服务的主要形态特征之一。多媒体技术是利用计算机对文本、图形、图像、声音、动画、视频等多种信息进行综合处理、建立逻辑关系和人机交互作用的新技术。多媒体技术使计算机可以处理人类生活中最直接、最普遍的信息，从而使得计算机应用领域及功能得到了极大的扩展，使计算机系统的人机交互界面和手段更加友好和方便。多媒体具有计算机综合处理多种媒体信息的集成性、实时性与交互性特点。

3）大数据化 随着物联网、移动互联网、社会化网络的快速发展，半结构化及非结构化的数据呈几何倍增长。数据来源的渠道也逐渐增多，不仅包括了本地的文档、音视频，还包括网络内容和社交媒体；不仅包括 Internet 数据，更包括感知物理世界的数据。从各种类型的数据中快速获得有价值信息的能力，称为大数据技术。大数据具有体量巨大、类型繁多、价值密度低、处理速度快等特点。大数据时代的来临，给各行各业的数据处理与业务发展带来重要变革，也对计算系统的新型计算模型、大规模并行处理、分布式数据存储、高效的数据处理机制等提出了新的挑战。

4）智能化 无论是计算系统的结构动态重构，还是软件系统的能力动态演化；无论是传统 Internet 的搜索服务，还是新兴移动互联的位置服务；无论是智能交通应用，还是智能电网应用，无不显现出鲜明的智能化特征。智能化将影响计算系统的体系结构、软件形态、处理算法以及应用界面等。例如，相对于功能手机的智能手机是一种安装了开放式操作系统的手机，可以随意安装和卸载应用软件，具备无线接入互联网、多任务和复制粘贴以及良好用户体验等能力；相对于传统搜索引擎的智能搜索引擎是结合了人工智能技术的新一代搜索引擎，不仅具有传统的快速检索、相关度排序等功能，更具有用户角色登记、用户兴趣自动识别、内容的语义理解、智能信息化过滤和推送等功能，其追求的目标是根据用户的请求从可以获得的网络资源中检索出对用户最有价值的信息。

2. 系统能力的主要内涵及培养需求

（1）主要内涵

计算机专业学生的系统能力的核心是掌握计算系统内部各软件/硬件部分的关联关系与逻辑层次；了解计算系统呈现的外部特性以及与人和物理世界的交互模式；在掌握基本系统原理的基础上，进一步掌握设计、实现计算机硬件、系统软件以及应用系统的综合能力。

（2）培养需求

要适应"四类计算系统，四化主要特征"的计算技术发展特点，计算机专业人才培养必须"与时俱进"，体现计算技术与信息产业发展对学生系统能力培养的需求。在教育思想上要突现系统观教育理念，在教学内容中体现新型计算系统原理，在实践环节上展现计算系统平台技术。

要深刻理解系统化专业教育思想对计算机专业高等教育过程所带来的影响。系统化教育和系统能力培养要采取系统科学的方法，将计算对象看成一个整体，追求系统的整体优化；要夯实系统理论基础，使学生能够构建出准确描述真实系统的模型，进而能够用于预测系统行为；要强化系统实践，培养学生能够有效地构造正确系统的能力。

从系统观出发，计算机专业的教学应该注意教学生怎样从系统的层面上思考（设计过程、工具、用户和物理环境的交互），讲透原理（基本原则、架构、协议、编译以及仿真等等），强化系统性的实践教学培养过程和内容，激发学生的辩证思考能力，帮助他们理解和掌控数字世界。

3. 计算机专业系统能力培养课程体系设置总体思路

为了更好地培养适应新技术发展的、具有系统设计和系统应用能力的计算机专门人才，我们需要建立新的计算机专业本科教学课程体系，特别是设立有关系统级综合性课程，并重新规划计算机系统核心课程的内容，使这些核心课程之间的内容联系更紧密、衔接更顺畅。

我们建议把课程分成三个层次：计算机系统基础课程、重组内容的核心课程、侧重不同计算系统的若干相关平台应用课程。

第一层次核心课程包括："程序设计基础（PF）""数字逻辑电路（DD）"和"计算机系统基础（ICS）"。

第二层次核心课程包括："计算机组成与设计（COD）""操作系统（OS）""编译技术（CT）"和"计算机系统结构（CA）"。

第三层次核心课程包括："嵌入式计算系统（ECS）""计算机网络（CN）""移动计算（MC）""并行计算（PC）"和"大数据并行处理技术（BD）"。

基于这三个层次的课程体系中相关课程设置方案如下图所示。

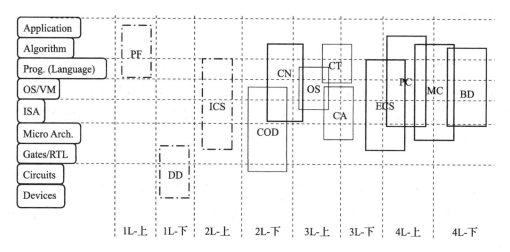

图中左边部分是计算机系统的各个抽象层，右边的矩形表示课程，其上下两条边的位置标示了课程内容在系统抽象层中的涵盖范围，矩形的左右两条边的位置标示了课程大约在哪个年级开设。点划线、细实线和粗实线分别表示第一、第二和第三层次核心课程。

从图中可以看出，该课程体系的基本思路是：先讲顶层比较抽象的编程方面的内容；再讲底层有关系统的具体实现基础内容；然后再从两头到中间，把顶层程序设计的内容和底层电路的内容按照程序员视角全部串起来；在此基础上，再按序分别介绍计算机系统硬件、操作系统和编译器的实现细节。至此的所有课程内容主要介绍单处理器系统的相关内容，而计算机体系结构主要介绍各不同并行粒度的体系结构及其相关的操作系统实现技术和编译器实现技术。第三层次的课程没有先后顺序，而且都可以是选修课，课程内容应体现第一和第二层次课程内容的螺旋式上升趋势，也即第三层次课程内容涉及的系统抽象层与第一和第二层次课程涉及的系统抽象层是重叠的，但内容并不是简单重复，应该讲授在特定计算系统中的相应教学内容。例如，对于"嵌入式计算系统（ECS）"课程，虽然它所涉及的系统抽象层与"计算机系统基础（ICS）"课程涉及的系统抽象层完全一样，但是，这两门课程的教学内容基本上不重叠。前者着重介绍与嵌入式计算系统相关的指令集体系结构设计、操作系统实现和底层硬件设计等内容，而后者着重介绍如何从程序员的角度来理解计算机系统设计与实现中涉及的基础内容。

与传统课程体系设置相比，最大的不同在于新的课程体系中有一门涉及计算机系统各个抽象层面的能够贯穿整个计算机系统设计和实现的基础课程："计算机系统基础（ICS）"。该课程讲解如何从程序员角度来理解计算机系统，可以使程序员进一步明确程序设计语言中的语句、数据和程序是如何在计算机系统中实现和运行的，让程序员了解不同的程序设计方法为什么会有不同的性能等。

此外，新的课程体系中，强调课程之间的衔接和连贯，主要体现在以下几个方面。

1）"计算机系统基础"课程可以把"程序设计基础"和"数字逻辑电路"之间存在于计算机系统抽象层中的"中间间隔"填补上去并很好地衔接起来，这样，到 2L- 上结束的时候，学生就可以通过这三门课程清晰地建立单处理器计算机系统的整机概念，构造出完整的计算机系统的基本框架，而具体的计算机系统各个部分的实现细节再通过后续相关课程来细化充实。

2）"数字逻辑电路""计算机组成与设计""嵌入式计算系统"中的实验内容之间能够很好地衔接，可以规划一套承上启下的基于 FPGA 开发板的综合实验平台，让学生在一个统一的实验平台上从门电路开始设计基本功能部件，然后再以功能部件为基础设计 CPU、存储器和外围接口，最终将 CPU、存储器和 I/O 接口通过总线互连为一个完整的计算机硬件系统。

3）"计算机系统基础""计算机组成与设计""操作系统"和"编译技术"之间能够很好地衔接。新课程体系中"计算机系统基础"和"计算机组成与设计"两门课程对原来的"计算机系统概论"和"计算机组成原理"的内容进行了重新调整和统筹规划，这两门课程的内容是相互密切关联的。对于"计算机系统基础"与"操作系统"、"编译技术"的关系，因为"计算机系统基础"以 Intel x86 为模型机进行讲解，所以它为"操作系统"（特别是 Linux 内核分析）提供了很好的体系结构基础。同时，在"计算机系统基础"课程中为了清楚地解释程序中的文件访问和设备访问等问题，会从程序员角度简单引入一些操作系统中的相关基础知识。此外，在"计算机系统基础"课程中，会讲解高级语言程序如何进行转换、链接以生成可执行代码的问题；"计算机组成与设计"中的流水线处理等也与编译优化相关，而且"计算机组成与设计"以 MIPS 为模型机进行讲解，而 MIPS 模拟器可以为"编译技术"的实验提供可验证实验环境，因而"计算机系统基础"和"计算机组成与设计"两门课程都与"编译技术"有密切的关联。"计算机系统基础""计算机组成与设计""操作系统"和"编译技术"这四门课程构成了一组计算机系统能力培养最基本的核心课程。

从"计算机系统基础"课程的内容和教学目标以及开设时间来看，位于较高抽象层的先行课（如程序设计基础和数据结构等课程）可以按照原来的内容和方式开设和教学，而作为新的"计算机系统基础"和"计算机组成与设计"先导课的"数字逻辑电路"，则需要对传统的教学内容，特别是实验内容和实验手段方面进行修改和完善。

有了"计算机系统基础"和"计算机组成与设计"课程的基础，作为后续课程的操作系统、编译原理等将更容易被学生从计算机系统整体的角度理解，课程内容方面不需要大的改动，但是操作系统和编译器的实验要以先行课程实现的计算机硬件系统为基础，这样才能形成一致的、完整的计算机系统整体概念。

本研究还对 12 门课程的规划思路、主要教学内容及实验内容进行了研究和阐述，具体内容详见公开发表的研究报告。

4. 关于本研究项目及本系列教材

机械工业出版社华章公司在较早的时间就引进出版了 MIT、UC-Berkeley、CMU 等国际知名院校有关计算机系统课程的多种教材，并推动和组织了计算机系统能力培养相关的研究，对国内计算机系统能力培养起到了积极的促进作用。

本项研究是教育部 2013 ~ 2017 年计算机类专业教学指导委员会"计算机类专业系统能力培养研究"项目之一，研究组成员由国防科技大学王志英、北京航空航天大学马殿富、西北工业大学周兴社、南开大学吴功宜、武汉大学何炎祥、南京大学袁春风、北京大学陈向群、中国科技大学安虹、天津大学张刚、机械工业出版社温莉芳等专家组成，研究报告分别发表于中国计算机学会《中国计算机科学技术发展报告》及《计算机教育》杂志。

本系列教材编委会在上述研究的基础上对本套教材的出版工作经过了精心策划，选择了对系统观教育和系统能力培养有研究和实践的教师作为作者，以系统观为核心编写了本系列教材。我们相信本系列教材的出版和使用，将对提高国内高校计算机类专业学生的系统能力和整体水平起到积极的促进作用。

"计算机类专业系统能力培养系列教材"编委会

2014 年 5 月

本书编委会

主编 过敏意（上海交通大学）

编委 （按拼音顺序排列）

曹　锋（阿里云公司）　　　　陈雨亭（上海交通大学）

李　超（上海交通大学）　　　李妹芳（阿里云公司）

李　毅（阿里云公司）　　　　林晓斌（阿里云公司）

刘澍泉（阿里云公司）　　　　任华华（阿里云公司）

阮　娜（上海交通大学）　　　唐　洪（阿里云公司）

汤志敏（阿里云公司）　　　　王晓斐（阿里云公司）

王宇德（阿里云公司）　　　　文　荣（阿里云公司）

吴晨涛（上海交通大学）　　　姚伟斌（阿里云公司）

易　立（阿里云公司）　　　　张良模（阿里云公司）

赵杰辉（阿里云公司）　　　　钟　华（阿里云公司）

特别感谢

唐　洪（阿里云公司）

李妹芳（阿里云公司）

序

当前，一场科技革命浪潮正席卷全球，这一次，IT技术是主角之一。云计算、大数据、人工智能、物联网，这些新技术正加速走向应用。很快，它们将渗透至我们生产、生活中的每个角落，并将深刻改变我们的世界。

在这些新技术当中，云计算作为基础设施，将全面支撑各类新技术、新应用。我认为：云计算，特别是公共云，将成为这场科技革命的承载平台，全面支撑各类技术创新、应用创新和模式创新。

作为一种普惠的公共计算资源与服务，云计算与传统IT计算资源相比有以下几个方面的优势：一是硬件的集约化；二是人才的集约化；三是安全的集约化；四是服务的普惠化。

公共云计算的快速发展将带动云计算产业进入一个新的阶段，我们可以称之为"云计算2.0时代"，云计算对行业演进发展的支撑作用将更加凸显。

云计算是"数据在线"的主要承载。"在线"是我们这个时代最重要的本能，它让互联网变成了最具渗透力的基础设施，数据变成了最具共享性的生产资料，计算变成了随时随地的公共服务。云计算不仅承载数据本身，同时也承载数据应用所需的计算资源。

云计算是"智能"与"智慧"的重要支撑。智慧有两大支撑，即网络与大数据。包括互联网、移动互联网、物联网在内的各种网络，负责搜集和共享数据；大数据作为"原材料"，是各类智慧应用的基础。云计算是支撑网络和大数据的平台，所以，几乎所有智慧应用都离不开云计算。

云计算是企业享受平等IT应用与创新环境的有力保障。当前，企业创新，特别是小微企业和创业企业的创新面临IT技术和IT成本方面的壁垒。云计算的出现打破了这一壁垒，IT成为唾手可得的基础性资源，企业无须把重点放在IT支撑与实现上，可以更加聚焦于擅长的领域进行创新，这对提升全行业的信息化水平以及激发创新创业热情将起到至关重要的作用。

除了发挥基础设施平台的支撑作用外，2.0 时代的云计算，特别是公共云计算对产业的影响将从量变到质变。我认为，公共云将全面重塑整个 ICT 生态，向下定义数据中心、IT 设备，甚至是 CPU 等核心器件，向上定义软件与应用，横向承载数据与安全，纵向支撑人工智能的技术演进与应用创新。

对我国来说，发展云计算产业的战略意义重大。我认为，云计算已不仅仅是"IT 基础设施"，它将像电网、移动通信网、互联网、交通网络一样，成为"国家基础设施"，全面服务国家多项重大战略的实施与落地。

云计算是网络强国建设的重要基石。发展云计算产业，有利于我国实现 IT 全产业链的自主可控，提高信息安全保障水平，并推动大数据、人工智能的发展。

云计算是提升国家治理能力的重要工具。随着大数据、人工智能、物联网等技术应用到智慧城市、智慧政务建设中，国家及各城市的治理水平和服务能力大幅提升，这背后，云计算平台功不可没。

云计算将全面推动国家产业转型升级。云计算将支撑"中国制造 2025""互联网＋"战略，全面推动"两化"深度融合。同时，云计算也为创新创业提供了优质土壤，在"双创"领域，云计算已真正成为基础设施。

在 DT 时代，我认为计算及计算的能力是衡量一个国家科技实力和创新能力的重要标准。只有掌握了计算能力，才具备全面支撑创新的基础，才有能力挖掘数据的价值，才能在重塑 ICT 生态过程中掌握主导权。

接下来的几年，云计算将成为全球科技和产业竞争的焦点。目前，我国的云计算产业具备和发达国家抗衡的能力，而我们对数据的认知、驾驭能力及对资源的利用开发和人力也是与发达国家等同的。因此，我们正处在一个"黄金窗口期"。

我一直认为，支撑技术进步和产业发展的最主要力量是人才，未来世界各国在云计算、大数据、AI 等领域的竞争，在某种程度上会转变为人才之争。因此，加强专业人才培养将是推动云计算、大数据产业发展的重要抓手。

由于是新兴产业，我国云计算、大数据领域的人才相对短缺。作为中国最大的云计算服务企业，阿里云希望能在云计算、大数据领域的人才培养方面做出努力，将我们在云计算、大数据领域的实践经验贡献到高校的教育中，为高校的课程建设提供支持。

与传统 IT 基础技术理论相比，云计算和大数据更偏向应用，而这方面恰恰是阿里云的优势。因此，我们与高校合作，优势互补，将计算机科学的理论和阿里云的产业实践融合起来，让大家从实战的角度认识、掌握云计算和大数据。

我们希望通过这套教材，把阿里云一些经过检验的经验与成果分享给全社会，让众多计算机相关专业学生、技术开发者及所有对云计算、大数据感兴趣的企业和个人，可以与我们一起推动中国云计算、大数据产业的健康快速发展！

胡晓明

阿里云总裁

前　言

Computation may someday be organized as a public utility.

——John McCarthy（美国计算机科学家和认知科学家，1971 年图灵奖获得者）

让计算以公共资源的形式更加便捷地服务于这个世界——这一想法早在 20 世纪 60 年代就已出现。几十年过去，云计算概念的提出将愿望化作现实。毫无疑问，云计算是进入 20 世纪以来最重要的信息技术变革之一。虽然云不是某种特定的算法，也不是某个安装在电脑中的软件，更不是一个新兴的硬件设备，但它却成为当今信息社会的重要基础设施。无论是政府、企业、高校，还是其他团体或个人，都日益依赖云计算带来的便捷。

尽管云计算已飞速发展多年，但目前市面上关于云计算的教材却屈指可数，将云计算的基本理论与产业实践结合的教材更是凤毛麟角。为此，上海交通大学计算机科学与工程学院申报了"教育部 – 阿里云产学合作协同育人项目"，在该项目的支持下进行云计算课程的建设，并基于课程编写了本书。本书是校企联合建设课程并编写教材的有益尝试。在内容上，本书全面系统地介绍了云计算的相关概念、方法、技术与现状，充分融入产业界的先进理念，结合产业一线实践，既反映了编者在云计算和互联网规模系统设计领域的主要教学和科研成果，也展现了阿里云公司有关专家和工程师多年的技术积淀和开发经验。

本书有两个突出的特点。首先，全书跨越云的各个层次，内容全面而新颖。虽然以云计算为核心，但同样重视云存储；虽然主要着眼于云的系统平台和软件环境，但对同样关键的硬件基础设施（即数据中心）也做了较为详尽的介绍。其次，本书是一部理论和实践相结合的教材，论述深入浅出、易于理解。书中不仅介绍了经典的虚拟化理论、网络理论等，还以阿里云的真实系统为例，阐述了云计算实践过程中的工程和技术问题。

本书面向计算机、电子工程等相关专业的学生，以及对云计算技术感兴趣的技术人员和研究人员。第 1 章对云计算的基础概念进行了阐述，使读者初步了解云计算的诞生和发展，为后续的学习奠定基础。第 2 章介绍数据中心及架构，读者从中可以理解云计算这一无形服务的硬件根基和运行环境。第 3 章重点介绍云计算中的网络技术，由于云数据中心的访问量大，因此对网络有很高的要求。第 4 章重点介绍云计算的重要系统支撑——虚拟化技术，本章对于理解云计算环境中的资源管理具有重要参考价值。第 5 章介绍分布式存储技术，在云环境下，数据存储是核心问题之一，该章将应用大量的案例来进行说明。第 6 章在云存储基础上介绍云数据库的知识，建议想了解云计算对大数据的支持的读者深入学习这一章。第 7 章和第 8 章分别对中间件和分布式部署进行介绍，其中包含丰富的实际产品细节，建议学有余力的学生在此基础上增加实践操作。第 9 章从产业角度给出了对云计算的理解和思考，以及云上架构设计的常用方法和最佳实践，并对云计算的未来进行了展望。

本质上，云计算不是一门独立的技术领域，而是构筑在多门已经成熟的计算机技术领域之上的一个综合体系。因此，本书可以看作云计算相关技术体系的总览，并以本书内容为主线延伸到其他专业课程的学习中。在上海交通大学计算机科学与工程系的教学实践中，学生通过这门课收获最多的是关乎原理的"为何"（比如为何选择虚拟化，为何不选择传统架构等），然后是关乎技术的"如何"（比如如何实现高可靠性，如何分布式部署等），最后是关乎云计算实践的应用技巧和方法等。全书各章最后均附相关的习题，供读者思考和练习。此外，每章之后还附有参考文献，除相关书籍和论文外，我们还提供了主要技术开发者社区的博客和文章链接。考虑到云计算是一个技术快速更新的领域，读者可以通过互联网了解技术的最新动态和进展。

本书的成稿得益于很多人的付出和努力。感谢教育部高等学校计算机类专业教学指导委员会"系统能力培养研究项目"专家组的指导，感谢上海交通大学计算机科学与工程系相关老师的付出，感谢阿里云公司唐洪、李妹芳、刘澍泉、任华华、文荣、姚伟斌、易立、汤志敏、曹锋、林晓斌、钟华、赵杰辉、李毅、王宇德、张良模、王晓斐等专家对本书技术内容的指导和建议，感谢阿里云公司章文嵩、吴结生、卢毅军、曲海峰、祝顺民、朱照远、张献涛、董元元、徐立、李文兆、陈舟锋、周琦、仇应俊、占超群、李妹芳等专家在授课过程中为本书提供了素材，特别感谢阿里云公司李妹芳以及机械工业出版社各位编辑的辛苦工作和大力支持。

云计算是一个充满生机和活力的领域，限于作者的学识及视野，本书难免存在疏漏和理解不到位之处，欢迎各位同行和读者批评指正。我们将不胜感激！

作　者

2017 年 7 月

CONTENTS

目　录

第 1 章

云计算概述

互联网时代，信息与数据量迅速增长，科学、工程和商业计算领域需要处理大规模、海量的数据，对数据存储、处理及计算能力的需求远远超出传统 IT 架构所能提供的能力。这时需要不断加大软、硬件投入以保障系统可扩展性，也需要提升计算的并行程度以提升对数据的处理能力。然而，传统计算模型存在局限性，程序员更需要一种容易学习、使用、部署的新的计算框架。在这种情况下，为了节省成本和实现系统可扩展性，云计算（Cloud Computing）的概念应运而生。

云计算是分布式计算、并行计算和网格计算等概念的进一步延伸。它基于互联网实现计算，通过互联网提供各类硬件服务、基础架构服务、平台服务、软件服务与存储服务。这里的云是指通过互联网连接，以支持各类计算的资源。

云计算已成为计算机的热门领域，获得了众多厂商和企业的关注。谷歌、IBM、亚马逊、阿里巴巴等公司大力支持云计算技术与平台的研发，使个人、机构或企业可以通过各类终端设备，更加快速、智能地处理复杂的计算任务。依赖于个人电脑和商用服务器的状态已经被云计算打破，从而实现将软件和数据存放于互联网之上，并在互联网上进行计算。同时，云计算具有开放性，任何个人和企业用户均能利用云端的强大计算和存储能力，并能在云上进行二次开发。

1.1　云计算的产生及发展

云计算是一种重要的商业计算模型。云是网络、互联网场景下的一种比喻说法，能为使用者提供其需要的计算能力。云中资源在使用者看来可以无限扩展，且可以随时获取、按需使用，并按使用量付费。这种特性使云成为像水电一样被使用的 IT 基础设施。

1.1.1　云计算的产生背景

随着互联网技术的发展和计算机应用普及，尤其是 Web 2.0 的发展，网络用户和网络数据量呈指数级增长，个人用户或企业机构等对计算资源的需求、对大数据的处理能力提出了更高的要求。为此，企业或机构不得不购置大量硬件设备以提升对大数据的处理能力，满足高强度计算的业务需求。

然而，计算资源的需求和利用会出现失衡现象。一方面，企业或机构需要购置更好的软硬件设备以满足高强度计算或者大容量存储的需求。另一方面，对单个企业或机构而言，高强度的计算任务并不是时时刻刻都存在。更常见的情况是，设备一旦购置即被闲置，占用企业或机构的大量成本（例如购置成本、场地成本及维护成本），而这些设备偶尔才会被使用。

为此，一个很自然的想法就是不必自己购买设备，而是向计算软、硬件富余的第三方租赁自己所需的各类设备，满足本企业或机构临时的业务需求。随着互联网、存储和虚拟化等技术的发展，这种租赁行为延伸到了网上，使得需求方可以通过互联网"租赁"计算资源以满足业务需求，降低业务成本。这种可以被租赁的计算资源（包含硬件及软件）通常被称为计算力，即实际计算资源由第三方提供及维护，而用户仅仅通过互联网租赁虚拟的、可以满足业务需求的计算能力。我们把这种第三方通过互联网所提供的计算力称为云计算。

云计算提供对计算资源整合和优化的能力。传统中，计算、存储、软件等资源的需求和利用常常出现失衡情况。如图 1-1 中的虚线所示，对计算资源的供应商而言，某天或者某一时段会接收到大量的计算租赁需求；某些应用会长时间占用一些计算资源，而大量其他资源没有得到充分利用。而云计算（如图 1-1 中的实线所示）则应对上述问题，通过互联网实现计算全球化，并将计算、存储、软件等各种资源作为一种公用设施，用户可按需计量地使用这些服务。

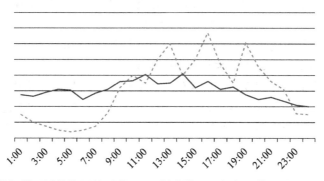

图 1-1　云计算提供了计算资源按需使用、"削峰填谷"的新型使用方式，当多租户负载
峰值不能同时出现时，云计算可以平衡多租户的计算需求，降低计算强度

1.1.2　云计算的特点

利用云计算技术，可以管理、调度、整合、优化分布在网络上的各种资源，并以统一界面为用户提供各类计算服务。借助云计算，用户的应用程序可以在短时间内聚集大量计算资源，实现和超级计算机同样强大的效能，处理 TB 级甚至 PB 级的信息内容。

简单地说，云计算具有如下特点，可以根据这些特点来区分云计算与传统计算：

- **按需服务**。云为用户提供想要的服务，用户可以按照自己需求来获取计算资源，就像现实生活中使用自来水、煤气、电力等资源一样。

- **通用性**。云计算并不是一种特定的计算方式，可以在"云"端支持下衍生出千变万化的应用，且适用范围广。
- **超大规模计算能力**。现在各大云计算提供商为用户提供了非常多且强大的"云"服务器，这些"云"服务器赋予用户前所未有的计算能力。
- **实时在线**。云支持用户在任何位置、使用各种终端来获取实时服务。请求的资源来自"云"而不是固定的有形实体。当用户使用云计算时，无须知道资源运行所在位置，只需要一台笔记本电脑或者手机，就可以获得实时在线服务。
- **高可靠性**。绝大部分云计算提供商采用了多副本容错、计算节点同构可互换等措施来保障服务可靠性，使用户计算、数据更加可靠。

1.1.3　云计算发展简史

云计算这一理念可以追溯到互联网诞生之前。例如，早在 1983 年，SUN 公司就提出"网络是电脑"（The Network is the Computer）的思想。然而，云计算这一概念的正式提出则始于 2006 年。在这一年的 3 月，亚马逊推出弹性计算云服务；同年 8 月，谷歌公司在搜索引擎大会上首次使用"云计算"一词。

表 1-1 显示了云计算发展的一个简单时间线，其中众多的技术术语（如 SaaS、PaaS、IaaS 等）将在本书后面的章节中进一步阐述。

表 1-1　云计算的发展史

时　间	描　　述
1999 年	Salesfore.com 基于互联网提供企业应用服务，互联网软件即服务（SaaS）开始流行
2002 年	亚马逊提供存储、计算的网络服务
2003 ~ 2004 年	谷歌公司发表了 GFS、BigTable、MapReduce 三个引领云计算潮流的论文，互联网云计算时代正式拉开帷幕
2005 ~ 2006 年	亚马逊公司正式提供弹性计算服务；谷歌公司在搜索引擎大会首次使用"云计算"一词；基础设施即服务（IaaS）开始成型，并在互联网企业流行；通过虚拟化技术，客户可以实现计算能力按需采购；源自 GFS、MapReduce 论文的 Hadoop 开源软件开始流行 谷歌公司发布谷歌应用引擎（GAE），PaaS（平台即服务）开始进入大众视野
2008 年	在成熟研发平台上开发软件成为可能；创业公司专注业务逻辑，不必关心应用的 IT 环境
2009 年	阿里云正式成立
2011 年	aliyun.com 官网正式上线，并发布阿里云的第一个云服务 ECS
2015 ~ 2016 年	全球最大的在线视频租赁服务商 Netflix 关闭最后一个自建数据中心；云计算加速了中国的"互联网 +"的创业速度

1.1.4　知名的云计算服务提供商

目前，云计算因其巨大价值得以蓬勃发展。业界比较知名的云计算服务提供商包括亚马逊、谷歌、微软、IBM 等国际 IT 业巨头。在中国，阿里巴巴、百度、腾讯、华为、联想等国内企业均积极投身云计算行业，开发自己特有的云计算技术和平台。

1. 亚马逊 AWS

作为首批进军云计算市场的厂商之一，亚马逊为尝试进入该领域的企业开创了良好的开端。自 2006 年初起，亚马逊开始在云中为各种规模的公司提供技术服务平台。利用亚马逊 AWS，软件开发人员可以轻松购买计算、存储、数据库和其他云计算服务来支持其应用程序。开发人员能够灵活选择任何开发平台或编程环境来解决自己的问题。由于开发人员只需按使用量付费，无须前期资本支出，因此亚马逊 AWS 成为向最终用户交付计算资源、保存的数据和其他应用程序的一种经济划算的方式。

2. 谷歌云计算

作为世界云计算的"领头人"，谷歌在云计算的研究与开发方面成绩优异。常使用的谷歌搜索、谷歌地球、谷歌地图等业务都是谷歌基于其云计算平台来提供的。谷歌也是通过云计算的方式，大量降低计算成本，使业务更具有竞争力。

3. 阿里云

阿里云是阿里巴巴集团旗下的云计算品牌，也是一家全球领先的云计算技术和服务提供商。阿里云创立于 2009 年，在杭州、北京、硅谷等地设有研发中心和运营机构。2010 年，阿里云对外开放其在云计算领域的技术服务能力。用户通过阿里云，用互联网的方式即可远程获取海量计算、存储资源和大数据处理能力。

目前，阿里云已成为国内知名的公共云计算服务提供商，业务领域涉及互联网、移动 APP、音视频、游戏、电商等。由于能够基于新一代的云平台远程部署系统业务，因此阿里云成为互联网公司和开发者的首选。2013 年以来，对风险最为敏感的金融机构也纷纷启动迁云工作，阿里云专门搭建了面向银行、保险公司、券商的金融云。2014 年 12 月，12306 网站 75% 的余票查询系统迁移至阿里云计算平台，以分担春运流量洪峰带来的压力。

1.2　云计算的基础知识

事实上，云计算的含义远远比上面所提到的"基于互联网租赁计算力"要更为广泛。云计算是一种新型计算方式，是并行计算、分布式计算和网络计算的发展，或者说是这三种计算科学发展到一定程度后的商业实现。本小节将阐述云计算的概念，并对云服务的使用形态和服务类型予以介绍。

1.2.1　云计算的概念

云计算是一个很笼统的概念，不同的人基于不同的视角，对云计算的理解往往也不一样。本节将从用户、云计算提供商及平台技术视角分别对云计算的概念进行阐述。

1. 用户视角

从用户角度而言，云计算是由第三方通过互联网提供的计算服务，用户只需关心云所提供的服务。云计算平台能提供用户亟需的硬件服务、软件服务、数据资源服务，而且还能向用户提供可配置的平台服务；用户则按需向计算平台提交自己的硬件配置、软件安装、数据访问及其他计算需求，支付一定的费用后即可使用。

2. 云计算提供商视角

从云计算提供商角度而言，要实现云计算至少需要解决三个实质问题：

1）**大规模问题**。这里的大规模具有两层含义：一方面，云计算由数据中心支持，其聚集大量计算资源，具有超出单台 PC 或者服务器的能力；另一方面，云计算也能够支撑大规模的、互联网级别的数据和应用，例如个人邮箱服务、搜索服务等。

2）**低成本问题**。云计算希望给客户带来成本上的优势，并且这个成本的优势对客户来说是量变到质变的。成本问题根本上要用调度的技术手段来解决。

3）**服务运营问题**。这里所指的服务运营是能够通过无差别的存储计算能力来提供公共基础服务。服务运营的本质是按量付费、弹性扩展，并且解决多租户环境的安全问题。

当各类应用共同运行在一个统一平台上，才能实现真正的大规模，通过规模效益才能获得低成本，解决这三个本质问题的方案就构成了云计算的有机整体。

3. 平台技术视角

云计算聚集了多种技术，因此它的边界和外延是非常模糊的。我们可以从一组平台技术视角出发，给出云计算的定义：

- 从计算角度而言，云计算是由一组内部互连的物理服务器组成的并行和分布式计算系统，该系统能够根据服务提供商和客户之间协商好的服务等级协议动态提供计算资源。

- 从服务角度而言，云计算是指通过互联网提供的弹性的硬件、软件和数据服务，它改变了人们获取资源的方式，使得计算能力不再封装于具体的软硬件产品中，而是以社会化服务的形式呈现。基础设施即服务 / 平台即服务（IaaS/PaaS）提供商对客户提供数据中心的硬件、平台和软件服务，软件即服务（SaaS）提供商通过互联网以服务的形式给终端用户交付应用软件。

- 从存储角度而言，云计算主要是将信息永久存储在云上的服务器中，在使用信息时只是在客户端进行缓存。客户端可以是桌面机、笔记本、移动终端等。

- 从配置角度而言，云是以付费使用的形式向用户提供各种服务的分布式计算系统。该系统对用户来说是透明的，其本质是一个对虚拟化的计算和存储资源池进行动态部署、动态分配 / 重分配、实时监控，从而向用户提供满足质量要求的计算服务、数据存储服务以及平台服务的系统。

1.2.2 云服务的使用形态

根据云计算服务的开放程度，其使用形态可以是公共云、专有云和混合云（如图 1-2 所示）。公有云、专有云和混合云也是云服务的三大部署模式。

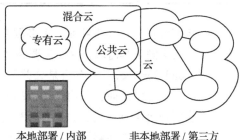

图 1-2 云计算的使用形态

- **公共云**：公共云服务提供低门槛、简单易用的云计算服务和能力，是一种普惠服务，它通过网络及第三方服务供应者，开放给客户使用。公共云并不意味着用户数据可供任何人查看，公共云供应者通常会对用户使用访问控制机制，以保障数据安全。公共云作为解决方案，既有弹性，又具备成本效益。表1-2列举了公共云的典型使用场景。

表1-2 公共云典型使用场景

场景类型	应 用	场景特点	适用场景
通用型场景	Web服务器、开发测试环境以及小型数据库应用等	vCPU、内存、硬盘空间和带宽等无特殊要求，安全性、可靠性要求高，一次投入成本少，后期维护成本低	部署企业官网、搭建企业办公环境、支撑企业开发测试活动
固定性能场景	媒体编解码、高流量内容管理系统以及分布式高速缓存系统等	带宽要求高，专项定制的云传输、云加速服务可进行实时在线回传，基于云存储、弹性云服务器展开的视频内容处理	搭建视频网站、媒体采访内容回传
计算密集型场景	生物工程计算、动画渲染等	高性能计算业务要求提供海量并行计算资源和高性能的基础设施服务，达到高性能计算和海量存储的要求，保障渲染的效率	基因工程、游戏动画、生物制药的计算和存储系统；渲染农场、动漫影视基地等公共渲染平台；以及CG、影视等渲染平台
高内存场景	关系数据库和NoSQL数据库、内存数据分析等	内存要求高，数据量大并且数据访问量大，同时要求快速的数据交换和处理	广告精准营销、电商、车联网等大数据分析场景
内存优化型场景	关系数据库和NoSQL数据库、内存数据分析等	内存要求高，同时要求内存优化	大数据分析，如广告精准营销、电商、车联网等大数据分析场景
高计算场景	科学计算	适合要求提供海量并行计算资源、高性能的基础设施服务，需要达到高性能计算和海量存储，对渲染的效率有一定保障的场景	基因工程、游戏动画、生物制药的计算和存储系统
GPU优化场景	高清视频、图形渲染、远程桌面等	对图像视频质量要求高，需要大量的GPU计算能力	图形渲染和其他服务器端图形工作负载场景
密集存储场景	MapReduce和Hadoop计算、数据密集型计算	适合处理海量数据、需要高I/O能力，要求快速数据交换和处理的场景	大数据计算、网络文件系统、数据处理应用

- **专有云**：公共云能够满足大多数客户对计算的需求，但对一些特殊的客户，公共云可能无法满足其需求，这时需要为客户提供专门的云计算服务，即"专有云"（Dedicated Cloud Service）。专有云是公共云在特定客户需求情况下的延伸，是公共云的特殊形态，它提供面向特殊用户运营的云基础设施，可以由用户自行管理，也可以由服务供应商乃至第三方托管。专有云和公共云在基础设施层面应该遵循统一标准，确保互联互通，使数据能够流动，系统能够平滑迁移。在专有云中，用户是主体，系统的变更运维权限都由用户决定。

- **混合云**：和专有云类似，混合云也是公共云的延伸，它是基于"专有云＋公共云"的云服务。专有云和公共云基于相同的底层基础架构，混合云可以享受一致性体验，既能在本地数据中心搭建专有云，又能无缝获取公共云的弹性扩展能力，无须考虑软件架构的差异。混合云服务跨越云提供商的边界，它允许用户的本地数据中心通过与公共云服务的聚合、集成来扩展云服务的容量或能力。例如，用户可以将敏感数据存储在专有云上，同时将这些数据与公共云上提供的商业应用互连。

1.2.3　云计算的服务类型

为了解决客户面临的大规模、低成本及服务运营问题，云计算提供商需要开发面向用户的云计算平台及各类服务，如图 1-3 所示，主要包括基础设施即服务（IaaS）、平台即服务（PaaS）、软件即服务（SaaS）等。所有服务均具有可靠、安全、可扩展、按需服务、经济等特点。

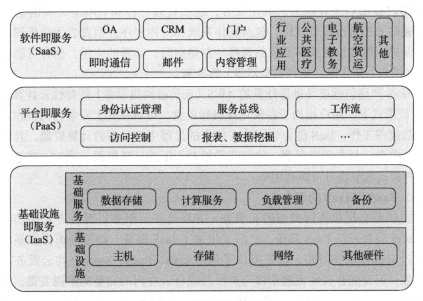

图 1-3　云计算的服务类型

1. 软件即服务（Software as a Service，SaaS）

SaaS 也称为"即需即用软件"，它是一种软件交付模式。在这种交付模式中，云端集中式托管软件及其相关的数据，用户仅需通过互联网（通常使用精简客户端或者网页浏览器），而不须通过安装即可使用软件。

对于许多商业应用来说，软件即服务已经成为一种常见的交付模式。这些商业应用包括会计系统、协同软件、客户关系管理、管理信息系统、企业资源计划、开票系统、人力资源管理、内容管理以及服务台管理等。

在 SaaS 下，软件是在云端运行，和平时客户端运行的软件有所不同。第一，在这种模式下，软件可以及时更新，不需要用户进行繁琐的下载安装。第二，用户可以在任何地点登入云端来使用软件。用户可以更加方便快捷地使用软件。

2. 平台即服务（Platform-as-a-Service，PaaS）

PaaS 是指将软件研发的平台作为一种服务，以 SaaS 的模式提交给用户。在传统的观念中，平台是向外提供服务的基础。一般来说，平台作为应用系统部署的基础，是由应用服务提供商来搭建和维护的，而 PaaS 颠覆了这种概念，由专门的平台服务提供商来搭建和运营该基础平台，并将该平台以服务的方式提供给应用系统运营商。因此，PaaS 也是 SaaS 模式的一种应用。但是，PaaS 的出现可以加快 SaaS 的发展，尤其是加快 SaaS 应用的开发速度。

典型的例子就是谷歌应用引擎 GAE。然而，在 PaaS 下，用户在使用资源时会受到一定限制，必须使用平台指定的操作系统或者是平台指定的编程环境。例如，GAE 就只允许用户使用 Python 和 Java 语言。

3. 基础设施即服务（Infrastructure as a Service，IaaS）

IaaS 给用户提供对所有设施的利用服务，包括处理、存储、网络和其他基本的计算资源，用户能够部署和运行任意软件，包括操作系统和应用程序。消费者无须管理或控制任何云计算基础设施，但能控制操作系统的选择、存储空间、部署的应用，也有可能获得有限制的网络组件（例如，防火墙，负载均衡器等）的控制。

典型的 IaaS 产品包括亚马逊云计算的 AWS（亚马逊网络服务）的弹性云计算和简单存储服务 S3。在该模式下，用户相当于在使用裸机和磁盘，可以在其上安装任何操作系统，进行试验、测试数据等工作。IaaS 能保证用户在使用的过程中有足够的计算资源，且根据用户使用用量来进行收费。只要用户愿意，他将获得相对无限的计算资源。同时，对于云计算提供商，采用这种模式能够提升资源利用率。

4. SaaS、PaaS 与 IaaS 的混合

云计算提供商会提供不同类型的云服务，并将这些云服务以混合方式提供给用户。例如，微软 Azure 公共云从 PaaS 起步，之后又增加了 IaaS 服务，能够全面提供基础设施和平台服务；通过云操作系统战略，微软提供了包括 IaaS、PaaS、SaaS 公共云服务，本地部署的专有云服务，以及能在其间无缝衔接与扩展的混合云在内的完整的解决方案。此外，微软 Azure 对 IaaS、PaaS 界面和操作实现了统一，并将它们与 Visual Studio、Active Directory、System Center、PowerShell 等实现整合。此外，微软还在本地部署的专有云上实现了类似 Azure 的操作体验。

1.3　云计算的价值与典型的使用场景

云计算已进入实践应用阶段，因此我们有必要进一步研究和思考云计算的价值及其使用场景。

1.3.1　云计算的价值

目前，公认的云计算的价值包括以下几个方面：

1）没有前期投资。建立本地基础设施耗时长、成本高，而且涉及订购、付款、安装以及配置昂贵的硬件和软件，所有这些工作都必须在实际使用之前提前完成，时间和金钱上的投入极大。使用云计算平台，开发人员和企业不必花费时间和资金完成上述活动；相反，他们只在需要时为所消耗的资源支付费用即可，且支付的金额因所消耗的资源量和种类而异。

2）低成本。云计算平台有助于在多方面降低 IT 总成本。云计算平台的规模化经济效益和效率提高使云计算服务能够不断降低价格。多种定价模式能让客户针对变化和稳定的工作负载优化成本。此外，云计算平台还能降低前期 IT 人力成本和持续 IT 人力成本，客户只需投入相当于传统基础设施几分之一的成本就能使用广泛分布、功能全面的平台。

3）灵活的容量。很难预测用户会如何采用新的应用程序。开发人员要在部署应用程序之前决定容量大小，其结果通常有两种，要么是大量昂贵资源被闲置，要么是容量受限，最终导致用户体验不佳，这要到资源限制问题得到解决才能结束。使用云计算平台，这种问题将不复存在。开发人员可以根据需要调配资源。

4）速度和灵敏性。利用传统技术服务，需要花费数周时间才能采购、交付并运行资源。使用云计算平台，开发人员可以在几分钟内部署数百、甚至数千个计算节点或者应用，而无须任何繁琐的流程。这种自助服务环境改变了开发人员创建和部署应用程序的速度，使软件开发团队能够更快、更频繁地进行创新。

5）应用而非运营。云计算平台为客户节省了数据中心投资和运营所需的资源，并将这些资源用于创新项目。稀缺的 IT 资源和研发资源可以集中用于能够帮助企业发展的项目上，而不是用在重要但是无法使企业脱颖而出的 IT 基础设施上。

6）覆盖全球。传统基础设施很难为分布广泛的用户提供最佳性能，且大多数公司为了节省成本和时间，往往只能关注一个地理区域。利用基于互联网的云计算平台，情况则大不一样：开发人员可以使用在全球不同地点运作的相同云计算平台轻松部署应用程序，以覆盖多个地理区域的最终用户。

1.3.2 云计算典型的使用场景

企业和个人可以基于互联网获取他们亟需的云计算服务，满足计算、存储和业务处理需求。通过云服务的组合，一般能够搭建联机事务处理类应用、联机分析处理类应用、搜索类应用、大数据分析类应用与微服务类应用五大类应用。

1. 联机事务处理类应用

联机事务处理类应用（OLTP）一般都是高可用的在线系统，以处理小型事务以及小型查询为主。在这样的系统中，单个数据库每秒处理的交易往往超过几百个，或者是几千个，Select 语句的执行量为每秒几千甚至几万个。典型的 OLTP 系统有电子商务系统（美国 eBay 的业务数据库）、银行、证券交易系统等。

阿里云 ApsaraDB 是稳定可靠、可弹性伸缩的在线数据库服务产品。通过阿里云的云数据库 RDS（ApsaraDB for RDS，简称 RDS），用户可以实现高性能的联机事务处理类应用。例如，在数据类型多样的应用中，可将链接等结构化数据存储于 RDS，实现对业务数据的高效存取，并相应降低成本投入；针对应用读取请求较高，或是需要应对短期内读取流量高峰的场景，可在 RDS for MySQL 实例下挂载只读实例，每个只读实例拥有独立的链接地址，由应用端自行实现读取压力分配。

2. 联机分析处理类应用

联机分析处理类应用（OLAP）就是我们说的数据仓库。在这样的系统中，语句的执行量不是考核标准，因为一条语句的执行时间可能会非常长，读取的数据也非常多。

结合阿里云数据库 HybridDB，用户即可实现云平台下 OLTP 到 OLAP 数据库整合解决方案，为用户构建从高并发生产事务到决策分析的云数据库架构平台。HybridDB 支持 24 个 Oracle 常用的分析函数，让用户更快捷地进行 OLAP 分析系统迁移。同时市场上各种用户熟知的 BI 及 ETL 工具，都可以通过 PostgreSQL 及 Greenplum 连接协议直接操作 HybridDB。通过使用 HybridDB 云数据仓库，可实现所有数据双节点同步冗余，并由阿里云内核团队进行基础设施的统一部署管理，用户无需进行复杂的大规模 MPP 集群运维管理。

3. 大数据分析类应用

随着社会数据收集手段的不断丰富及完善，越来越多的数据被积累下来。数据规模已经增长到了传统软件行业无法承载的海量数据（数百 GB、TB 乃至 PB）级别。在海量数据分析场景下，由于单台服务器的处理能力限制，数据分析者通常采用分布式计算模式。但分布式的计算模型对数据分析人员提出了较高的要求，且不宜维护。使用分布式模型，数据分析人员不仅需要了解业务需求，还需要熟悉底层计算模型。

阿里云的大数据计算服务（MaxCompute）是一种快速、完全托管的 TB/PB 级数据仓库解决方案。MaxCompute 向用户提供了完善的数据导入方案以及多种经典的分布式计算模型，能够快速解决用户海量数据计算问题，有效降低企业成本，并保障数据安全。MaxCompute 主要服务于批量结构化数据的存储和计算，可以提供海量数据仓库的解决方案以及针对大数据的分析建模服务。MaxCompute 已经在阿里巴巴集团内部得到大规模应用，例如：大型互联网企业的数据仓库和 BI 分析、网站的日志分析、电子商务网站的交易分析、用户特征和兴趣挖掘等。

4. 搜索类应用

针对应用数据量较大，且有较多复杂关键词的搜索场景，可利用云计算实现搜索功能，对亿级别数据实现百毫秒内搜索。

阿里云的开放搜索（OpenSearch）是一款结构化数据搜索托管服务，可以为移动应用开发者和网站站长提供简单、高效、稳定、低成本和可扩展的搜索解决方案。使用 OpenSearch 搭建搜索服务，用户只需进行如下 4 项工作：

1）创建搜索应用。

2）编辑应用结构。

3）上传数据。

4）从网站或应用程序提交搜索请求。

OpenSearch 承载了阿里巴巴主要搜索业务，包括淘宝、天猫、一淘、1688、ICBU、神马搜索等。此外，开放存储服务 OSS、ODPS、RDS 用户还可以在 OpenSearch 控制台直接配置使用相应的数据源，数据将自动同步进入 OpenSearch，更加简单、方便、可靠。

5. 微服务类应用

为增加应用的灵活性和可扩展性，引入了微服务的概念。微服务可以被定义为"细粒度的 SOA（面向服务的架构）"。在这样的架构中，小的服务开发成单一应用的形式，每个应用运行在单一的进程中，并使用 HTTP 这样的轻量级 API；服务能够满足使用者需求，并使用自动化部署工具进行独立发布；服务可以使用不同的开发语言以及不同数据存储技术，并保持最低限制的集中式管理。

云上微服务的实现需要有高度标准化的交付技术来支撑，容器技术很好地满足了这个需求。这里，微服务被封装为轻量型、可移植、自给自足的容器；这些容器可使用标准操作来处理，并可以在几乎任何硬件平台上一致地运行。

1.4　云计算平台架构

云计算提供商往往从自身出发，设计适应于自身技术优势的云计算平台架构。下面以亚马逊网络服务（AWS）、阿里云、谷歌应用引擎（GAE）为例，具体介绍云计算平台架构。

1.4.1　AWS 平台架构

亚马逊 AWS 提供了大量基于云的全球性产品，其中包括计算、存储、数据库、分析、联网、移动产品、开发人员工具、管理工具、物联网、安全性和企业级应用程序。这些服务可帮助组织快速发展、降低 IT 成本以及进行扩展。很多大型企业和初创公司通过 AWS 为各种工作负载提供技术支持，其中包括 Web 和移动应用程序、游戏开发、数据处理与仓库、存储、存档及很多其他工作负载。

AWS 云基础设施围绕区域和可用区域（AZ）构建。区域是指全球范围内的某个物理节点，每个区域由多个可用区域组成。可用区域由一个或多个分散的数据中心组成，每个可用区域都拥有独立的配套设施，其中包括冗余电源、联网和连接。可用区域能够提高应用程序和数据库的运行效率，使其具备比单个数据中心更强的可用性、容错能力以及可扩展性。特别是，注重其应用程序可用性和性能的用户希望能在同一区域跨多个可用区域部署应用程序，以获得容错能力并降低延迟。可用区域通过快速私密的光纤网络互相连接，使用户能够轻松构建可在可用区域之间无中断地自动实现故障转移的应用程序。

亚马逊 AWS 提供的重要服务包括：弹性计算云（EC2）、简单存储服务（S3）、简单数据库（DynamoDB）、简单队列服务（Simple Queue Service）等。

1）弹性计算云（EC2）。EC2 可以理解成是一个网络服务，它对外提供可调整的云计算能力。它旨在使开发者的网络规模计算变得更为容易。亚马逊 EC2 简单的网络服务界面，可以让用户轻松地获取和配置资源。它使用户能够完全控制计算资源，并运行于亚马逊计算环境中。亚马逊 EC2 缩短了获取和启动新的服务器实例的时间，因而可以充分适应用户计算需求的变化。用户只需为实际使用的计算付费。

2）简单的存储服务（S3）。S3 可以理解为互联网上一个超大容量的磁盘。它可以存储和提取大小从 1byte 到 5GB 的非结构化数据（S3 称之为"对象"或"目录"），每一个非结构化数据由关键字、数值和元数据三部分组成——关键字是该对象的名称，数值是该对象的内容，元数据是一组描述对象信息的关键字 / 数值对。

3）数据库服务（亚马逊 DynamoDB）。亚马逊 DynamoDB 是完全托管的 NoSQL 数据库服务。使用 DynamoDB，用户可以免除操作和扩展分布式数据库的管理工作负担，无需关心硬件配置、软件修补或集群扩展等问题；可以创建数据库表来存储和检索任意量级的数据，并提供任意级别的请求流量；可以使用管理控制台来监控资源使用情况和各种性能指标。DynamoDB 会自动将用户表的数据和流量分散到足够数量的服务器上，以满足吞吐量和存储需求，同时保持高性能。

4）简单队列服务（Simple Queue Service，SQS）。简单队列服务只是一个简单的消息队列服务，主要用于设计支持分布式计算机系统之间的工作流。

基于上述基础设施服务，亚马逊业务体系的各个模块都能够连接和使用。这些模块可以被视为有 2GHz 处理器和 2GB 内存的虚拟电脑系统，能够存储数 TB 的数据，形成数据库、支付管理系统、订单追踪系统、虚拟店面系统，或者上述情况的组合。更关键的是，用户可以租用大量的虚拟机，存储数 TB 的数据，或建立一个互联网范围的消息队列，并且只需向亚马逊支付所消费的资源费用。

1.4.2　阿里云平台架构

从技术架构上看，整个阿里云公共服务是基于阿里云飞天云计算平台（如图 1-4 所示）提供的。飞天（Apsara）是由阿里云自主研发、服务全球的超大规模通用计算操作系统。它可以将遍布全球的百万级服务器连成一台超级计算机，以在线公共服务的方式为社会提供计算能力，从而解决人类计算的规模、效率和安全问题。飞天平台的革命性在于将云计算的三个方向整合起来：提供足够强大的计算能力，提供通用的计算能力，提供普惠的计算能力。

1）飞天管理着互联网规模的基础设施。最底层是遍布全球的几十个数据中心、数百个 PoP 节点。飞天所管理的这些物理基础设施还在不断扩张。飞天内核运行在每个数据中心里面，它负责统一管理数据中心内的通用服务器集群，调度集群的计算、存储资源，支撑分布式应用的部署和执行，并自动进行故障恢复和数据冗余。

2）安全管理根植在飞天内核最底层。飞天内核提供的授权机制能够有效实现"最小权限原则"，同时，飞天还建立了自主可控的全栈安全体系。此外，监控报警诊断是飞天内核的基本能力之一。飞天内核对上层应用提供了详细的、无间断的监控数据和系统事件采集，能够回溯到发生问题那一刻的现场，帮助工程师找到问题根源。

3）在基础公共模块之上有两个核心的服务，以支持对飞天内核之上应用的存储和资源的分配。盘古是存储管理服务，其理念是把所有集群中的硬盘组织成一个文件系统；伏羲是资源调度服务，实现资源的统一调度。在基础公共模块旁边是天基服务，它负责飞天各个子系统的部署、升级、扩容以及故障迁移等。

4）飞天的核心服务包括：计算、存储、数据库、网络。为了帮助开发者便捷地构建云上应用，飞天提供了丰富的连接、编排服务，将这些核心服务方便地连接和组织起来，包括通知、队列、资源编排、分布式事务管理等。在核心服务层之上是飞天接入层，包括数据传输服务、数据库同步服务、CDN（内容分发）以及混合云高速通道等服务。

5）飞天的顶层是阿里云打造的软件交易与交付平台——云市场。它如同云计算的"APP Store"，用户可在阿里云官网一键开通"软件＋云计算资源"。云市场上架在售的商品有几千个，支持镜像、容器、编排、API、SaaS、服务、下载等类型的软件与服务接入。此外，飞天具有全球统一的账号体系，以支撑互联网级别的租户管理和业务支撑服务。灵活的认证授权机制让云上资源可以安全灵活地在租户内或租户间共享。

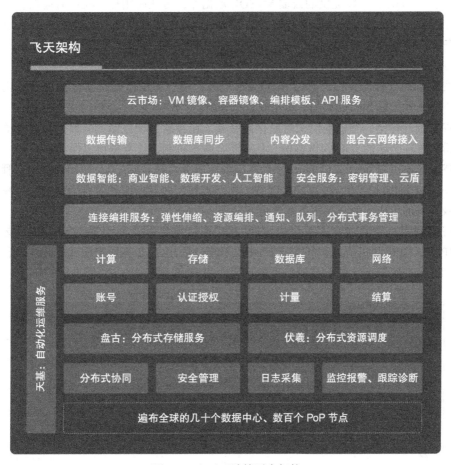

图 1-4　飞天云计算平台架构

1.4.3　谷歌云平台

谷歌云平台（GCP）是一项使用了谷歌核心基础架构、数据分析和机器学习技术的云计算服务，提供用于谷歌搜索和 YouTube 等终端用户产品的支持基础设施托管和开发人员产品，用于构建从简单网站到复杂应用程序的一系列程序，并提供一系列模块化的基于云的服务和大量开发工具，例如托管和计算、云存储、数据存储、翻译 API、预测 API。谷歌云平台如图 1-5 所示。其中一些重要组件包括：

- 谷歌计算引擎：提供完整的 OS 操控权限及高效能的 Linux 与 Windows 主机，使用者可以安装自己所需要的应用程序，无需受到平台限制，也可设置自己的网络与防火墙。
- 谷歌应用引擎 GAE：谷歌推广的平台即服务，这种服务让开发人员可以编译基于 Java、Python、Go、PHP 的应用程序，并可使用谷歌的基础设施来进行应用托管支持等程序语言。
- 谷歌云 SQL：谷歌提供的云端 MySQL 数据库，可让应用程序在任何地点将数据快速保存至云端数据库，用户不必担心数据库安全及性能。此外，谷歌云 SQL 提供了自动备份、复制及加密功能。
- 谷歌 BigQuery：为用户提供良好的数据存储与查询环境，用户可以通过 SQL-Like 语法快速执行查询分析。通过 BigQuery 服务，用户无需额外建立分析工具，且能结合谷歌其他云端存储技术进一步完成数据分析。
- 谷歌云端存储：谷歌提供的对象存储服务。在谷歌云端存储上，数据会被自动复制多份，并在全球的 IDC 间做备份，具有安全防护机制，让数据得以保护。
- 谷歌容器引擎 GKE：以 Docker 为基础的云服务。在 GKE 上，使用者将拥有管理众多 Docker 实例的能力，可以轻松配置、动态扩展，并具备监控及日志能力，可减少运营及部署的工作，使云端服务部署更加轻松。
- 谷歌网络：企业或个人可以以 VPN 方式连接至谷歌计算引擎。VPN 服务支持标准 IPSEC VPN 联机协议，并支持 IPSec、IKEv1 & IKEv2 等加密模式。此外，谷歌推出 Cloud DNS 服务，提供高效、可靠且弹性的 DNS 服务。

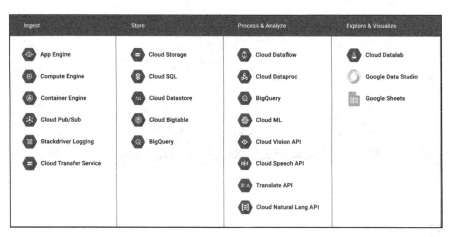

图 1-5　谷歌云平台

1.4.4　几种云计算平台的特点

上述几种云计算平台提供了安全、可靠且可扩展的技术服务平台，使来自全球的众多客户从中获益。然而，上述平台也各有优势。谷歌云尽可能多地利用了谷歌公司的资源。例如，谷歌的办公软件 G Suite 为客户提供了全球即时通讯协作服务。在大数据、人工智能、安全、APP 软件开发、维护、App Engine 和 Kubernetes 方面，谷歌也进行了全面创新。谷歌有着安卓操作系统的移动计算经验，谷歌高安全性的云互联笔记本电脑 Chromebook 的出货量超过了很多传统电脑制造商。

亚马逊 AWS 是为应用程序提供商、ISV 和供应商能够快速安全地托管应用程序而专门设计的。AWS 支持用户选择操作系统、编程语言、Web 应用程序平台、数据库和其他服务，从而使迁移现有应用程序的过程变得更轻松，同时保留了构建新解决方案的选择。更重要的是，AWS 具有可扩展且安全可靠的全球计算基础设施，用户可以在需要时随时访问计算和存储资源。使用 AWS 工具、Auto Scaling 和 Elastic Load Balancing，用户的应用程序可根据需要扩展。

阿里云依托阿里巴巴公司，是中国云计算市场的领先企业。阿里云作为阿里巴巴集团生态业务的一部分，一直致力于通过大规模云计算基础设施来降低成本，为客户提供安全稳定、高可用、成本效益的云计算服务。阿里云提供全面、不断增长的多种整合云服务，带来覆盖计算、数据库、联网、安全、管理与监控、存储以及分析等各个方面的尖端技术。例如，阿里云帮助支付宝实现了每秒 140 000 笔的支付量，承载着阿里巴巴数十亿家电商平台。

1.5　云计算部署小实例

针对云服务，存在着多种部署方式。用户可以根据自己的需求，采用比较适合自己的部署方式。

其中，最简单的方式是把应用服务器、数据服务器、软件安装到一台云服务器上。当用户要购买软件服务时，可以打开一台云服务器，把镜像在云服务器生产出来，这样客户就得到了互联网软件服务。现在，很多云软件服务就是以这种方式提供的，即把传统的软件实现 SaaS 化。这种方式的优势是快速开通、服务器独享。

此外，也可以把负载均衡、云监控、云盾监控等云服务功能部件加载在前端。因为有了负载均衡，可以使用多台服务器，也可以使用云数据库服务，这样可以形成一个独享的集群。这种方式不存在单点故障的风险，用户使用更加稳定、流畅、可用。这种方式也是我们很多传统软件能够快速实现 SaaS 的一种模式。

下面我们以在阿里云上部署一个操作系统为例，简单介绍云计算服务的部署。

阿里云的云市场提供了丰富的镜像资源。镜像集成了操作系统和应用程序。在创建实例时，用户可以选择包含了应用环境的镜像，创建后无需再部署环境。

在已有实例上重新部署环境的操作步骤如下：

1）登录云服务器管理控制台。

2）定位到需要重新部署环境的实例。

3）停止实例（如图 1-6 所示）。

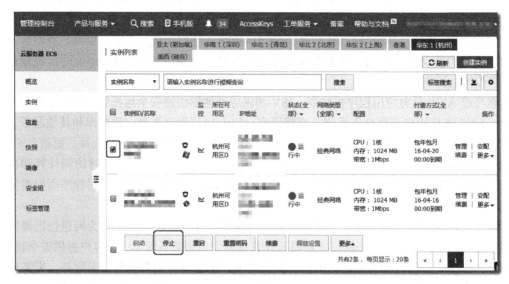

图 1-6　停止实例

4）实例停止后，单击实例名称，或者单击右侧的"管理"（如图 1-7 所示）。

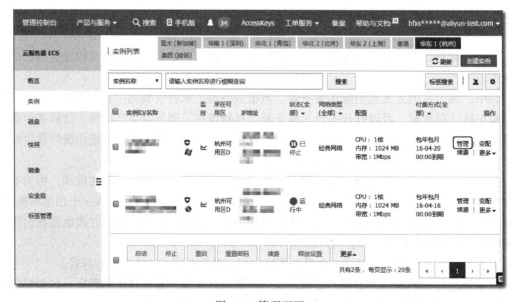

图 1-7　管理页面

5）在右侧的"配置信息"中，单击"更多→更换系统盘"，单击"确定"，更换系统盘（如

图 1-8 所示）。

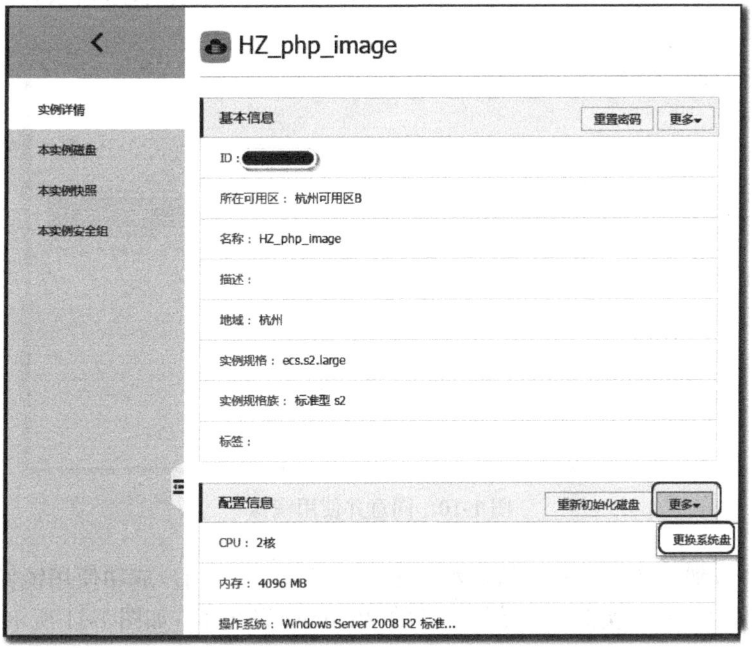

图 1-8　更换系统盘

6）单击“镜像市场”，然后单击“从镜像市场选择（含操作系统）”（如图 1-9 所示）。

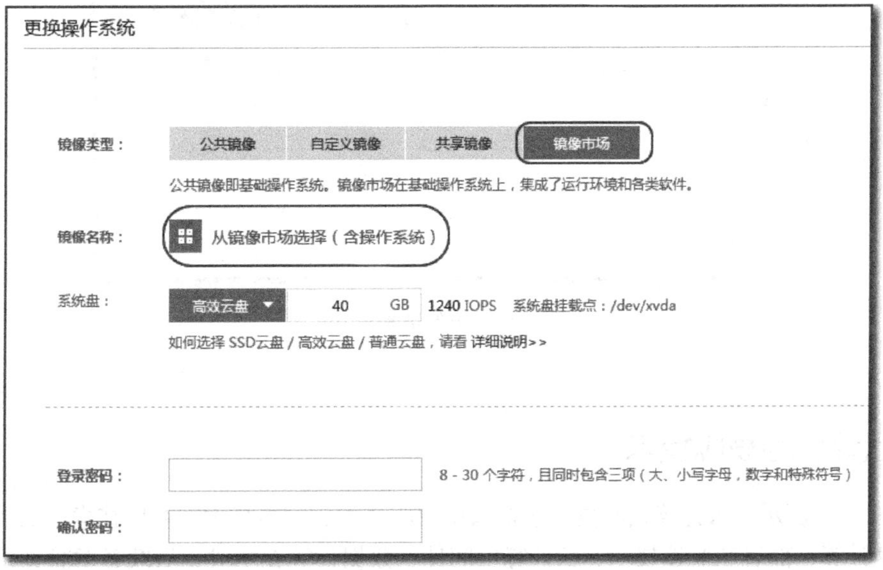

图 1-9　选择镜像

7）镜像市场列表的左侧是镜像的分类。用户可以根据分类选择想使用的镜像，并同意使用。单击"已购买的镜像"，选择镜像。单击"同意并使用"（如图 1-10 所示）。

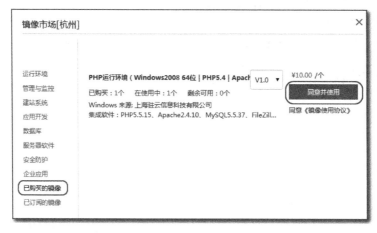

图 1-10　同意并使用镜像

8）用户会看到更换操作系统的提示。单击"确定"，则用户成功使用镜像部署了环境。用户现在可以启动并登录实例，开始使用新的 Windows 环境了（如图 1-11 所示）。

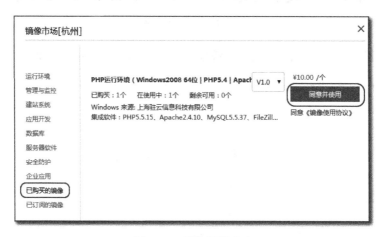

图 1-11　镜像部署成功

1.6　云计算的核心技术

如图 1-12 所示，云计算核心技术包括数据中心技术、网络技术、存储技术、云数据库技术、弹性计算、部署和监控技术、云计算中间件、数据计算技术等，后续各章将详细介绍这些技术。其他的核心技术（如安全等）将在其他教材里专门陈述。

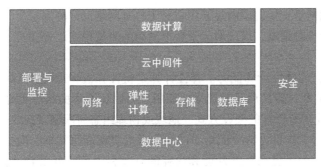

图 1-12　云计算核心技术

1. 数据中心技术

数据中心是将电信机房与供电设备、制冷装置集中安置的大型计算设施。它承载着丰富的计算、存储与网络资源，是云计算环境的重要支撑。数据中心是一整套复杂的设施，它不仅仅包括计算机系统和其他与之配套的设备（例如通信和存储系统），还包含冗余的数据通信连接、环境控制设备、监控设备以及各种安全装置。

更笼统地说，数据中心可以被认为是多功能的建筑物，能容纳多个服务器以及通信设备。这些设备被放置在一起是因为它们对环境以及物理安全具有相同的需求，且这样放置便于维护。

值得注意的是，很多企业的数据中心设施面临一些问题：运算密度的提高导致用电密度迅速加大，数据中心总体拥有成本随服务器的增加而成倍增加等。为此，本书后续章节会关注绿色数据中心的建设。绿色数据中心能对线路布置进行合理管理以实现有效空气活动最大化，有助于实现更高效的解决方案。

值得注意的是，云计算服务提供商通常会建设多个数据中心，以提升云计算服务效率及实现全球化服务触达。例如，阿里云已经在美国西部、美国东部、新加坡和中国香港地区设立有数据中心，截至 2016 年底，其计算节点共有 14 个，为全世界用户提供存储、安全、中间件、大数据、人工智能等系列云产品。

2. 网络

由于网络带宽的不断增长，网络能基本满足大多数服务的需求，包括视频等多媒体服务。无线网络和移动通信的不断发展，使得人们能在任何时间任何地点都利用互联网成为可能。可以说，网络是云计算的基础设施，并使得终端和云紧紧地连起来。

然而，在云计算的不断发展下，传统网络已经不能适应该节奏，需要做出许多改变。例如，服务器和应用也需要具备可移动性，网络架构需要具备良好的可扩展性。又如，网络需要适应不断出现的新的应用以及云服务等，并且考虑如何快速地将这些应用和服务提供给用户。这些都要求云平台下的网络具有很强的适应能力，以应对这些不断出现的"新"事物。

为了应对这些新的挑战，云计算的网络环境需要：

1）灵活的网络架构，以适应云下大规模网络的管理。

2）云服务快速提供，以加快用户对于各种应用的访问速度。

3）强大的虚拟网络支持，以满足云用户对于自身网络设计的需求。

4）强大的流量应对策略，以应对云平台下复杂的流量模式。

3. 弹性计算

云计算具有强大的弹性计算能力。弹性计算是将计算机物理资源（如处理器、网络、内存及存储等）进行抽象、转换后呈现出来，使用户可以比原本的组态更好的方式来应用这些资源。弹性计算不受现有资源的架设方式、地域或物理组态所限制。

弹性计算通过将工作量灵活分配给不同的物理机实现资源共享。但这样一来，部分内存就会处于空闲状态。为了提高系统性能和内存的有效利用率，可以通过交换设备的虚拟化，以及内存灵活动态的交换管理，达到资源利用最大化。

4. 云存储

云存储是一种以数据存储和管理为核心的云计算服务，是指通过集群应用、网络技术或分布式文件系统等功能，将网络中大量不同类型的存储设备通过应用软件集成起来协同工作，共同对外提供数据存储和业务访问功能的技术。当云计算用于海量数据存储和管理时，云中就需要配置大量存储设备，那么云计算就转变为一个云存储。

然而，严格来讲，云存储不是存储，而是服务。就如同云状的广域网和互联网一样，云存储对使用者来讲，不是指某一个具体的设备，而是指一个由许许多多存储设备和服务器所构成的设备群。使用者使用云存储，并不是使用某一个存储设备，而是使用整个云存储系统带来的一种数据访问服务。

例如，阿里云存储服务（Open Storage Service，OSS）是阿里云对外提供的海量、安全、低成本、高可靠的云存储服务。基于 OSS，用户可以搭建各种多媒体分享网站、网盘、个人和企业数据备份等基于大规模数据的服务。在 OSS 中，用户操作的基本数据单元是 Object。单个 Object 最多可以存储 5TB 的数据。Bucket 是 OSS 上的命名空间，也是计费、权限控制、日志记录等高级功能的管理实体；Bucket 名称在整个 OSS 服务中具有全局唯一性，且不能修改；存储在 OSS 上的每个 Object 必须包含在某个 Bucket 中。一个应用，例如图片分享网站，可以对应一个或多个 Bucket。基于 OSS，用户可以通过简单的 REST 接口，在任何时间、任何地点、任何互联网设备上上传和下载数据，也可以使用 Web 页面对数据进行管理。同时，OSS 提供 Java、Python、PHP、C# 语言的 SDK，可以简化用户的编程。

5. 云数据库

云存储的一个特例为云数据库。云数据库是指基于云计算平台的数据库服务，提供数据库的变更、查询和计算。这种服务不仅能够把用户从繁琐的硬件、软件配置上解脱出来，还可以简化软件、硬件的升级。云数据库具有普通数据库所不具有的特点和功能。

值得注意的是，根据用户需要，可能会设计不同类型的数据库服务。例如，阿里云数据库 ApsaraDB 是稳定可靠、可弹性伸缩的在线数据库服务产品总称。其不仅包含针对关系型数据库的 RDS，也有针对 NoSQL 数据库的 Redis 和 MongoDB。此外，ApsaraDB 还包含针对不同业务需求的数据库服务，例如，为热点数据访问提供高速响应的 Memcache、支持 GIS 地理数据分析的 HybridDB 等。

6. 监控

云监控是针对云资源和互联网应用进行监控的服务。云监控服务可用于收集、获取云资源的监控指标，探测互联网服务可用性，以及针对指标设置警报。云监控服务能够监控云服务器、云数据库和负载均衡等各种云服务资源，例如，阿里云监控可以检查阿里云 ECS 的 CPU 和内存使用状态、系统负载、磁盘、磁盘读写、入流数据量、出流数据量、TCP 以及进程总数等；也能够通过 HTTP、ICMP 等通用网络协议监控互联网应用的可用性。通过云监控管理控制台，用户可以看到当前服务的监控项数据图表，清晰了解服务运行情况。用户还可以管理监控项状态，及时获取异常信息。

7. 安全

云计算安全性是指部署用于保护云计算的数据、应用程序和相关基础架构的广泛的策略、技术和控制。一方面，越来越多的企业使用公共云和混合云部署，同时越来越多的敏感数据被存储在云服务厂商的环境中，企业不断积极寻求更好的方法保护他们在云中的数据，云计算的安全性已经成为云服务商焦点。特别是，云计算服务系统中所有用户的数据文件及应用被集中存放在服务提供商的巨大存储资源池，即数据中心中，数据隔离程度对用户的数据安全存在一定的影响，这就要求云服务提供商必须确保其基础架构安全，并保护客户的数据和应用程序。另一方面，用户必须采取措施加强其应用程序并使用强大的密码和身份验证措施。

8. 云计算中间件

数据计算常常依赖于中间件。把数据计算中常见的问题和解决方案提炼出来，并针对不同的资源类型进行性能优化和容错处理，然后通过统一的管理引擎和开发平台提供给应用服务开发者使用，这就是云计算中间件的技术理念。云计算中间件利用多层次分布式虚拟技术、智能系统管理和资源自动调配，使企业能够快速、有效地搭建和管理"云"平台。在云计算中间件的帮助下，应用服务商可以从复杂繁琐的分布式计算资源管理问题中解脱出来，集中精力和财力为用户提供更好的服务。

例如，阿里云的企业级分布式应用服务（Enterprise Distributed Application Service，EDAS）是企业级互联网架构解决方案的核心产品，它充分利用阿里云现有资源管理和服务体系，引入中间件成熟的整套分布式计算框架（包括分布式服务化框架、服务治理、运维管控、链路追踪和稳定性组件等），以应用为中心，帮助企业级客户轻松构建并托管分布式应用服务体系。

9. 数据计算

云计算实质上也是一种数据计算，但又不等同于数据计算。传统中，我们常常采用数据库为中心的计算模式，将数据、软件系统的处理能力和负载主要集中在一两台数据库服务器。如果要提高计算处理能力，只能不断提高数据库服务器的硬件水平，从普通双核 / 多核 PC 机到小型机，直至中型机和超级计算机。随着处理能力的提高，系统的建设成本也越来越高。云计算则基于分布式计算，采用海量数据存储技术、海量数据管理技术、MapReduce 编程模型等，其相对于传统数据库为中心的计算模式，实现计算能力的延伸。例如，阿里云的大数据计算服务 MaxCompute 提供了多种分布式计算模型,能够快速解决用户海量数据计算问题。

1.7 云计算的生态

云计算引发了第三次 IT 浪潮,已成为信息产业发展的主流。云计算通过网络提供的按需、可动态调整的计算服务,把服务器等硬件以共享的方式进行再分配,将计算能力以社会化服务方式呈现,从而实现资源复用的最大化。进一步来说,云计算已经形成了其特有的云生态。

这里所说的云生态至少包含三个层次。首先,云计算的超强计算能力,推动了更多信息技术的发展,使得传统中的计算依赖型或者资源依赖型的应用得以实现与普及。云计算产业支撑着政府公共事业、金融、制造、零售、交通、游戏等不同领域的客户生态。云可以为客户提供亟需的行业解决方案,帮助客户创造更大的商业价值。

其次,云计算提供商关注"水平"方向的平台支撑,而垂直方向各个领域的市场和解决方案,主要是由各个行业的合作伙伴提供。比如一些大型解决方案提供商和咨询公司,基于云计算提供解决方案;渠道分销商把云服务转售给小客户,云计算提供商给他们赋能,帮助他们建立服务能力;软件开发商基于云计算开发 SaaS 应用;甚至数据中心服务商也可以为云计算提供商提供定制数据中心解决方案,成为云的运营商。云计算提供商需要依赖不同行业、不同领域的合作伙伴帮助共同构建云生态。

最后,云计算已经与大数据技术、移动互联网、物联网技术甚至机器学习技术紧密结合,为这些信息技术提供基础的计算平台,从而实现了更多类型的应用。这些信息技术也成为云生态的重要组件。

1. 云计算与大数据技术

从整体上看,大数据与云计算是相辅相成的。大数据着眼于"数据",关注实际业务,提供数据采集分析挖掘,看重的是信息积淀,即数据存储能力。云计算着眼于"计算",关注 IT 解决方案,提供 IT 基础架构,看重的是计算能力,即数据处理能力。没有大数据的信息积淀,云计算的计算能力再强大,也难以找到用武之地;大数据的信息积淀再丰富,也需要云计算强大的处理能力。从技术上来看,大数据根植于云计算。云计算关键技术中的海量数据存储技术、海量数据管理技术、MapReduce 编程模型,都是大数据技术的基础。

2. 云计算与移动互联网

移动互联网是移动技术和互联网融合的产物,继承了移动技术随时随地随身使用和互联网分享、开放、互动的优势。在移动互联网中,运营商提供无线接入,互联网企业提供各种成熟的应用。

云计算是适合移动互联网应用的一种模式。一方面,云计算将应用的"计算"从终端转移到服务器端,从而弱化了对移动终端设备的处理需求。这样移动终端主要承担与用户交互的功能,复杂的运算交由云端(服务器端)完成,终端不需要强大的运算能力即可响应用户操作,并将结果展现给用户,从而实现丰富的应用。

另一方面，云计算降低了对网络的要求。比如，用户需要查看某个文件时，不需要将整个文件传送给用户，只需发送用户需要查看的部分内容。因此，可以将应用部署在强大的服务器端，并以统一的方式（例如通过浏览器）在终端实现与用户的交互，为用户扩展更多的应用形式变得更为容易。

3. 云计算与物联网

"物联网"是通过射频识别（RFID）、红外感应器、全球定位系统、激光扫描器等信息传感设备，把任何物品与互联网相连接，以实现智能化识别、定位、跟踪、监控和管理的一种网络概念。无疑，云计算可以成为物联网发展的基石，并且从两个方面促进物联网的发展。首先，云计算使物联网中各类物品的实时动态管理和智能分析成为可能。物联网将各种物体充分连接，并通过无线网络将采集到的各种实时动态信息送达计算机处理中心进行汇总、分析和处理。

其次，云计算促进物联网和互联网的智能融合，从而构建智慧地球。物联网和互联网的融合，需要更高层次的整合，需要"更透彻的感知，更安全的互联互通，更深入的智能化"。这同样也需要依靠高效的、动态的、可以大规模扩展的技术资源处理能力，而这正是云计算模式所擅长的。

4. 云计算与机器学习

云计算与机器学习技术也可以进行结合，从而打破了规模的瓶颈，实现了性能上的提升。显然，机器学习所依赖的强大的计算力可以由云计算完成，传统的大型企业和政府部门，以及个人用户均可以借助云计算更好地实现机器学习。这种强大的计算能力也有助于加速企业创新过程，提高工作效率。

例如，阿里云的云计算平台具有处理超大规模数据的能力和分布式的存储能力。基于阿里云计算平台，可以支持特征工程、机器学习算法等基本组件，帮助使用者完成高速搜索、推荐及数据挖掘等任务。事实上，阿里内部的搜索、推荐、蚂蚁金服等项目在进行数据挖掘工作时，都依赖阿里云计算平台。

更多的关于云计算产业实践与趋势的讨论将在本书第 9 章予以进一步阐述。

本章小结

云计算是一种基于互联网的计算方式。通过这种方式，共享的软硬件资源和信息可以按需求提供给计算机各种终端和其他设备。云计算服务提供商通过三种方式，向使用者提供云计算服务：1）软件即服务（SaaS），包括在线邮件服务、网络会议、在线杀毒等各种工具型服务；2）平台即服务（PaaS），如谷歌公司的 GAE、阿里百川（阿里巴巴无线开放平台）等。在这种服务模式中，客户可以利用 PaaS 平台创建、测试和部署应用程序。3）基础设施即服务（IaaS），如亚马逊公司提供的 EC2、EBS、S3 等服务。在这种服务模式中，用户不用自己构建一个数据中心，而是通过租用的方式来使用基础设施，包括服务器、存储和网络等。

云计算中集成了多种技术，包括数据中心、网络技术、弹性计算、云存储、云数据库、部署和监控、安全、中间件、数据计算等，推动着云计算的普及及不断发展。另一方面，云计算与大数据技术、物联网、机器学习等紧密结合，帮助用户实现前所未有的价值。

习题

1. 什么是云计算？它具有什么特点？

2. 根据本章所学的知识，你认为云计算的按使用收费策略应该如何设计？

3. 云计算是分布式计算、并行计算和网格计算等概念的进一步延伸。请进一步查阅资料，总结云计算、分布式计算、并行计算和网格计算等概念的区别与联系。

4. 云计算有哪些核心技术？一个完整的云计算平台为什么需要这些核心技术？

5. 除了本书列出的 AWS、阿里云、谷歌云等云计算平台，现在还有哪些重要的云计算平台？它们又分别提供什么服务类型？

参考文献与进一步阅读

［1］ 刘鹏. 云计算［M］. 3 版. 北京：电子工业出版社，2015.

［2］ 杨正洪. 智慧城市：大数据、物联网和云计算之应用［M］. 北京：清华大学出版社，2014.

［3］ 吴朱华. 云计算核心技术剖析［M］. 北京：人民邮电出版社，2011.

［4］ Eric Bauer, Randee Adams. 云计算实战：可靠性与可用性设计［M］. 高巍，等译. 北京：人民邮电出版社，2014.

［5］ CCF 计算机应用专业委员会. 2011 年度中国计算机科学技术发展报告［M］. 北京：机械工业出版社，2011.

［6］ AWS 官网，https://aws.amazon.com/cn/.

［7］ 阿里云官网，https://www.aliyun.com/.

［8］ 华为云官网，http://www.hwclouds.com.

［9］ Google App Engine 网站，https://appengine.google.com.

数据中心

在过去的 20 年中，数据中心的发展见证了互联网的兴起。如今，数据中心已成为云计算重要的承载设施，并将快速成长为大数据时代重要的存储、计算、交易场所。本章将介绍数据中心的基本概念、架构、评估标准、设计理念等，并结合阿里云数据中心简要介绍相关实践。

2.1 数据中心基础设施

根据维基百科的定义：数据中心是一整套复杂的设施（Facility），它不但承载着计算机系统和与之相关的电信和存储设备，还提供多种冗余备份、环境监控、安防消防等服务。

谷歌公司在其发布的《The Datacenter as a Computer》一书中，将数据中心解释为一种仓库规模的计算机系统（Warehouse-Scale Computer）。这种大型计算机系统面向的"应用"是互联网级别的信息服务（如邮件、地图、搜索）。该类服务的实施通常涉及成百上千相互交互的基础程序，不是几台服务器或节点简单集成就可以完成的，而是需要成百上千个计算机节点的通力协作，层次化供电设施和制冷设备的高效配合，以及对场地和物理空间的统一管理和维护。

随着云应用的普及和发展，数据中心建设规模和数量正不断扩大，占据着服务器市场的主要份额。据美国知名数据中心网站 Datacenter Dynamics 统计，早在 2011 年，全球数据中心的功耗需求已超过 3000 万千瓦。即便如此，随着"云计算"和"大数据"的兴起，全球数据中心依旧呈现持续扩张的态势，并或将带动服务器功耗需求以每五年翻一番的速率增长。图 2-1 给出了 2013 年世界各国或地区云数据中心的增长情况。

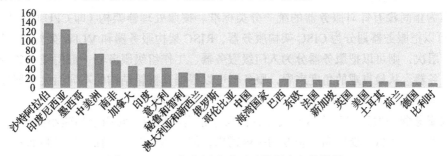

图 2-1　2013 年各国或地区云数据中心的增长

2.1.1　数据中心的基本组成

数据中心的基本组成模块包括服务器、网络等 IT 设备，以及电力系统设备、空调制冷设备等，如图 2-2 所示。

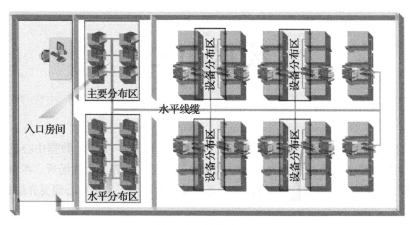

图 2-2　数据中心结构化布局俯视图

1. 网络电信设备

数据中心提供服务的核心是网络电信设备。数据中心通过一个主要入口和外部网络运营商相连。从电信通信角度来看，数据中心网络布局目前至少包括一个主要分布区（MDA）、一个或者多个水平分布区，以及一个或多个设备分布区。主要分布区是数据中心里线缆基础设施的中心。计算机机房中心路由器、中心局域网（LAN）开关、中心存储区域网络（SAN）等通常位于主要分布区。数据中心的主干线缆可能穿越多层建筑物和各水平分布区相连，在水平分布区，水平线缆在同层内电信设备间延伸，直至各个机架和服务器。

（1）服务器的概念

服务器也称为伺服器，是计算机的一种。服务器是数据中心的基本计算单元，主要用于在网络环境下为客户提供并行计算、大规模存储、高通量网络服务。服务器应具备承担服务并保障服务的能力，因此和通用计算机相比，它们具有更高的处理能力、更优秀的稳定性和可靠性，并且对可扩展性和可管理性也有较高要求。

（2）服务器的分类

目前为止尚没有针对服务器的统一分类标准。按照处理器架构（即 CPU 所采用的指令系统），可以把服务器划分为 CISC 架构服务器、RISC 架构服务器和 VLIW 架构服务器三种。按照应用层次，则可以把服务器分为入门级服务器、工作组级服务器、部门级服务器，以及企业级服务器。从最直观的角度来看，服务器可以根据其机箱结构的不同而大致划分为塔式服务器、机架式服务器、刀片式服务器和机柜式服务器四类。

塔式服务器一般采用和普通台式计算机尺寸相当的机箱，常用于构建小型台式工作站。塔式服务器成本较低，能够满足企业的一般需求，但因体积较大、独立性较强而不适合多机协作组成集群。

机架式服务器是工业标准化下的产物，外形按照统一标准设计，看上去更像是网络交换机。其空间利用率较高，便于统一管理，能够满足企业对密集部署的需求。但由于内部空间限制，机架式服务器扩充性能略受限制。此外，在密集部署时，散热也是需要注意的问题。

机架式服务器需要配合机柜使用。传统标准机架式服务器的宽度为 19 英寸（482.6 毫米），厚度则以机架单位（rack unit）来衡量。机架单位按其英文名称简写为 U 或者 RU。1U 服务器高度为 1.75 英寸（约 4.445 厘米）。服务器通常有 1U、2U、3U、4U、5U、7U 几种标准，常用的是 1U、2U。机柜高度一般为 42U，此外也有小尺寸的设计，比如 12U 和 22U 机柜。图 2-3 给出了典型机架服务器尺寸及安装示意图。

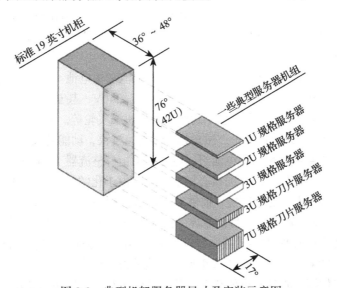

图 2-3　典型机架服务器尺寸及安装示意图

刀片式服务器代表高可用性、高密度的服务器平台，是为特殊应用和高密度环境而设计的。其中每一块"刀片"实际上是一块系统主板。在集群模式下，主板可以互联起来实现资源共享，为相同的用户群服务。在集群中插入新的"刀片"，就可以提高整体性能。每块"刀片"都支持热插拔，因此系统可以轻松地进行替换，并且将维护时间降至最低。

多种高档服务器在机柜里的统一部署可形成机柜式服务器。机柜式服务器内部复杂，设备较多，具有完备的故障自修复能力，关键部件采用冗余措施，常应用于证券、银行、邮电等对服务可用性和数据安全性要求非常高的企业。

2. 电力系统设备

电力系统设备是数据中心的生命线。目前数据中心多采用分层冗余式供电系统，以保证数据中心各级供电设备的可用性和稳定性。数据中心供电一般可以从电源系统、储能系统以及配电系统三个方面进行设计和管理。

（1）电源系统

数据中心是电力消耗大户，维基百科对数据中心的描述是：一个大型数据中心的用电量与一个一般的城镇用电量相当。数据中心一般由所在地的电网或专用发电设施提供电源。数据中心作为关键典型基础设施,对电源供给的可靠性和可用性有较高的要求。即便几分钟的服务器停机也可能造成上千万的业务损失。因此,高可用性的云数据中心往往要配置冗余的供电系统。

除电网供电,本地备电系统也是数据中心的关键电力来源。一些数据中心除了能够同时从两个供电站取电,还配备有本地的柴油发电机组以应对长时间断电。柴油发电机是内燃发电机的一种,以柴油为一次性能源,具有构造简单、燃料经济、启动迅速、维护简单、可靠性强等优点。当公用电网电力异常时,基于机械电子装置(一般是大型继电器)的自动切换开关(Automatic Transfer Switch,ATS)能够在较短时间内把数据中心电源由电网切换至本地柴油发电机组。在规模较大的数据中心机房,数台甚至几十台柴油发电机并行工作的情况越来越多。

(2)储能系统

常见的储能设备包括各种类型的电池,如铅酸电池和锂电池。业界主流的备用电池电压从高到低分别为 UPS 的 400 多伏到直流电源的 380V、240V,甚至直接和服务器主板连接的 48V 低压电等。其他辅助储能设备还包括超级电容、机械飞轮等。机械飞轮(flywheel)是借助高速旋转的转子的惯性来存储能量,质量越大,转速越快,动能越大。

传统的 UPS 储能系统一般由蓄电池组、电池开关柜、整流器(充电器)、逆变器,以及维修旁路开关组成。蓄电池组是 UPS 的核心储能单元,由于化学电池输入输出的是直流电,它们必须要经过相应的直流 – 交流转换才能够融合进数据中心的交流供电通路中来。在交直流转换过程中,电能损失在所难免。目前业界的设计趋势是从高压、集中式的大型交流 UPS 向低压、分布式的直流小 UPS 方向发展。谷歌和 Facebook 等公司已经在尝试从机房外部署集中式铅酸电池转向 IT 机柜内部署分布式小型锂电池的设计模式。

储能系统对于数据中心具有重要意义。其关键作用在于提供快速备用电源、进行电源质量控制(电压调节、频率调节等),以及多余能量回收。以备用电源为例,电网断电往往具有一定的随机性,而备用的柴油发电机有一定的启动时间(往往需要几分钟),储能系统就成为必要的短暂过度。在发电机预热过程中,数据中心通常借助不间断电源(Uninterruptible Power Supply,UPS)提供短时间的电能备份。当发电机正常运行后,ATS 会将电源切换至发电机;当主电网恢复正常时,ATS 又可自动切换至电网供电。

UPS 往往以中央式设备的形式安装在 ATS 和电力分配单元(Power Distribution Unit,PDU)之间。一旦这条供电通路的上游出现供电异常,UPS 可以提供应急电力。考虑到 UPS 也存在失效的风险,一些数据中心同时预备了冗余的 UPS 系统,并借助 STS(Statistic Transfer Switch)电力开关实现两组 UPS 系统之间的瞬时平稳切换。STS 是借助电力电子元件进行静态电力切换的装置,具有速度快、功率大、可靠性高等优点。

(3)配电系统

从 UPS 到服务器的电力输送主要由 PDU 完成。PDU 内一般配置变压器,可以对电力进行降压。在北美,传统的数据中心中通过 PDU 把 480/277V 三相电转换为 208/120V 单相电。PDU 的电力输出可以直接供电给服务器机柜,也可以经过远程供电板(Remote Power Panel,

RPP）将电力进一步输送到服务器。RPP 和 PDU 作用类似，只不过体积小且不具备内部变压器。在数据中心中，PDU 往往会按照额定功率的 1.5 ~ 3 倍配置，以预留额外的供电容量。通过改进 PDU 与服务器间的拓扑连接，数据中心可以在 PDU 层面实现较高的可靠性。举例来说，当某服务器机柜连接的 PDU 出现故障时，其余 PDU 由于具备额外容量可以为该机柜备用电力。Power Routing 技术能够实现 PDU 预留容量的动态调度。

最后，在机柜内部也能够借助冗余供电系统提升可靠性。一个典型的例子就是双电缆（dual-corded）服务器的应用。这种服务器具有两个电力供电单元（Power Supply Unit，PSU），可以同时从两个电缆汲取同样的电力。这样，即使在服务器端有一个供电单元出现故障，服务器也可以平稳地过渡到另一个供电单元而不至于停机。但是，PSU 的能效随着负载降低而变差。由于双电缆供电模式下每个 PSU 平均承担负载，服务器可能会面对一定程度的能效降低。

图 2-4 给出了数据中心层次化供电系统示意图。

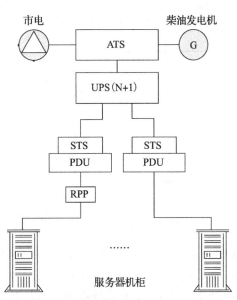

图 2-4　数据中心层次化供电系统

3. 空调制冷设备

计算机系统的正常运行离不开适宜的温度，在高温情况下服务器主板和其上半导体元器件会因过热而停止运行，甚至损坏。根据美国采暖制冷与空调工程师协会 ASHRAE 的早期规定，服务器入口空气温度应在 65 ~ 80℃。据 2009 年 IDC 的统计，仅有 70% 的数据中心运行在这一合理范畴，有 65% 的数据中心存在供电和制冷方面的问题。过低的制冷温度会造成制冷功耗的增加，目前 ASHRAE 的制冷标准改为 15 ~ 32℃（90F）。

在 2011 年公布的《数据处理环境散热指南》中，提出了数据中心的推荐和允许的温度、湿度环境要求，详见表 2-1。和此前 2008 年版的参数要求相比，数据处理环境的温湿度要求逐渐放宽。数据处理环境温湿度范围越宽，可实现自然冷却的时间就会越长，空调制冷能耗也会越小。

表 2-1　数据处理环境温湿度要求（ASHRAE，2011 版）

级别	设备环境参数							
	工作状态					停机状态		
	干球温度 /℃	湿度范围（不结露）	最高露点温度 /℃	最大海拔高度 /m	最大温度变化率 /（℃/hr）	干球温度 /℃	相对湿度 /%	最高露点温度 /℃
	推荐（适用于所有单独的数据中心，可以根据文档中描述的分析，选择适当扩大该范围）							
A1 ~ A4	18 ~ 27	5.5℃ DP ~ 60% RH 和 15℃ DP						

（续）

级别	设备环境参数							
	工作状态					停机状态		
	干球温度 /℃	湿度范围（不结露）	最高露点温度 /℃	最大海拔高度 /m	最大温度变化率 /（℃/hr）	干球温度 /℃	相对湿度 /%	最高露点温度 /℃
	允许							
A1	15 ~ 32	20% ~ 80% RH	17	3050	5/20	5 ~ 45	8 ~ 80	27
A2	10 ~ 35	20% ~ 80% RH	21	3050	5/20	5 ~ 45	8 ~ 80	27
A3	5 ~ 40	−12℃ DP & 8% ~ 85% RH	24	3050	5/20	5 ~ 45	8 ~ 80	27
A4	5 ~ 45	−12℃ DP & 8% ~ 85% RH	24	3050	5/20	5 ~ 45	8 ~ 80	27

空调制冷设备对于维持数据中心机房的正常运营具有重要作用。传统数据中心一般是开放式制冷。这种设计方式下，一般采用穿孔地砖（通气式地板），并借助计算机机房空调（Computer Room Air Conditioner，CRAC）提供冷风。根据 TIA942 标准建议，为了高效利用散热设备，数据中心机房布局必须采取"冷"通道和"热"通道并存的设计。在冷通道中，设备机柜面对面排列，吸入冷气；在热通道中，设备机柜背对背排列，流出热气。数据中心内部制冷与散热效率可以通过 COP（Coefficient Of Performance）反映。简单来说，该系数粗略描述服务器每消耗 1 瓦特功率所散发的热量需要制冷设备消耗多少瓦特才能消除。图 2-5 给出了采取升降式地板的传统数据中心制冷方案。

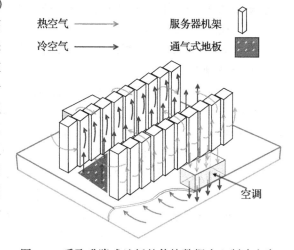

图 2-5　采取升降式地板的传统数据中心制冷方案

2.1.2　机房规划与设计

1. 一般规范与标准

TIA/EIA-942《数据中心电信基础设施标准》对数据中心提出了整体设计要求，并提供了数据中心可用性等级的规范。这个等级划分系统是由美国 Uptime Institute 推广的。在 4 个不同等级中，包含了对建筑结构、安全性、电器、接地、机械及防火保护等方面的不同要求。

在我国，有电子信息系统机房设计规范（GB 50174）、电子工程节能设计规范（GB 50710）、公共建筑节能设计标准（DB11/687）等。在供电方面，根据中华人民共和国通信行业标准 YD/T5040—2005 的要求，数据中心应达到"一类市电"供电标准。一类供电方式要求从两个稳定可靠的独立电源引入两路供电线，两路供电线不应同时检修停电。如表2-2所示。

表 2-2　我国市电可靠性分类和指标

供电分类	不可用度	停电次数（次/年）	停电时长（小时/次）
一类	$\leq 6.8 \times 10^{-4}$	≤ 12	≤ 0.5
二类	$\leq 3 \times 10^{-2}$	≤ 42	≤ 6
三类	$\leq 5 \times 10^{-2}$	≤ 54	≤ 8
四类	$>5 \times 10^{-2}$	存在季节性长时间停电或无市电供应	

其他一些专用标准还包括布线类标准，如美国电信产业协会标准（TIA 568）和国际 ISO/IEC 11801 等。EIA/TIA 568 是一项国际综合布线标准，确定了一个可以支持多品种、多厂家的商业建筑的综合布线系统，同时也提供了为商业服务的电信产品的设计模式。国际标准 ISO/IEC 11801 的全称为信息技术 – 用户基础设施结构化布线，是全球认可的针对结构化布线的通用标准，该标准描述了如何设计一种针对多种网络应用的通用的结构化布线。

数据中心对电子计算机和其他电路设备的雷击保护、过压保护等都非常重视。所谓防雷接地系统就是通过合理有效的手段将雷击电流的能量尽可能地引入大地。一个完整的防雷系统通常包括外部系统和内部系统。外部系统主要指避雷针和相关接地系统。内部系统主要防止因雷电导致的电涌侵入对敏感用电设备造成损害。数据中心的防雷电压保护可以参考以下几个设计标准：GB 50343《建筑物电子信息系统防雷技术规范》、GB 7450《电子设备雷击保护导则》、GB 50174—2008《电子信息系统机房设计规范》等。

2. 建设选址

选址是降低数据中心运营风险的重要环节之一，这是一个多因素综合判断的结果，必须采用科学的方法研究和判断。数据中心承载在线业务，其业务的重要性决定了数据中心选址必须考虑到网络延时、稳定性、用户覆盖范围、周边的地质条件、自然气候条件、水电资源，甚至要考虑政治稳定因素和治安问题等社会环境因素。

数据中心的运维成本受其选址影响。在美国，佛罗里达的飓风、加利福尼亚的地震、纽约州的暴风雪、德州的洪涝、俄克拉荷马州的龙卷风都对当地数据中心运营造成过切实危害。

数据中心选址应充分考虑周围环境条件。应远离存放易燃、易爆、具腐蚀性物品的场所，远离产生粉尘、油烟、有害气体，具有电磁辐射、含有害化学物质的土壤等场所。

其他自然条件如常年平均气温、风力大小、空气清洁度等也很重要。常年气温决定了自由风制冷的效率，而空气清洁度则影响到空调设备和自由风散热时的设备寿命，在一些新兴的使用新能源驱动的数据中心中，常年日照和风力大小也会成为建设者考虑的因素之一。

对于多层或高层建筑物内的数据中心，应考虑其管线铺设的便利性、雷电感应问题，以及楼层对服务器和室外机空调的负荷。一般规定，数据中心建筑的耐久年限不小于 50 年。

3. 机房格局规划

数据中心机房的平面布局规划应充分考虑其职能及安全控制要求，并划分为以下三大区域：

- 机房功能区：包括主机区、存储设备区、网络通信区、控制区等。如图 2-6 所示。
- 辅助功能区：包括空调设备区、动力设备区、消防设备区、安防控制等。
- 办公区：包括接待区、技术支持区、业务管理区、呼叫值班、开发测试等。

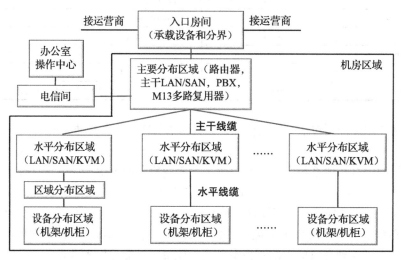

图 2-6　数据中心网络电信布局

4. 机房消防系统

数据中心需要装配自动消防灭火系统，以准确、迅速地应对任何可能出现的火情。数据中心的火灾情况可能由很多问题引起，最常见的是供电问题。比如服务器因为峰值负载超载导致供电系统超载、导线过热而引发火灾。

一般消防系统包括烟雾探测器和温度探测器。烟雾探测器感应由机房内物质燃烧所残剩的烟雾粒子，温度探测器则感应周围空气温度升高变化。消防系统通过发出声光报警引起运维人员注意，并将报警信号发送到特定的监控端。

常见的设计规范可参考 GB 50016《建筑设计防火规范》、GB 2887—2000《电子计算机场地通用规范》、GB 50116—98《火灾自动报警系统设计规范》等。

5. 机房综合布线系统

机房综合布线系统由模块化配线架、集成化 LED 灯、标示系统等部分组成。
- 模块化配线架：高密度的角型配线架或平板式配线架，易于安装维护。
- 集成化 LED 灯：配线架上增加 LED 能够显示正确的端口，节省工作时间。
- 标示系统：对线缆、出口、机架、配线架、接地、防火、桥架等进行标示。
- 线缆扎带：对线缆进行整合和捆束，需要紧质，易于移动、防止磨损等。

6. 机房设施监控管理系统

监控管理系统对于信息显示度的要求日益增多，管理员可以通过墙式大屏幕或桌面显示器对数据中心的计算基础设施运行情况进行监控，还能时时检测和显示关键的内外环境参数。数据中心的环境监控涉及诸多关键参数，比如温度、湿度、气流、网络、电压、功率，以及水液、烟火、门禁、安防等。一般来说，监控管理系统由三层架构组成：

- **监控层**：利用传感器和智能仪表对各类设备和资源进行监控，了解其运行情况、性能参数、健康指标等。
- **处理层**：对一般事件进行统计和分析、收集数据、对特殊事件和故障进行识别，并提供集中的自动处理和报警。
- **展示层**：将数据可视化，并展现在中央信息显示平台上。

2.1.3 基础设施运维

数据中心的规划设计和建设至关重要，但运维也不容忽视。一般而言，保障数据中心水平的三大影响要素（设计、建设、运维）中，设计占40%，建设和运维各占30%。如图2-7所示。

随着未来数据中心规模的增长和复杂度的增加，基础设施的运维管理在一定程度上影响到数据中心整体设计能够达到的高度。

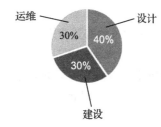

图 2-7 数据中心水平的三大影响要素

1. 数据中心功耗管理

传统数据中心对基础设施（包括服务器和供电设备、空调制冷设备）的利用率较低。这是因为数据中心的负载是随时间动态变化的，真正达到峰值功耗的概率很低。峰值功耗是指数据中心的最大功耗需求值。峰值功耗对于数据中心的建造成本和运营成本有着较大的影响。数据中心不间断供电设备的规模、备用发电机的发电能力、电力转换设备的配置都受到峰值功耗的影响。峰值功耗越大，这些设备的额定容量也越大，其购买费用就越高，从而加大了数据中心的初期资本投入。据统计，谷歌数据中心总功耗需求超过峰值功耗的90%的时间不超过其运行总时间的1%。但为了应对极端条件下的峰值负载，多数数据中心还是按照峰值负载和额定功率来配置供电设备，多数情况下这些设备处于闲置状态，造成了极大的浪费。

尽管数据中心在建造初期对供电设备采取了"过供给"的方式，在经过一段时间的服务器扩张后，服务器的峰值负载还是会超过其设计的供电容量。然而事实上此时的数据中心并没有达到饱和，而仅仅是峰值负载超出预期，其平均负载依然很低（例如60%）。从最大化利用已有供电设施角度来看，数据中心依然有增加服务器数目的潜力。但是峰值情况下的超载阻碍了数据中心的进一步扩张。通常使用的功耗限制（Power Capping）技术，如性能牵制（Performance Throttling），并不能有效抑制服务器超载，反而会降低用户使用体验。升级数据中心的供电设备极其昂贵，且需要的建设时间也较长，因此是数据中心设计中的下策。

另一方面，峰值功耗还直接影响到数据中心的运营成本。具体来说，电网公司会监控数据中心的瞬时功耗需求，对于峰值功耗会进行高收费。根据美国电网公司对于峰值功耗的不同收费标准，数据中心能耗费用一般在 4 ~ 11 美分每千瓦时，而功耗费用则在 7 ~ 13 美元每千瓦。假使一个兆瓦级的数据中心每个月99.9%时间运行在30%负载，而仅仅0.1%的时间遭遇 100% 的峰值负载，它依然会因为峰值功耗而不得不额外支出数万美元的运营费用。

针对峰值功率的移峰填谷可以有效提升数据中心利用率。当数据中心负载较重，对功耗需求较大时，可以利用储能设备临时释放部分储能，从而降低对于电网的功耗需求。当数据中心负载较轻，对功耗需求较低时，可以利用电网或者新能源对储能设备充电，以备下次使用。这种管理方法一般是利用现有的 UPS 储能设备，不会要求额外购置电池单元，也不需要长时间的改造建设。通过对数据中心计算负载进行移峰填谷，数据中心得以持续增加其服务器拥有量，实现云计算时代数据中心服务器的横向扩展，进一步提升经济效益。

2. 数据中心能耗管理

由于当今服务器的能效提升速度显著低于期望值，因此数据中心每年的电费开支已超出其计算机设备的购置费用。针对数据中心能耗的优化主要有三个方面：

1）消除负载闲置功耗。服务器在任何任务都不运行时会消耗闲置功耗（Idle Power），这部分功耗目前还无法降低为零，除非关机。负载整合（Workload Consolidation）技术通过虚拟机（Virtual Machine）技术把负载动态迁移至尽可能少的物理机上，并使其余物理机休眠或待机。

2）降低负载动态功耗。对于服务器利用率已经很高难以进行整合的机器，数据中心还可以施加动态负载功耗限制（Load Power Capping）技术，通过专用的处理器和服务器性能管控来有效限制服务器功耗上限。

3）优化供配电效率等。主要指针对交流电到直流电的供电通路进行革新等。传统数据中心采用交流电传输，通过多级电力转换后会造成极大的能源浪费。举例来说，常见的双变换 UPS 系统因为需要经过 AC/DC 以及 DC/AC 两次转换，会造成约 10% 的能效损失。如图 2-8 所示。

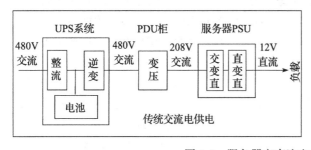 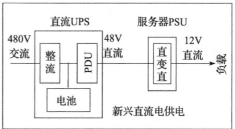

图 2-8　服务器交直流电力传输对比

3. 数据中心制冷管理

传统数据中心采取开放式制冷，其主要问题是冷热气流缺乏管理，从服务器机柜流出的热气和新产生的冷气会混杂并再循环进服务器，导致制冷效率下降。这一问题在机柜顶端和边缘尤其明显，会因不均衡制冷而产生局部热点。如果制冷量不足，可能导致服务器因过热而宕机。

面对不均衡制冷，数据中心可以通过降低送风温度进一步使热通道温度大幅下降，即便是最差的热点也能达到建议的服务器温度值。通过这种方法处理后，循环空气不再是一个严重的问题，但这种方法非常浪费，会极大地降低数据中心的能效。目前比较直接的解决方法是采取冷热通道隔离技术。该技术借助专用空调和机柜把热风和冷风隔绝开来，阻断热风再循环。目前数据中心采取多种方法提升制冷能效。比如，采取自然冷源来减少制冷机组的开机时间，这其中可以用到风侧自然冷却或水侧自然冷却。目前常见的制冷优化方式如图 2-9 所示。

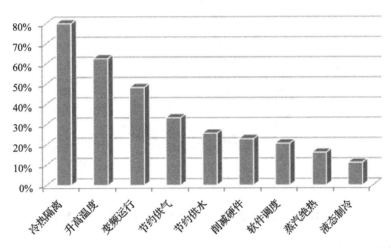

图 2-9　目前常见制冷优化方式统计（Uptime Institute 2014 年统计数据）

Yahoo 公司在数据中心制冷设计上曾取得过比较突出的成效。其 2005 年最初的数据中心 PUE 为 1.62，在经过 5 年优化后设计的"鸡笼式数据中心"达到 1.08 的 PUE。其主要设计方案是通过机房内部穹顶设计考虑了热空气对流特征，采取鸡笼式设计借助可调控百叶窗巧妙改善通风质量，并能够采用基于室外自然风的先进蒸发散热技术来降低空调能耗。

2.1.4　数据中心的评价

1. 成本

对任何数据中心运营商来说，降低成本都是增大其投资回报空间的有效方法。总体拥有成本（Total Cost of Ownership，TCO）描述的是数据中心直接和间接的整体经济开销，主要涵盖两个方面：资本性支出与运营性支出。资本性支出（Capital Expenditure）一般缩写为 CapEX，指的是为了获取该项目的全部固定或无形资产投入。对于数据中心和电信运营商来说，各类计算机设备、网络设备、供电制冷设施，以及设备的维修和升级换代等都属于 CapEX。这部分费用可以被一次性先期资本化，然后再分期将成本分摊为费用。运营性支出（Operating Expenditure）对于数据中心来说主要指运行过程中的额外费用与开销，主要包括场地租金、电力费用，以及相关人力成本等。资本性支出和运营性支出的基本区别在于，资本性支出涉及当期和未来一段时间的收益，而运营性支出仅与本期收益相关，直接影响当年利润。

数据中心的资本性支出和运营性支出同等重要。如图 2-10 所示，大体上数据中心的总体拥有成本来自于空间场地、服务、电力、供电设备，以及工程与安装等。随着数据中心内部服务器的快速增加，电费将成为数据中心的一项重要开支。据统计，早在 2012 年，一台普通服务器的三年电费已经超过其自身的设备购置费用。

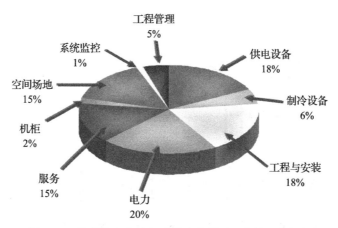

图 2-10　数据中心总体拥有成本分析（源自第三方材料）

2. 可用性和可靠性

（1）基本概念

可用性指的是系统或设备在一段时间中可以正常运行的概率。可用性作为一个直观的系统服务质量衡量标准，被广泛应用于数据中心的设计与评测中。可用性的计算公式为：

$$可用性 = \frac{正常运行时间}{正常运行时间 + 故障停机时间}$$

此处，正常运行时间即平均故障间隔时间（Mean Time Between Failure，MTBF），单位为"小时"，它反映了产品的时间质量，是体现产品在规定时间内保持功能的一种能力。具体来说，是指相邻两次故障之间的平均工作时间。

另一个相关概念是故障停机时间，也称为修复故障所需的时间（Mean Time To Restoration，MTTR）。MTTR 在实际运营与操作中还包括后勤时间，如确认失效发生所必需的时间、维护所需要的时间、获得配件的时间、维修团队的响应时间、记录所有任务的时间、将设备重新投入使用的时间。

当只考虑修复故障时间而不考虑后勤时间的情况下，系统可用性称为"固有可用性"；当同时考虑后勤时间的情况下，系统可用性称为"操作可用性"。

固有可用性的计算公式如下：

$$固有可用性 = \frac{正常运行时间}{正常运行时间 + 故障停机时间}$$

操作可用性的计算公式如下：

$$操作可用性 = \frac{正常运行时间}{正常运行时间 + 故障停机时间 + 后勤时间}$$

操作可用性更适合数据中心的实际运营。

可靠性与可用性是同等重要的概念。可用性是系统"正常运行时间"百分比。可靠性（reliability）理论上被定义为系统成功完成任务的概率（可靠性 = 1 − 错误发生概率）。系统可靠性越高，平均无故障时间越长。可用性高，并不代表可靠性高。表 2-3 中列举了三个例子。

表 2-3　可用性与可靠性

可用性	故障停机次数 /年	故障率 /（故障 /h）	MTBF/h	MTBF/ 年	可靠性
0.999 99	315	3.60E-02	27.81	0.0032	0%
0.999 99	1	1.14E-04	8760	1.0	36.78%
0.999 99	0.05	5.71E-06	175 200	20	95.12%

从表 2-3 中可以看出，第一个系统每年有 315 次故障，每次故障持续 1s；第二个系统每年只有一次故障，故障持续时间 5.3min；第三个系统 20 年内只发生一次故障，故障持续时间 1.77h。这三个系统具有相同的"5 个 9"的"可用性"，但是这三个系统的可靠性差别巨大，第一个系统的平均无故障时间为 0.0032 年，第二个系统的平均无故障时间为 1 年，第三个系统的平均无故障时间为 20 年。因此，可用性高的系统，可靠性不一定高。

（2）可靠性等级

IT 的创新和发展时刻改变着人类的生产与生活。随着 IT 的日新月异，各行各业的经营、运维、管理水平不断提高，这些提高与数据的采集、处理、存储等信息化发展密切相关，数据已经逐渐成为企业最重要的资产，而数据的存储和处理都需要在数据中心内完成，数据中心为服务器、存储设备提供必需的空间、电力、冷却，因此数据中心的可靠性与数据安全、软件安全、硬件安全紧密相关。数据、业务类型不同，可靠性要求不同，则数据中心配套基础设施（风、火、水、电）的架构不同，投资也不同。因此，关于数据中心可靠性级别的选择，是数据中心规划决策中需要考虑的重要因素。可靠性要求过高，会造成投资和运行费用高；可靠性要求过低，又可能无法满足数据业务需求，一旦宕机，损失巨大。

目前，针对数据中心可靠性分级有多种方式。国内 GB 50174—2008《电子信息系统机房设计规范》将数据中心分为 A、B、C 三个级别；国际上通用的标准是美国通信工业协会（TIA）发布的《数据中心的通信基础设施标准》（ANSI/TIA-942），根据数据中心基础设施的可用性（Availability）、稳定性（Stability）和安全性（Security），把数据中心分为 Tier Ⅰ、Ⅱ、Ⅲ、Ⅳ四个级别；Uptime Institute、LLC 的认证标准也从系统架构可靠性的角度把数据中心分为 Tier Ⅰ、Ⅱ、Ⅲ、Ⅳ四个级别，其中美国通信工业协会（TIA）发布的 ANSI/TIA-942 是国际上较为通用的、以数据中心为对象的技术规范标准，它为现代数据中心提出了新的规划方法、设计理念、系统架构等，并给出了许多技术指导。

国标分级定义 GB 50174—2008《电子信息系统机房设计规范》如下所述：

- A 级：A 级电子信息系统机房内的场地设施应按容错系统配置，在电子信息系统运行期间，场地设施不应因操作失误、设备故障、外电源中断、维护和检修而导致电子信息系统运行中断。
- B 级：B 级电子信息系统机房内的场地设施应按冗余要求配置，在系统运行期间，场地设施在冗余能力范围内，不应因设备故障而导致电子信息系统运行中断。
- C 级：C 级电子信息系统机房内的场地设施应按基本需求配置，在场地设施正常运行情况下，应保证电子信息系统运行不中断。

Uptime Institute 可靠性分级要求见表 2-4，分级定义如下所述。

表 2-4　Uptime institute 可靠性分级要求

	Tier I	Tier II	Tier III	Tier IV
在线设备数量及容量	N	$N+1$	$N+1$	N
分配路径	1	1	一路运行，另一路备用	单次故障之后两路同时运行
在线维护	不要求	不要求	能	能
容错	不要求	不要求	不要求	能
物理分隔	不要求	不要求	不要求	要求
连续冷却	不要求	不要求	不要求	要求

- Tier I：场地设施满足基本操作要求。容易受到有计划和非计划活动的影响，存在许多单点故障。在每年履行的预防性维护和维修期间，基础设施应该全部关闭。紧急情况可能要求频繁关闭。操作错误和现场基础设施组件自发的故障将导致数据中心的中断。
- Tier II：场地设施有冗余组件。比 Tier I 稍微少一点受到有计划和非计划活动的影响，容量按 $N+1$ 配置，但只有一个单线的分配路径。维护电力输送路径和部分组件时会引起数据中心的中断，无法实现在线维护。
- Tier III：场地设施具有在线维护的功能。支持 IT 设备运行各个系统中的每一个组件可以按计划从服务中被拆除，而对计算机设备无影响。当维护和测试一个路径时，足够的容量和分配必须提供给同时承载负荷的另一个路径。非计划的活动如操作错误或设备基础设施组件自发的故障将仍然导致一个数据中心的中断。当用户业务的情况证明是值得增加保护时，Tier III 的现场经常被设计成可以升级到 Tier IV。
- Tier IV：场地设施具有容错功能。场地设施有能力允许任何有计划的活动而不中断 IT 设备的运行，也能承受一种最坏情况的非计划故障的能力。任何动力系统、动力设备、输配组件的单点错误不会影响计算机设备的运行。系统本身可以自动响应一次错误，以免造成进一步影响。

数据中心的规划及系统设计应先分析 IT 业务的可靠性等级，进而确定机电系统的可靠性等级，最后进入节能设计和施工图设计。

3. 能效和碳排放

（1）电力使用效率

数据中心能效的一个主要衡量标准是电力使用效率（Power Usage Effectiveness，PUE），这个指标最初由 The Green Grid 机构于 2007 年开发，其设计目的是便于人们评估数据中心整体设施对于能源的传递和利用效率，并为研究数据中心能效的发展趋势提供指导。目前 PUE 指标已经被广泛应用于各类数据中心的建设评估与对比当中。

简单来看，PUE 被定义为数据中心整体能耗与 IT 设备能耗之间的比值：

$$PUE = \frac{数据中心整体能耗}{IT\ 设备能耗}$$

在 PUE 定义中，数据中心整体能耗指的是该数据中心自身所消耗的能源，这可以通过为该数据中心安装专用电表进行测量。这部分能源不仅用于支持 IT 设备正常运行，还包括电力设备的传输损耗、制冷和空调设备的能耗，以及其他方面用电（比如照明灯等）。作为分母的 IT 设备能耗则指的是被数据中心内部用于提供 IT 服务的所有设备所消耗的能源，包括数据计算、数据存储、网络传输，以及数据监控等部分。

PUE 是一个越接近于 1 越优的特殊性能指标。极限情况下，当 PUE 等于 1 时，表明数据中心将所有能源毫无损耗地供给了 IT 设备。值得注意的是，PUE 仅用于衡量数据中心基础设施的能源利用率，而不代表数据中心的整体能效。PUE 并不受计算机设备自身的节能与低功耗设计的影响。它主要通过数据中心电力传输优化、电力分配优化、散热制冷优化等方面来得以提升。

在 PUE 刚推出时，美国劳伦斯伯克利国家实验室对旗下 24 个高性能计算数据中心进行了分析，结果显示 PUE 平均值为 1.83。谷歌公司作为互联网数据中心的重要运营商，在七年内将其 PUE 从近 1.3 降低到 1.12。

（2）碳排放

数据中心庞大的能耗需求所引发的间接污染也开始受到关注。公用电网发电主要依赖化石燃料（如煤）。化石燃料的燃烧带来的是大量温室气体的排放。因此，基于传统电网供电的数据中心设计不可避免地导致了碳排放增加。据知名研究机构 Gartner 调查，IT 行业目前的二氧化碳排放量约为 3500 万吨，占全球总二氧化碳排放量的 2%，等同于全世界整个航空业的年碳排放量。数据中心是 IT 行业碳排放的大户，仅美国数据中心的二氧化碳年排放量就超过了荷兰全国的二氧化碳年排放量。伴随着数据中心的扩张，其对生态环境的压力与日俱增。

事实上，面对全球对发展经济环保型信息技术的迫切需求，"绿色数据中心"作为一种新型数据中心设计模式开始受到人们的关注。一方面，该模式注重提升基础设施（主要包括 IT 设备和供电设备）的利用率以最大化经济效益；另一方面，绿色数据中心强调通过融合计算机系统和新能源系统（如风能、太阳能、生物质能等）来缓解能源危机和实现绿色低碳。近年来，许多知名公司（如微软、IBM、谷歌和苹果公司等）都开始把探索建设绿色数据中心作为企业的一项长期战略目标，并积极尝试把相关技术用于实践。

在一些发达国家，有超过 20% 的数据中心会对其碳排放进行监控。有许多机构对数据中心的绿色环保性能加以评估，包括美国的 Uptime Institute 以及建筑节能方面的重要机构 LEED（Leadership in Energy and Environmental Design）。LEED 根据建筑物的节能和环保指标进行打分，并将其分为四级，最高级是白金级。凡获得白金级认证的数据中心一般都采取非传统的设计方法来提升绿色和可持续性。例如，苹果公司位于美国北卡罗来纳州的数据中心采取回收再利用资源设计数据中心，并采取可再生能源供电；花旗集团位于德国法兰克福的数据中心则采取了自然风冷结合高效节水的方案。图 2-11 给出了各国或地区数据中心实施碳排放检测的比率。

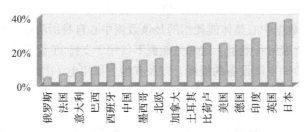

图 2-11   各国或地区数据中心实施碳排放检测的比率

（3）服务质量

服务质量是所有绿色高效能数据中心在节能的同时不能不考虑的问题。数据中心节能设计的一个主要原则是避免对性能造成太大的影响。尤其是对于网页搜索和推荐等在线交互式服务的数据中心，必须同时满足用户对响应时间的需求。

面向集群的服务质量控制技术主要集中在长尾优化方面。对于数据中心这类大规模分布式系统来说，总会有少量任务的延迟时间高于均值，这类响应一般被称为尾延迟（Tail Latency）。95th percentile 百分点长尾延迟指的是超过了 95% 的请求延时的负载的延时。降低长尾延迟（延迟分布的高分位数）对于提升云计算服务有重要意义。这类服务一般由集群层面的机器支撑，因此一个简单的请求可能会分散在大量的节点上，服务性能往往由性能最差的机器决定。

Google、Facebook、微软等大型云数据中心运营商对数据中心的长尾延迟非常重视，近一两年内和许多国际顶尖大学取得合作，提出了重要的服务质量优化技术：

1）在性能分析和模型建立方面，哈佛大学和 Google 的科研人员分析了 Google 数据中心具有代表性的负载。研究结果表明，大量应用会导致处理器在短时任务迸发和睡眠间反复切换，这对于处理器休眠算法造成较大挑战。密歇根大学和 Facebook 的研究人员则提出了一种统计意义上较为严谨的性能评估和性能调优参数技术 Threadmill。

2）在硬件调控机制方面，密歇根大学和 Facebook 的研究人员提出了一种方法——Adrenaline，该技术能够在 10 纳秒的层面上细粒度地操控电压频率以约束尾延迟，并保持请求的精确管理。

3）在系统控制方面，斯坦福大学和 Google 的科研人员则提出了 PEGASUS，这是一种基于反馈控制的功耗管理控制器，用以提升 WSC 系统的能效正比性。这种技术关注的负载一般被称为 OLDI 负载（On-Line, Data Intensive Workload），即在线数据密集型任务。这种任务的代表包括网络搜索、软件即服务、社交网络等。对于 OLDI 负载而言，处理器空闲时间即便在低利用率下依然很短，致使系统无法借助深度睡眠来降低系统能耗（切换时延太大）。PEGASUS 主要借助请求延时的统计数据来细粒度地动态调节服务器功耗管理的限制，使得每个服务器节点刚好比满足全局 SLA 指标所需快一点。在此基础上，斯坦福大学和 Google 又共同推出了 Heracles 技术。Heracles 可以让数据中心的资源利用率达到 90% 之上。Heracles 的目标在于提供对这些共享资源更好的隔离机制，尽可能避免 SLO 冲突。此外，微软和罗格斯大学还合作提出了 Few-to-Many（FM）增量式并行技术。这种技术能够通过动态调整并行度来降低长尾延迟。FM 主要采取的思路是渐进性地根据个体请求的执行进度为其增加工作线程。FM 在不同搜索引擎中的实现方式对其算法实施有一定影响，但都表现出较好的性能。在企业级开源搜索引擎 Lucene 上，FM 能够将第 99 百分位（99th Percentile）延迟值降低 32%；在微软的 Bing 上，FM 能够降低 26% 的长尾延迟。

2.2 云计算数据中心

数据中心按任务类别可以分为高性能计算数据中心（HPC Data Center）以及互联网数据中心（Internet Data Center）。高性能计算数据中心又称为超算数据中心（Supercomputing Data Center），主要为科研院所和需要高性能计算的企事业单位提供服务。数据中心配置业界性能最优的服务器，并采用先进的互联技术以最大化计算吞吐量。相比之下，互联网数据中心的使用对象则更加广泛，主要以满足社会对网络接入和信息处理的需求为目标。

随着时代的发展，许多互联网数据中心开始按照云计算的要求部署专用服务环境，称为云计算数据中心。和高性能计算数据中心相比，云计算数据中心更专注于低成本、多元化的计算和存储服务。和传统互联网数据中心相比，云计算数据中心在计算能力、存储能力、可靠性方面都有较大提升。本节将详细介绍云计算数据中心。

2.2.1 云数据中心的发展

数据中心系统经历了局域网主机、互联网服务器，最终进入云数据中心时代。

在 20 世纪六七十年代，以 IBM 为代表的主机服务器（mainframe）风靡一时，这类大型机一般处理较大的输入输出流量，在当时成本和运维开支都极高。为提升系统利用率，早期的主机系统已经开始支持多用户对主机系统的资源共享。进入 20 世纪 80 年代，随着互联网的发展以及以 Intel 为处理核心的各类 x86 计算机性价比的大幅提升，互联网服务器得以快速部署。此时互联网数据中心已见雏形，但信息传递以南北流量为主，即对于 LAN 和 WAN 来说，主要是来自各地的用户计算机和数据中心间的交互。进入 21 世纪初，随着以电子商务为代表的互联网产业的飞速发展，数据中心从规模和数量上都有显著提升，这种在经济上具备规模效益的云数据中心逐渐成为 IT 产业的重要基础设施。与早期互联网数据中心不同，云时代的数据中心对于用户与数据中心、数据中心内部，以及数据中心与数据中心间的流量都提供了更好的支持。

2.2.2 互联网数据中心

传统云数据中心主要是指互联网数据中心。但是随着负载应用的发展，云数据中心不仅用来支持网络存储与通信，还能够提供高性能计算服务，比如亚马逊 EC2。因此，当前云数据中心也可以细分为计算密集型数据中心和存储密集型数据中心。这两类数据中心并没有严格的分界，一般为了节省成本，两种类型的数据中心能被放置在一起，并不能严格地区分开来。计算密集型数据中心主要用于为用户提供快速响应的计算服务，典型的例子就是如今的搜索引擎，对于用户请求，必须在一定时间内返回最终处理结果。而存储密集型数据中心的应用包括网络硬盘、CDN 服务、视频加速等。这类服务对于计算并没有很高的要求，但是数据安全性和网络延迟成为此类应用的关键。事实上，大多数服务并不能严格区分这两类应用，如 Facebook、Google+，以及微信和微博等社交网络应用，它们一方面存储了大量的用户图片等文件，另一方面又要同时处理亿万用户的数据处理请求。图 2-12 给出了云数据中心的三大基本功能，即计算、存储和通信。

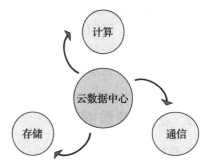

图 2-12　云数据中心的三大基本功能

2.2.3 多租户数据中心

按照使用模式的不同，云数据中心可以分为四大类：
- 私有模式（Private Cloud）
- 公有模式（Public Cloud）
- 机房批发整租式（Wholesale Lease）
- 多租户托管式（Retail Colocation）

对于一些大型互联网公司（如谷歌和 Facebook），它们有实力建设自己的私有云数据中心。这种数据中心为单用户 / 机构所有，完全自主负责和运营。对于一些经济实力不足或者按需获得云计算资源的用户，则可以选择购买第三方的公有云服务，这种情况下用户本身不拥有硬件资源的控制权。对于一些希望自主搭建服务器的用户，一些地产商还提供了机房整租服务，但更多情况下，一些中小型公司还是倾向于租赁一部分机柜并共享机房的基础设施。

多租户托管式数据中心是云计算较早期的一种数据中心运营方式。具有不同背景、需求、使用方式的用户可以租借大型数据中心中的服务器机柜。和传统的自建机房相比，这种方式有一些优势，比如节省了部署时间，避免了复杂的数据中心容量规划工作，但这种方式也逐渐被公共云模式所取代。公共云提供便捷的网络、安全、计算等服务，云计算的未来是公共云。

2.2.4 数据中心多级架构

数据中心作为复杂大型计算机系统,一般采取多级组织架构。从计算单元量级来看,比较通用的层级描述有数据中心层(Data Center Level)、服务器集群层(Server Cluster Level)以及服务器节点层(Server Node Level)。关于数据中心的设计与管理一般需要指明所针对的对象层级。比如,针对服务器集群层的负载均衡可能不适合数据中心层。

换一个角度,数据中心层级描述还可以从某些特定的结构单元出发。举例来说,设施层(Facility Level)的覆盖面可能和数据中心层具有类似广度,但更关注于数据中心的基础设施(如供电致冷设备);PDU层(PDU Level)从电力分配单元(PDU)出发,研究其所涉及的服务器集群;机架层(Rack Level)则通常比集群层覆盖面要小很多,主要关注一个服务器机柜量级的系统。

2.2.5 模块化设计与硬件重构

1. 模块化设计

在云计算时代,商业版图的扩张势必需要扩展ICT基础设施。计算设备的可扩展性(Scalability)对于数据中心运营商至关重要。数据中心主要有两种扩展方式——纵向扩展和横向扩展。纵向扩展(Scale Up)又称为垂直扩展(Vertical Scaling),指的是在同一个逻辑单元添加资源以增加容量,比如升级服务器的CPU、增加内存条的容量。横向扩展(Scale Out)又称为水平扩展(Horizontal Scaling),指的是增加多个逻辑单元并且使它们协同工作。大多数的集群技术都是通过横向扩展来进行扩展的。

模块化正成为数据中心设计的一个重要趋势,其主要原因在于模块化设备可随时减配或增配,还支持在线扩容。这种性质决定了系统能够可持续地改进以应对更大规模、更复杂的业务需求。微模块是以若干机架或机箱为基本单位,包含制冷模块、供配电模块及网络、布线、监控在内的独立的运行单元,全部组件可在工厂预制,并可灵活拆卸、快速组装。微模块的关键是产品化、模块化,把数据中心里偏IT的部分打包成一个标准化的产品,方便灵活配置。

2. 硬件重构

2014年4月,Facebook宣布成立开源数据中心硬件项目Open Compute Project(开放计算项目,OCP)。该项目的主要目标是对存储、网络、主板与服务器、机架、数据中心等进行整体架构再设计。目前参与该项目的成员名单包括Intel、华硕、Dell、Mellanox、华为、Red Hat、Cloudera、Hyve、Nebula、百度、Mozilla、Rackspace、Netflix、高盛等软硬件厂商及客户。

以OCP的开放机架(Open Rack)为例,Facebook通过取消占地费钱的机架内部滑轨,并整合供电模块,将机柜的空间利用率从73%提升到了87.5%。新的服务器高度从传统1U的44.5mm,略微增大至48mm(名为OpenU,简称OU)。对于开放机架V2版本设计来说,机柜分为3个供电区(Power Zone),每个供电区有3 OU供电框安置7个700W的PSU,新的机柜内部配备高密度基于锂电池的备用电源(BBU)。整个机架的供电能力达12.6kW。每机架两个PDU,200 ~ 277V交流在左后方,48V直流在右后方。服务器从机架正后方等距分布的 3 根铜排母线上取电,服务器电源输出电压 12.5V,正好满足服务器对 12V 输入的要求。

3. 案例分析:集装箱式数据中心

集装箱数据中心一般指的是将服务器和供配电基础设施置入一台可移动的大型集装箱或固定空间中的数据中心,也常被称为模块化数据中心(Modular Datacenter)或便携式数据中心(Portable Datacenter)。概括起来,这种预制的小规模数据中心相对传统数据中心具有两大优势:

- 部署快速,易于扩展:集装箱数据中心可以部署在采用者指定的适当位置,且它们通常可以在几周时间内部署完毕;相比之下,建造传统的数据中心通常需要几个月,甚至几年。而且,可以通过添加集装箱数据中心、预制单位或建筑面积使我们能够方便地扩展计算容量。
- 节能经济:对传统开放式数据中心及建筑大楼来说,不同的设备(例如服务器、配电系统以及供暖、通风和空调设备等)在设计时都要考虑到最差情况,所以在设计余量中存在着严重的成本浪费。模块化数据中心可按需提供供电、冷却和计算能力,有效避免浪费。

世界上首款集装箱式数据中心是 Sun 公司于 2007 年推出的 Blackbox,其中包含 250 台服务器和超过 2PB 的磁盘存储。相对于建设一个同样规模的传统数据中心,Blackbox 只需 1/10 的建设时间和 1/100 的建设成本。目前一些主流的模块化数据中心设施生产商包括 Sun、HP、IBM、SGI 等公司。每个公司的产品各不相同,表 2-5 展示了一些代表性产品在容量以及能效方面的差异。

表 2-5 主流生产商的集装箱产品参数

制造商	服务器容量	电力容量	PUE
Sun	320U+	200kW	—
HP	1100U+	290kW	1.25
SGI	2500U+	270kW	1.2
IBM	789U+	410kW	1.3
Google	1160U+	250kW	1.19

最初,集装箱数据中心主要通过特有的冷热通道隔绝来提升整体能效。如果按照冷却装置的部署特点可以大致将其分为以下三类:第一类是以 HP 公司 POD 集装箱数据中心为代表的顶上冷却架构,制冷装置被装在服务器机柜上,由上向下提供冷气;第二类是 SIG 公司的 ICE Cube,其采用的是行间冷却架构,制冷装置被安装在机柜靠内的一侧,这样两排机柜之间形成了一条冷气流通道,而它们的另一侧则是热气流通道,最后冷 / 热气流交换实现整个系统架构的制冷;第三类是 Sun 公司所采用的行间循环冷却架构,此时制冷装置被安装在同行机柜之间的前后侧,这样在每个机柜周围都形成了循环的冷 / 热气流交替。

后期集装箱数据中心设计开始向更加灵活可扩展的方向发展。比如爱默生公司的 SmartCabinet 实现了机柜级别的细粒度模块化解决方案。一个标准机柜内包括所有 IT 设备所需的恒定运行条件，占地仅 0.7 ~ 2 平方米，可在一天内部署完成，能够提供 22U 服务器空间（约 5kVA）的容量。Dell 公司的 Humidor 系统则独辟蹊径地提出了两个集装箱的纵向堆叠架构：底层集装箱具有 24 个全尺寸的机架来提供 IT 设备；顶层的双集装箱提供电力的转换、测量、分配以及非易失性电源和致冷散热系统。这种设计尤其方便 IT 架构师和设施维护师互不干扰地同时作业。此外，Datapod 公司的模块化数据中心解决方案则更注重可重构性。运营商可以借助预定义的多种计算设备与基础设施的模块来搭建成多种容量的集装箱化数据中心。

2.3 阿里云数据中心

阿里云公司在全球十多个经济发展核心城市拥有数据中心。随着时代的变化，阿里云数据中心的设计理念也在不断发展和改善，为全球用户提供性能更优、效能更高、更多元化的计算服务。

2.3.1 绿色环保新实践

2015 年 9 月，阿里云位于总部附近的千岛湖数据中心正式启用，该数据中心建设等级接近 Tier IV，是目前浙江省内单体建设规模最大的数据中心。千岛湖数据中心采用了一系列领先的设计理念和自主研发的技术，能极大地满足阿里巴巴对云计算和大数据应用的需求。

千岛湖数据中心的一大特色是节能节水。其设计年平均 PUE 低于 1.3，最低可达到 1.17，是截至目前中国内地 PUE 最低的大型数据中心，也是亚热带地区最节能的数据中心之一。除节能以外，数据中心设计年平均水资源利用率（Water Usage Effectiveness，WUE）可达到 0.197，远远超过此前公开资料显示的 Facebook 公司位于俄勒冈州的数据中心所创下的 0.28 的最低纪录。以上性能大多得益于千岛湖数据中心机房建设方面的一系列新实践：

- 湖水制冷：因地制宜采用湖水制冷，让数据中心 90% 的时间都可以不依赖湖水之外的制冷能源，全年节电约数千万度，减少碳排放量一万多吨。
- 绿色能源：借助绿色可再生的分布式能源来为数据中心供电，采用了光伏太阳能和水力发电等技术，并回收服务器余热用作办公区采暖。
- 智能空调：将按需制冷技术纳入动态机房管理，通过算法模型综合判断，精密检测服务器的功耗和周围温度变化，及时调整空调冷量输出，将制冷所需的能耗降到最低。

在此之前，有许多公司设计过类似的绿色数据中心技术。例如，Equinix 公司位于多伦多的 TR1 IBX 国际业务交换数据中心使用深层湖水制冷系统，其位于新加坡的 SG1 IBX 采用了细粒度温度监控。雅虎公司位于纽约州的鸡笼式数据中心早在 2009 年就借助高端施奈德监控仪表进行了功耗检测，并利用机房动态通风调节来实现智能制冷。然而，极少有数据中心能够综合集成用水优化、用电优化、空调优化等技术。

更有趣的是，数据中心资源还可以和周边环境融为一体，实现更加绿色可持续的设计模式。比如千岛湖数据中心经过物理净化的湖水通过完全密封的管道流经数据中心各个楼层，帮助服务器降温，再流经 2.5 公里的室外空间，洁净地回到千岛湖。此设计不但绿色、节能地解决了数据中心的制冷问题，还为城市景观水道提供了水源，将自然、城市、科技有机融合。

2.3.2　数据中心设计新实践

阿里云在机房服务器系统建设方面还进行了如下创新实践：

- 数据中心微模块（Alibaba Data Center Module）。模块化设计保证从工厂生产到现场交付仅需 45 天，和传统的机房设计方案相比能够节约近 4 个月的时间，极大地方便了系统节点的动态扩展；每个微模块数据中心都采用了独创的铝合金预制框架，采用精密的契合结构，进一步精简了现场的安装工作。
- 整机柜服务器（AliRack）。这种整机柜服务器专门针对云计算和大数据的业务需求定制。在千岛湖数据中心中 AliRack 已经采用了最新的 2.0 版本。这种结构的最大好处是增加了服务器上架密度，和传统机柜相比提升了 30%，同样的服务器空间硬盘容量增加了一倍。AliRack 支持即插即用，服务器交付变得更加方便。

阿里巴巴还提出一种可重构的模块化数据中心，分为两个箱体。第一箱体为信息技术设备模块、空间维护模块，以及至少一个配电模块。第二箱体与第一箱体的长度不同，可以配合第一箱体组成不同类型和容量的预制化功能模块。通过多个第一箱体与第二箱体分别区分出不同的功能模块以及通过这些功能模块的拼接，进而让模块化数据中心可以根据使用需求快速扩容或变更数据中心可用性等级。这种可拼接、可重构的数据中心实现了不同功能模块之间的相互连通，让模块化数据中心的内部空间可以获得有效利用，从而解决了数据中心的建造速度缓慢、扩容不易以及占地面积过大等问题。

2.3.3　云计算应用新实践

目前社会上对云计算的需求并未停留在并行计算和云存储之上。随着大数据的爆发，用户对高性能计算尤其是机器学习技术的需求日益增多。将高性能计算平台结合云服务器、对象存储等阿里云的现有产品，用户可以根据各种场景需求搭建自己的计算系统，满足从气象预测到金融分析、计算化学等多种计算需求。云端可以通过配备 GPGPU、网络互联、内存计算系统来实现针对新兴应用的性能加速。

据测算，假如有 200 万张图片需要学习，用一台双路 E5-2650 v2 的服务器训练需要 16 天时间，而用云端双 GPU 的物理机可能仅需 1 天。

高性能计算可与阿里云多种云产品无缝接入，方便客户根据不同应用业务场景需求，实现更加丰富的云架构。目前阿里云在 Docker Hub 上发布了专门为高性能计算服务定制的工具集，其中包括诸多开发、配置和监控、数值计算、机器学习、多媒体等工具。

本章小结

数据中心是面向互联网规模应用的大型仓库级计算机系统，能够提供数据存储、数据计算、数据通信等核心功能,是云计算时代重要的基础设施。数据中心核心功能的实现不仅需要高性能的服务器设备以及高效的互联网络,还需要电力系统和空调制冷的协同配合。除基本的功能性要求外,现代数据中心还对可靠性、可用性、可扩展性、能效、成本等提出了更高的要求。因此,数据中心的设计、建造和运维都是复杂的大型工程。阿里云在数据中心设计与部署方面积累了大量的经验,融合了先进的技术和理念,为其云计算服务提供了强有力的支持。

习题

1. 数据中心建设的开销主要来自哪些方面?
2. 在 Uptime Institute 的机房等级评定中,不同 Tier 数据中心的差别在哪里?
3. 数据中心利用率对于降低云计算成本的意义是什么?
4. 数据中心层次化供电系统中,UPS、PDU、ATS 等不同设备的主要作用是什么?
5. 如何提升数据中心的可扩展性?

参考文献与进一步阅读

[1] Luiz Andre Barroso,Jimmy Clidaras, Urs Holzle. The Datacenter as a Computer: An Introduction to the Design of Warehouse-Scale Machines [M]. 2ed. New York: Morgan & Claypool, 2013.

[2] Datacenter Dynamics. DCD Industry Census 2011: Forecasting Energy Demand [OL]. http://www. datacenterdynamics. es/research/energy-demand-2011-12.

[3] ASHRAE TC 9.9. 数据处理环境散热指南 [M]. 沈添鸿,等译. 2 版. 北京:中国建筑工业出版社,2010.

[4] Elsayed A Elsayed. 可靠性工程 [M]. 杨舟,译. 2 版. 北京:电子工业出版社,2013.

[5] 中国计算机学会. 2015—2016 中国计算机科学技术发展报告 [M]. 北京:机械工业出版社,2016:1-30.

第 3 章

网　　络

云计算是一种模型，在这种模型中，所有的 IT 资源和服务都是从底层基础设施中抽象出来的，以便在多租户的环境下按要求和规模提供服务。每一种云都是服务和配置模型的一种组合，不管云的类型如何，有一个事实是大家公认的，即没有网络就没有云。没有网络，用户便无法访问云服务，各种应用和数据将不能在云间传递，基础设施也不能很好地协同工作，云平台下的大规模优势便无从施展。可见，网络对于云计算的重要性。

随着云计算的不断发展，传统网络已经不能适应，需要做出相应的改变。例如，在云平台上，所有的东西都被虚拟化，因此网络基础设施需要是可编程的；服务器和应用需要具有可移动性，网络架构需要具备良好的可扩展性。又如，网络需要适应不断出现的新应用，如一些数据集中型的分析、并行和聚簇处理、远程专家诊断、社区云服务等，并且要考虑如何快速地将这些应用和服务提供给用户。此外，还要有新的流量模式、新的访问形式等。这些都要求云平台网络具有很强的适应能力，以应对不断出现的"新"事物。此外，云平台具有随时在线的重要特性，因此云网络自然也应该很好地支持这一特性。

为了应对这些新的挑战，云平台下的网络需要：

1）具有灵活的网络架构，以适应云平台大规模网络的管理。

2）快速提供云服务，以便加快用户对于各种应用的访问速度。

3）强大的虚拟网络支持，以满足云用户对于自身网络设计的需求。

4）强大的流量应对策略，以应对云平台下复杂的流量模式。

本章中，我们将着重就这几个问题展开讨论。

3.1　网络架构

云平台下，云服务提供商需要将位于全国各地，甚至全世界各地的数据中心连接成一个有机的整体，这种规模是传统网络无法企及的，也正是云平台的巨大优势所在。从云平台规模上来说，云服务提供商会在各个地方设立数据中心，以方便其提供云服务；同时，每一个数据中心的服务器规模就可能达到几万台甚至几十万台。因此，如何将这些资源有效地整合成一张网，让这些资源形成强大的聚力，是云平台下组建网络需要考虑的首要问题。除此之外，随着需求的不断增长，云服务商需要根据实际情况增加其服务器和网络节点的数量。因此，为了适应这种大模型性及动态性，设计一个好的网络架构变得十分关键。

图 3-1 为一个典型的云平台整体网络架构图，其中重要的组成部分包括可用域（Availability Zone，AZ）、区域网络（Region Network）、核心网络（Core Network），以及边缘 / CDN 网络部分。一个 AZ 中包括了一个或者多个 DC（数据中心），一个 Region 中又包含多个 AZ；Edge/CND 是与运营商直接相连的部分；整个网络架构中最核心的是 Core Network，它通过连接设备将各个 Region 和 Edge/CDN 连接在一起，使整个网络形成有机的整体。下面将分别介绍这几个部分的基本网络架构。

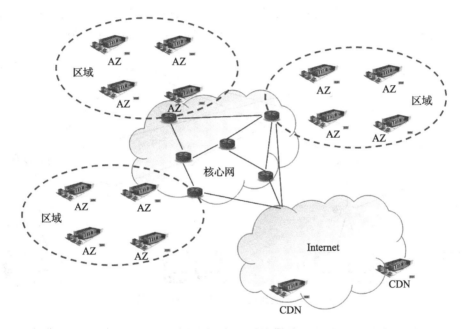

图 3-1　云平台物理网络架构

3.1.1　数据中心网络架构

数据中心（DC）包含在 AZ 中，其网络架构是云平台网络整体架构中的基本单元，对整个网络性能起着重要的作用。传统的网络模型在很长一段时间内支撑了各种类型的数据中心，但随着互联网的发展以及企业 IT 信息化水平的提高，应用的种类及数量急剧增长。同时，数据中心规模不断膨胀，虚拟化、云计算等新技术不断发展，仅仅使用传统的网络技术越来越无法适应业务发展的需要。数据中心网络有多种架构，总体来看，可分为树形架构、网状架构和混合型结构。以下我们从一个经典的树形网络架构来认识数据中心网络。

Clos Network 是一个经典的多根树型网络架构。在数据中心网络中，Clos Network 常常包括三层交换结构：ToR（Top of Rack）交换机直接与服务器相连，汇聚层服务器直接与 ToR

交换机相连，中间层交换机与汇聚层服务器相连。ToR 是描述机柜接入方式的专有名词，如该名字所表示的意义，它是指服务器柜顶接入方式。在最初的 Clos 术语中，这三层交换结构分别被称为"input""middle"和"output"（分别对应图 3-2 中的中间层、聚合层和柜顶接入层）。在这种结构中，交换机的数量由中间层交换机和汇聚层交换机的端口数决定。如果每一个交换机有 n 个端口，那么将有 n 个汇聚层交换机和 $n/2$ 个中间层交换机。在每一个中间层交换机和每一个汇聚层交换机之间只有一个连接。汇聚层剩下的 $n/2$ 个端口和 $n/2$ 个不同的 ToR 交换机相连。每一个 ToR 交换机和 2 个不同的汇聚层交换机相连，ToR 交换机剩下的端口和服务器相连。对于每一对汇聚层交换机，有 $n/2$ 台 ToR 服务器相连，因此，总共需要 $n^2/4$ 台 ToR 交换机。尽管中间层交换机和汇聚层交换机的端口数必须相同，但 ToR 交换机则没有这个限制。如果每一个 ToR 交换机的 n_{ToR} 个端口都和服务器相连，在整个网络中将有 $n^2/4*n_{ToR}$ 台服务器。图 3-2 显示了一个 $n=4$、$n_{ToR}=2$ 的 Clos Network 拓扑结构。

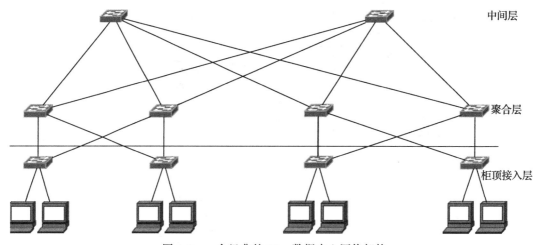

图 3-2　一个经典的 Clos 数据中心网络架构

关于数据中心网络架构的设计有很多种，由于数据中心在整个网络中起着重要的作用，因此，本章中单独列出一节来介绍数据中心网络。对于数据中心网络的介绍，可见 3.2 节。

3.1.2　区域网络架构

区域网络将各个 AZ 连接起来，以覆盖更大的范围。图 3-3 是一种区域网络（Regional Network）架构，该架构与图 3-2 中所介绍的数据中心网络架构类似，也采用了多层网络架构设计，并使用了大量交换机进行网络连接，只是在最顶层使用了许多 RXC 集合，而非 CSR（Cloud Service Router）。此架构连接了区域内的所有 AZ，为了保障可用性，这些 AZ 中至少有两个是与外界因特网进行连接的。在该架构下，同一区域内的两台服务器之间的延时能够低至 1.8ms，同时，也不再依赖于 DWDM（密集波分复用）设备，使得网络更加灵活。

此外，该结构是一个新型的交换结构，其设计是建立在许多实际的考量之上的。在开销方面，同一区域内各数据中心之间需要大量的网络带宽，而在数据中心中使用的 CSR 也十分昂贵，并且在实际应用过程中，并非所有的 AZ 和 DC 都需要和公网直接连接。因此，在该设计中使用了许多直流交换机来连接各个 AZ 和 DC，以节省开销。直流交换机具有高可靠性、高效率、低能耗等特点，满足了开销方面的需求。在安全性方面，为了保护内部网络中的许多重要流量（例如区域中所存储的数据在 DC 之间进行交换备份），以及为了避免遭受常见的 DDoS 攻击（分布式拒绝服务攻击）所带来的巨大流量消耗，一个独立于核心网的区域网络设计就十分重要。再就是性能方面的考虑，一个新兴的交换结构能让区域网以更低的开销来获得更高的性能。

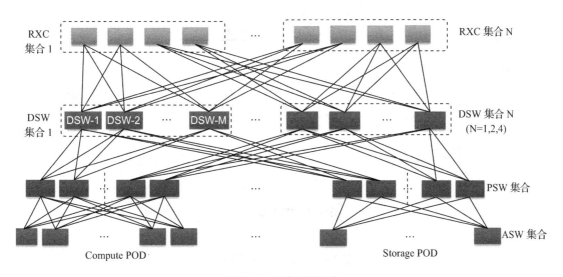

图 3-3　区域网络架构

3.1.3　核心网架构

核心网则将各个区域网络连接起来，形成一个更大范围内的整体。图 3-4 展示了阿里云核心网架构。阿里云核心网主要包括两个独立的网络，即 ACTN 和 ABTN。ACTN 用于连接内部各个区域之间的网络，而 ABTN 用于与外界公网进行连接。ACTN 是基于 SDN 的网络，主要采用交换机与区域网进行连接，且各部分间采用完全网状的 TE（Traffic Engineering，即流量工程）通道来进行连接，仅仅承载内部可预计的网络流量，便于管理，自治性也更好。ACTN 是一个独立的系统，使用它来连接不同的区域，能使整个网络更加安全；而且，它只需要使用直流交换机，成本更低。而 ABTN 是骨干传输网，它是一个基于流量 TE 通道或者 LSP（Layered Service Provider，即分层服务提供商）的 SDN 网络，采用的是 PE（Provider Edge）路由器与区域网进行连接，而且为了实现与公网对接，ABTN 采用了大量的路由条目支持以及 BGP 的路由反射。ABTN 是一个简单的网络，能支持 ISIS 协议，并能很好地支持 IPv6。在性能上，ABTN 可以提供 100G 城市间的连通性，并可以利用 SDN 技术来最大化带宽的利用率，并留有足够的容错冗余。ABTN 有四个设计目标：

1）简化控制面板和减少状态。

2）简化和优化操作组成。

3）将转发面板汇聚减少至半秒。

4）调整网络以适应未来网络拓扑的转变或运营商的转变。

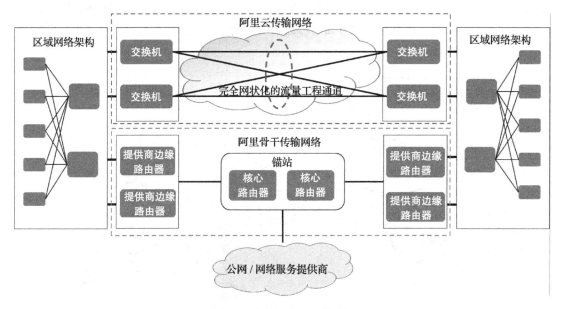

图 3-4　阿里云核心网架构

3.1.4　边缘或内容分发网络架构

如图 3-5 所示，Edge/CDN 连接了区域网络（Region）和公网或服务提供商（Public Internet/Service Provider）。更详细地说，Edge 是数据中心与公网或者服务提供商相连接的地方，一般设在人口较为密级的城域或者市区（Metro area/City）。大多数内容分发网络（CDN）提供商都会根据预设地理范围来设立 PoP（Point of Presence，即入网点）以便更好地向用户提供服务，这些 PoP 集合通常被称为 edge，因为它们是 CDN 中最接近于实际用户的。所谓"接近"指的是用户访问上的接近。为了减少用户访问延时，降低查询开销，CDN 提供商会在一定区域内设定 PoP 点。当用户访问某网站时，CDN 会通过优化算法选择地理上离用户最近的 PoP 向用户提供服务。总的来说，CDN 中的 PoP 网络是一个小型的 IDC 网络，其中的服务器相对于正常的 IDC 网络要少很多，因此，同正常 IDC 网络架构类似，PoP 网络架构就是一个小的交换矩阵。在实际部署上，正因为 CDN PoP 很多时候就是运营商接入的点，考虑到接入运营商需要大量的路由，因此使用昂贵的路由器作为核心网络与运营商对接，这种路由器的路由条目可达 500w 级别。此外，值得一提的是，将 Edge/CDN 设立在人口密集的城域或市区虽然方便了用户的访问，也使得数据中心很容易与运营商连接，但这些区域的水电

等实际资源花费较高，这也是运营商需要考虑的重要问题。关于 CDN，我们将在后续小节中
进行深入的讨论。

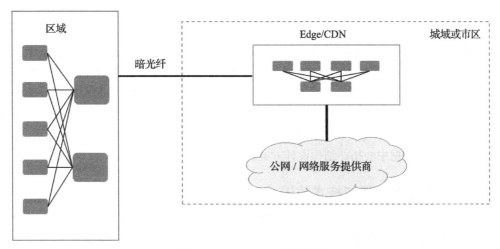

图 3-5　Edge/CDN 网络架构

3.2　数据中心网络

伴随着云计算的高速发展，云数据中心也迅速发展，使得更多的应用处理集中到云端，
促使云计算数据中心的规模急剧增长。未来的互联网流量也将以云计算数据中心为核心，而
未来的互联网将是以云计算数据中心为核心的网络。作为云计算的基础设施和下一代网络
技术的创新平台，数据中心网络的研究已经成为近年来学术界和工业界共同关注的热点。在
3.1.1 节中，我们简要介绍了一种常见的数据中心网络架构——Clos，由于数据中心在网络中
扮演着非常重要的作用，因此在本节中，我们将重点介绍数据中心的基本概念，并进一步介
绍现在流行的各种数据中心网络架构。

3.2.1　数据中心网络概述

数据中心网络（Data Center Network，DCN）是应用于数据中心内的网络，它将数据中
心中的所有资源连接起来，因此在数据中心中扮演着至关重要的角色，随着云服务数据量的
增长，大规模数据中心成为支撑该增长需求的核心设施。例如不断增长的基于网络的应用，
像搜索（谷歌、必应等）、视频内容托管和分布（YouTube、Netflix 等）、社交网络（脸书、推
特等），大规模数据计算（数据挖掘、生物信息等）。因此，数据中心的性能和可靠性将对这
些云服务的可扩展性产生很大影响。特别是，数据中心网络必须敏捷、可重构，以便迅速适
应不断变化的应用需求和服务需求。

数据中心需要具有良好的扩展性和高效性，才能应对日益增长的流量需求。因为数据中
心内的流量具有交换数据集中、东西流量增多等典型特征，这对数据中心网络提出了进一步

的要求：大规模、高扩展性、高健壮性、低配置开销、服务器间的高带宽、高效的网络协议、灵活的拓扑和链路容量控制、绿色节能、服务间的流量隔离和低成本等。在这样的背景下，传统的三层架构受到挑战，网络扁平化、网络虚拟化以及可以编程和定义的网络成为数据中心网络架构的新趋势。

　　大量的数据中心为大数据提供了获取、存储、分析和发布的平台。因此，数据中心的基础建设，包括对整个数据中心性能产生重大影响的网络架构，将对数据中心的部署和设施的维护至关重要。数据中心的网络拓扑结构在内部直接连接了所有的服务器，对于数据中心资源的调度也会产生重大的影响。在数据中心中，网络拓扑结构决定了其内部所有服务器的连接方式，因此对于数据中心资源的调度会产生很大的影响。为了提高数据中心网络的性能，很多研究都提出了数据中心拓扑结构设计方案。

3.2.2 数据中心网络架构技术演进

　　数据中心网络是连接数据中心大规模服务器进行大型分布式计算的桥梁，因此对云计算效率有着深远的影响。云计算的核心价值之一在于大数据的集中处理。随着数据中心流量从传统的"南北流量"为主演变为"东西流量"为主，对网络带宽和性能提出了很高的要求。传统数据中心网络不能很好地满足云计算、大数据处理的带宽要求，已经成为现代云计算的瓶颈。设计新型的数据中心网络拓扑结构和传输协议，是提高云计算性能，提升用户体验，推动云计算发展的重要需求。

　　传统数据中心网络采用简单的树形拓扑方案，通过三层交换机互联，即接入层、汇聚层、核心层，如图 3-6 所示。然而，这种简单的网络架构并不满足云计算数据中心业务需求。此网络架构主要存在三个问题：①该方案对顶层网络设备要求高；②网络存在单点失效问题，容错性差；③网络带宽不足，特别是对东西流量而言。

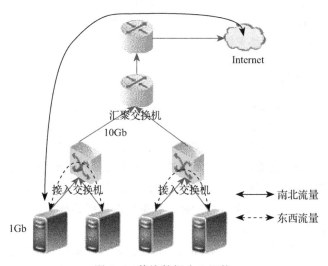

图 3-6　传统数据中心网络

在数据中心网络的设计上，设计者的考虑一般集中在以下四个方面：

1）如何保持可扩展性，以适应未来数据中心的需求。

2）如何以最小的代价来获得最大的吞吐量。

3）当多种错误出现时，应如何保证数据的完整性和系统的可用性。

4）如何提高能源的效率以减少操作开销，保持数据中心对环境友好。

在上一节中，我们介绍了经典的 Clos 数据中心网络架构。为了适应不断增长的云服务业务需求，又出现了很多新型的网络拓扑方案，包括 Three-Tier DCN、Fat Tree DCN、DCell、Fat-Tree、Helios、c-Through 等，这些方案各有特色，但同时也存在着一些缺陷。下面我们来分别介绍。

1. Three-Tier

传统的 Three-Tier DCN 是由三层网络交换机组成的多根树形网络拓扑结构，包括获取层、汇聚层和核心层。核心层的服务器和边界路由器直接相连，汇聚层的交换机则在内部将多个获取交换机连接在一起，所有的汇聚层交换机通过核心层交换机连接在一起。核心层交换机还负责整个数据中心对公网的连接。这种网络架构是数据中心比较常用的一种，但这种结构可扩展性不是很好，不能很好地满足日益增长的云计算需求。另外，这种网络架构在容错性、节能性、区域间带宽方面也存在一定的缺陷。图 3-7 给出了一个典型的 Fat Tree DCN 的架构图。

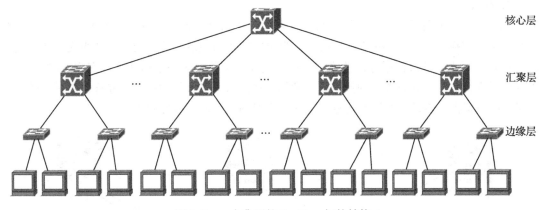

图 3-7　一个典型的 Fat Tree 拓扑结构

2. DCell

DCell 是一个以服务器为中心的混合 DCN 架构，其基本模式是以一台配备了多网卡的服务器直接连接多台其他的服务器，如图 3-8 所示。从组成结构上看，DCell 采用了以 cell 基本单元和组成模块的递归建立层级结构设计，高层次的 cell 包括了许多低层次的 cell。一个 cell 中包含了许多服务器和一个交换机，这个交换机负责将这些服务器连接起来。和 Three-Tire 和 Fat tree 不同，DCell 具有高可扩展性的特点，而且具有很好的结构健壮性，但它在区域间带宽和网络延迟方面却存在一些问题。

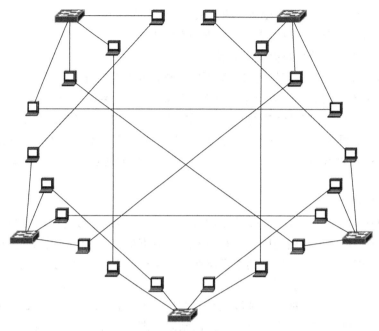

图 3-8   DCell 网络拓扑结构

3. Helios

Helios 是一个两层多根树结构,其将所有服务器划分为若干集群,每个集群中的服务器连接到接入交换机,如图 3-9 所示。接入交换机同时还与顶层的分组交换机和光交换机相连,以保证服务器之间既可使用分组链路,又可使用光纤链路。而一个拓扑管理程序实时对网络中的流量进行监测,并对未来的流量进行预估,然后将流量大的数据流用光纤链路进行传输,流量小的数据流仍然用分组链路传输,从而实现对网络资源的最佳利用。

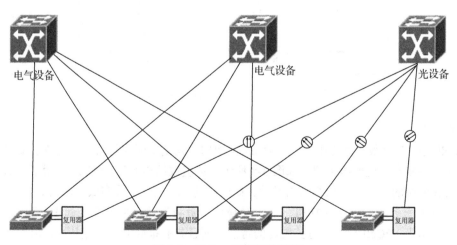

图 3-9   Helios 网络拓扑结构

4. c-Through

c-Through 是在传统的三层树型拓扑基础上，将所有接入交换机通过光交换机连接起来，构成的一个融合了分组交换和电路交换的混合型网络拓扑，如图 3-10 所示。

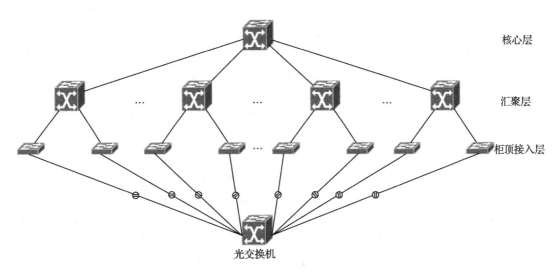

图 3-10　c-Through 网络结构

随着云服务和大数据应用的高速发展，数据中心网络扮演着越来越重要的角色，也受到了人们越来越多的关注。网络架构的设计对于数据中心性能的影响是巨大的，因此，怎样设计一个比较好的数据中心网络架构对于未来云计算、大数据的发展是非常关键的。对数据中心网络的探讨不只是局限于其拓扑结构，还包括数据中心网络虚拟化、数据中心网络节能机制、数据中心网络协议设计、软件自定义网络应用到数据中心网络等问题。

3.3　边界网络和 CDN

在前两节中，我们主要从云平台的网络架构出发，阐述了云平台网络的基本概念。在本节中，我们将介绍云网络中一个重要的应用——边界网络和 CDN。总的来说，使用边界网络和 CDN 是顺应现代互联网的发展潮流的。中国互联网络中心（CNNIC）公布的第 38 次《中国互联网络发展状况统计报告》中显示，截至 2016 年 6 月，我国网民规模达 7.10 亿，互联网普及率达 51.7%。在网络如此普及的今天，社会民生各方面深受网络影响，CDN 作为网络基础设施，扮演着重要角色。从内容来讲，互联网上的内容越来越丰富，形式也更为多样，例如影视音乐在线视听、网络游戏、新闻资讯、网络直播、网上支付等。而怎样让上述内容更加方便快捷甚至人性化地到达个人手中，CDN 发挥着重要作用。从内容服务商的角度，需要重视客户体验，使用 CDN 能加快云用户访问互联网资源的速度，并且能实现一定的分流减负，分摊高峰流量。想要了解边界网络和 CDN 的具体原理，我们需要先了解互联网上最为基础、应用最为广泛的 HTTP 协议和域名解析系统 DNS。

3.3.1　HTTP

HTTP（Hyper Text Transfer Protocol）即超文本传输协议，是互联网上最基础、应用最广泛的通信协议，所有的 WWW 文件都必须遵守这个标准。设计 HTTP 的目的是为了提供一种发布和接收 HTML 页面的方法。1960 年，美国人 Ted Nelson 构思了一种通过计算机处理文本信息的方法，并称之为超文本（hypertext），这成为超文本传输协议标准架构的发展根基。Ted Nelson 组织协调万维网协会（World Wide Web Consortium）和互联网工程工作小组（Internet Engineering Task Force）共同合作研究，最终发布了一系列 RFC，其中著名的 RFC 2616 定义了 HTTP/1.1。当前最新版本为 HTTP/2，作为 2015 年通过的标准，HTTP/2 已被多数 web 浏览器和 web 服务器所支持。

HTTP 采用标准的 C/S 模式，客户端是终端用户，服务器端是网站。通过使用 Web 浏览器、网络爬虫或者其他工具，客户端作为用户代理（user agent），发起一个到服务器上指定端口（默认端口为 80）的 HTTP 请求。应答的服务器作为源服务器（origin server），在其上存储了许多资源，比如 HTML 文件和图像。在用户代理和源服务器中间可能存在多个中间层，比如代理、网关或隧道（tunnel）。尽管 TCP/IP 协议是互联网上最流行的协议，但 HTTP 协议并没有规定必须使用它和基于它支持的层。事实上，HTTP 可以在任何其他互联网协议或者在其他网络上实现。HTTP 只假定其下层协议提供可靠的传输，任何能够提供这种保证的协议都可以被其使用。

HTTP 是用于 WWW 服务器传输超文本到本地浏览器的传输协议。它可以使浏览器更加高效，同时减少网络传输。HTTP 是客户端浏览器或其他程序与 Web 服务器之间的应用层协议。在 Internet 上的 Web 服务器中存放的都是超文本信息，客户机需要通过 HTTP 协议传输所要访问的超文本信息。HTTP 包含命令和传输信息，不仅可用于 Web 访问，也可以用于其他因特网 / 内联网应用系统之间的通信，从而实现各类应用资源超媒体访问的集成。

与 HTTP 协议相关的一个重要概念是 URL(Uniform Resource Locator，统一资源定位符)。每一个网页都有一个 Internet 地址，以供用户访问，URL 则正是这个地址。当用户在浏览器中的地址栏输入一个 URL 或单击一个连接时，就确定了用户想要浏览的 Internet 地址。然后浏览器便通过 HTTP 协议，将 Web 服务器上站点的网页代码提取出来，翻译成实际网页。

一次 HTTP 操作称为一个事务，其工作过程可分为四步：

1）客户机与服务器需要建立连接。只要单击某个超级链接，HTTP 的工作就开始了。

2）建立连接后，客户机发送一个请求给服务器，请求的格式为：统一资源标识符（URL）、协议版本号，后边是 MIME 信息（包括请求修饰符、客户机信息和可能的内容）。

3）服务器接到请求后，给予响应信息，其格式为一个状态行，包括信息的协议版本号、一个成功或错误的代码，后边是 MIME 信息（包括服务器信息、实体信息和可能的内容）。

4）客户端接收服务器所返回的信息，通过浏览器显示在用户的显示屏上，然后客户机与服务器断开连接。

3.3.2 DNS

DNS（Domain Name System，域名解析系统）是因特网使用的命名系统，用来把域名转换为 IP 地址。这样，人们便可以通过较为容易记忆的域名来直接访问互联网，而不必记忆 IP 地址串。通过域名，最终得到该域名对应的 IP 地址的过程叫做域名解析（或主机名解析）。因特网的域名系统被设计成一个分布式数据库系统，并采用 C/S（客户服务器）方式。因此，即使单个域名查询节点出现故障，也不会妨碍到整个 DNS 系统的正常运行。

1. 域名结构

域名采用层式树状结构的命名方法，采用这种命名方法，任何一个连接在因特网内的主机、路由器等网络元件都会有一个全网唯一的层次结构的名字，这便是域名（Domain Name）。其中，"域"是一个命名空间内可被管理的划分。域之下还可以继续划分成更小的子域，如此一来，便形成了顶级域、二级域、三级域等，相应地，便有了我们常听说的顶级域名、二级域名、三级域名等。例如，"mail.aliyun. com"便是一个典型的三级域名结构。如图 3-11 所示。

如图 3-12 所示，各级域名用"."隔开，"com"是顶级域名，"aliyun"是二级域名，"mail"是三级域名。由此，便形成了一个全网唯一的、便于人们记忆的域名。

图 3-11　一个典型的域名

2. 域名服务器

了解了域名体系这一抽象概念后，接下来我们看一看 DNS 系统是如何将域名解析为具体的 IP 地址的。理论上，每一级域名都对应着一个域名服务器，但这样的设计会造成域名服务器的数量太多，降低使用域名系统的效率。实际中，DNS 系统采用划分区域的方法来解决这个问题。

一个域名服务器负责其所管辖的区域内的 DNS 查询服务，该辖区称为"区"。各个单位根据自己的实际情况来划分自己管辖的域。在这里

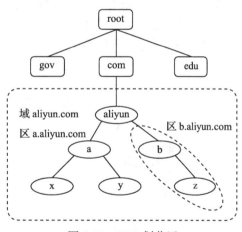

图 3-12　DNS 划分区

需要强调的是，"域"和"区"的概念不同，虽然域名系统中使用了"域"的概念，但实际使用中，域名服务器的所用范围是根据"区"来划分的。从范围上来讲，一个"区"的范围可以小于甚至等于"域"，但不可能超过"域"。如图 3-12 所示。

图 3-12 给出了一个典型的"区"的划分示意图，其中，原"aliyun.com"这一域被重新划分为两个"区"，一个是"aliyun.com"，另一个是"b.aliyun.com"。上一小节中所讲到的"mail.aliyun.com"便可以是该图中所展示的"b.aliyun.com"。

因特网中的域名服务器也是按照如图所示的层级方式来安排的。根据域名服务器所起到

的作用，为四种不同的类型：

1）根域名服务器。根域名服务器所处的层次最高，管理的范围最广，是最重要的域名服务器。根域名服务器知道所有顶级域名服务器的域名和 IP 地址。它的存在，从根本上保障了域名解析。如果本地域名服务器无法将一个域名解析成 IP 地址时，就需要求助于根域名服务器。一旦根域名服务器故障，将直接导致整个 DNS 系统无法正常工作。

2）顶级域名服务器。该层域名服务器负责管理顶级域名服务器下的所有二级域名。一旦接收到 DNS 查询时，就给出相应的回答。

3）权限域名服务器。权限域名服务器即上面讲到的负责"区"的服务器。当权限域名服务器不能给出最后的查询结果时，就会通知发出该 DNS 请求的用户，下一步该寻找哪一个域名服务器。

4）本地域名服务器。本地域名服务器没有在上述层次结构中显示出来，但其在整个域名系统中扮演的角色确实非常重要。当一个主机发出 DNS 请求时，该请求即被发送给本地域名服务器进行解析。

3. 域名解析过程

当用户在浏览器中输入待访问域名之后，浏览器会先检查其缓存中是否有这个域名对应的解析过的 IP 地址，若没有，那么再查找客户机操作系统缓存中是否有该域名对应的 DNS 解析结果，如果还没有，则再向域名服务器发起域名解析请求。域名解析过程如图 3-13 所示。在该解析过程中，需要注意的是其中的两种查询方式，即递归查询和迭代查询。以下对这两种查询方式进行简单的介绍。

图 3-13   域名解析过程

首先，主机向本地域名服务器提出查询请求，该查询方式一般就是递归查询方式。所谓"递归"，指的是当主机所询问的本地域名服务器不知道该域名所对应的 IP 地址时，就让本地域名服务器代替它进一步地向其他根域名服务器询问，而不是由该主机继续亲自访问，最终查询到的结果也会以这种方式由本地域名服务器返回给主机。

若本地域名服务器不能回答主机提出的查询时,它会进一步向根域名服务器进行查询,该查询方式一般为迭代查询方式。这种查询方式的特点是本地服务器需要亲自向不同的域名服务器进行询问,以得到最后的查询结果。其基本流程是:当根域名服务器收到本地域名服务器的查询请求时,要么返回正确的解析结果,要么告诉本地域名服务器下一步应该访问的顶级域名服务器的地址,然后本地域名服务器再根据该地址进行下一步的查询。同样的,顶级域名服务器要么返回正确的解析结果,要么告诉本地域名服务器下一步应该向哪一个权限域名服务器进行询问。就这样,依次迭代查询,本地域名服务器会将所查询到的结果返回给主机,这样便完成了一次 DNS 查询。

【应用实践】实现一个 Web 服务器

在介绍了 HTTP 协议和域名解析系统 DNS 之后,我们来实践一下,以便更好地理解用户上网的基本流程。

搭建 Web 服务器是建设网站的必要条件,有了合适的网站运行环境,才能使网站顺利运行。因此,我们先在阿里云服务器上实现一个 Web 服务器,并在阿里云上设置相应的 DNS,以加深对于从用户输入网址到获取内容的全过程的理解,同时熟悉在阿里云系统上的操作。

提示:可在阿里云上下载相应的安装包,然后在云服务器上搭建环境。

加分项:结合本节所学知识,做一个前台网站(类型自选),能利用所搭建的 Web 服务器进行基本的操作,例如,向 Web 服务器发起请求以查看其中的数据。

3.3.3　CDN 的基本原理

CDN(Content Delivery Network,内容分发网络)是在现有的互联网基础之上通过在网络各处放置节点服务器所构成的一层智能虚拟网络。CDN 系统能够实时地根据网络流量和各节点的连接、负载状况以及到用户的距离和响应时间等综合因素将用户的请求重新导向离用户最近的服务节点上。

其基本原理是通过在现有的 Internet 中增加一层新的网络架构,将网站的内容发布到最接近用户的网络数据中心,使用户可以就近取得所需的内容,解决 Internet 网络拥挤带来的用户访问速度缓慢的问题,提高用户访问网站的响应速度。CDN 广泛采用了各种 Cache 服务器分布到用户访问相对集中的地区或网络中,并利用 GSLB(Global Server Load Balance,全球负载均衡技术)将用户的访问指向离用户最近的工作正常的 Cache 服务器上,由它直接响应用户的请求。若该 Cache 没有用户要访问的内容,它会根据配置到源服务器抓取相应的页面。

狭义地讲,CDN 是一种新型的网络构建方式,它是为能在传统 IP 网发布宽带富媒体而特别优化的网络覆盖层;广义来看,CDN 代表了一种基于质量与秩序的网络服务模式。CDN 是一个经策略性部署的整体系统,包括分布式存储、负载均衡、网络请求的重定向和内容管理四个要件,而内容管理和全局的网络流量管理是 CDN 的核心。通过对用户就近性和服务器负载的判断,CDN 确保以一种极为高效的方式为用户的请求提供服务。内容服务基于缓存服务器(或称代理缓存)分布在四处,与用户保持相对短的距离;同时,代理缓存是内容提供商源服务器的一个透明镜像。据统计，通过代理缓存，能处理整个网页的 70% ~ 95% 的内容访问量，减轻服务器的压力，提升网站的性能和可扩展性。例如，在实际缓存时，静态内容占总体流量的大部分，且容易缓存，因此这部分流量不必传输到后端服务器，而是通过代理缓存进行处理，这样就在很大程度上减少了后端服务器的压力。全局负载均衡（GSLB）主要是在多个节点之间进行均衡，其结果可能直接终结负载均衡过程，也可能将用户访问交付给下一层次的（区域或本地）负载均衡系统进行处理。

图 3-14 展示的是一个通用的 CDN 系统架构，其中主要包含四大组件：

1）内容分发组件：该组件包含了原始服务器和一组将备份内容发送给用户的备份服务器组成。

2）请求路由组件：该组件负责将用户请求转发给合适的边界服务器，并与 CDN 中的分布式组件进行沟通，以保持与保存在 CDN 缓存中的内容一致。

3）分布式组件：该组件将内容从原始服务器转移到 CDN 边界服务器上，并保证缓存中的内容的一致性。

4）计费组件：该组件主要包括用户访问日志，记录 CDN 服务器的使用情况，以便用于 CDN 流量报告。

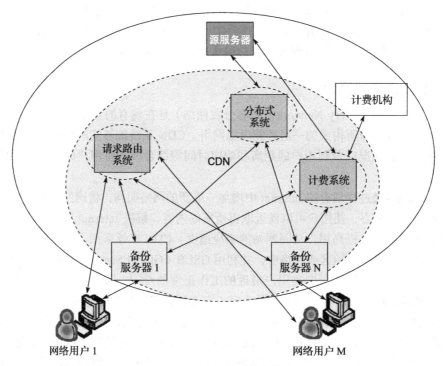

图 3-14　CDN 系统架构

接下来，我们介绍 CDN 中两种基本且关键的技术，即调度和缓存。调度决定了网络资源如何获取，缓存决定了网络资源如何放置。

1. 调度

目前有两种主流的内容分发技术：Push 和 Pull。Push 是一种主动推送的分发技术，在用户请求到来之前，内容源服务器预先将内容推送到边缘服务器。按 Push 方式分发的内容主要是一些经常会被请求的热点内容，将这些热点内容预先分发到边缘服务器（代理缓存），可以加快这些热点内容的响应速度。采取 Push 方法，需要对近期用户访问的情况进行统计、分析，才能预测出热点内容。Pull 是一种被动分发技术，当某内容被请求时才会分发该内容。CDN 进行内容分发时，一般混合采用两种分发技术，首先对用户的历史访问记录进行统计分析，并预测以后的访问量，对可能的热点内容采取 Push 方法进行预分发，其他不经常使用的内容等到请求时再分发。例如，对于流媒体内容，系统一般会选择对热点内容采取 Push 方式的预分发，而普通的网页内容几乎全部用 Pull 方式来分发。

因为 Pull 方法是被动的，所以要想提高效率，更有效的做法是提高 Push 的热点内容准确性，从而使网络资源更高效地被利用。通常，Push 由内容管理系统发起，采用 HTTP/FTP 等协议进行分发。一般来说，推送什么内容既可以通过 CDN 内容管理员来决定，也可以通过智能的方式，根据历史记录的统计分析来综合确定分发的过程。

传统的网络基本架构（如图 3-15 所示）中，数据传输的过程是用户输入要访问的网址，经过 DNS 域名转换找到提供服务的服务器 IP，用户访问该 IP 所指的网络服务器，服务器把用户访问的资源传回用户浏览器，用户便可浏览到要访问的资源。但该架构有以下几点不足：

1）DNS 在解释域名时不预先判断服务器是否正常工作。

2）每一次用户访问都要访问服务器，高峰时段会给服务器带来很大的压力。

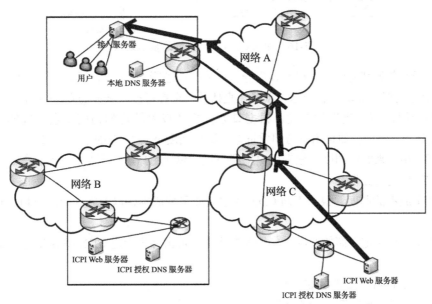

图 3-15　传统的网络基本架构

相比之下，CDN 系统通过精心挑选的在网络各处放置的"边缘服务器"（如图 3-16 所示），将网站的内容放置到了离用户最近的地方，用户的大部分访问通过边缘服务器就可以实现，大大减轻了带宽和服务器的压力。但是，边缘服务器的容量是有限制的，因此中心服务器向边缘服务器分发内容时必须要有选择性，这就需要对 CDN 分发策略进行优化。调度策略一般可以分为五种类型。

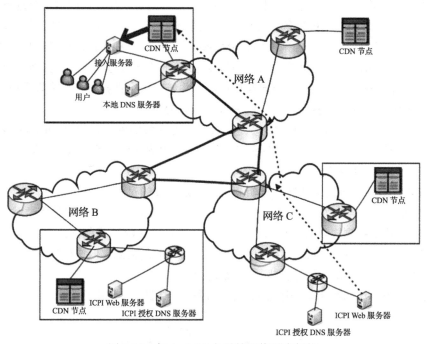

图 3-16　加入 CDN 之后的网络基本架构

1）基于业务类型的调度。根据客户分发业务类型进行调度，通过请求域名及客户签约情况来判断业务类型，如动态、静态、点播、直播等，选择可提供服务的 CDN 进行分发。

2）基于用户访问质量的调度。根据日志分析或拨测结构的访问质量，选择高质量的 CDN 进行分发，例如，如果用户访问质量差，则可调度至其他 CDN 提供服务。

3）基于用户来源的调度。根据用户来源信息，包括用户运营商及省份地区等，选择可提供服务的 CDN 进行分发。

4）基于成本的调度。根据不同 CDN 的建设或采购成本，以及客户等级价值，选择对应的 CDN 进行分发。

5）基于客户指定厂商的调度。分析客户要求，可由客户指定 CDN 服务商提供服务。

2. 缓存

在 CDN 中有四种文件存储方式：

1）仅将文件存放在某一个服务器中。

2）所有的服务器都存放一份文件的拷贝。

3）将文件存放在部分服务器中。

4）将文件分割为若干片段，每个片段存放在若干个服务器中。

若采用第一种方式，存储的冗余度为 0，但是由于点播节目有热门与冷门之分，在存放热门节目时，服务器很快就会因为过高的请求数量而满载。第二种方式可以发挥最大的并行度，服务器之间的负载可以很好地均衡，但是存储冗余度非常高。第三种方式是前两种方式的折中，热门节目在系统中存放的更多而冷门节目存放更少，但服务器间的负载均衡度不如第二种，存储的冗余度高于第一种。第四种方式存储的冗余度较小，多服务器对同一用户服务，各服务器可以分担负载，这种存储方式更适合分组服务器架构。

一般来说，数据中心存储有所有的文件信息，但数据中心不会直接给用户提供服务，而是作为边缘服务器的初始发布源和备份。在每个区域的边缘服务器组中存放着文件信息的片段，热门文件信息的片段将被冗余存储。在运行过程中，管理平台会根据用户的反馈信息统计热门程度，对文件片段的分布进行调整，从而使服务器达到负载均衡。

同时，CDN 系统还需要有较好的扩展性。当需求的负载能力继续增大时，只需要增加服务器就可以了。图 3-17 所示就是一种具有良好扩展性的系统。在设计中，存在两种类型的扩展：向服务器组中增加区域服务器（RS）和向系统中增加服务器组。加入过程如图 3-17 所示，区域服务器 RS 和区域管理平台 RM（增加服务器组前先要加入新的 RM）的加入过程都不会影响系统内其他 RS 和其他服务器组向用户提供服务。该设计的松耦合性增强了系统的易扩展性。

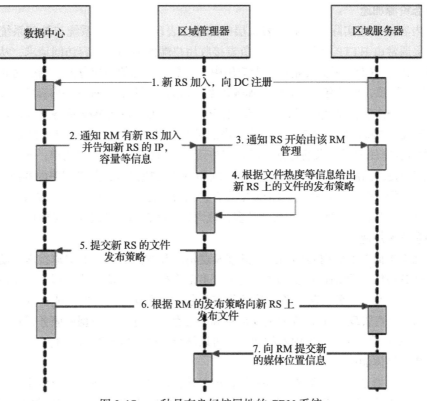

图 3-17　一种具有良好扩展性的 CDN 系统

【应用实践】利用开源服务器搭建一个缓存服务

Web 缓存提供了一个有助于优化性能、节省带宽和提升用户体验的方案。借助 Web 缓存，将用户访问量较大的内容放在离用户较近的 Web 缓存中，以加快用户访问速度。这一方案比将这些热门内容放在服务器中要更好。Web 缓存已大量地被应用在现有的 CDN 中，对提高用户访问速度起到了关键作用。试利用现有的开源服务器，如 Nginx、Apache，搭建一个 Web 缓存服务，加快对网页内容的访问速度。

要求：在阿里云 ECS 上进行配置，说明所搭建的 Web 缓存服务确实能加快对于所访问内容的速度。

提示：在阿里云 ECS 上配置 Nginx（可参考阿里云网站中的教程）。

3.3.4 CDN 的应用

通过前面的介绍，我们了解了 CDN 的基本工作原理，也认识到 CDN 的重要用途是加快用户对于云网络资源的访问。本节中，我们从用户访问的资源种类出发，继续介绍 CDN 的两种基本应用——静态资源加速和动态资源加速。静态资源指的是各类型图片、HTML、CSS、js 等传统小文件，而动态资源则往往指的是需要进行实时传输的动态内容，例如动态网页、个性化内容、电子交易数据等，也包括日益火热的网络视频直播。

1. 静态资源加速

静态内容的加速实际上是对于表现层的加速。表现层是 Web 系统与外部系统的交互界面，这一层通常由 HTTP 服务器组成，负责接收用户端的 HTTP 内容访问请求，从文件系统中读取静态文件。CDN 可实现站点或者应用中大量静态资源的加速分发，结合对象存储 OSS 存储海量静态资源，可以有效提高内容加载速度，如网站图片、短视频等内容的分发。图 3-18 显示了阿里云静态资源加速过程，主要包括三个步骤：①用户向 Web 服务器发出静态内容请求；② Web 服务器将该请求导向云存储服务中的对象存储 OSS，OSS 中存储了大量的静态资源；③ CDN 中若存有用户所请求的数据，便直接将用户请求的资源返回给用户；若没有，便通过向云存储结构提出回源请求（向源站进行请求）以获得相应内容，并将相关内容缓存下来，以便用户下次访问。需要注意的是，CDN 中缓存的内容也是根据一定的用户访问内容的热度来决定的，用户对于某一内容访问的次数越多，该内容热度越高，被缓存的可能性也越大。

2. 动态资源加速

对于动态页面等实时内容的加速，则涉及逻辑层和数据访问层的加速技术。动态内容的提供不仅是 HTML 页面的设计及编辑，还需要有后台数据库、应用逻辑程序的支持，以实现与用户的动态交互。业务逻辑层负责处理所有业务逻辑和动态内容的生成；数据访问层位于系统的后端，负责管理 Web 系统的主要信息和数据存储，通常由数据库服务器和存储设备组成。如图 3-18 所示，对于动态内容的加速，可以结合云服务器 ECS 来进行。

3. 直播流媒体加速

网络视频直播是时下非常流行的一种直播方式，也是典型的动态资源传输案例，若这些时实内容不能及时传输给用户或者传输质量较差，都会对视频直播效果产生很大的负面影响。

视频直播加速的基本过程如图 3-19 所示，该过程同样也可分为三步：①视频采集，即通过用户录像，将所采集到的视频数据传输到云服务器上。由于视频数据量往往较大，因此在发往相应的云服务器之前需要通过负载均衡技术进行分流。②直播加速，即直播视频数据从云服务器端向观看直播的用户进行加速传输，该实时加速工作是通过 CDN 来完成的。③直播数据存储，即将直播数据存储下来，以便于视频直播网络进行存储并录播等。

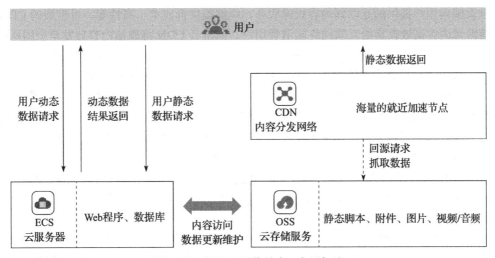

图 3-18　阿里云网络站点 / 应用加速

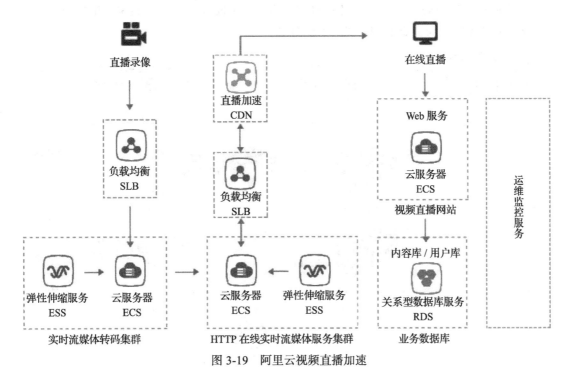

图 3-19　阿里云视频直播加速

3.3.5 阿里云 CDN

前面介绍了 CDN 的一般实现原理，本节将以阿里云 CDN 为例介绍 CDN 的实际应用。阿里云 CDN（阿里云内容分发网络）全称是 Alibaba Cloud Content Delivery Network，是建立并覆盖在承载网之上、由分布在不同区域的边缘节点服务器群组成的分布式网络，替代传统以 Web Server 为中心的数据传输模式。阿里云 CDN 是阿里云飞天生态系统基于阿里巴巴优质网络基础设施向用户提供的互联网内容投递服务，能够提供低成本、高性能、可扩展的 CDN 服务，将海量内容高效投递给互联网终端消费用户。阿里云 CDN 将源站内容分发至全国所有的节点，配合精准的调度系统，将用户的请求分配至最适合他的节点，从而以最快的速度取得他所需的内容。特点是能够缩短用户查看对象的延迟，提高用户访问网站的响应速度与网站的可用性，解决网络带宽小、用户访问量大、网店分布不均、Internet 网络拥塞等问题。

阿里云 CDN 的主要功能包括节点缓存、精度调度、多场景的业务支持、多组件配合服务、自助式管理和实时监控。其业务范围涵盖视频点播（MP4、FLV、HLS、HTTP（s））、视频直播（HLS、FLV over HTTP、RTMP）、静态资源（html、js、css、apk、mp3、flv、jpg、gif）、动态加速（自动探测、计算，匹配最优全路径等）等。目前，阿里云 CDN 已具有 500+个节点，这些节点分布在全球 30 个国家，并拥有 10Tbps 服务能力储备。

1. 架构和技术实现

阿里云 CDN 的基础架构（如图 3-20 所示）主要包括三个部分：主站发布环境、骨干中转环境、用户响应及最后一公里。如图 3-21 所示，主站发布环境包括内容存储集群、应用分布集群和阿里主站 DNS 系统；骨干中转环境包含 L2 cache 集群和调度系统；用户响应及最后一公里包含 L1 cache 集群和用户接入本地 DNS。

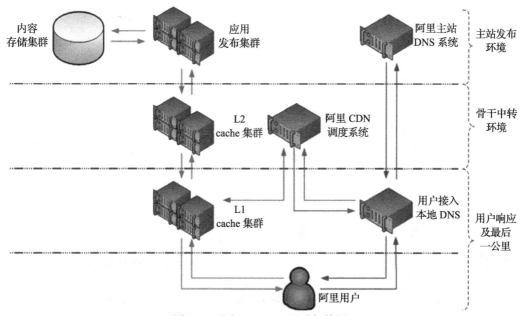

图 3-20　阿里云 CDN 基础架构图

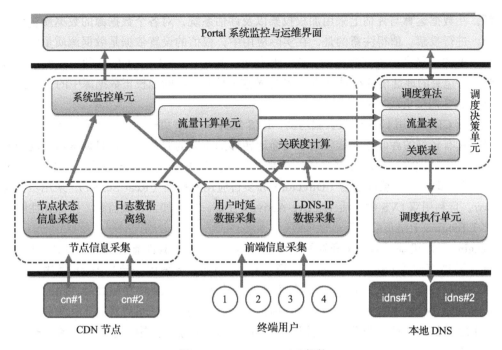

图 3-21　Pharos+CMOS 架构

阿里云 CDN 的关键实现技术包括实时调度系统 CMOS、DNS 服务器 Pharos、基本 IP 数据库、四层负载均衡 LVS、七层负载均衡 Tengine，以及 HTTP 缓存服务器 Swift 等。

（1）CMOS

CMOS 是阿里云 CDN 的实时调度系统，能实现数据化实时调度。CMOS 实现流量完全可控，降低了抖动造成的带宽成本。CMOS 支持 LDNS（Local DNS）级别、节点级别流量预测，能够在流量峰值到来之前提前应对，提高了系统的处理能力，同时提升了调度质量和准确性。CMOS 可使调度平均误差小于 15%，精度可达 5M 级别，可达单个 Local DNS 级别的调度和 5 分钟级别的准实时。

（2）Pharos

Pharos 是阿里自主研发的调度系统，相比于其他同类产品，其可控性和协议扩展性具有很大优势。在性能方面，Pharos 具有单机高性能，能支持百万级别的域名调度，并能支持多级的策略调度，即使某些节点发生故障，也不会导致用户的不可用。同时，Pharos 支持 EDNS 扩展协议，具有良好的可扩展性和更好的可控性，进一步降低了成本。此外，Pharos 也支持多系统联动，可与安全防御系统、刷新系统、内容管理系统联动，使各系统协同配合，发挥更高性能。Pharos 可以与 CMOS 有机结合，实现更高性能的调度，其结合架构如图 3-21 所示。

（3）IP 地址库

IP 地址库是调度准确性的重要基础。阿里云 CDN 采用数据采集的方法，综合运用多个数据源。在数据运算与评估上采用加权投票以及评估系统，对各个数据源的数据质量设置不同权值，进行投票。值得注意的是，在实际应用中，权值的设置依据是数据源质量的评估结果，若数据的质量高，则其权重高，否则权值低。同时，阿里云 CDN 也利用电商平台淘宝的优势，将包裹的地址信息和对应的 IP 地址做数据校验，不断地校正数据源中的 IP 数据源。

（4）LVS 四层负载均衡

阿里云 CDN 采用 LVS 四层负载均衡，LVS 集群采用 IP 负载均衡技术和基于内容请求分发技术，具有较好的吞吐率，能将请求均衡地转移到不同的服务器上，且调度器自动屏蔽服务器的故障，从而将一组服务器构成一个高性能的、高可用的虚拟服务器。阿里云 CDN 支持 DR 模式，即一台负载调度器（Director）和多台应用服务器（Real Server），采用负载均衡算法 wrr，且利用双 LVS 做双活（Active-Active）互备，中间加入心跳监测，以保证性能。

（5）Tengine 七层负载均衡

Tengine 是阿里基于 Nginx 开发的高性能 HTTP 服务器，其性能已在大型的电商网站（如淘宝网、天猫商城等）得到了很好的验证。首先，Tengine 采用一致性 Hash 算法，以提高命中率，降低抖动。其次，Tengine 具备主动健康检查，可以及时发现故障。同时，它支持 SPDY v3 网络协议和 SO_REUSEPORT（一种新的 Socket 选项），可以提高工作进程（Worker Process）之间的均衡性，降低 CPU 使用。同时，Tengine 还支持输入过滤器机制、热点对象发现、流式上传等。

（6）Swift

Swift 是一个高效的阿里 HTTP 缓存服务器，其基础功能包括 HTTP/1.1 协议、proxy、内存缓存、磁盘存储、HTTPS 协议关键特性的支持。它支持多线程时间驱动网路模型，能减小线程间上下文切换，同时提高内存的命中率，且一个请求只需要一个线程来处理。Swift 消除了万兆网卡上网络处理的瓶颈。它使用 trie 树实现快速匹配，减少了 ACL 字符串匹配，加快了匹配速度。而且 Swift 使用完美 Hash 计算 header ID，从而实现批量拷贝、删除相应响应头。

2. 典型用户案例分析

阿里云 CDN 支撑了阿里集团所有内部的业务，包括淘宝、天猫、支付宝、高德、UC 等。特别是对于电商每年的双十一的流量高峰，都会针对每个业务的特点，提前进行优化和演练，双十一当天自动化智能地进行全局调度，从而实时地调整全世界的流量分布，确保每个地区运营商的服务质量，成功应对 100% 增长的业务峰值。它还帮助新浪微博提升图片的加速效果，比如存储共享提升不同域名的访问效果，改造 https 加强安全性，通过合并回源减少了 2/3 的回源量。特别是通过优化网络底层 TCP 协议，在不改造客户端的情况下使图片加速效果提升 20%。此外，也对微博的访问日志进行了提速，目前能够分钟级别延迟交付访问日志。阿里云 CDN 还支撑了芒果业务的直播、点播场景，通过视频的解决方案，优化端上播放和节点上的分发策略，降低了错误率、卡顿率等关键指标，其中的监控功能能够在分钟级别进行关键指标的报警，领先其他 CDN 厂商。知乎业务上云后，阿里云 CDN 通过动态加速技术，解决了用户动态内容的场景的分发，CDN 内部网络能够动态选路，用最优的网络链路发送动态内容, 将业务响应时间缩短到原来的 1/3, 极大提升了用户的访问体验。

【应用实践】使用阿里云 CDN

毕业若干年后, 曾经的高中同学现已分散在全国甚至全球各地。最近大家通过微信群, 高中班级的同学、老师又聚在了一起, 互相交流近况。这时, 一个问题出现了, 就是大家分享的照片没有一个集中的地方保存。现在需要你给同学们搭建一个照片分享系统, 保存并加速照片的显示。

要求:

1) 可以注册并登录到该系统。

2) 该系统可以上传照片并永久保存。

3) 每个用户可以拥有自己的专辑, 并有可以供班级成员共同访问的班级公共相册空间。

4) 让分布在不同地区的使用者能以较快速度访问相册。

提示:

1) 使用 ECS 搭建 Web 系统 (Nginx、MySQL、Web 页面)。

2) 使用 OSS 作为持久化的存储空间。

3) 使用 CDN 加速图片内容的访问。

3.3.6 CDN 的安全

CND 位于内容源站与终端用户之间, 主要通过内容的分布式存储和就近服务提高内容分发的效率, 改善互联网的拥塞状况, 进而提升服务质量。因此, 保障 CDN 分发的数据内容安全和 CDN 系统安全至关重要。本节将介绍 CDN 安全方面的相关知识。

1. 用户数据安全

使用 CDN 厂商提供的服务, 就意味着用户的所有流量将经过 CDN 厂商的节点。从用户角度来看, 一方面, 其自身的数据隐私本身就存在着一定的泄露风险, 例如, 使用了恶意软件、中病毒等; 另一方面, 相当于将自身的部分数据安全交给了 CDN 厂商。一旦攻击者控制了 CDN 厂商节点, 将可以在节点上进行轻易的抓包并进行分析。因此, CDN 厂商不仅要提供更为方便快捷的服务, 服务的可靠性和安全性也是 CDN 厂商需要考虑的重要问题。

2. CDN 系统安全

CDN 系统安全指的是 CDN 的攻击与防御。一般的 CDN 厂商会使用应用层防火墙 WAF 进行入侵检测, 以增加 CDN 的安全性。但也并非所有的攻击 WAF 都能抵御。这里, 我们简要介绍两种较为典型的针对 CDN 的攻击——DDoS 攻击和环状转发攻击。DDoS 攻击属于传统的攻击形式, 而环状转发攻击则为一种新的攻击形式。

(1) DDoS 攻击防御

DDoS 一直是困扰互联网的一个重要问题, CDN 也不例外。一方面, CDN 自身会遭受 DDoS 攻击。防御 CDN DDoS 攻击的方法很多。常用的方法有如下几种: ①自适应流量防御, 该方法通过检测和控制用户请求来防止应用层免受 DoS 或 DDoS 攻击; ②行为规则, 对于短时间内的突发流量, 选择性地通过用户 IP 地址或其他网络参数对这些流量进行标识, 并利用检测方法来检测出发送恶意流量的攻击源，以防止攻击源进一步攻击。

另一方面，CDN 可成为抵御 DDoS 攻击的有效工具。CDN 是一个分布式系统，可组成一个大规模的流量负载集群，因此它能处理的突发流量远远高于网站本身的源站服务器，从而降低源站遭受该攻击的可能性。IP 速率限制是一种有效的防御策略，即在一定时间内允许的请求数不能超过一定的数量；白名单是另一种有效的方法，即只接受来自于 CDN 白名单的请求。

（2）环状转发攻击

环状转发攻击的核心思想是利用 CDN 对请求进行环形转发，以不断放大该攻击的影响、消耗 CDN 的资源、降低 CDN 的性能，甚至使 CDN 瘫痪。在该攻击中，恶意用户在一个 CDN 中或多个 CDN 中建立环状请求来实现对于 CDN 的拒绝服务攻击。就两个 CDN 节点 Node A 和 Node B 而言，该恶意用户将某一请求在 Node A 处的转发地址设置成 Node B，将 Node B 对于该请求的地址设置成 Node A。这样，当该请求到达 Node A 或 Node B 时，将被 Node A 和 Node B 循环转发，形成环状请求。该环状请求也可以发生在多个 CDN 厂商之间，这样造成的影响将更加广泛，危害也更大。

针对于该攻击的特点，主要的防御思路主要有以下四点：①联合各大 CDN 厂商标准化 CDN 请求头部，以检测环形请求，这是根本的解决方法；②模糊化自定义头部，例如加密一些关键字和使用随机数，这样也能在一定程度上限制攻击者的攻击能力；③流量检测，例如，统计每一个源 IP 地址的流量，当流量超过规定的限额，将不再转发，或直接拒绝该 IP 的请求，从而起到一定的减缓作用；④限制 CDN 的转发地址，例如，为每一个 CDN 节点设置一个转发目的地址黑名单，从而限制该攻击的危害，但副作用也较为明显（例如，黑名单存储带来的存储消耗、匹配带来的计算消耗）。

3.4　网络虚拟化技术

随着各种新型技术（例如物联网、云计算等）的兴起和网络规模的不断扩大，传统网络在架构以及功能上的限制也慢慢凸显出来。例如，传统网络在可扩展性、安全性、移动、服务质量等方面均难以适应于现代网络的发展。在这样的形式下，网络虚拟化被纳入了未来网络体系架构的研究中。近年来，网络虚拟化的研究取得一定进展，也出现了一些商业应用。

3.4.1　网络虚拟化的概念

网络虚拟化并不是一个新概念，例如 WLAN、VPN 等，都可以认为是虚拟网络的表现形式。但我们在这里讨论的网络虚拟化已远远超出了传统网络概念。网络虚拟化通过虚拟化技术，对共用的底层基础设施进行抽象，并提供统一灵活的可编程接口，将多个彼此隔离且具有不同拓扑结构的虚拟网络同时映射到共用的基础设施上，为用户提供差异化的服务。通俗来说，网络虚拟化是一种建立在现有网络硬件资源之上的一种基于软件的管理实体，既可以共享物理网络资源，又可以独立地部署管理的虚拟网络。用户不需要知道底层的结构，只需要使用这些接口就可以对网络进行操作。与服务器虚拟化类似，软件开发者可以通过网络虚拟化测试软件在虚拟网络环境中的运行情况。网络虚拟化的基本结构如图 3-22 所示。

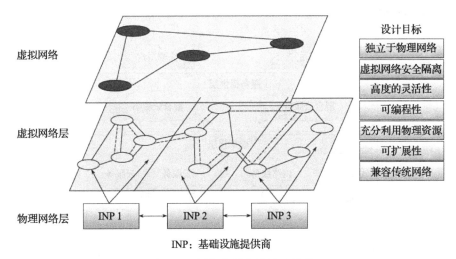

图 3-22 网络虚拟化的基本结构

网络虚拟化可以分为两类，一类为外部虚拟化（External Virtualization），另一类为内部虚拟化（Internal Virtualization）。外部虚拟化主要是硬件上的虚拟化，是指将一个以上的局域网（LAN）组合成虚拟的大型网络（VLAN），或者将一个局域网拆分成几个单独的虚拟网络。内部虚拟化则侧重于软件虚拟化，指的是配置一个软件容器，使不同的软件可以在一个相对独立的环境中运行。

最初，网络虚拟化主要涉及虚拟局域网（VLAN）、虚拟专用网（VPN）、主动可编程网络以及覆盖网络。随着云计算的崛起，网络虚拟化有了更多的应用。在云计算方面，网络虚拟化可以使云端服务器更好地配合，也更方便管理，具体的结构如图 3-23 所示。通过一个虚拟化层，资源层的网络设备与云设备能更高效地组织，从而将云系统中的 CPU 运算能力、磁盘空间通过统一的机制进行管理，并作为商品提供给终端用户。网络虚拟化技术能让一个底层物理网络支持多个逻辑网络，虚拟化保留了网络设计中原有的拓扑和层次结构、数据通道和相关服务。从终端用户的角度，如同单独享有物理网络一样，而且，其创建的多个网络可以同时存在，且彼此不会相互干扰。

理想的网络虚拟化应该具有以下四大特性：

（1）强隔离性（Isolation）

VPN 在边缘网络对虚拟网络进行了隔离，在公用互联网上的数据传输仍然依赖尽力而为的传输机制。此外，为了实现端口复用，PlanetLab 切片（将物理网络切割成的多个虚拟端到端网络）中的多个虚拟机共享一个 IP 地址，因此只能通过在 IP 数据包中携带数据。但这两种隔离并不彻底。网络虚拟化应具有强隔离性。例如，Trellis 使用 GRE（Generic Routing Encapsulation）协议封装以太网帧，通过复用 MAC 地址，提供虚拟以太网链接，实现彻底的隔离。在这种情况下，即使共用基础设施中的某个虚拟网络遭受攻击，共存的其他虚拟网络也不会受到任何影响。此外，虚拟化的链路层给虚拟网络提供了独立的编程能力，可以不依赖 IP 技术而自行定制协议。

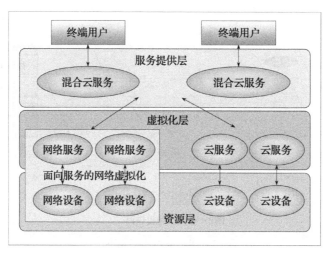

图 3-23　面向服务的联合部署层次结构

（2）高扩展性（Scalability）

通过虚拟化技术，网络虚拟化将底层基础设施抽象为功能实体，为上层屏蔽了底层基础设施之间的差异，有利于异构网络的互联互通。此外，网络虚拟化为上层应用提供了端到端的访问权、控制权以及统一的编程接口，有助于新技术的实现。

（3）快速部署（Deployment）

传统因特网是由多个运营商构成的，在因特网上大范围地部署一个新的协议，需要多个运营商协作。然而，由于不同运营商的利益导向不一致，跨域部署并不是一件简单的事情。网络虚拟化通过租用虚拟资源切片的方式在多个自治域上构建虚拟网络，本身具备大范围快速部署的特性。

（4）促进创新（Innovation）

传统因特网在取得巨大成功的同时，越来越难以满足业务多样化的需求。此外，传统因特网要求新的网络协议标准和基础设施向后兼容，严重阻碍了创新。网络虚拟化的出现改变了这一缺点。在网络虚拟化环境中，底层基础设施可以摆脱以往因特网基础架构的束缚。以多样化的联网方式组建自定制的网络体系结构，促进因特网的创新和演进。

此外，网络虚拟化还具有独立于网络硬件、可编程网络预配置与预控制、有较好的共存和兼容性等特性。

3.4.2　网络虚拟化的原理

网络虚拟化将传统上通过硬件连接的网络及其服务抽象为逻辑虚拟网络，该虚拟网络独立运行于物理网络之上。当应用于网络时，虚拟化将创建硬件和软件网络资源（交换机、路由器等）的逻辑软件视图，物理网络设备只负责转发数据包，而虚拟网络（软件）提供了一种智能抽象，可以轻松部署和管理网络服务和底层网络资源。与服务器虚拟化重建 vCPU、vRAM 和 vNIC 类似——网络虚拟化软件重建逻辑交换、逻辑路由（L2 ~ L3）、逻辑负载均衡、逻辑防火墙（L4 ~ L7），进而可以使其以任意拓扑结构组合，从而将虚拟计算表示为完整的 L2 ~ L7 虚拟网络拓扑。现在，所有虚拟网络必要的配置都可以通过 API 在软件虚拟交换层配置，不再需要针对每个应用的命令行式的配置了。物理网络作为通用的包转发底层，而可编程的网络虚拟交换层则提供了完整的虚拟网络特性集合，并且实现了隔离性和多租户。新的网络虚拟化技术主要分为两个方向——控制平面虚拟化和数据平面虚拟化。

控制平面虚拟化是将所有设备的控制平面合而为一，只通过一个主体去处理整个虚拟交换机的协议、表项同步等工作。从结构上来说，控制平面虚拟化又可以分为纵向与横向虚拟化两种方向。

纵向虚拟化指不同层次设备之间通过虚拟化合多为一，代表技术就是 Cisco 的 Fabric Extender，相当于将下游交换机设备作为上游设备的接口扩展而存在，虚拟化后的交换机控制平面和转发平面都在上游设备上，下游设备只有一些简单的同步处理特性，报文转发也都需要上送到上游设备进行。可以将其看作集中式转发的虚拟交换机。

横向虚拟化是将同一层次上的同类型交换机设备虚拟合一，Cisco 的 VSS/vPC 和 H3C 的 IRF 都是比较成熟的代表性技术。控制平面工作如纵向一般，都由一个主体去完成，但转发平面上所有的机框和盒子都可以对流量进行本地转发和处理，是典型分布式转发结构的虚拟交换机。Juniper 的 QFabric 也属于此列，区别是实现了专门的 Director 盒子作为控制平面，而所有的 Node QFX3500 交换机都有自己的转发平面来处理报文进行本地转发。

控制平面虚拟化从一定意义上来说是真正的虚拟交换机，能够同时解决统一管理与接口扩展的需求。但是有一个很严重的问题制约了这项技术的发展。在前面的云计算多虚一（所有的服务资源都成为一个对外的虚拟资源）的时候也提到过，服务器多虚一技术（将多台物理服务器虚化为一台逻辑服务器，使多台服务器相互协作，共同处理同一业务）目前无法做到所有资源的灵活虚拟调配，而只能基于主机级别。当多机运行时，协调者的角色（等同于框式交换机的主控板控制平面）对同一应用来说，只能主机备份，无法做到负载均衡。网络设备虚拟化也如此，以框式设备为例，不管以后能够支持多少台设备虚拟合一，只要不解决上述问题，从控制平面处理整个虚拟交换机运行的物理控制节点主控板都只能以一块为主，其他都是备份（类似于服务器多虚一中的 HA Cluster 结构）。总而言之，虚拟交换机支持的物理节点规模永远会受限于此控制节点的处理能力。Cisco 6500 系列交换机的 VSS 技术在更新换代到 Nexus7000 后被中止，只基于链路聚合做出 vPC 就是出于这个原因。三层 IP 网络多路径已经有等价路由可以使用，在 TRILL/SPB 实用之前，二层 Ethernet 网络的多路径技术只有一个链路聚合，所以只做个 vPC 就足矣了。另外从 Cisco 的 FEX 技术只应用于数据中心接入层的产品设计，也能看出其对这种控制平面虚拟化后带来的规模限制以及技术应用位置是非常清晰的。

前面介绍了控制平面虚拟化带来的规模限制问题，而且短时间内也没有办法解决，那么能不能只做数据平面的虚拟化来规避这个问题呢？于是有了 TRILL 和 SPB。这两个协议都是用 L2 ISIS 作为控制协议在所有设备上进行拓扑路径计算，转发的时候会对原始报文进行外层封装，以不同的目的 Tag 在 TRILL/SPB 区域内部进行转发。对外界来说，可以认为 TRILL/SPB 区域网络就是一个大的虚拟交换机，Ethernet 报文从入口进去后可以完整地输出，内部的转发过程对外是不可见且无意义的。

这种数据平面虚拟化多合一已经是广泛意义上的多虚一了，此方式在二层 Ethernet 转发时可以有效地扩展规模，对于网络节点的 N 虚一来说，目前控制平面虚拟化的 N 范围为几个到几十个，而数据平面虚拟化的 N 已经轻松达到数百个。但其缺点也很明显，由于引入了控制协议报文处理，增加了网络的复杂度，同时由于转发时要对数据报文的外层头进行封包解包，降低了 Ethernet 的转发效率。

从数据中心当前发展来看，规模扩充是首位的，带宽增长也是不可动摇的，因此在网络多虚一方面，控制平面多虚一的各种技术除非能够突破控制层多机协调工作的技术枷锁，否则只能局限在中小型数据中心中，真正的大型云计算数据中心势必是属于 TRILL/SPB 这类数据平面多虚一技术的天地。当然，Cisco 的 FEX 这类接入层以下的技术可以与接入到核心层的 TRILL/SPB 相结合。

那么，如何在不破坏底层资源约束的前提下，将多个具有不同拓扑结构的虚拟网络同时应用到共用的基础设施中，并且不浪费底层资源的使用呢？较为可行的方法是使用虚拟网络的嵌套映射。嵌套关系指的是虚拟网络可以派生出新的虚拟网络，基于现有的虚拟网络来创建一个或多个新的虚拟网络。被创建的新的网络的虚拟网络和原虚拟网络的层次关系被称为虚拟网络的嵌套关系，这种特性也称为"虚拟网络的父子关系"。

3.4.3　虚拟网络互联

本节将从传统网络互联的角度来阐述虚拟网络互联的概念，主要包括链路虚拟化、路由虚拟化和虚拟交换机。

1. 链路虚拟化

链路虚拟化技术可以将链路资源切分给不同的用户或者虚拟网络，在支持用户自定制网络拓扑、提供链路的 QoS 保证，以及建立逻辑隔离的虚拟网络等方面具有强大的优势。链路虚拟化技术通常包括链路聚合和链路通道虚拟化技术，前者利用设备间物理上的多条链路聚合成一条虚拟链路，即"多合一"技术；后者将一条物理链路切割到多个虚拟链路上，有时也被称为"接口切割技术"，即"一分多"技术。

链路虚拟化的目的是给多个不同网络或者业务提供其所需的链路资源，为此需要在网络设备接口处实现完全虚拟化，以便应用服务看到的每一个端口和链路都是其对应物理链路中的一个实例。链路虚拟化还可以满足网络柔性重组的需求，并为端到端通信提供新的解决思路。图 3-24 给出了链路虚拟化的体系架构图，该图也反映出链路虚拟化的连接效果。

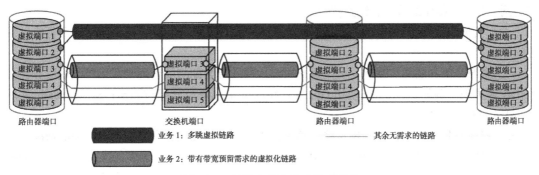

图 3-24　链路虚拟化技术体系架构

链路虚拟化的相关实现技术主要有四种：

1）**虚拟链路标识技术**。由于链路虚拟化是网络虚拟化的一部分，因此链路虚拟化的标识也要与虚拟网络的标识连接在一起。在数据平面需要为每条虚拟链路分配一个 ID，最直接的解决方案是将虚拟链路的 ID 映射到任何数据链路层正在使用的特殊标识上。一些可用的链路虚拟化技术，如 ATM、Ethernet VLAN 或者 MPLS 等可能会用于标识虚拟链路或者虚拟网络。

2）**链路资源的分配与调度技术**。链路资源的分配和调度方式主要有两种类型，即静态方式和动态方式。静态方式实现简单，但缺点是执行效率低，且容易造成资源的浪费，也无法满足网络虚拟化对于资源的共享要求；动态方式则根据时间标识对资源进行周期性的重新分配，其难度主要体现在对时间标识的确定。

3）**链路资源的预约和发现技术**。为了给不同的服务供应商分配资源，基础设施提供商必须能够判断网络的可用拓扑，包括其中的节点和互联；此外，相邻的域间必须共享可达信息，以建立域间网络连接的实例。因此如何组织网络资源发现方式成为大家所关注的问题，目前的主要做法有两种，即分布式和集中式。集中控制方式实现简单而且便于管理，但可扩展性不好；分布式方式则有执行效率问题，不过扩展性良好。

4）**多跳链路中间节点的快速转发问题**。多跳链路要在两个不相邻的节点之间创建一条虚拟的直接连接的链路，在传统多跳链路中，多采用隧道封装方式的 VPN 来实现。但由于 VPN 只是采用封装技术，无法保证通信内容和物理资源的私有化。多跳链路转发表和普通配置转发表不同，为了减少虚拟网络直接连接的时延，多跳链路转发表需要采用类似 OpenFlow 流表的配置方式或者硬件的端口绑定方式。如何协调普通转发表与多跳链路转发表的关系，以及多跳链路转发表的组织形式，是实现链路虚拟化必须考虑的问题。

2. 路由器虚拟化

现有的互联网体系中，网络节点主要包括路由器和交换机两大类。路由器是大规模网络组网的必备要素，因此网络节点的虚拟化首先是路由器的虚拟化。虚拟路由器作为虚拟网络的核心组件，其结构和性能决定了虚拟网络的灵活性和承载能力。在一台物理路由器中可以形成多台逻辑上具有不同体系结构和路由功能的虚拟路由器，每台虚拟路由器都运行各自的路由协议实例并且都有自己专有的 I/O 端口、缓存、地址空间、路由表和网络管理软件，能够为网络提供虚拟化的节点和链路资源。

为了实现路由器虚拟化，重点需要研究资源分配与隔离，以及计算和存储资源可扩展性等问题。

1）**资源分配和隔离**。目前，可编程路由器中的资源分配与隔离通常采用传统的服务器虚拟化技术实现。例如，vRouter 使用 OpenVZ 和 Xen 实现资源分配与隔离；SwitchBlade 使用 OpenVZ 虚拟化技术。

2）**资源可扩展性**。可编程虚拟路由器中的可扩展性研究主要考虑在资源受限的情况下如何支持多种新型网络协议对数据包处理的不同需求，以及支持尽可能多的虚拟路由器实例同时运行（即支持尽可能多的网络协议和业务实验与部署并行运行）。为了提高可扩展性，研究人员提出了统一的数据平面抽象，即以一个统一的数据平面抽象支持不同新型网络协议处理数据包的特殊需求。在此基础上，研究人员进一步研究多个数据平面共存带来的可扩展性问题，提出了数据平面模块共享、转发表合并和软硬件虚拟数据平面迁移等方法。

3）**转发表合并**。虽然不同虚拟路由器实例的转发表各不相同，无法直接共享和复用。然而通过挖掘虚拟路由器实例转发表之间的相似性可以实现多个转发表的合并，从而有效降低多个转发表对存储资源的需求，进一步提高可编程的可扩展性。转发表的存储器类型不同，其数据结构和合并算法区别很大。根据转发表存储使用的物理存储器类型，可以将转发表合并方法分为基于 SRAM 和基于 TCAM 的合并方法。

3. 虚拟交换机

传统交换机主要完成单位内部和外部的信息交换。随着虚拟化技术的快速发展和应用，传统交换机已经不能满足设备与用户的需求，进而推动了虚拟交换机的发展。虚拟交换机技术通过软件技术来改变现实计算机网络中的交换方式，是构成虚拟平台网络的关键。与实体网络交换机相比，虚拟交换机能够提供比较简单的网络功能。所谓虚拟交换机，主要是利用虚拟服务器的思想，通过软硬件结合的方式对一台或多台实体交换机在逻辑上进行分割，使其成为一台或者多台逻辑上分离且具有不同控制结构或不同转发服务能力的逻辑交换机。由于这样的"逻辑"隐藏在物理交换机中，看不见摸不着，所以被称为"虚拟交换机"。

虚拟交换机使用软件方式从功能角度实现中央处理器、随机存储器等硬件的作用，通过分析流入的数据帧并分析帧中包含的信息做出转发决策，然后把数据帧转发到目的地。常用的转发技术有直通转发技术（Cut-through）和存储转发技术（Store and Forward）两种。直通转发方式中，虚拟交换机一旦解读到数据帧目的地址，便开始向目标端口转发而不存数据帧。其优点是转发速度快，延时降低、整体吞吐率提高；缺点是交换机在没有完全接受并检查数据包的正确性之前就已经开始转发数据，从而留下一定的安全隐患。存储转发技术是应用非常广泛的技术之一，以太网交换机的控制器首先缓存输入端口传输来的数据帧，然后检查是否正确并过滤传入帧错误，确定帧正确后发送该帧。该技术延时比较大，但可以对进入交换机的数据帧进行错误检测，并且能支持不同速度端口间的转换，保持高速端口和低速端口间协同工作，从而有效地改善性能。

如图 3-25 所示，通过网络虚拟化，可以将物理网络进行封装，给每个用户一张独立虚拟网络。在该虚拟网络内，各个网元（如交换机、路由器等）都是虚拟的。虽然两个虚拟网络被隔离，但该隔离对用户1和用户2来说是透明的，它们的连通性不受虚拟化的影响，可以以像一般物理网络一样进行互联。

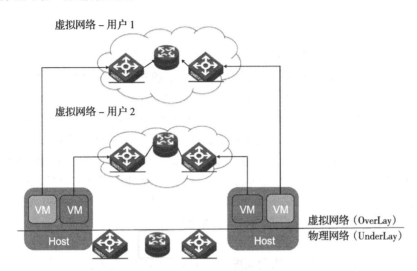

图 3-25　虚拟网络互联

3.4.4　主流开源项目介绍

网络虚拟化的发展其实还得益于众多相关项目的支持。这些项目多是为测试和实验而搭建的网络平台，与针对具体问题产生的技术相比，它们更加完整地实现了网络虚拟化的构想。伴随着网络虚拟化的火热趋势，如今已经有较多的开源网络虚拟化项目，主流的项目有 Open Daylight、OVS、Midonet、OPENFV ARNO、PlanetLab、GENI 等。下面分别简要介绍这些项目。

1. OpenDaylight

OpenDaylight 是一套以社区为主导的开源框架，旨在推动创新实施以及软件定义网络（简称 SDN）透明化。面对 SDN 型网络，大家需要合适的工具帮助管理基础设施，这正是 OpenDaylight 的专长。作为项目核心，OpenDaylight 拥有一套模块化、可插拔且极为灵活的控制器，这使其能够被部署在任何支持 Java 的平台之上。这款控制器中还包含一套模块合集，能够执行需要快速完成的网络任务。和其他 SDN 控制器一样，OpenDaylight 也支持 OpenFlow。OpenDaylight 向用户提供了快速智能连接网络设备的接口，以实现网络性能的最优化。和传统的 SDN 不同，OpenDaylight 的 SDN 有如下特点：①微服务架构。一个微服务指的是一个用户想要在 OpenDaylight 控制器中激活的特定协议或服务，例如通过 OpenFlow 或 BGP 协议想要连接设备的插件、一个二层交换机或服务；②支持多种协议。例如 SNMP、NETCONF、BGP、PCEP、LISP 等；③支持由额外网络协议或服务组成的新功能。

2. OVS

Open vSwitch 是一个高质量的多层开源虚拟交换机（网络分层的层），其目的是让大规模网络自动化可以通过编程扩展，提供适应于硬件环境的交换栈，同时支持标准的管理接口和协议，包括 NetFlow、sFlow、IPFIX、RSPAN、CLI、LACP、802.1ag。OVS 有许多特色，例如 VM 内通过 NetFlow、sFlow 等协议的通信可视化，细粒度的 QoS 控制，支持 OpenFlow 协议等。

3. MidoNet

MidoNet 是由日本的 SDN 公司 Midkura 实现的一种分布式的、分散的、多层次的软件，遵循 Apache 许可，主要作为 OpenStack 云编排系统中的默认网络构件，可以让虚拟网络解决方案，特别是专为网络基础设施设计的方案，为云平台（如 OpenStack）服务，并且将其网络存储栈虚拟化。同时，MidoNet 也是一个提供基础设施即服务（IaaS，即 Infrastructure as a Service）云的开源网络虚拟化平台。它通过在终端主机和物理网络之间定义一个软件抽象层来从网络硬件中解耦 IaaS 云。这个网络抽象层能使云操作者将传统的基于硬件的网络设施转移到基于软件的多租户虚拟域。在 IaaS 云上使用 MidoNet 会带来许多益处，例如将 IaaS 网络应用到成千台电脑主机上，提供不受 WLAN 限制（能支持多达 4096 个 WLAN）的 L2 层隔离，以及使整个 IaaS 网络层完全分布式和具有容错性。

4. OPNFV ARNO

OPNFV 项目能够加速引入网络功能虚拟化（NFV）产品和服务，它是一个运营商级的、集成的开源平台。ARNO 是其发布的第一个版本，给所有正在探索 NFV 部署、开发 NFV 应用、对 NFV 的性能感兴趣并想做一些基于案例的测试的用户带来了便利。OPNFV 的关键特性包括：①基线平台的可用性。ARNO 能够持续集成、自动化部署和测试上行项目的组件，如 Ceph、KVM、OpenDaylight、OpenStack 和 Open vSwitch。Arno 允许开发者和用户自动安装和探索平台；②部署和测试多种 VNF（虚拟化网络功能）的能力。终端用户和开发者可以在 ARNO 上部署他们自己的或者第三方的 VNF，在多种场景和使用案例下测试 VNF 的功能和性能。③在 community-hosted labs 中测试架构的可用性。Agile 测试在 OPNFV 平台上扮演了一个重要的角色。ARNO 上发布了一个社区测试实验室的架构，用户可以在不同的环境和硬件条件下测试实验平台。这个架构能够让实验平台在不同的 NFV 场景下运用，确保多种开源组件可以一起满足供应商和终端用户的需求。④允许特定组件自动并持续集成。上行项目是独立开发的，需要对各种 OPNFV 用例进行测试，确保无缝集成和平台的互联。OPNFV 的自动化工具链能提供连续自动构建和验证。

5. PlanetLab

PlanetLab 是个开放的、针对下一代互联网及其"雏形"应用和服务进行开发及测试的全球性平台，是一种计算服务"覆盖网络"（Overlay），也是开发全新互联网技术的开放式全球性测试平台。PlanetLab 项目始于 2003 年，目前由 1160 台机器组成，由 547 个站点托管（贡献），分布在 25 个国家。PlanetLab 的目标是增长到 1000 广泛的节点，其中大部分节点与 Internet 地区和长途骨干都有连接。PlanetLab 的优点在于：①可以在真实世界调节下大规模地实验新服务；②可以作为超级测试床，更多的下一代虚拟测试床能够部署在其上；③重叠网既是一个测试床又是一个部署平台，因此支持一个应用的无缝迁移，用作一个研究测试床和一个部署平台时是可以协同工作的。

6. GENI

GENI（Global Environment for Network Innovations）提供了一个用于网络分布式系统研究和教育的虚拟实验室平台。借鉴 PlantLab 和其他类似的试验床，通过搭建一个开放、大规模、现实的实验设施，代表终端用户承载真实流量并将现有互联网连接到外部站点。Geni 旨在营造评价新的网络架构创新水平的全球环境，从而为研究者提供一个创建定制虚拟网络和无限制实验的机会。GENI 从空间和时间两个方面将资源以切片形式进行虚拟化，为不同网络实验者提供他们需要的网络资源（如计算、缓存、带宽和网络拓扑等），并提供网络资源的可操作性、可测性和安全性。

3.4.5 阿里云的虚拟专有网络

随着云计算的不断发展，对虚拟化网络的要求越来越高，弹性（Scalability）、安全（Security）、可靠（Resilience）、私密（Privacy）和互联性能（Performance）成为关注的焦点，由此催生了多种多样的网络虚拟化技术。

比较早的解决方案是将虚拟机的网络和物理网络融合在一起，形成一个扁平的网络架构，例如大二层网络。随着虚拟化网络规模的增大，这种方案中 ARP 欺骗、广播风暴、主机扫描等问题会越来越严重。为了解决这些问题，出现了各种网络隔离技术用于把物理网络和虚拟网络彻底隔开。其中一项技术是把用户用 VLAN 进行相互隔离，但是 VLAN 的数量最多只能支持到 4096 个，无法支撑公有云的巨大用户量。

阿里云虚拟专有网络（Virtual Private Cloud，VPC）可以帮助用户基于阿里云构建出一个隔离的网络环境。用户可以完全掌控自己的虚拟网络，包括选择自有 IP 地址范围、划分网段、配置路由表和网关等。此外用户也可以通过专线 /VPN 等连接方式将 VPC 与传统数据中心组成一个按需定制的网络环境，实现应用的平滑迁移上云。

VPC 是指用户在阿里云的基础网络内建立一个可以自定义的专有隔离网络，用户可以自定义这个专有网络的网络拓扑和 IP 地址。与经典网络相比，专有网络比较适合有网络管理能力和需求的客户。

网络虚拟化中存在着一些关键问题，如怎样为每个用户建立一张独立的虚拟网络，如何在该虚拟网络内划分网段，不同虚拟网络间可以使用相同的 IP 地址，如何实现虚拟网络内的 IP 地址自定义，如何实现虚拟网络内路由表的自定义，虚拟网络怎样和云下网络互通等。阿里云 VPC 解决了这些关键问题，概述如下：

1）使用隧道技术，为每个用户提供一张或多张独立、隔离的网络，并能将广播域隔离在网卡级别。

2）提供了网络规划的能力。用户可以在该虚拟网络中进行子网划分、IP 自定义、独有管理、网络间的互通。

3）提供了多种接入方法，用户可以通过 VPN 或者运营商专线实现接入。

4）提供访问公网的能力，同时访问各种云服务。

5）支持第三方 NFV 组件集成，例如 V-Firewall、V-LoadBalance。

基于隧道技术，阿里云的研发团队自研了交换机、软件定义网络（Software Defined Network，SDN）技术和硬件网关，在此基础上实现了阿里云 VPC。其整体架构如图 3-26 所示。

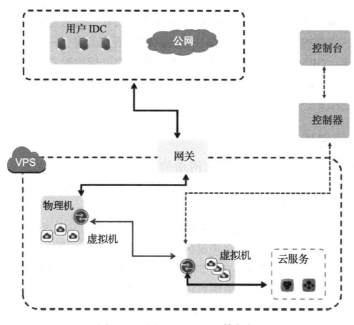

图 3-26　阿里云 VPC 整体架构

如图 3-27 所示，在阿里云 VPC 架构里面包含交换机、网关和控制器三个重要的组件。

1）交换机和网关组成了数据通路的关键路径，控制器使用自研的协议下发转发表到网关和交换机，完成了配置通路的关键路径。整体架构里面，配置通路和数据通路互相分离。配置通路如图中虚线所示，数据通路如图中黑色实线所示。

2）交换机是分布式的节点，网关和控制器都有集群部署并且是多机房互备的，所有链路上都有冗余容灾，提升了 VPC 产品的整体可用性。

3）交换机和网关性能在业界领先，自研的 SDN 协议和控制器能轻松管控公有云中成千上万张虚拟网络。为更好地理解阿里云虚拟专用网络 VPC，可查看如下典型的用户场景，如图 3-27 所示。用户可以在阿里云上管理其专属的网络，创建专有网络、交换机，并在该专有网络中创建云产品实例（如 ECS、RDS、负载均衡、OCS 等）并使用。假设地域规划为上海，则用户使用上海可用区 A 上的云产品资源。

如图所示，用户可以在阿里云上以无类域间路由块 (CIDR block) 的形式创建专有网络网段 10.0.0.0/8，然后将两个应用部署在两个交换机中，分别对公网和私网提供服务，子网网段分别是 10.0.1.0/24、10.0.2.0/24，在两个交换机中分别部署私网 ECS、公网 SLB、私网 RDS。这样，用户便能够很方便地访问公网并对自己创建的网络进行管理。

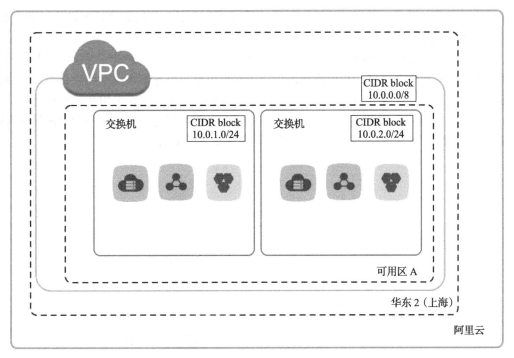

图 3-27 阿里云专用网络创建场景

【应用实践】熟悉基本的虚拟化网络操作

请在阿里云上使用 VPC 产品，将两个 ECS 分别放在不同网段的虚拟交换机下，同时为两个 ECS 绑定公网 EIP，使两个 ECS 能访问公网和被公网访问，而且这两个 ECS 能够相互访问。本实践旨在使读者熟悉基本的虚拟化网络操作，了解虚拟化网络的基本拓扑结构，对本节内容有更深入的理解。

提示：

1）请选择按量付费的 1 核 1G 的 ECS。

2）EIP 请选择按量付费（EIP 的购买页面在阿里云控制台内查找）。

3）ECS 和 EIP、VPC 实例必须在同一个 region。

3.5 负载均衡技术

3.5.1 负载均衡的原理

负载均衡，顾名思义，是一种将网络流量负载均衡到各个服务器上，以减少单个服务器压力、提升整体性能的技术。在负载均衡中，一般由多台服务器以对称的方式组成一个服务器集合，每台服务器等价的地位相同，都可以单独对外提供服务而无须其他服务器的辅助。通过某种负载均衡技术，外部发送来的请求可均匀分配到对称结构中的某一台服务器上，而接收到请求的服务器独立地回应客户的请求。借助均衡负载，能够解决快速获取重要数据，解决大量并发访问服务器的问题。

一台普通服务器的处理能力只能达到每秒处理几万到几十万个请求，无法完成在一秒内处理上百万个甚至更多请求。在传统网络中，往往采用单一服务器来应对用户访问，当用户访问集中时，就会出现服务器响应不及时，甚至无法响应的问题。而采用负载均衡之后，如图 3-28 所示，可将多台服务器组成一个系统，并通过软件技术将所有请求平均分配给所有服务器，这个系统就能够拥有每秒处理几百万甚至更多请求的能力。

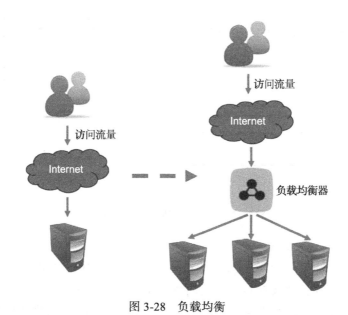

图 3-28　负载均衡

负载均衡中涉及的相关技术有很多，例如四层负载均衡、七层负载均衡、DNS 负载均衡等。接下来，我们会重点介绍这些技术，以便读者对负载均衡有更加全面而深入的理解。

3.5.2　四层负载均衡

所谓四层负载均衡，主要是通过报文中的目标 IP 地址和端口，再加上负载均衡设备设置的服务器选择方式，决定最终选择的内部服务器，如图 3-29 所示。所谓"四层"指的是负载均衡所在的网络层次（即第四层传输层），该层基于 IP 地址和端口，而不用考虑转发包的内容；同理，还有基于 MAC 地址的二层负载均衡和基于 IP 地址的三层负载均衡。换句话说，二层负载均衡会通过一个虚拟 MAC 地址接收请求，然后再分配到真实的 MAC 地址；三层负载均衡会通过一个虚拟 IP 地址接收请求，然后再分配到真实的 IP 地址；四层负载均衡通过虚拟 IP+ 端口接收请求，然后再分配到真实的服务器。四层负载均衡的基本调度方式有轮询调度和最小连接数调度。

以常见的 TCP 为例，负载均衡设备在接收到第一个来自客户端的 SYN 请求时，通过上述方式选择一个最佳的服务器，并对报文中目标 IP 地址进行修改（改为后端服务器 IP），直接转发给该服务器。TCP 的连接建立，即三次握手是客户端和服务器直接建立的，负载均衡设备只是完成类似路由器的转发动作。在某些部署情况下，为保证服务器回包可以正确返回给负载均衡设备，在转发报文的同时可能还会对报文原来的源地址进行修改，如图 3-30 所示。

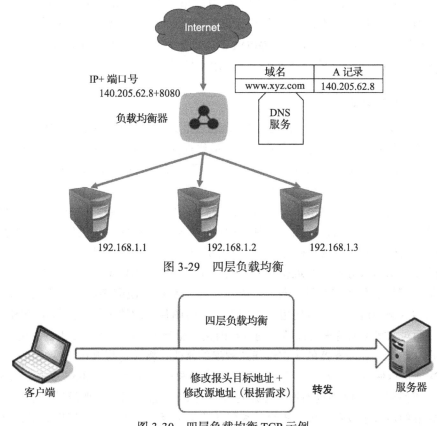

图 3-29　四层负载均衡

图 3-30　四层负载均衡 TCP 示例

　　四层负载均衡中最为有名的应用是 LVS（Linux Virtual Server，即 Linux 虚拟服务器）。LVS 是一个开源软件，可以实现 Linux 平台下的简单负载均衡。LVS 集群采用 IP 负载均衡技术和基于内容请求分发技术。LVS 实现服务器集群负载均衡有三种方式，即 NAT、DR 和 TUN。LVS 调度器具有很好的吞吐率，可以将请求均衡地转移到不同的服务器上执行，且调度器自动屏蔽服务器的故障，从而将一组服务器构成一个高性能的、高可用的虚拟服务器。整个服务器集群的结构对客户是透明的，而且无需修改客户端和服务器端的程序。为此，在设计时需要考虑系统的透明性、可伸缩性、高可用性和易管理性。一般来说，LVS 集群采用三层结构，其主要组成部分为：

- 负载调度器（load balancer）：它是整个集群对外的前端机，负责将客户的请求发送到一组服务器上执行，而客户认为服务是来自一个 IP 地址（我们可称之为虚拟 IP 地址）上的。

- 服务器池（server pool）：一组真正执行客户请求的服务器，执行的服务有 Web、Mail、FTP 和 DNS 等。
- 共享存储（shared storage）：它为服务器池提供一个共享的存储区，这样很容易使得服务器池拥有相同的内容，提供相同的服务。

Linux 内核中的 LVS 已经是开源软件，随着阿里云业务规模的扩大，基于内核版本的 LVS 已经不能满足正常的业务需求。因此，阿里云基于 DPDK 技术重构了整个 LVS。性能和容量相比内核版本有了非常大的提升，DPDK 版本的 LVS 单机支持 160Gbps 的带宽，每秒新建链接数达到 500w，并且能够做到服务能力的水平扩展。

3.5.3　七层负载均衡

七层负载均衡也称为"内容交换"，主要是通过报文中的真正有意义的应用层内容，再加上负载均衡设备设置的服务器选择方式，决定最终选择的内部服务器（如图 3-31 所示）。与基于 IP 地址和端口的"四层"负载均衡不同，"七层"负载均衡工作在 OSI 网络七层模型的最上层——应用层，是基于 URL 等应用层信息的负载均衡，主要通过 HTTP 协议头中的信息和消息中的真实内容来决定路由转发，然后再分配到真实的服务器。因为七层负载均衡要考虑需要传输信息的更多方面，因此，在时间和计算能耗上不如四层负载均衡，但能获得更好的全局性能。例如，七层负载均衡能决定一个用户所请求的数据类型（视频、文本等），而不必在所有的负载均衡服务器上复现相同的数据。同时，从应用场景上考虑，七层负载均衡还有两个优势，即智能化和安全性。首先，七层负载均衡可以使网络更加智能化。举个例子，处理一个网站的访问流量时可以使用七层的方式，将图片类的请求转发到特定的图片服务器进行缓存，而对文字类的请求可以转发到特定的文字服务器并使用压缩技术。采用这种方式，可以对客户端的请求和服务器的响应做任意程度的修改，极大地提升应用系统在网络层的灵活性。其次，可以使网络更安全。例如，对于网络中常见的 SYN Flooding 攻击，当黑客控制大量主机，或使用伪造 IP 地址对服务器发送大量的 SYN 报文时，在四层模式下，这些 SYN 报文都将转发给后端服务器处理，将给后端服务器带来巨大压力；而七层模式下，这些 SYN 报文在负载均衡设备上就会被截止。七层负载均衡主要有三种调度方式：轮询调度和最小连接数调度、域名调度和 URL 调度。

以常见的 TCP 为例，负载均衡设备如果要根据真正的应用层内容选择服务器，只能在代理最终的服务器和客户端建立连接（三次握手）之后，才可能接受到客户端发送的真正应用层内容的报文，然后再根据该报文中的特定字段，再加上负载均衡设备设置的服务器选择方式，决定最终选择的内部服务器。在这种情况下，负载均衡设备更类似于一个代理服务器。负载均衡和前端的客户端以及后端的服务器会分别建立 TCP 连接，如图 3-32 所示。所以从技术原理上来看，七层负载均衡对负载均衡设备的要求更高，处理七层的能力也必然会低于四层模式的部署方式。

七层负载均衡较为有名的应用是 Nginx。Nginx（Engine x）是由俄罗斯研究人员 Igor Sysoev 编写的一款高性能的 HTTP 和反向代理服务器，也是一个 IMAP/POP3/SMTP 代理服务器。Nginx 已经在俄罗斯最大的门户网站——Rambler Media 上运行了 4 年多时间，俄罗斯超过 20% 的虚拟主机平台采用 Nginx 作为反向代理服务器。在国内，新浪博客、新浪播客、搜狐通行证、网易新闻、网易博客、金山逍遥网、金山爱词霸、校内网、豆瓣、迅雷看看等多家网站使用 Nginx 服务器。Igor 将源代码以类 BSD 许可证的形式发布，Nginx 以其稳定性、丰富的功能集、示例配置文件和低系统资源的消耗而闻名。

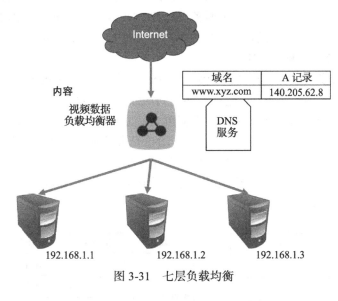

图 3-31　七层负载均衡

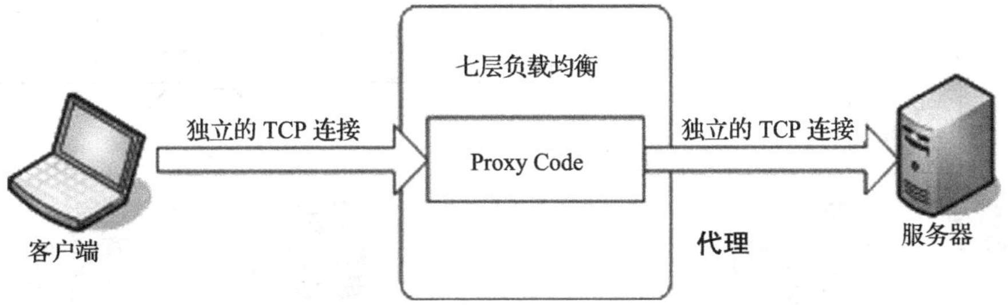

图 3-32　七层负载均衡 TCP 示例

Nginx 负均衡实现比较简单，可配置性很强，可以按 URL 进行负载均衡，默认对后端有健康检查的能力。后端机器少的情况下负载均衡能力表现好。其优点主要有：

1）性能优异，支持高并发连接，内存消耗少：经官方测试，Nginx 能够支撑 5 万并发连接，在实际生产环境中可以支持 2 ~ 3 万并发连接数，且在 3 万并发连接下，开启 10 个 Nginx 进程才消耗 150M 内存。

2）成本低廉：Nginx 为开源软件，可以免费使用。

3）Nginx 工作在网络的第七层，所以它可以针对 HTTP 应用本身来做分流策略，比如针对域名、目录结构等进行分流，可以实现多种分配策略。

3.5.4 DNS 负载均衡

DNS 负载均衡是重要的负载均衡方式。最早的负载均衡技术就是通过 DNS 来实现的。DNS 负载均衡是一种简单而有效的方法，但是它不能区分服务器的差异，也不能反映服务器的当前运行状态。

DNS 负载均衡技术的实现原理是在 DNS 服务器中为同一个主机名配置多个 IP 地址，在应答 DNS 查询时，对每个查询，DNS 服务器将按 DNS 文件中主机记录的 IP 地址按顺序返回不同的解析结果，将客户端的访问引导到不同的机器上去，使得不同的客户端访问不同的服务器，从而达到负载均衡的目的。

最简单的 DNS 负载均衡如图 3-33 所示。在图中将同一个网站域名对应对多个 IP 地址，这些 IP 地址对应着不同的服务器，这样便能达到均分负载的效果。但这种方式有两个缺点：①当目标失效后，需要手工修改 A 记录；②修改 A 记录后的生效时间较长。

全局 DNS 负载均衡如图 3-34 所示，全局 DNS 负载均衡中加入了访问源 IP，以标识访问源的地域，以便根据该信息就近选择服务器进行内容推送。此外，全局 DNS 还加入了健康检查，以便能够实时检查目标的健康状况，自动同步 A 记录。但这种方式仍然存在修改 A 记录后生效时间较长的缺点。

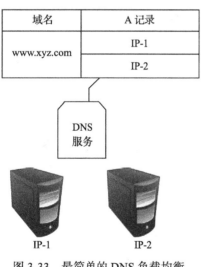

图 3-33 最简单的 DNS 负载均衡

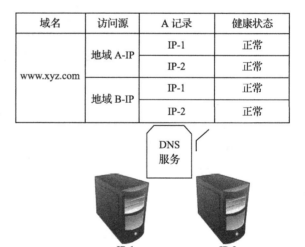

图 3-34 全局 DNS 负载均衡

3.5.5 开源负载均衡概述

现有的负载均衡开源项目较多，较为流行的有 LVS、Tengine、HAProxy、Seesaw v2 等。

1. LVS

LVS 是一个虚拟的服务器集群系统。该项目在 1998 年 5 月由章文嵩博士发起，是国内最早出现的开源软件项目之一。LVS 集群采用 IP 负载均衡技术和基于内容请求的分发技术。

调度器具有很好的吞吐率，可将请求均衡地转移到不同的服务器上执行，且调度器自动屏蔽服务器的故障，从而将一组服务器构成一个高性能、高可用的虚拟服务器。整个服务器集群的结构对客户是透明的，而且无需修改客户端和服务器端的程序。为此，在设计时需要考虑系统的透明性、可伸缩性、高可用性和易管理性。LVS 具有许多优点：

1）抗负载能力强：因为 LVS 工作方式的逻辑非常简单，而且工作在网络第四层仅做请求分发之用，没有流量，所以基本不需要考虑效率。

2）配置性低：这通常是一大劣势，但同时也是一大优势，因为没有太多可配置的选项，所以除了增减服务器，并不需要经常去接触它，大大减少了人为出错的几率。

3）工作稳定：因为其本身抗负载能力很强，所以稳定性高。另外，各种 LVS 都有完整的双机热备方案，所以不必担心均衡器本身会出什么问题，节点出现故障的话，LVS 会自动判别，所以系统整体是非常稳定的。

4）无流量：前面已经提及，LVS 仅仅分发请求，而并不涉及流量，所以可以利用它来做一些线路分流之用。没有流量同时也保住了均衡器的 IO 性能不会受到大流量的影响。

5）基本上能支持所有应用：因为 LVS 工作在网络第 4 层，所以它可以对几乎所有应用做负载均衡，包括 HTTP、数据库、聊天室等等。

2. Tengine

Tengine 是阿里巴巴发起的 Web 服务器项目，它在 Nginx 的基础上，针对网站访问量大的需求，添加了很多高级功能和特性，已成为当前最流行的 7 层负载均衡开源软件之一。Tengine 的性能和稳定性已经在大型的网站（如淘宝网，天猫商城等）得到了很好的检验。它的最终目标是打造一个高效、稳定、安全、易用的 Web 平台。

针对云计算场景，Tengine 定制的主要特性如下：

1）保留 nx-1.4.6 的所有特性，例如配置灵活简单、高并发支持，100% 兼容 Nginx 的配置。

2）支持动态模块加载（DSO）。加入一个模块不再需要重新编译整个 Tengine。

3）提供更加强大的负载均衡能力，涉及一致性 Hash 模块、会话保持模块，还可以对后端的服务器进行主动健康检查，根据服务器状态自动上线下线。

4）监控系统的负载和资源占用从而对系统进行保护。

5）为运维人员提供更友好的出错信息，便于定位出错机器。

6）具有更强大的防攻击（访问速度限制等）模块。

采用 Tengine 作为 SLB 的基础模块的阿里云 SLB 七层负载均衡产品，具有如下特点：

1）高可用：通过 Tengine 集群保证冗余性，无单点。

2）安全：多维度的 CC 攻击防御能力。

3）健康检查：SLB 能够对后端 ECS 进行健康检查，自动屏蔽异常状态的 ECS，待该 ECS 恢复正常后自动解除屏蔽。

4）会话保持：支持 7 层会话保持功能。

5）一致性：支持一致性 hash 调度。

3. HAProxy

HAProxy 是一款开源的 TCP/HTTP 负载均衡代理服务器，它支持本地 SSL、保活、压缩、CLI 棒表、自定义日志格式、首部改写等。它是一种免费、快速并且可靠的解决方案。HAProxy 特别适用于那些负载特大的 Web 站点，这些站点通常又需要会话保持或七层处理。HAProxy 运行在当前的硬件上，完全可以支持数以万计的并发连接。同时，它的运行模式使得它可以很简单安全地整合进用户当前的架构中，同时可以保护用户的 Web 服务器不被暴露到网络上。

HAProxy 实现了一种事件驱动的单一进程模型，此模型支持大量并发连接。多进程或多线程模型受内存限制、系统调度器限制以及无处不在的锁限制，很少能处理数千并发连接。事件驱动模型因为在有更好的资源和时间管理的用户空间（User-Space）实现这些任务，所以没有这些问题。此模型的弊端是，在多核系统上，这些程序的扩展性较差。这就是必须对其进行优化以使每个 CPU 时间片（Cycle）做更多的工作的原因。

4. Seesaw v2

Seesaw v2 是谷歌基于 LVS 而开发出来的开源负载均衡平台，它能为在相同网络内的服务器提供基本的均衡服务。Seesaw v2 支持许多负载均衡功能，如任波、SDR（Direct Server Return，即直接服务器返回）、多 WLAN 和中心化配置。

3.5.6　阿里云负载均衡服务

阿里云负载均衡（Server Load Balancer，SLB）是对多台云服务器进行流量分发的负载均衡服务。它可以通过流量分发扩展应用系统对外的服务能力，通过消除单点故障提升应用系统的可用性。负载均衡服务通过设置虚拟服务地址（IP），将位于同一地域（Region）的多台云服务器（Elastic Compute Service，ECS）资源虚拟成一个高性能、高可用的应用服务池；根据应用指定的方式，将来自客户端的网络请求分发到云服务器池中。如图 3-35 所示，负载均衡服务主要有 3 个基本组成部分：1）负载均衡示例；2）监听，即用户定制的负载均衡策略和转发规则；3）后端的一组云服务器。当检测到外部流量时，阿里云 SLB 使用监听，根据用户定制的负载均衡策略和转发规则，即 IP 地址和端口，然后根据相关的策略和转发规则分发到各个后端服务器上。

阿里云提供两种 SLB 的调度策略，即四层负载均衡和七层负载均衡。四层负载均衡支持 TCP、UDP 协议的负载均衡，且支持加权轮询调度（WRR）策略和加权最

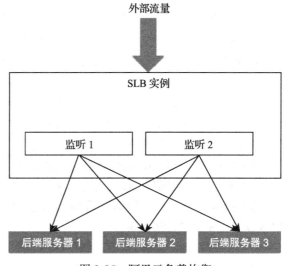

图 3-35　阿里云负载均衡

小连接数调度（WLC）策略，并提供 TCP-Flood 功能，并支持后端服务器健康检查等。七层负载均衡支持域名转发和 URL 转发，并提供 HTTP 层防 CC 攻击功能、HTTP-WAF 安全防护，以及加入 HTTP 和后端服务器健康检查等。

阿里云负载均衡具有以下优点：

1）高可用。采用全冗余设计，无单点，支持同城容灾，搭配 DNS 可实现跨 Region 容灾，可用性高达 99.99%。能根据应用负载进行弹性扩容，即使在流量波动情况下也不会中断对外服务。

2）低成本。与传统硬件负载均衡系统高投入相比，成本能下降 60%，私网类型实例免费使用，无需一次性采购昂贵的负载均衡设备，无需运维投入。

3）安全。结合云盾提供防 DDoS 攻击能力，包括 CC、SYN flood 等 DDoS 攻击方式。

阿里云采用四层和七层负载均衡，其负载均衡基础架构如图 3-36 所示。

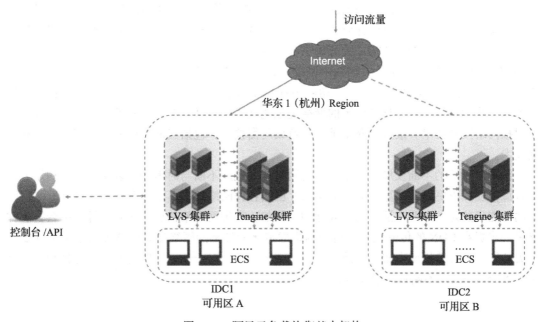

图 3-36　阿里云负载均衡基本架构

前面已经提及，阿里云基于 DPDK 技术重构了 LVS，上图中四层负载均衡采用了基于 DPDK 版本的 LVS+keeplived 来实现；七层负载均衡则采用 Tengine 来实现。此外，阿里云负载均衡采用集群部署，可实现会话同步，以消除服务器单点，提升冗余，保证服务稳定。在某些 Region 部署两个机房，以实现同城容灾，保证数据的安全性和服务的稳定性。阿里云负载均衡具有横向扩展应用系统的服务能力，适用于各种 Web 服务器和 App 服务器；同时，也可以消除应用系统的单点故障，当其中一部分云服务器宕机之后，应用系统还能正常工作。

【应用实践】实现负载均衡

在阿里云上创建一个负载均衡实例，并且创建一个端口为 80 的监听。将两台 ECS 作为后端服务器加入到该监听，并且配置健康检查策略，使得该负载均衡实例对公网提供 Web 服务。

提示：

1）购买 ECS 时请选择按量付费的 1 核 1G 的 ECS。

2）SLB 请选择按量付费。

3）ECS 和 SLB 实例必须在同一个 Region 中。

本章小结

网络对于云计算平台而言十分重要，只有好的网络设计才能满足不断发展的云计算平台的需求。本章中，我们从四个方面介绍了云计算平台下的网络部分，包括网络架构、边界网络与 CDN、网络虚拟化和负载均衡。其中，网络架构作为云计算平台的骨架，对云平台的性能具有重要作用。我们首先介绍了云计算平台的整体架构；接下来，重点介绍了当前较为流行的多种数据中心网络架构，并分析了各数据中心网络架构的优缺点。在关于边界网络与 CDN 的部分，我们从互联网上的两个基础协议——HTTP 和 DNS 开始，介绍了时下广泛应用的 CDN 技术，包括调度、缓存、动静态资源加速等，并对 CDN 安全进行了一定的探讨。接下来，我们讲解了云计算平台下的网络虚拟化技术，包括其原理、特性、应用，以及相关的虚拟网络互联技术。最后，介绍了网络负载均衡技术，包括当前主要的四层和七层负载均衡技术。

随着云计算的不断发展，云平台下的网络技术也应不断与时俱进，以便更好地利用云计算资源，发挥出更强的计算性能。近年来，虽然各种网络技术不断出现，如何提高云平台网络的性能仍然是一个非常活跃的研究课题，例如，哪种网络架构更适用于云计算平台，怎样能进一步提高 CDN 的传输效率，由于网络虚拟化所带来的网络复杂度增加对于网络性能有多大的影响，负载均衡中如何保持会话等。毫无疑问，对于这些问题的研究也将推动云计算平台下的网络技术不断地向前发展。

习题

1. 为什么会出现新的网络架构？有哪些新的网络架构？

2. CDN 如今被广泛地应用在我们的网络生活中，例如网络购物。那么，从输入淘宝域名到搜索到某一件商品，CDN 是如何帮助我们获取这些信息的？

3. 在了解了 CDN 工作原理之后，你觉得 CDN 可能存在哪些安全问题？

4. 网络虚拟化技术有哪些特性？这些特性的具体内涵分别是什么？

5. LVS 和 Tengine 作为时下流行的负载均衡技术，其特点是什么？各有哪些优缺点？

6. 除了本章中所介绍的 LVS、Tengine 等负载均衡技术，你还听说过哪些负载均衡技术？它们和 LVS 和 Tengine 相比，又有哪些特点？

参考文献与进一步阅读

［1］ 张玉洁，何明，孟祥武. 基于用户需求的内容分发点对点网络系统研究［J］. 软件学报，2014（1）：98-117.

［2］ 李丹，陈贵海，任丰原，蒋长林，徐明伟. 数据中心网络的研究进展与趋势［J］. 计算机学报，2014（2）：259-274.

［3］ 李桂林. 基于云计算的 CDN 平台系统设计研究［D］. 北京邮电大学，2015.

［4］ 何锐，李艳，刘红. 基于 CDN 内容分发的研究与应用［J］. 通信技术，2011（3）：111-112+115.

［5］ 郭燕冰. 全球 CDN 业务发展现状与趋势［J］. 现代电信科技，2009（5）：9-13+17.

［6］ 曾文烽. 采用 CDN-P2P 混合架构的流媒体点播系统设计与实现［D］. 中国科学技术大学，2009.

［7］ 蔺绍祝. 基于用户兴趣模型的 CDN 分发策略研究［D］. 华南理工大学，2012.

［8］ 卿苏德，廖建新，朱晓民，王敬宇，戚琦. 网络虚拟化环境中虚拟网络的嵌套映射算法［J］. 软件学报，2012（11）：3045-3058.

［9］ 温涛，虞红芳，李乐民. 网络虚拟化的过去、现在和未来［J］. 中兴通讯技术，2014（3）：2-7.

［10］ 张荣荣. DNS 系统负载均衡方法的设计与原型实现［D］. 北京邮电大学，2011.

［11］ 兰翔. 基于 Nginx 的负载均衡技术的研究与改进［D］. 华东理工大学，2012.

［12］ 王利萍. 基于 Nginx 服务器集群负载均衡技术的研究与改进［D］. 山东大学，2015.

［13］ 蒋文旭. 基于 Nginx 部署环境的 Web 加速方法设计与实现［D］. 北京邮电大学，2012.

［14］ Bari M F, Boutaba R, Esteves R, et al. Data Center Network Virtualization: A Survey［J］. Communications Surveys & Tutorials, 2013, 15(2): 909-928.

［15］ Chen K, Singla A, Singh A, et al. OSA: An Optical Switching Architecture for Data Center Networks with Unprecedented Flexibility［J］. Networking, IEEE/ACM Transactions on, 2014, 22(2): 498-511.

［16］ Li D, Wu J. On Data Center Network Architectures for Interconnecting Dual-Port Servers［J］. Computers, IEEE Transactions on, 2015, 64(11): 3210-3222.

［17］ Akella A, Benson T, Chandrasekaran B, et al. A Universal Approach to Data Center Network Design［C］. Proceedings of the 2015 International Conference on Distributed Computing and Networking. ACM, 2015: 41.

［18］ Saroiu S, Gummadi K P, Dunn R J, et al. An Analysis of Internet Content Delivery Systems［J］. ACM SIGOPS Operating Systems Review, 2002, 36(SI): 315-327.

［19］ Leighton F T, Lewin D M. Content Delivery Network Using Edge-of-Network Servers for Providing Content Delivery to a Set of Participating Content Providers: U.S. Patent 6, 553, 413［P］. 2003-4-22.

［20］ Leighton F T, Lewin D M. HTML Delivery From Edge-of-Network Servers in a Content Delivery Network (CDN): U.S. Patent 6, 996, 616 ［P］. 2006-2-7.

［21］ Pallis G, Vakali A. Insight and Perspectives for Content Delivery Networks ［J］. Communications of the ACM, 2006, 49(1): 101-106.

［22］ Pierre G, Van Steen M. Globule: A Collaborative Content Delivery Network ［J］. IEEE Communications Magazine, 2006, 44(8): 127-133.

［23］ Wein J M, Kloninger J J, Nottingham M C, et al. Content Delivery Network (CDN) Content Server Request Handling Mechanism with Metadata Framework Support: U.S. Patent 7, 240, 100 ［P］. 2007-7-3.

［24］ Majumdar S, Kulkarni D, Ravishankar C V. Addressing Click Fraud in Content Delivery Systems ［C］. INFOCOM 2007. 26th IEEE International Conference on Computer Communications. IEEE, 2007: 240-248.

［25］ Chen J, Jiang J, Zheng X, et al. Forwarding-Loop Attacks in Content Delivery Networks ［J/OL］. http://netsec.ccert.edu.cn/duanhx/files/2010/12/cdn_loop-final-camera-ready.pdf.

第 4 章

虚　拟　化

虚拟化技术源自人们对硬件复杂性管理和计算资源共享的需求。如今，虚拟化技术正显现出日益重要的影响力，对于促进资源灵活分配，优化系统整体效能，降低计算服务成本，实现高可靠性和可用性具有重要意义。

对于云计算来说，虚拟化的计算环境不可或缺。本章将介绍虚拟化的基本原理、典型的虚拟机实现方案，虚拟机管理技术，目前流行的轻量级虚拟化服务平台 Docker，以及阿里云在虚拟化方面的诸多实践。

4.1　虚拟化技术概述

云计算的快速发展对资源管理提出了新的要求。在新一代数据中心构建过程中，虚拟化是关键技术，能够优化数据中心在高性能、高效率、高可靠性、高可用性的需求，进一步优化系统运维，降低企业的整体投入。

4.1.1　概念和历史

虚拟是"逻辑"一词的另一种表述；一般用来特指由计算机系统创造的人工对象，以帮助系统对共享资源的利用分享。

——Foldoc.org（Free Online Dictionary of Computing）

虚拟机是一种使能技术。经典虚拟机的概念可追溯至 20 世纪 70 年代，其主要研发动机是为了使多个旧式操作系统运行在同一台主机上并享相关资源与服务。1967 年，IBM 推出第一代虚拟化产品线 S/360 系统（1967 年），随后发展了 S/390 系统以及基于 Linux 的 z800/900 主机系统。虚拟化产品的另一家领先公司 VMware 主要基于 Intel 的 32 位和 64 位处理器架构开发出了 VMware Workstation、VMware Player、Fusion、ESX 等产品。

虚拟化（Virtualization）是计算机资源的逻辑表示。通过在系统中增加一个虚拟化软件层，使得上层计算或应用与下层的资源或管理相解耦。虚拟化软件层能够把底层资源抽象成另一种形式的资源，从而提供给上层使用和分享。

根据虚拟化技术的先行者 Goldberg 在 1971 年的定义，虚拟机（Virtual Machine，VM）

是一种系统，是一个真实存在的软硬件的副本。在这一过程中，虚拟机监视器（Virtual Machine Monitor，VMM）为软件和硬件的复制提供必要的机制。虚拟机本质上是一套软件系统，它和我们接触的物理机（Physical Machine）可形成对应。物理机的主要构成部分包括处理器（即 CPU）、存储设备、通信设备等。对于虚拟机来说，也存在虚拟处理器、虚拟存储、虚拟网络的概念，其中处理器（计算）虚拟化的实现最为关键。经典虚拟机的实现方式主要采取宿主型（Hosted VM），即虚拟化软件是直接安装在一个现有的宿主机的操作系统中的。虚拟内存、硬盘、I/O 设备的状态都被封装成专用的文件并保存在宿主机上。

4.1.2　虚拟化的意义

早期虚拟机主要解决单节点物理机的资源共享问题。这种方案是面向 20 世纪七八十年代中央式计算模型下的虚拟化需求而提出的。如今的计算应用更多面向的是高度互联的计算环境，受此影响，虚拟机技术的重心也逐渐转向对分布式计算资源（计算节点、存储节点、网络）等的虚拟化。

经典虚拟机的特点主要可以概括为：

- 多态（Polymorphism）：支持多种类型的操作系统。
- 重用（Manifolding）：虚拟机的镜像可以被反复复制和使用。
- 复用（Multiplexing）：虚拟机能够对物理资源时分复用。

虚拟化技术允许多个操作系统同时运行在单个物理服务器上，并提供必要的安全和资源隔离保护。虚拟机整合了计算设备、存储设备、网络设备以及桌面应用，能够提高资源利用率和管理灵活度，极大地节省商用服务器空间和耗电成本，为云计算提供了技术基础，是目前企业互联网数据中心 IDC 建设的发展方向。

4.2　虚拟机的核心原理和技术

4.2.1　机器与接口

虚拟机一词从字面上讲，可以拆分为"虚拟化"+"机器"。在理解其核心原理之前，有必要先了解虚拟化的对象，即什么是"机器"以及接口的概念。

我们知道，计算机是软件和硬件协同配合组成的系统，硬件支撑软件。从这一概念出发，"机器"往往指代的是作为底层支撑的硬件部分，虚拟机则指的是将硬件"虚拟化"。事实上，对于虚拟机技术而言，机器并不仅指代冰冷的硬件设备，而具有较为抽象而灵活的定义。具体而言，如何定义虚拟机中的"机器"要取决于所观察的系统接口。以接口作为分界线向下看，所有计算资源和设备都可以看作虚拟化指向的对象，详细例子可见下述章节。

4.2.2　系统接口

计算机系统的组建离不开各式各样的接口，接口将两个不同的对象环境联系起来使之得以协同运行。图 4-1 所示是计算机系统中主要的接口类型。其中，最基本的接口就是微处理器指令集架构（Instruction Set Architecture，ISA）。ISA 的概念最早在 IBM 的 360 系列主机系统上得以体现，从 ISA 出发，能够比较简单地区分软件与硬件。ISA 定义处理器的数据和控制流，可以看作是联系软件应用和硬件功能的一项"协议"，具有重要的桥梁作用。

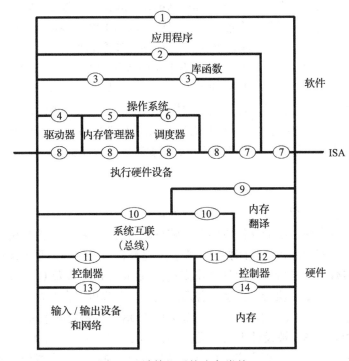

图 4-1　计算机系统中各类接口

然而，应用程序一般不是借助 ISA 直接运行在硬件设备之上的，多个软件应用一般也不是完全隔离运行的，它们共同运行在某个操作系统之上，并共享其提供的服务。如图 4-2 所示，计算机软件系统可以看作是应用软件和操作系统的集合。

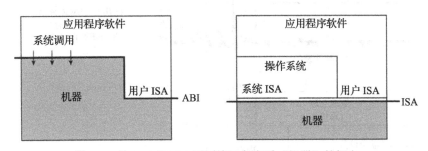

图 4-2　从 ABI 和 ISA 不同接口角度看"机器"的概念

应用程序二进制接口（Application Binary Interface，ABI）给程序提供使用硬件资源和系统服务的接口。ABI 包括所有的用户指令（图 4-1 中的接口 7）以及一部分系统调用接口（图 4-1 中的接口 3）。应用程序和操作系统与硬件的交互都是通过 ISA 接口完成的，而应用程序和关键硬件资源的交互都是间接的，需要操作系统通过系统调用（System Call）方式实现。

与 ABI 不同，应用程序接口（Application Programming Interface，API）通常由某种高层次语言定义。API 的关键元素是一个能够由应用程序调用来触发多种服务的系统标准库。一般来说，API 的功能往往涉及一个或多个 ABI 层面的操作系统调用。

至此，对于虚拟机来说，机器的定义取决于我们从什么样的接口角度来看，如图 4-2 所示。如果从 ISA 角度来看，机器可以指代整个计算机硬件架构和设备。如果从 ABI 接口层面出发，机器可以指代整个硬件设备连同其上的操作系统。对于某种被编译器按照特定 ABI 生成的程序，它们只能不加改变地运行在具有同样 ISA 和操作系统的机器上。若是从 API 出发，一个完整的机器则还包括了关键的库函数，需要特定的程序支持。

4.2.3　运行模式

各类接口的引入对于保护多用户多程序并发运行是有极大好处的。对于许多计算机系统架构来说，一些关键资源是不能够被应用软件随意调用的，这些资源主要由操作系统全权支配。各类应用对共享资源的访问是间接的，需要通过操作系统并借助系统调用来完成。为实现这一过程，大多数系统支持至少两种操作模式：Kernel Mode 以及 User Mode。一般来说，应用程序是在 User Mode 中执行，大多数普通的数值计算都可以在此模式下完成。一旦需要执行涉及系统安全的指令（如磁盘写入），则需要通过 OS 触发特定的系统调用函数。

为实现上述模式，ISA 被设计为两大类：User ISA 以及 System ISA，如图 4-3 所示。其中，User ISA 指的是对于应用程序完全可见的指令子集，如一些内存操作、整数加法、分支跳转等。与之相对的是，System ISA 仅为具有较高监控权限的系统（如 OS）可见。

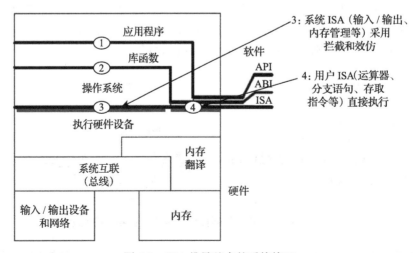

图 4-3　ISA 是最基本的系统接口

简单来说，User ISA 的目标是完成用户程序。对于编译器来说，User ISA 主要是全部指令集中用来将高层次语言描述的算法转换为机器语言的指令。与之相对，System ISA 的目标是有效分配和管理系统的资源尤其是共享资源。System ISA 涉及底层操作系统功能，如处理器调度、虚拟内存管理、设备驱动和 I/O 等。它们属于 ISA 中一部分较为敏感的关键指令，仅在处理器处于 System Mode 时才被允许执行。换句话说，在处理器处于 System Mode 时，整个指令集架构都能够被执行；而在 User Mode，只有一部分指令可以使用。

对于计算机用户而言，他们主要关心应用是否可用、易用、高性能、高效率。然而，应用程序往往需要适合的系统接口来运行，一般包括微处理器体系结构（ISA）、操作系统接口（System Call），以及相关应用程序库函数。这些都会造成对应用程序的限制。

4.2.4　虚拟机的分类

简单来说，从某一接口出发，通过为底层机器配置一个耦合的软件而形成的具有新的"虚拟接口"的系统就是一个虚拟机。在这个虚拟机之上，原始上层软件可以无缝地运行。如图 4-4 所示。

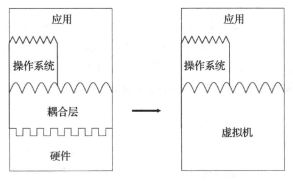

图 4-4　虚拟机概念图

从机器的接口选择来分类，虚拟机主要有两大类型：进程级虚拟机以及系统级虚拟机。

进程级虚拟机（Process VM）是应用程序二进制接口 ABI 层面设立的虚拟机，虚拟化软件被设置在 ABI 层面（如图 4-5 所示）。典型的例子是多元程序化的操作系统。对于进程级虚拟机来说，虚拟化软件的作用是把操作系统和用户指令从一个平台编译到另一个平台。进程级虚拟机能够执行不同操作系统和 ISA 的应用程序。操作系统为每个并发执行的任务提供一个进程级别的虚拟机。大多数操作系统可以通过 Multiprogramming 同时支持多个用户的进程，让每个用户进程感觉自己拥有整个系统资源。

复杂的进程级虚拟机往往会面对特殊的程序，该类用户程序被编译为某一指令集的二进制文件，而主机硬件并不支持此类指令集。在这种情况下，虚拟机软件需要为用户程序模拟所需的主机硬件功能和行为，这一过程称为 Emulation（仿真）。Emulation 不同于 Simulation（模拟），前者强调对内部机制的整体复制和重现，而后者强调对系统行为的模拟和效仿。

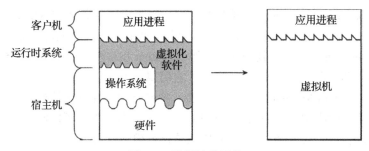

图 4-5 进程级虚拟机

Emulation 有不同的执行方式，最直接的方法是通过 Interpretation（解读），解读程序能够执行目标 ISA 的取指令、解码等，并效仿目标 ISA 的执行方式。解读程序的启动开销虽然较小，但在使用过程中会消耗大量时间，需要几十条目标指令才能对每条源指令进行解读。另一种更高效的方式是借助二进制翻译（Binary Translation），这种方法能够将一整块源代码转换成目标指令。虽然二进制翻译的初始开销较大，但是被翻译的指令可被放在缓存中而重复执行。

系统级虚拟机（System VM）是 ISA 层面设立的虚拟机，虚拟化软件被设置在硬件设备和软件系统之间（如图 4-6 所示）。对于系统级虚拟机来说，软件系统（操作系统和应用程序）视虚拟化软件为硬件资源的完整复制。系统级虚拟机的虚拟化软件能够把一个硬件平台的 ISA 转译为另一个硬件平台的 ISA。该系统级虚拟机能够执行一整套支持其他硬件架构的系统软件环境。

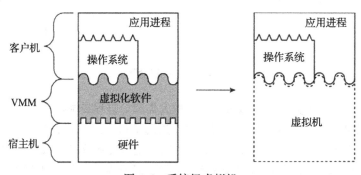

图 4-6 系统级虚拟机

系统级虚拟机能够提供完整的系统环境，自 20 世纪六七十年代以来一直是最主要的虚拟机技术。系统级虚拟机使得单个主机硬件平台可以支持多个不同的子操作系统。这里每个操作系统都需要运行在一个虚拟机上，多个虚拟机由一个虚拟化软件 VMM（Virtual Machine Monitor，虚拟机监控器）管理，如图 4-7 所示。VMM 对于虚拟对象机器具有管理权，能够为每个虚拟机呈现一个接口的镜像。它一般运行在最高权限，其他所有的子系统都处在较低的权限。子操作系统的某些指令，比如直接涉及硬件资源的特权指令（Privileged Instruction）会被 VMM 拦截、检查并代为执行。以上过程虽然完全透明，但却并不为客户软件应用所察觉。

系统级虚拟机有两种搭建方式：经典虚拟机（Classic VM）以及宿主式虚拟机（Hosted VM）。经典虚拟机的 VMM 自始至终管理机器硬件资源，包括 IBM z/VM、VMware ESX。宿主式虚拟机则运行在某个操作系统之上，其硬件资源的管理也是在主机操作系统和虚拟化软件之间切换进行的。宿主式虚拟机例子包括 VMware Server、VMware Workstation 等。

经典虚拟机作为一种重要的虚拟机技术，一般用于承载具有同样 ISA 的软件系统。其虚拟化软件 VMM 可以直接置于硬件裸机之上，然后在其上运行不同的虚拟机。每个不同的虚拟机需要支持同样的物理机指令集 ISA，如果需要运行多个不同 ISA 的虚拟机时，则需要在物理机上搭载全系统虚拟机（Whole-System VM），虚拟机软件必须效仿整个硬件环境，翻译所有指令集，必须将客户系统的 ISA 转变为等价的操作系统调用并发送到主机操作系统，这一过程又称为全虚拟化（Full Virtualization），其实施过程面临许多挑战。在经典虚拟机刚出现时，二进制翻译技术还并未被提出，因此经典虚拟机的 VMM 需要对每条 ISA 指令进行仿真，因此开销较大。这种虚拟机架构的优点是可以直接和硬件资源交互，但其安装比较麻烦，对于桌面台式机用户来说，还需要有针对 VMM 的 I/O 软件驱动。

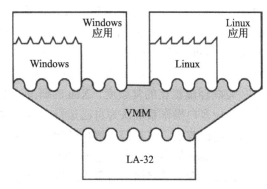

图 4-7　VMM 运行在硬件上的经典虚拟机

4.3　虚拟化的实现

经过多年的发展，已形成了一些具有代表性的服务器虚拟化技术。对于工业界标准的 x86 系统，虚拟化一般采取主机搭载式或者 Hypervisor 式架构。主机搭载式架构把虚拟化软件层作为一个软件应用安装在操作系统之上，比如 VMware 的 Workstation，从而提供广泛的硬件配置和灵活的虚拟机镜像管理。Hypervisor 式架构则以 Xen 为代表，一般具有更低的开销和更优的能效。

4.3.1　Xen 虚拟机技术

1. Xen 和 Hypervisor

Xen 是一个开放源代码的虚拟机监视器，它的创始项目 Xen Project 最初由剑桥大学于 2003 年推出。Xen 虚拟机技术创造了一个基于原生态硬件的 Hypervisor。它把虚拟化软件层直接安装在不加任何修饰的服务器原生态硬件上。换句话说，Hypervisor 是介于硬件和操作系统之间的虚拟化软件层。由于 Hypervisor 可以直接和底层硬件资源交互，因此可以避免许多不必要的系统开销。Hypervisor 层需要负责分割和共享硬件处理器、内存、I/O 设备等资源，从而实现系统整体的高效虚拟化。

对于 Xen 来说，Hypervisor 上一般运行多个客户作业系统。有个特殊的虚拟机会成为管理其他客户作业系统的高权限管理 VM，Xen 称它为 Domain0（Dom0），Dom0 能够和 Hypervisor 交互，其上一般安装用于操纵底层硬件的驱动软件，可以启动或停止虚拟机。与 Dom0 相对应，其他客户使用的是在该管理 VM 旁运行的客户 VM，Xen 称其为 DomainU（DomU）。这种对虚拟机功能的划分方式也应用在 Microsoft 的 Hyper-V 虚拟化技术中，管理 VM 一般被称为 Parent Partition，而客户 VM 一般被称为 Child Partition。

2. Hypercall 和 Para-Virtualization 技术

全虚拟化（Full Virtualization）能够提供很好的隔绝和安全保护，以及更好的移动性。全虚拟化不需要硬件或者操作系统的支持来虚拟化敏感或者特权指令。这种虚拟化技术对处理器要求较高，属于计算密集型技术。虚拟化软件将所有操作系统指令动态转译并且缓存起来留作未来使用，而用户态指令则不加修改地运行。这个过程对于特权指令来说困难而复杂，许多时候需要使用性能非常差的软件仿真或者二进制翻译。VMware 的虚拟化产品和 Microsoft 的 Virtual Server 是全虚拟化的代表。

为减轻虚拟化的复杂度，Xen 的研发人员采用了不同的处理方式。在这种新的方式下，并不会让客户操作系统认为自己运行在真实独立的硬件资源上。相反，该技术要求对客户操作系统进行改进，使它们了解自己运行在虚拟环境下，从而采取不同的接口调用方式，实现与 Hypervisor 的协同工作。这种方法称为 Para-Virtualization。

Para 是源自希腊语的前缀，意为"旁边""侧面"等，直译成中文是"在旁边的虚拟化"。Para-Virtualization 方法在 Hypervisor 里不对设备驱动器行为进行仿真（emulation），而仅对 CPU 和内存做虚拟，所以 Para-Virtualization 又被翻译作"半虚拟化"或"准虚拟"。Para-Virtualization 一般还被称为操作系统协助的虚拟化（OS-Assisted-Virtualization），因为 Guest VM 需要"管理 OS"的协助。

Guest OS 会发出一些由于硬件不支持而无法被虚拟化的 OS 指令。在虚拟化理论中，这种不能被虚拟化的 Guest OS 指令属于"低特权态下发出的敏感指令"。处于低特权态（用户态）的 Guest OS 如果对硬件设备发出这样的指令，则处于高特权态（内核态）的 Hypervisor 必须先对这些指令进行检查，确认"无害"后方能交给硬件机器处理。

传统 x86 硬件设计并未考虑到虚拟化的需求，因此这一类指令不能自动被 Hypervisor 截获（trap）。对于这些不能自动被 Hypervisor 截获的指令，Para-Virtualization 技术采用在 Guest OS 中人为植入一种特殊系统调用 hypercall 的方法使处理流程自动进入 Hypervisor 以获得"无害化"处理。由于需要在 Guest OS 中植入这些 hypercall，因此 Para-Virtualization 技术需要对 Guest OS 内核做修改后方能使用。即便如此，Xen 的实施依然要比为全系统虚拟化建立 Binary Translation 要容易得多。当用户操作系统作为虚拟机在 Xen Hypervisor 上运行之前，它必须在核心层面进行一定的修改和再编译，这也是 Xen 适合于开源操作系统而不适合 Windows 操作系统的原因。对于非开放源代码 OS（如 Windows），只有 OS 厂商才能制作 Guest OS。Para-Virtualization 的代表性应用包括 Xen 和 Microsoft 的 Hyper-V。

除了操作系统协助的虚拟化外，还可以采用硬件协助的虚拟化技术（Hardware-Assisted-Virtualization）来实现对"低特权态下发出的敏感指令"的处理。该技术以 Intel VT-x 与

AMD-V 为代表，这两家 x86 处理器厂商对处理器做了修改，使客户机操作系统的敏感指令能自动被 Hypervisor 截获。所以在这种硬件协助的机器上，Para-Virtualization 就没有必要再修改 Guest OS 内核，全虚拟化也没必要对客户机操作系统做代码翻译。若不考虑半虚拟化与全虚拟化在 IO 设备处理上的不同之处，硬件协助的虚拟化技术事实上已经消除了半虚拟化与全虚拟化之间的差别。

3. Xen 调度器

一个 Xen 的 Domain 可以拥有一个或以上的虚拟 CPU（即 vCPU）。这些 vCPU 会周期性地运行在物理 CPU 上。如果没有特别指定的话，Xen 会尽可能地把 vCPU 均匀分布在物理 CPU 上面。借助相关指令，用户可以控制某一个 Domain 拥有的 vCPU 个数，或者是把 vCPU 固定在某一个物理 CPU（PCPU）上面（使用命令 xm vcpu-pin <domain> <vcpu> <pcpu>）。

Xen 调度器管理各个 Domain 在物理 CPU 上的运行，它可以看作是其上虚拟机的裁判，它尽量保证公平地分配，并尽可能避免 CPU 时钟的浪费。因为 Dom0 也是 Xen 上的一个 Domain，它和其他 DomU 一样受调度器的制约。Xen 设计了基于 Credit 的调度器。如果目前有更多的物理 CPU 资源，所有的 domU 都能获得它们所要的 CPU 资源；当存在相互竞争时，调度器则决定各个 vCPU 获得的物理 CPU 份额。

Xen 调度器会给每个 Domain 分配一个权重（Weight），此外还可以施加一个封顶阈值（Cap）。Weight 表明一个 Domain 在分配物理 CPU 时的相对份额。比如权重为 200 的 Domain 可以获得两倍于权重为 100 的 Domain 的 CPU 份额。作为对 Weight 的补充，Cap 则规定了一个 Domain 可以使用的最高绝对份额，用百分比表示。Xen 调度器利用一个单独运行的线程来计算每个 vCPU 的 Credit。每个 vCPU 在运行时都会消耗 Credit，如果一个 vCPU 用光了自身的 Credit，那么只有在比它优先级更高的 vCPU 运行结束后才能使用物理处理器。利用 xm sched-credit 我们可以设置一个 Domain 的 Weight 和 Cap。

并不是所有在执行队列中等待的 vCPU 都能在同样的处理器频率下运行。对于 Xen Credit 调度器来说，每个 vCPU 能够享有的默认时间份额是 30 毫秒，而物理 CPU 的频率调节的最小时间粒度是 10 毫秒。因此对于目前采取 Ondemand 或 Conservative 进行节能管理的操作系统来说，当一个高负载的 vCPU 被调度到一个本来运行着低负载虚拟 CPU（vCPU）的物理 CPU（pCPU）上时，物理 CPU 仅有机会把自身频率提升三个等级，这可能难以满足虚拟机所需要的运行频率需求。另外，当一个新的 vCPU 被映射到物理处理器上时，它可能把服务器现有的频率等级打乱。举例来说，当我们把一个对延时不敏感的 Apache Web Server 虚拟机安置到一个数据服务 VM 上时，就会造成许多不必要的频率调节操作。如果新的 vCPU 具有比其他 vCPU 更高的权值，以上问题会变得更加突出，因此 Xen 调度器在云环境下依然存在许多问题。

4.3.2　KVM 技术

KVM 是 Kernel-based Virtual Machine 的简称，是基于虚拟化扩展（Intel VT 或者

AMD-V）的 x86 硬件的开源虚拟化解决方案。在 KVM 中，虚拟机表现为常规的 Linux 进程，虚拟机的每一个 vCPU 都被实现为 Linux 进程，使用 Linux 自身的调度器进行管理。相对于 Xen，KVM 的核心源码很少。KVM 目前已成为学术界关注的虚拟化技术之一，并在企业云系统中日益受到重视。

一般来说，Linux 的进程包括两种执行模式：内核态和用户态。用户态是应用程序运行的常见默认模式。当需要特权服务时（比如写入硬盘），应用进入内核态。KVM 则增加了第三个状态，即客户态。换句话说，客户机是作为一个用户态进程存在的，这个进程就是 QEMU。每个客户机有自身的用户模式和内核模式。

KVM 的系统架构如图 4-8 所示，其基本结构由两个部分构成，即 KVM 内核组件和用户组件。KVM 内核组件已经被嵌入主流的 Linux 操作系统中，它负责虚拟机的创建、虚拟内存的分配，以及客户机的 I/O 拦截等。KVM 内核组件使得整个 Linux 成为一个虚拟机监控器。客户机的 I/O 被 KVM 拦截后，会交给 QEMU，也就是 KVM 系统的用户组件部分。QEMU 用于模拟虚拟机的用户空间。客户机运行期间，QEMU 会通过 KVM 内核组件提供的系统调用进入内核，实现特权模式运行。

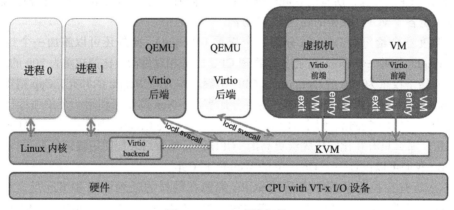

图 4-8　KVM 系统架构

QEMU 本身就是一个虚拟化程序，允许用户在其上运行一整套操作系统。QEMU 被 KVM 进行改造后，作为 KVM 用于进行进程创建和 I/O 管理的前端工具。KVM 和 QEMU 是相辅相成的。QEMU 可以使用 KVM 内核模块进行加速，而 KVM 则需要 QEMU 运行虚拟机。当用作仿真器时，QEMU 能够在一个机器上运行面向不同机器的操作系统和程序。当用作虚拟化软件时，它允许用户运行一个完整的操作系统，能够实现近乎原生态的性能。在使用 KVM 时，QEMU 能够虚拟化 x86、PowerPC、ARM，以及 MIPS 客户机。

4.3.3　其他资源虚拟化技术

1. I/O 虚拟化
处理器是通过 I/O 设备来访问外设资源的。I/O 设备的相关虚拟化被称为 I/O 虚拟化。

在计算机体系结构中，服务器使用一个输入 / 输出内存管理单元（I/O Memory-Management Unit，IOMMU）连接到主存储器，并把虚拟地址转换成相应的物理地址，使得直接内存访问变得安全和高效。

I/O 虚拟化包括虚拟的芯片组、虚拟的 PCI 总线、虚拟的系统设备和虚拟的基本 IO 设备（如网卡硬盘等）。例如，I/O 虚拟化技术可以使得一个物理适配卡能够呈现出多个虚拟网络接口卡（virtual Network Interface Card，vNIC）。

I/O 虚拟化主要通过 VMM 截获客户操作系统对设备的访问请求，然后以软件模拟的方式来实现真实设备的效果。主要过程包括三个方面：设备发现、访问截获，以及设备模拟。

当虚拟机中一个应用递交了一条 I/O 请求时，一般是通过系统调用（System Call）完成的。这个请求最初由运行在虚拟机中的客户操作系统处理。设备发现可以帮助客户操作系统识别虚拟化设备，从而加载相关驱动程序。客户机操作系统中的驱动会按照接口定义访问这个虚拟设备，这一过程会被 VMM 感知。I/O 设备访问指令本身是特权指令，处于低特权的客户机访问端口 I/O 会抛出异常，从而陷入到 VMM 中，交给设备模拟器进行模拟。VMM 需要以软件的方式模拟真实逻辑电路来实现设备每个接口的定义和效果。

VMM 会同时管理和调度多个 VM 对底层物理 I/O 设备的请求，一般这是通过位于 VMM 内部的驱动或者另一个具有特权的 VM 实现的，而这个 VM 对底层硬件有直接访问权。

当硬件设备完成对最初 I/O 请求的处理后，以上两个 I/O 栈必须被再次（反方向）穿越一遍。此时物理设备会触发中断，随后 I/O 处理结果由 VMM 接受处理并判断哪一个 VM 和该 I/O 处理结果相关。随后通知其触发虚拟环境下的中断，使客户操作系统能够进一步处理。

可以看到，I/O 操作必须穿过两个独立的 I/O 栈（I/O Stack），其中一个在客户操作系统中管理虚拟的硬件，另一个是 Hypervisor 管理实际的物理硬件。更长的 I/O 路径会影响系统的延时和吞吐量，同时增加了额外的 CPU 负担。

在早期的虚拟化环境中，I/O 密集型负载会遭遇性能开销。随着云计算环境中越来越多 I/O 密集型应用的部署，提升 I/O 性能成为云服务器的关键设计目标。I/O 虚拟化是计算资源虚拟化框架下的关键组成部分。除了需要关注面对复杂的物理设备和系统级优化时，如何为虚拟设备和接口定义语义外，I/O 虚拟化还需要克服中间层和干预技术所带来的开销，实现良好的 I/O 性能，在多个 VM 之间实现复杂的资源管理和优化。

一些 I/O 虚拟化的例子包括 VLAN、VT-d（Intel 为 I/O 直接访问设计的虚拟化技术）等。数据进出系统的传输量（即 I/O 流量）日益增加且更趋复杂。倘若没有硬件辅助，VMM 必须直接参与每项 I/O 交易。这不仅会降低数据传输速度，还会因更频繁的 VMM 活动而极大地增加服务器处理器的负荷。VT-d 通过减少 VMM 参与管理 I/O 流量的需求，消除了大部分的性能开销，从而加速数据传输。在基于纯软件的虚拟化技术中，用户操作系统与硬件设备通过 VMM 来通信，而借助 VT-d 完成初始分配之后，数据可直接在客户操作系统与为其分配的设备之间进行传输。这样，I/O 流量的流动将更加迅速，消除不必要的 VMM 操作还有助于降低服务器处理器的负载。

此外，由于用于特定设备或客户操作系统的 I/O 数据不能被其他任何硬件或客户软件组件访问，VMM 将特定 I/O 设备安全地分配给特定客户操作系统。每个设备在系统内存中都有一个专用区域，只有该设备及其分配的客户操作系统才能对该区域进行访问，增强了安全性能。

2. GPU 虚拟化

图形处理单元（GPU）近年来日益得到工业界和学术界的重视。GPU 是并行编程模型，和 CPU 设计机制完全不同，主要进行浮点运算和并行运算，其浮点操作和并行计算可以比 CPU 高出几个数量级。目前许多云计算端的加速，比如面向神经网络和图计算应用的加速都会使用 GPU 构造异构的处理单元。

使用 GPU 虚拟化技术可以方便地使数据中心服务器上的虚拟机实例共享 GPU 处理器资源实施数据密集型计算。此外，在虚拟桌面应用（VDI）中，GPU 虚拟化技术极大提高了虚拟桌面应用的丰富度，能够在视频编辑、CAD 应用、三维图像等方面获得更好的性能体验。目前，许多企业（如 VMware 和 Microsoft）都在 GPU 虚拟化技术方面取得了很大突破。比如，VMware 推出了不同的 GPU 虚拟化方案，包括虚拟共享图像加速（vSGA）和虚拟专用图像加速（vDGA）两种不同的 GPU 虚拟化方案。

通用 GPU 虚拟化技术目前有不同的实施方法，比如显卡直通（GPU pass-through）和显卡虚拟化（Shared vGPU）。显卡直通是指绕过虚拟机管理系统，为每个虚拟机分配专用的 GPU 设备，只有该虚拟机拥有使用 GPU 的权限。这种方法的优点是虚拟机独占设备保留了 GPU 的完整性和独立性，在性能方面与非虚拟化条件下接近，且可以用来进行通用计算。缺点是它不支持实时迁移等虚拟机高级特性，且虚拟机整合率取决于物理 GPU 的数目。显卡虚拟化就是将 GPU 资源进行细粒度切分，并将这些资源时间片段分配给不同的虚拟机使用。这其实是采用了半虚拟化 I/O 的方法，通过 vGPU 管理模块分时共享一个物理 GPU。vGPU 管理模块允许虚拟机自行配置物理 GPU，其优点是使用灵活，虚拟机整合率高。缺点是性能不如显卡直通技术。

4.4 虚拟机管理与调度

4.4.1 典型管理问题

1. 虚拟机热迁移

虚拟机的状态可以被保存为数据，并从一个物理机迁移到另一个物理机，实现集群间的动态调度。虚拟机热迁移（Live Migration）又叫动态迁移或实时迁移，通常是将整个虚拟机的运行状态完整保存下来，同时可以快速恢复到原有硬件平台甚至是不同硬件平台上。这种方式能极大地降低服务宕机时间和整体迁移时间，服务恢复以后，虚拟机仍旧平滑运行，用户不会察觉到任何差异。

虚拟机迁移一般包括三个基本步骤：传送虚拟机的基本配置和设备信息，传送虚拟机内存和关键状态，回复目标虚拟机运行。迁移过程中需要确保所传输内容和原始文件的一致性。一般来说，传输时间和虚拟机的工作内存大小成正比，传输过程中原系统服务有可能出现短暂停机。

根据传送细节的不同，传统虚拟机迁移主要分为两种方式：

- 预拷贝（Pre-Copy）：这种方式需要经过初始复制、迭代复制、停机复制三个过程。预拷贝将虚拟机全部内存页面复制到目标主机。迭代复制则针对上一轮过程中源虚拟机被修改的内存文件进行复制，停机复制过程主要将虚拟机剩余的少量没有同步的内存页面和信息复制到目标主机。理想的 Pre-Copy 的性能应该等同于内存没有被改写的停机拷贝（Stop-and-Copy）。在最糟糕情况下，可能存在较长时间的内存脏页面的迭代传送过程，引起极大的系统开销。
- 后拷贝（Post-Copy）：这种方式中，源主机需要传送包括处理器状态在内的能够在目标主机上运行的最小数据集。然后停止源虚拟机的运行，目的主机借助最小数据集恢复虚拟机运行，并通过网络从源虚拟主机获取内存页面。

2. 检查点和热备份

作为虚拟化的一个重要机制，检查点可以对虚拟机进行系统级的状态保存。该机制提供了将虚拟机恢复到过去状态的快速而简单的方法，并确保恢复后的虚拟机可以继续运行。

可以通过周期性地制造检查点来捕获虚拟机信息，然后动态地把虚拟机信息复制到另一个备份主机上，即使原始物理机出现故障，系统也可以借助虚拟机检测点来恢复到最近状态。

值得注意的是，对于虚拟机层面的检查点设置会占用大量检查点空间，可能达到数 G 字节。将这样大量的数据写入硬盘会不可避免地降低虚拟机的磁盘性能，或者造成和宿主机上共存应用对其他资源（CPU、I/O 带宽等）的竞争。因此不建议在虚拟机提供时间敏感型服务时使用，也不建议在存储空间的可用性至关重要时使用检查点。

3. 虚拟化资源整合

根据 VMware 的报告，在传统的"一虚拟机一负载"供给模式下，大多数服务器的利用率仅仅为其峰值能力的 5% ~ 15%，这导致了虚拟机资源过度供给和资源利用率不高。

服务器整合（Server Consolidation）是虚拟化环境中经常使用的管理手段。服务器整合的基本思想是借助虚拟化来实现多个负载应用对物理服务器的共享，从而提升服务器资源利用率。在这一过程中，每个子系统被封装在虚拟机内，并集中部署到少数几台物理服务器上。服务器整合一般包括寻找适合整合候选虚拟机，根据应用程序特性推断理想的整合方案，跟踪整合后的应用程序性能，并调整资源利用方式。

服务器整合比（Consolidation Ratio）指的是一台物理机上部署的资源共享的虚拟机的数目。根据 IBM 公司 2010 年的调查显示，业界对服务器的整合比一般在 10∶1，换句话说，这意味着大约每个服务器配备 10 个虚拟机。也有研究显示，针对微软公司应用的理想整合比例可达到 18∶1。值得注意的是，整合比不是越高越好的。把过量的虚拟机安置在资源有限的物理机上会导致系统性能的极大下降，增加运维难度，还会增大能源消耗。

4. 虚拟机蔓延管控

随着虚拟机技术的广泛使用，虚拟机创建灵活度不断增加，虚拟机数量飞速增长，回收虚拟化的计算资源或清理非正常虚拟机的工作变得越来越困难，这种不受控制的虚拟机繁殖被称为虚拟机蔓延（VM Sprawl）。为了减少虚拟机这种不正常的资源消耗现象，需要对虚拟机进行更为有效的管控。这对于提升虚拟化环境下的资源利用率具有重要意义。

虚拟机蔓延有以下几种表现形式。

- **虚胖虚拟机**。一些虚拟机被过度配置，这称为虚胖虚拟机。比如，很多系统规划了过高的 CPU、内存和存储容量等，而在实际部署后却没有充分使用这些的资源，造成资源浪费。
- **幽灵虚拟机**。一些情况下，虚拟机的创建没有经过符合规程的审核和验证，造成不必要的系统配置，或者由于业务需求需要保留一定数量的冗余虚拟机。当这些虚拟机被弃用后，若在虚拟机生命周期上缺乏管控，随着时间推移就会导致人们不知道这些虚拟机创建的原因，不敢删除、回收它们，任其消耗资源，使这些虚拟机成为"幽灵虚拟机"。
- **僵尸虚拟机文件**。许多虚拟机虽然被停机了，但由于生命周期管理流程的缺陷，相关的虚拟机镜像文件（比如 VMDK）依然被保留在硬盘上。有的时候出于可靠性考虑，文件可能还存在多个副本，这些僵尸资源都占据着大量服务器存储资源。

解决以上问题的关键在于优化对虚拟机全生命周期的管控，提升虚拟化计算基础设施的利用率。解决方案可概括为三个 R：

- **降低（Reduce）**：减少不必要的虚拟机供给。这包括减少缺乏认证的过度供给的虚拟机资源，降低虚拟机资源的浪费，这能够极大地提升投资回报率。很多时候，对虚拟机供给的准入限制其实比后期回收不必要的虚拟机资源要容易得多。
- **重用（Reuse）**：重用意味着我们不只一次地使用虚拟机资源，无论每次使用是否做同样的工作。对于虚拟化基础设施来说，资源的重用能够极大提升利用率。系统需要设计自动化的技术来重用不再使用的虚拟机资源。
- **回收（Recycle）**：回收过程包括收集、处理、重生产和重使用。对于回收过程来说，如何准确地确定不再活跃的虚拟机是个非常有挑战性的问题。有时，人们可能会把一些看似不活跃的虚拟机关掉，而它们可能却是一些关键业务的支撑，因此回收过程需十分谨慎。

4.4.2　弹性伸缩

虚拟化技术为云计算平台提供了一个关键的特性——弹性伸缩。Amazon 2006 年推出的 EC2（Elastic Compute Cloud）就以弹性作为其关键词。弹性伸缩指的是根据用户的业务需求和发展策略，系统能够自动调整其所需计算资源的能力。有了弹性伸缩技术，用户可以在业务需求高峰时无缝地增加 ECS 实例，并在业务需求下降时自动减少 ECS 实例以节约成本。

阿里云的云服务器（Elastic Compute Service，ECS）的重要特点之一就是弹性。ECS 的弹性伸缩支持垂直和水平扩展两种能力。利用垂直扩展，可以在几分钟内升级 CPU 和内存，实时升级带宽；利用水平扩展，可以在几分钟内创建数百个新的实例，完成任务后，可立刻销毁这些实例。

4.5　容器技术

4.5.1　操作系统级虚拟化

容器并不是近年来出现的全新概念。容器技术来源于操作系统级虚拟化，在过去十多年中得到了较快的发展，并因 Docker 的成功而日益受到关注，成为云计算发展进程中的重要技术洪流。

容器思想由来已久。最早可追溯到 1979 年 UNIX 第 7 版中引入的 Chroot 机制，该机制用以在多用户环境下隔离不同服务。它使得用户能够限制自身对处理器、内存、I/O 的使用。在 1988 年，FreeBSD 在 Chroot 基础上引入了 Jail 的概念。同样作为虚拟化的重要手段，Sun Solaris 10 则提出了 Zone 的概念，对 Chroot 进一步延伸。在 Sun Solaris 11 版本中，又从 Zone 演化出了容器概念。随后，Linux 引入了 Linux Container（LXC）的概念，LXC 是 Linux 环境下的操作系统级虚拟化实现的统称，借助 Linux 的名字空间（Namespace）机制来实现进程隔离，并通过 Linux 内核 cgroups 子系统进行资源限制。

操作系统级虚拟化（Operating System Level Virtualization）是一种虚拟化技术，能够实现多个相互隔离的实例（Instance）共享一个操作系统的内核。该包含相应程序组件的服务实例即为容器（Container）。在一个容器中运行的程序无法看到容器外的程序进程，包括那些直接运行在宿主机（host）上的应用和其他容器中的应用。一些重要的操作系统级虚拟化技术有：

- OpenVZ：一种基于容器的虚拟化技术，并基于 Linux 内核和操作系统。OpenVZ 允许物理服务器运行多个相互隔离的操作系统实例（容器），以实现更高的服务器利用率并防止应用间的冲突。这些容器又称为专用虚拟服务器（Virtual Private Server，VPS）或虚拟环境（Virtual Environment，VE）。
- FreeBSD Jail：一种操作系统级虚拟化的实现机制。使用它，可把一个基于 FreeBSD 的计算机系统分割成若干独立的子系统，称为 Jail。每一个 Jail 都是一个虚拟化计算环境，运行在宿主机上并拥有文件、进程、用户和超级用户账户。如其英文名所示，Jail 相互隔离，提供一定程度的安全机制。
- Solaris Container：为 x86 和 SPARC 系统设计的操作系统层面虚拟化技术。Solaris Zone 是单一操作系统实例中的一个完全隔离的虚拟服务器。一个 Solaris 容器则由 Solaris Zone 提供的边界隔离以及相应的系统资源控制组成。

- AIX Workload Partition（WPAR）：WPAR 是构建于 IBM 公司的 AIX 操作系统上的虚拟化计算环境。WPAR 提供应用环境的隔离以最小化 WPAR 之间的应用干扰。尽管 WPAR 都使用相同的操作系统，但它们之间的资源交互是有限的。

对一个应用程序而言，容器往往容纳了该程序运行所需要的全部文件，它可能包含自己的库、自己的 /boot 目录、/usr 目录、/home 目录等。然而，如果需要的话，运行中的容器甚至可能仅包含一个文件，比如运行一个不依赖任何文件的二进制程序。

虽然容器封装了服务需要的运行环境，它却是轻量级的系统。和虚拟机相比，它不需要运行 Hypervisor，因而减少了额外负载。在容器技术支持下，我们能够从现有硬件资源中获取更丰厚的性能汇报。用户可以在一个内核上运行基于不同库和环境的应用，对计算的衡量也可以采用从一个物理或虚拟机到更细粒度更灵活的容器实例等不同单位。

4.5.2 Docker

Docker 本身是一个开源项目，2013 年诞生于 dotCloud 公司。后来该项目取得成功，dotCloud 公司甚至改名为 Docker。该项目加入了 Linux 基金会，并遵从 Apache 2.0 协议。作为容器技术的代表，Docker 将整个运行环境封装在 Docker 容器中来分隔和调度资源。它能够帮助开发者和系统管理员建设和开发分布式的系统。

1. 容器

Docker 在 LXC 的基础上对容器进行了管理，使得关于容器的操作更为便捷和高效。Docker 号称"build once，configure once and run anywhere"，用户操作 Docker 的容器就像管理一个无比快速且轻量级的虚拟机一样简单。

Docker 希望将用户的大型应用拆分成若干不同的微服务，每个微服务提供原子的功能，互相连接。每个微服务由相同镜像相同配置的一组容器组成。上述的微服务即为容器服务的"服务"概念，一个或多个服务组成了一个完整的容器"应用"。

2. 镜像

Docker 解决方案一般包括两个基本部件：Docker Engine 和 Docker Hub。前者的作用是实现通用或专用的 Docker 容器，而后者是一个基于云的快速增长的 Docker 镜像资源库。

Docker 镜像是一个构建容器的只读模板，提供了容器应用打包的标准格式，换句话说，容器即为一个通过 Docker 镜像创建的运行时实例。

Docker 默认使用公共的资源库 Docker Hub，用户可以获取（pull）官方镜像或者上传（push）个人镜像。此外，用户也可以建设自己的镜像管理服务，同样实现镜像的集中化管理和 pull/push 的功能。Docker Registry 即为这样一个用于存储和分享 Docker 镜像的服务框架。对于一些用户来说，他们可能希望保持软件代码和相关产品的私有化，因而 Docker Registry 镜像管理服务显得十分重要。通过架设私有的镜像仓库，企业能够持续地为基于容器的产品测试和改进提供支持。目前 Docker 主要使用 Docker Registry 2.0 来实施 Docker 镜像的存储和分发。新的 Registry API 提供了更好的安全和性能。

每个 Docker 镜像的文件系统由一系列只读层（read-only layer）组成。只读层自底向上逐层堆叠，构成了容器所需要的基础文件系统。Docker 存储驱动负责将这些层堆叠起来，提供一个统一的视角。当我们启动一个容器的时候，Docker 会在镜像栈的顶部增加一个新的、薄的读写层。这一层即为"容器层"。

当前运行容器的所有操作（比如写新文件、修改现成文件、删除文件）都写到这一读写层中。当这一容器被删除时，其读写层也会被删除，而底层的镜像保持原状，而重新利用该镜像创建的应用也不保留此前的更改。这种只读层结合顶部读写层的组合被称为 Union File System。在这样的架构下，多个容器可以安全地共享一个底层镜像。

3. 数据卷

Docker 为容器呈现了一个可读的文件系统，而不许事实上对文件系统进行修改。换句话说，Docker 采用了 copy-on-write 的资源共享策略。所有需要同样数据的系统进程共享该数据实例，而不是各自保持一个副本。在某一时间点，当一个进程需要做数据修改或写入操作时，操作系统才会为该进程分配一个数据副本。因此，在 Union File System 上更新会带来更多的 I/O 开销。对于 I/O 密集型应用，用户可以考虑使用数据卷（data volume）。

数据卷是一个特殊设计的的数据访问接口，可以将其看作 Docker 宿主文件系统下的一个目录或文件，可直接加载到一个容器上。数据卷不受 Docker 存储驱动的管理。所有指向数据卷的读写操作都会绕过 Union File System 文件系统和存储驱动，直接以宿主机器的性能运行。当一个容器被删除时，任何存储在数据卷上的数据会在 Docker 宿主机器上持续保存。

Docker 容器的设计初衷是为了承载服务，它把应用环境打包、启动、迁移、弹性拓展，所以 Docker 容器的一个重要特性就是可丢弃（Disposable）。但应用所涉及的重要数据显然不能随意丢弃。数据卷的使用使得关键数据可以持续保存。由于数据是存储在容器之外的，容器间共享同样一个数据卷就能共享数据。为此，Docker 容器还专门推出了数据卷容器这种特殊的容器，只要一个数据卷容器来挂载卷，其他需要共享数据卷的容器只需要很简单地指明和这个数据卷容器共享卷就可实现。

4.5.3 容器与传统虚拟机

容器技术不是虚拟化的替代方案，它还不能取代全系统的服务器虚拟化技术。全虚拟化技术的多数应用场景是面向高度复杂服务的云基础设施，为其提供计算、存储、迁移等服务。

容器技术仍然存在许多技术方面的挑战。一个最关键的问题就是安全性。举例来说，因为容器极度依赖于其主机操作系统，所以任何对主机操作系统的攻击都可能导致其上容器的安全问题。此外，由于主机操作系统能够看到容器中运行的一切资源，因此对于用户来说自身容器中内容的隐私性也存在问题。更重要的是，一旦一个容器的进程成功获取其主机操作系统的管理权限，它可能直接影响其他并行容器的运行状态。对于容器技术来说，另一个限制在于它们目前只能运行在 Linux 操作系统环境下，在 Windows 系统中无法完成对容器进程的实现。在社区和微软的大力合作下，Windows 2016 Server 和 Windows 10 的企业版和教育版等已经提供了对 Docker 容器的支持。表 4-1 给出了传统全系统虚拟化技术和容器技术的对比。

表 4-1 传统全系统虚拟化技术和容器技术的对比

传统虚拟机（VM）	容器（Container）
硬件资源层面的全虚拟化	操作系统层面的资源共享
较为复杂	轻量级
交付较慢，可扩展性有限	可实现实时交付和大规模扩展
性能有限	原生性能
充分隔离，安全等级较高	进程级隔离，安全等级较低

相对于全系统虚拟机技术来说，Docker 容器服务的主要优势体现在其轻量级和易扩展。Docker 用户可以把更多的容器打包在宿主机器上，而这对于传统系统级虚拟化技术可能是难以想象的。其主要原因在于每个传统物理虚拟机自身都是一个完备的系统，拥有属于虚拟化的硬件和特定资源。如果每个 VM 有 2GB 容量的话，十个虚拟机可能会占据 20GB 的空间。若采用 Docker 容器，同样的十个 2GB 容器并不会占据 20GB，因为容器共享其操作系统内核。

由于 Docker 的轻量级运行特性，其资源利用率也比较高。IBM 公司的研究报告表明，Docker 容器的性能比常见虚拟机要好，甚至可以和主机本身媲美。这是因为虚拟机需要借助虚拟化软件层来模拟硬件行为，所以一个简单的指令需要多条主机指令才能完成。相比之下，容器的进程则是直接运行在主机操作系统上的，只不过容器间具有更好的隔离性和资源管理能力。容器还具有更短的启动时间。许多虚拟机可能需要十多秒甚至数分钟才能完成启动过程，容器只需要几秒甚至更短时间就能完成。此外，Docker 在整合服务器方面也很有效。由于没有多个操作系统的内存占用，Docker 能够提供比虚拟机方案更好的服务器整合。

除了以上优势以外，Docker 的特色还表现在简化配置和提升效率两个方面，这使得容器服务在搭建分布式应用环境下非常有吸引力，尤其是对希望采取 DevOps（Development 和 Operation 的结合）工具和方法的企业来说。首先，Docker 降低了硬件资源和应用环境间的耦合度，能够让运行环境和配置都封装起来以代码的形式部署，同一个 Docker 镜像可以在不同场合下使用，实现了跨平台部署。其次，Docker 能够极大提升开发者效率。一方面，它使得程序开发者的开发环境和服务器实际部署环境变得更加一致，让代码流水线变得轻松。另一方面，Docker 能够方便开发者实现一个理想的开发环境。开发者能够轻松地在有限的资源环境下运行和测试大量的服务，使得微服务架构下的企业在开发、测试、运维过程中更加快速敏捷，实现高效频繁的交付。

4.5.4 Docker 服务编排

随着容器技术在云环境中重要性的上升，针对容器的管理和编排将成为关键。建设符合企业需求的容器云架构，需要支持分布式应用、对微服务进行整体定义并对资源管理和服务进行检测。容器的集群管理之所以重要，一方面是因为用户的业务需求动态变化，往往需要快速高效的方式来实现容器应用的横向扩展，动态部署应用和服务，以利用可用的计算资源。另一方面，由于分布式系统对高可用性的要求，需要有效的机制将容器重建甚至是迁移到其他计算资源上，从而保持整体服务不受影响。

Docker 服务编排（Docker Compose）是一种用于定义和运行多容器 Docker 应用的工具。服务编排工具着眼于容器的调度和集群技术，目标是使容器应用间易于交互和扩展。服务编排同时为用户应用提供了容器服务全生命周期的管理指令。这些关键指令包括启动、停止、重建服务，观察正运行服务的状态，输出当前运行服务的日志流等。

在服务编排的协助下，用户能够为应用配置服务。使用 Docker 服务编排，用户可以在一个配置文件中定义多个 Docker 容器。只需要一个简单的指令，用户就能建立和启动所有欲配置的服务。Docker 服务编排会通过解析容器间的依赖关系按照一定顺序启动所定义的容器。

Docker 服务编排把容器集群管理分为三个层次：工程（project）、服务（service）以及容器（container）。一个工程可以包含多个服务，每个服务定义了容器运行的镜像、参数、依赖等，并可以包含多个容器实例。

编排的使用遵循如下三个步骤。首先，使用 Dockerfile 定义应用的工作环境，这样该应用可以在其他地方重建。其次，定义组成应用的服务。Docker 服务编排的工程配置文件默认为 docker-compose.yml。其中定义了多个有依赖关系的服务及每个服务运行的容器，这些服务可以在一个相对隔离的环境中共同运行。最后，运行 docker-compose up 来启动编排。

服务编排所具有的特性使得它在实际应用中非常有效。首先，服务编排方便在单一宿主机器上提供多个相互隔离的环境，服务编排使用一个项目名称来隔离运行环境，用户可以在不同的情景下使用这一项目名，比如在一个 Dev 主机上创建一个环境的多个副本。其次，服务编排利用数据卷持续保存数据。当 docker-compose up 指令运行时，它会寻找此前运行过的容器，并把旧容器的数据卷拷贝到新的容器。这一过程确保用户创建的数据不会丢失。第三，编排过程仅重建被改变的容器服务。服务编排能够缓存用于建立一个容器的配置。当用户重启一个未做更改的服务时，服务编排重用现有的容器。重用容器意味着用户能够对环境进行快速更改。最后，服务编排支持编排文件中的变量。你可以使用这些变量来自主定制不同环境的编排，或为不同用户量身打造编排。编排支持两种通用配置共享策略：1）使用多个编排文件来扩展整个编排。2）使用"extend"关键字扩展个体服务，使得多个不同文件或工程能够共享通用配置参数。

Docker Swarm 是 Docker 官方实现的一个容器编排工具，由 Go 语言开发实现。利用 Swarm，用户能够创建一个 Docker 集群，并把该集群组成资源池作为一台虚拟化的服务器来使用。因此，操作 Swarm 的过程和处理一个单节点的 Docker 主机类似。Swarm 的一大优势在于它对外采用和 Docker Daemon 一致的 API，因此开发者可以非常方便地从单机版 Docker 迁移到 Swarm 集群。

在利用 Swarm 管理集群时，系统会建立一个 Swarm Manager，用于指向一个配置文件，该文件中存放组成集群的 Docker 主机列表和监听端口信息。Swarm 能够触及到每个 Docker 主机，分析它们的标签、健康状况、资源供给等，并维护一个关于后端基础设施的元数据表。用户（client）则和 Swarm Manager 进行交互，交互过程与我们直接和 Docker 交互的方式一样：创建容器、销毁容器、运行容器、获取容器日志等。当 Swarm 接收到一个命令后，它将把这个命令转发到合适的 Docker 主机上运行。

值得注意的是，Swarm Manager 本身只是一个调度和转发器。它事实上不运行容器，也不转发网络流量，这意味着即使 Swarm Manager 出现故障，它所管理的容器本身依然在主机上存在并运行，且依然可以提供服务。当 Swarm 从一次崩溃中恢复时，它能够从后端请求数据，重建它的元数据列表。

Docker 的服务编排还在快速演进过程中，社区中还有 Kubernetes 和 Mesos 等活跃项目在发展。

4.5.5　Docker 对云的扩展

Docker 的轻量级特性还使其成为未来云计算的重要拓展方向之一——边缘计算的重要使能技术。边缘计算（Edge Computing）又称为雾计算（Fog Computing），被认为是云的重要补充。雾计算的概念最早由思科公司提出，以物联网环境下实现边缘设备低延迟高效能计算为目标。网络边缘的节点不同于云计算中心，无法提供服务器级别的大容量高性能计算设施，主要是一些较为低端或者资源受限的设备，比如传感器、路由器、网关、移动设备，或个人PC 机等。

Docker 成为边缘计算的理想候选具有一系列充足的理由。首先，这种基于地理分布的边缘设备的计算方式需要一种灵活可扩展的平台来实现应用和服务的部署。其次，该平台应当能够部署适合于小型边缘设备的轻量级可重用的服务，并且不依赖于异构硬件架构。第三，该平台还应当能够有效地和云端进行交互，从而实现分布式大数据的边缘计算和云端存储。最后，这一平台还应易于安装、配置、管理、升级，以及调试。

在搭建边缘计算设施时，需要配置一个 Docker Registry 来存储 Docker 镜像。在每个边缘计算（Edge Site）现场，都能用 Docker Daemon 来搜索和提取应用所需的 Docker 镜像。Docker Swarm 可以用来作为管理边缘容器集群和分布式部署的工具。

4.6　阿里云虚拟化实践

4.6.1　云服务器 ECS

阿里云的弹性云服务器（Elastic Compute Service，ECS）是一种简单高效、计算服务可弹性伸缩的计算服务器。ECS 比直接部署物理服务器更加便捷高效。用户无需提前采购投入，可以根据自身业务需求，随时创建实例、扩容磁盘。使用云服务器能够帮助用户快速构建稳定、安全的应用，并保持更高的运维效率和更低的 IT 成本。

云服务器 ECS 实例是一个虚拟化的计算环境，包含 CPU、内存等基础的计算组件，是阿里云服务器呈现给每一个用户使用的操作实体。ECS 实例是阿里云服务器的核心概念，其他云计算资源（比如云磁盘、云镜像、快照等）都只有与 ECS 实例相结合后才能使用。

ECS 通常用作应用程序的运行环境，每个 ECS 实例上都运行着用户选择的操作系统，一般是某个 Linux 或 Windows 的发行版。用户的应用程序运行在实例的操作系统之上。一个较好的实践是将 ECS 和其他云计算产品配合使用，例如，将使用 ECS 运行 Web 服务器上，使用 RDS 作为数据库、OSS 作为文件存储。应避免完全将原有物理服务器上的应用都照搬到云服务器上。

用户可以从管理控制台购买云盘（即数据盘），对系统的存储空间进行扩容。一个实例最多支持挂载 4 块数据盘。每块普通云盘最多支持 2TB 容量；高效云盘和 SSD 云盘最多支持 32TB 容量。目前用户最多可开通 250 块云盘，云服务器 ECS 不支持合并多块云盘。云盘创建后，每块云盘都是独立个体，无法通过格式化将多块云盘空间合并到一起。

4.6.2　弹性伸缩机制

阿里云弹性伸缩服务（Elastic Scaling Service）提供的功能主要有：
- 根据客户业务需求横向扩展计算实例，即自动增加或减少实例。
- 支持服务器负载均衡配置，在增减 ECS 实例时，管理负载均衡。
- 支持数据库访问白名单，在增减 ECS 实例时，管理 RDS。

在阿里云弹性伸缩服务框架中，弹性伸缩的 ECS 实例中部署的应用应该是无状态、可横向扩展的。具有相同应用场景的 ECS 实例的集合称为一个伸缩组（Scaling Group）。伸缩组定义了组内 ECS 实例数的最大值、最小值及其相关的 SLB 实例和 RDS 实例等属性。伸缩配置（Scaling Configuration）定义了用于弹性伸缩的 ECS 实例的配置信息。伸缩规则（Scaling Rule）定义了具体的扩展或收缩操作，例如，加入或移出 N 个 ECS 实例。用于触发伸缩规则的任务，包括定时任务、云监控的报警任务（如伸缩组内所有 ECS 实例的 CPU 平均值大于 60%）等被称为伸缩触发任务（Scaling Trigger Task）。一旦伸缩规则成功触发后，就会产生一条伸缩活动（Scaling Activity），伸缩活动主要用来描述伸缩组内 ECS 实例的变化情况。

值得注意的是，伸缩配置、伸缩规则、伸缩活动依赖伸缩组的生命周期管理，删除伸缩组的同时会删除与伸缩组相关联的伸缩配置、伸缩规则和伸缩活动。此外，每个用户所能创建的伸缩组、伸缩配置、伸缩规则、伸缩 ECS 实例、定时任务的数量都有一定的限制。在同一伸缩组内，一个伸缩活动执行完成后一般具有一段锁定时间，称之为冷却时间（Cooldown Period）。在这段锁定时间内，该伸缩组不执行其他的伸缩活动。

阿里云弹性伸缩模式主要分为六大类，如表 4-2 所示。

表 4-2　阿里云弹性伸缩模式

模式名称	特　征
定时模式	配置周期性任务，定时地增减 ECS 实例
动态模式	基于云检测性能指标（如 CPU 利用率）自动增减 ECS 实例
固定数量模式	通过 "最小实例数" 属性，确保健康运行的实例数量
自定义模式	根据用户自有监控系统通过 API 手工伸缩 ECS 实力

（续）

模式名称	特　　征
健康模式	根据 ECS 实例运行的健康状态来决定是否移除或释放实例
多模式并行	以上所有模式可以组合配置

需要注意的是，弹性伸缩免费，但是通过弹性伸缩自动创建或者手工加入的 ECS 实例，需要按照 ECS 相关实例类型进行付费，目前弹性伸缩自动伸缩默认自动创建按量付费实例。

4.6.3　计费方式

云服务器的计费方式比较灵活。以阿里云 ECS 为例，有两种计费模式：①包年包月，②按量付费。第 1 种方式属于预付费，计费单位以月计，价格有优惠，但使用过程中不能随时释放资源退款。第 2 种计费方式更加灵活，可以按需取用、按需付费，相应地每个 ECS 实例价格稍高一些，但相比于传统主机投入，成本可降低 30% ~ 80%。

ECS 按实际使用量后付费开通，目前其计费和以下几个因素相关：CPU、内存、数据盘和公网带宽。

CPU、内存、硬盘资源按照固定费率每小时扣费。公网带宽为固定带宽，按固定费用每小时扣费。公网带宽的使用流量仅单向收取流出流量费用（0.8 元 /GB），流入流量免费，按实际使用金额每小时扣费。例如，用户在 1 小时内公网流出流量为 2.5GB，收取费用为 2.5GB × 0.8 元 / 小时 =2.0 元。流量计费仅对出网带宽进行收费。因此，如果用户遭受的网络攻击造成入网带宽占用，所产生的流量则不会进行计费。但如果网络攻击造成网带宽占用，则根据规则会进行计费。因此建议用户使用云盾进行攻击防护。

4.6.4　阿里云虚拟化安全

Xen 和 KVM 是当今流行的开源虚拟化系统，支撑着全球 70% 以上的云计算业务。Xen 安全漏洞热修复技术代表了一个公司的运营能力。阿里云有全球首创的 Hypervisor 热修复技术，曾解决修复 XSA-108、XSA-123、毒液等恶性安全漏洞。

针对 Xen 安全漏洞，一般存在两种修复方式：冷补丁方式和热补丁方式。冷补丁方式在打补丁后需要重启服务器才能生效，全部客户虚拟机都必须关闭；而热补丁采取动态应用补丁修复漏洞的方式，客户虚拟机不用重启或关闭，对修复过程无感知。

Xen 热修复面临一系列挑战，比如 Xen 是 Type-1 Hypervisor，内存被严格隔离。Xen Hypervisor 被装载的地址是动态的，且不只支持 Module 插入。目前无法进行源码级别的热修复，线上系统也无法新增热修复接口。

Xen 发布十多年以来共公开发布了 125 个漏洞报告，其中包括两个高危漏洞 XSA-108 和 XSA-123。XSA-108 公布于 2014 年 10 月，可能导致 Hypervisor 内存泄露给客户机，以及 32 位 Hypervisor 崩溃，导致主流云计算运营商大规模重启服务器。2015 年 3 月，Xen 社区安全团队公开披露了高危漏洞 XSA-123，该漏洞导致一台 Guest VM 提权，从而读取到其他 Guest

VM 的敏感数据。

由于 XSA-123 漏洞对公有云服务的影响重大，各个公有云厂商分别对此漏洞进行了重启修复或热补丁修复。阿里云是目前国内唯一一家进入 Pre-disclosure List [⊖] 的公司。阿里云就是使用了热补丁修复的方式，在没有造成用户主机下线的情况下完成了整个系统的修复。

4.6.5 阿里云容器服务

阿里云的容器服务（Container Service）于 2016 年上线，提供了高性能可伸缩的容器应用管理服务，支持在一组云服务器上通过 Docker 容器来进行应用生命周期管理（如图 4-9 所示）。容器服务极大地简化了用户对容器管理集群的搭建工作，无缝整合了阿里云虚拟化、存储、网络和安全能力，提供了多种应用发布方式和流水线般的持续交付能力，自设计之初就支持微服务架构。容器服务和社区高度兼容，提供很多针对阿里云的优化和扩展。

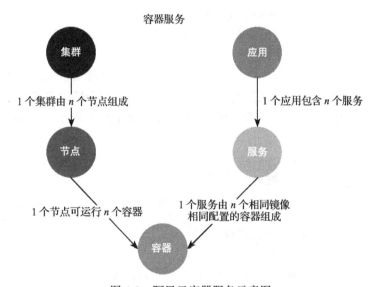

图 4-9　阿里云容器服务示意图

表 4-3 中列出了容器服务中的关键概念，包括集群、节点、应用、服务、镜像、编排模板。阿里云的集群（Cluster）指容器运行所需要的云资源组合，关联了若干服务器节点、负载均衡、专有网络等云资源。容器是一个通过 Docker 镜像部署的实例，一个节点可运行多个容器。Docker 镜像用于部署应用，一个特定的镜像由三个参数唯一确认：镜像 Registry 地址、镜像 Repo（一种配置）名称，镜像 Tag 名称。一个应用可通过单个镜像或一个编排模板（Docker Compose）创建，编排模板描述了多个镜像的连接关系。每个应用可包含 1 个或多个服务，一个服务可能会有多个容器实例。容器服务不限制 Docker 镜像的来源，只要用户的服

⊖　Pre-disclosure List 是 Xen 社区安全团队负责维护的一个通信列表，入选公司需要经过高标准严格审核，安全漏洞会提前 10 ~ 14 天通知列表成员。

务器安全策略允许即可进行部署。

表 4-3　阿里云容器服务中的关键概念

术语	全称	中文	说　　明
Cluster	Cluster	集群	用户的容器集群，一个集群可以部署多个应用
Node	Node	节点	用户的容器集群中的某一个节点，目前只支持 ECS 实例
Project	Project	应用	复杂的应用可由多个服务组成，最简单的应用可只包含一个容器
Service	Service	服务	一组基于相同镜像和配置定义的容器，作为一个可伸缩的微服务
Container	Container	容器	Docker 容器运行时实例

基于阿里云的容器服务管理控制台可以查看镜像列表或搜索镜像。镜像分为四类：

● 常用镜像：容器服务推荐的一些常用镜像，比如 MySQL、Nginx、MongoDB 等。

● Docker 官方镜像：Docker Hub 提供的官方镜像。

● 阿里云镜像：阿里云容器镜像服务提供的镜像，包含公开镜像和私有镜像。

● 用户镜像：用户创建的镜像。

阿里云容器服务的部署流程主要有四步：①创建集群，选择集群的网络环境，设置集群的节点个数和配置信息。②选择镜像或编排模板（若应用由多个镜像组成，可以选择一个编排模板）。③创建应用并部署。④查看部署后应用的状态和相应的服务、容器信息。如图 4-10所示。

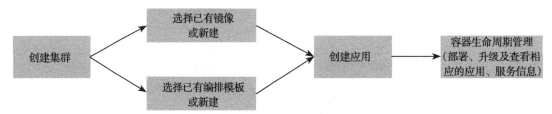

图 4-10　阿里云容器服务部署的一般流程

其中编排模板包含了一组容器服务的定义和其相互关联，可以用于多容器应用的部署和管理。容器服务支持 Docker Compose 模板规范并有所扩展。从编排模板部署容器应用的步骤很简单，包括选择镜像、配置、部署运行。阿里云容器服务以服务化的方式为用户提供了更简洁的使用体验，用户只需要维护自己的应用镜像和编排模板，即可实现在多区域、不同集群环境上的应用部署和管理，这个过程是非常简便和可重复的。

基于阿里云容器，创建 Docker 应用有两种方式：

1. 通过镜像部署 Docker 应用

通过镜像部署 Docker 应用的流程如图 4-11 所示。

图 4-11　通过镜像部署 Docker 应用的流程

1）选择镜像：集成了容器镜像服务，可以选择私有镜像，如图 4-12 所示。

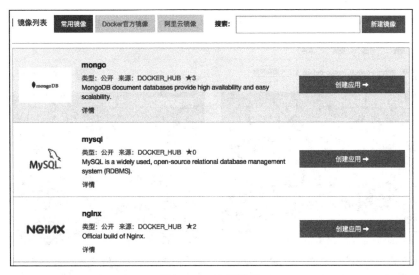

图 4-12　选择镜像

2）配置：根据镜像元数据简化配置，控制容器资源的使用，如图 4-13 所示。

图 4-13　配置页面

3）部署、运行：提供较完善的日志和监控功能，支持远程终端，如图 4-14 所示。

图 4-14 部署、运行界面

2. 通过编排模板部署 Docker 应用

通过编排模板部署 Docker 应用的流程如图 4-15 所示。

图 4-15 通过编排模板部署 Docker

1）选择模板：阿里的编排模板兼容 Docker Compose，如图 4-16 所示。

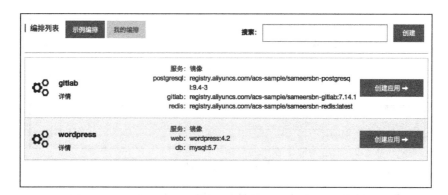

图 4-16 编排模板

2）配置：扩展容器编排能力，简化微服务支持，如图 4-17 所示。

```
1  web:
2    image: wordpress:4.2
3    ports:
4      - '80'
5    environment:
6      WORDPRESS_AUTH_KEY: changeme
7      WORDPRESS_SECURE_AUTH_KEY: changeme
8      WORDPRESS_LOGGED_IN_KEY: changeme
9      WORDPRESS_NONCE_KEY: changeme
10     WORDPRESS_AUTH_SALT: changeme
11     WORDPRESS_SECURE_AUTH_SALT: changeme
12     WORDPRESS_LOGGED_IN_SALT: changeme
13     WORDPRESS_NONCE_SALT: changeme
14     WORDPRESS_NONCE_AA: changeme
15   restart: always
16   links:
17     - 'db:mysql'
18   labels:
19     aliyun.logs: /var/log
20     aliyun.probe.url: http://container/license.txt
21     aliyun.probe.initial_delay_seconds: '10'
22     aliyun.routing.port_80: http://wordpress
23     aliyun.scale: '3'
24 db:
25   image: mysql:5.7
26   environment:
27     MYSQL_ROOT_PASSWORD: password
28   restart: always
29   labels:
30     aliyun.logs: /var/log/mysql
```

图 4-17　配置编排模板

3）部署、运行：支持应用生命周期管理，如图 4-18 所示。

| 应用名称: wordpress-default | 创建时间: 2015-12-16 | 更新时间: 2015-12-16 | 所在集群: TESTCluster |

服务列表　**容器列表**　日志　事件

名称/ID	状态	健康检测	镜像	端口	容器IP	节点IP	操作
wordpress-defaul... ⓘ 415fabea66f8f441...	Up About an hour	正常	mysql:5.7	3306/top	172.64.0.5	101.200.145.147	停止 | 监控 | 日志
wordpress-defaul... ⓘ f154ff82377e5469...	Up About an hour	正常	wordpress:4.2	123.57.60.194:32771->80/tcp	172.64.0.8	123.57.60.194	停止 | 监控 | 日志
wordpress-defaul... ⓘ 856669d8642aa87d...	Up About an hour	正常	wordpress:4.2	182.92.196.218:32768->80/tcp	172.64.0.11	182.92.196.218	停止 | 监控 | 日志
wordpress-defaul... ⓘ 808913a9006dd87e...	Up About an hour	正常	wordpress:4.2	101.200.145.147:32769->80/tcp	172.64.0.12	101.200.145.147	停止 | 监控 | 日志

图 4-18　部署、运行编排

将一个软件通过容器的方式交付的时候，不能单纯地将 Docker 作为一种交付工具来对待，而是要将其作为一个交付平台的基础设施来看待，还需要关心的是使用 Docker 后在网络、存储、安全、性能、监控等方面带来的变革。因为交付的本质是从零到一完成一套复杂的软件系统的开发、测试、部署、上线的过程，软件的复杂度直接关系到交付的难度。特别是现在微服务的架构方式日益成为主流，给交付也带来了更多的挑战，我们不仅要考虑一个系统交付的环境，还要考虑针对特定的软件架构，交付系统的网络、存储、安全等是否能够满足需求。

图 4-19 是容器服务的基本原理图，用户可以通过容器服务创建属于自己的容器服务集群，每个节点上会默认安装容器服务的 Agent，容器服务通过提供高可用的管控服务，使用户可以通过控制台或者 API 下发指令到容器集群。对外的 API 分为服务 API 与集群 API，服务 API 是完全兼容 Docker 的 API，开发者可以直接通过 Docker 命令操作远程的容器集群；集群 API 是标准的阿里云 open API，开发者可以通过 SDK 进行集群的创建、删除、扩缩容等操作。此外，容器服务还同 SLB（负载均衡服务）、SLS（日志服务）、CMS（云监控服务）、OSS（对象存储服务）、NAS（文件存储服务）等云原生服务打通，开发者可以在阿里云容器服务中便捷地使用云原生的服务能力。

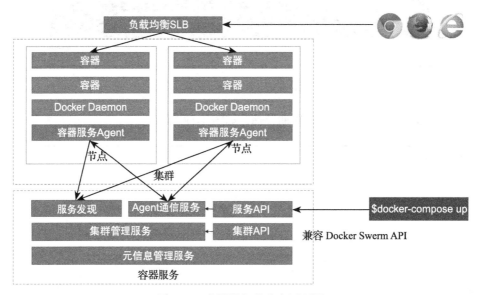

图 4-19　容器服务的基本原理图

网络在容器的场景中是一个绕不开的话题，使用容器可以让每台机器上运行更多的应用，从而提高机器的资源利用率，让应用更方便地在机器之间迁移等。但是对外提供的服务都需要暴露特定的端口或者服务端点，传统应用与宿主机共享网络的方式就很难满足需求。Docker 默认提供了 None、Bridge、Host、Overlay 四种网络模型，其中 Host 网络模型就是宿主机与应用共享网络的架构，但是对于很多场景而言，Overlay 的网络模型是更常用的网络方案。Overlay 网络是在集群上构建的一个全局的二层网络，容器在这个全局的网络上启动，每个容器有自己在集群中独立的 IP 地址，集群节点上的容器可以直接通过容器的这个独立 IP 进行通信，而不需要通过 NAT 暴露到主机端口，解耦了与宿主机 IP 的依赖，因此避免了进行 NAT 时多个容器端口冲突的问题。但是，Overlay 网络是 Vxlan（一种网络虚拟化技术）的一种实现，在发送信息或者接收消息的时候会进行封包与解包，这样会造成约 20% 的网络损耗。因此，阿里云容器服务在 VPC 网络中针对 Overlay 网络做了性能优化。在 VPC 网络模式下，容器互通结合了阿里云 VPC 服务的自定义路由的功能，通过 Docker Network Plugin 把容器的 IP 配置在固定的网段，图 4-20 是 VPC+Docker 的网络结构。

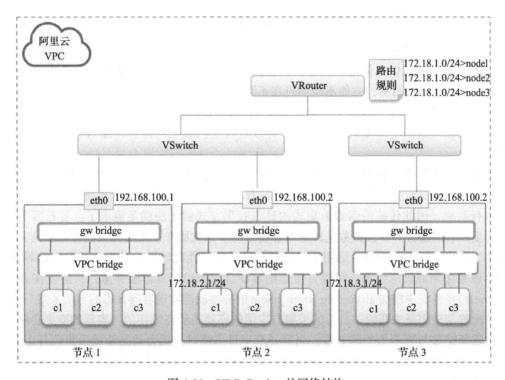

图 4-20　VPC+Docker 的网络结构

由图 4-20 可以看出，网络请求无需再封包解包，可以直接通过虚拟交换机与虚拟路由器直接进行转发，降低了网络的性能损耗。

Docker 的特性决定了容器本身是非持久化的，容器被删除后，其中的数据也一并被删除。而且，使用容器进行部署的应用通常以无状态的应用为主，大多是水平扩展的，因此一旦涉及落盘（指写入磁盘的持久化存储）的存储就需要在不同的容器之间进行共享。针对落盘的存储，Docker 提供数据卷（Volume），通过挂载宿主机上的目录来实现持久存储。但在集群环境中，宿主机上的数据卷有很大的局限性。容器在机器间迁移时，数据无法迁移，不同机器之间不能共享数据卷。容器服务通过 Docker Volume Plugin 的方式集成了阿里云云盘、

OSS（对象存储服务）、NAS（文件存储服务）的容器存储，在容器重启和迁移的时候也可以自动挂载，保证了容器持久化存储的共享和安全。容器服务通过将 OSS、NAS 的远程存储端点映射成为一个主机的磁盘挂载点，开发者可以像使用本地磁盘那样直接使用不同类型的共享存储。对于非落盘的存储，例如缓存、数据库等，则可以直接使用云原生的服务，包括 RDS（关系型数据库）、KVStore（云数据库 Redis 版）等来实现。不建议使用容器化的存储服务，云原生的数据存储服务可靠性更高、性能更好，而且在运维、安全等场景中有先天的优势。

监控在容器的场景中是一个非常重要的功能。容器的场景下需要做宿主机与容器两方面的监控，而容器的弹性扩缩容量也依托于监控的功能。为了应对特定的场景实现，容器服务的监控依托于阿里云云监控服务，为容器运维用户提供默认的监控、告警规则配置等服务。与此同时，容器服务还提供了与第三方开源监控方案（例如 InfluxDB、Grafana）快速集成的能力，用户可以方便地和自己的监控或报警系统对接，并且多维度、全方位地提供各个层次的聚合监控指标，方便不同用户在不同的维度进行监控、告警、分析以及实现自动化运维。开发者可以在云监控中查看主机级别、应用级别、服务级别、容器级别等多个维度的监控，依托这四个维度的监控指标，可以进行主机级别的弹性伸缩与容器级别的弹性伸缩。

日志是应用排查问题的原始手段，当应用容器化之后，日志的收集面临着更大的挑战。这种情况下，需要能够收集、聚合多个容器的日志，并且容器迁移或者重新部署后日志仍然可以进行收集，因此传统的落盘采集式的日志收集方式就无法满足需求了。容器服务能够集成阿里云日志服务。日志服务是针对日志场景的平台化服务，无需开发就可以快速完成日志收集、分发、投递与查询，适用于日志轮转、监控、性能诊断、日志分析、审计等场景。在容器服务中集成日志服务，可以方便地把容器日志发送到日志服务里，只需要在 Docker Compose 编排模板中添加 aliyun.log_store_name 的标签就能实现容器日志的自动采集与上报。日志的配置与应用是关联的，日志的采集与应用的容器是动态链接的，容器的变更会触发日志插件重新链接与容器的关联关系，当容器产生日志流时，就会动态地被采集到日志服务，通过日志服务进行聚合。如果有更细粒度的分析需求，可以将日志投递到 MaxCompute（大规模计算）进行数据分析。

使用阿里云的容器服务有许多优势。首先，它简单高效，支持容器化应用从镜像构建、分发、编排、运维的整个生命周期的关键问题。用户可以一键创建容器集群。系统会对编排模板应用提供全面支持，在 Docker Compose 编排的基础上做了扩展。阿里云容器服务提供了健康性检查、依赖关系设置、容器伸缩、路由访问等能力，方便与阿里云现有服务 RDS（关系型数据库）、KVStore（云数据库 Redis 版）整合。系统还提供了预置的日志和监控能力，同时允许用户扩展集成自己的管控方案。针对阿里云虚拟化、网络、存储的能力，系统提供了很多针对容器应用的增强。其次，容器服务本身是安全可控的。容器服务 Agent 代码开源可见，系统支持定制安全组和专有网络 VPC 安全规则，用户拥有并独占云服务器。支持用户私有镜像仓库的建设，保护用户知识资产。每个容器集群基于独立的 ECS 实例资源，不同用户之间不会共享计算资源，可以更好地保障用户应用的安全性和 SLA。第三，阿里云的容器拥抱生态，其服务兼容标准 Docker API，可以通过常用的 Docker 工具访问和管理 Docker 集群（例如 Docker Client），支持任意 Docker 镜像和 Docker-compose 编排模板，支持应用无缝迁云，支持混合云、专有云的场景，支持通过 API 对接，实现第三方的调度下发和系统集成。最后，阿里云的容器服务高效可靠，支持海量容器秒级启动，支持容器的异常恢复和自动伸缩。支持跨可用区（AZ）的容器调度等。阿里云容器服务可以帮助开发者打造流水线般的持续交付能力，助力微服务架构。此外阿里云容器服务给开发者带来的最大价值是可能性，容器不仅在 Web 无状态应用的场景中使用，还在离线计算、深度学习、高性能计算、SaaS 化应用等领域进行了探索，未来将会有越来越多的领域可以在容器技术的帮助下实现更大的价值。

【应用开发实践】

1. 任选编程语言编写一个 Web 应用，要求：

1）暴露 URL 1（/cpu_info），返回当前系统的 CPU 信息。

2）暴露 URL 2（/cpu_rate=$value），可以通过这个 URL 来调整对系统 CPU 的消耗。

3）将代码上传到 Github。

4）在代码路径下包含一个 dockerfile 文件（通过这个来制作 Docker 镜像）。

2. 容器化这个应用，制作镜像：

1）在阿里云容器 Hub 创建一个 Github 类型的镜像仓库。

2）通过自动构建生成一个镜像。

3. 在个人电脑或笔记本上通过 Docker 命令行运行这个镜像：

使用上一步产生的镜像，通过 docker run 启动两个容器 A 和 B，并保证 A 对服务器的 CPU 占用率是 B 的 2 倍。（通过调节应用的 URL 参数和 docker run 的 CPU 参数来观察效果。）

4. 创建 Docker Compose file 将这两个容器编排起来：

1）要求保证 A 在 B 之前启动。

2）在本地可以通过执行 docker-compose up 运行。

3）提交 compose.yml 到 Github 相同的 repo。

5. 在阿里云容器服务部署这个 Compose 模板应用。

1）利用容器服务的路由服务，暴露公网访问的域名 $domain。

2）保证 $domain/cpu_info 可正常访问。

本章小结

云计算离不开虚拟化的计算环境。通过重新定义接口，虚拟化技术为底层硬件引入了关键的系统抽象，使用户能够更加灵活高效地利用计算资源。近年来，操作系统级的轻量级虚拟化手段日益受到关注。以 Docker 为代表的容器技术称为云计算的新宠。阿里云在基于弹性计算和容器服务方面提供了全面的技术支撑，有效保障了云计算的高效灵活运行。

习题

1. 名词解释：虚拟化、系统级虚拟机、虚拟机监控器、幽灵虚拟机、虚拟机整合、虚拟机热迁移、操作系统级虚拟化、容器、镜像、弹性伸缩。
2. 思考经典虚拟机理论中 trap（捕获）的概念和机制。
3. Para-Virtualization 是什么？关键设计挑战有哪些？
4. 试对比虚拟机和 Docker 的优势。
5. 利用阿里云的容器服务实现私有云存储应用和文件共享。

参考文献与进一步阅读

［1］ James Smith, Ravi Nair. Virtual Machines ［M］. New York: Morgan Kaufmann, 2005.

［2］ 英特尔开源软件技术中心. 系统虚拟化：原理与实现 ［M］. 北京：清华大学出版社，2009.

［3］ Intel SDM: Intel 64 and IA-32 Architectures Software Developer Manuals.

［4］ Xen 官方网站，http://www.xen.org.

［5］ Xen 安全漏洞网站，http://xenbits.xen.org/xsa/.

［6］ KVM 官方网站，www.linux-kvm.org.

［7］ Docker 官方文档，https://docs.docker.com/.

［8］ OCI 网站，https://www.opencontainers.org/.

［9］ Rkt 网站，https://coreos.com/rkt/.

［10］ Kubernetes 网站，http://kubernetes.io/.

［11］ Mesos 网站，http://mesos.apache.org/.

［12］ 阿里云弹性计算网站，https://www.aliyun.com/product/ecs.

［13］ 阿里云容器服务网站，https://www.aliyun.com/product/containerservice.

［14］ 阿里云容器服务团队博客，https://yq.aliyun.com/teams/11.

第5章

分布式存储

在云计算和大数据时代，数据存储将是核心内容之一。当前数据中心有着巨大的数据需求，使得分布式存储成为云数据中心首选。本章将重点阐述分布式存储的相关内容，主要包括分布式存储基础、数据复制与备份技术、存储阵列与纠删码技术、文件存储、对象存储、分布式文件系统等。

5.1 分布式存储基础

分布式存储是云计算系统基础架构的重要组成部分之一。然而，当前分布式存储系统面临着诸多问题，众多研究机构和高校纷纷对此展开研究，形成了一些分布式系统的基础理论。本节首先讨论当前分布式存储系统中的问题，然后介绍分布式系统的经典理论——帽子理论和分布式一致性协议。

5.1.1 分布式存储面临的问题和挑战

1. 面临的问题

当前以云计算为主的分布式存储系统面临着以下问题和挑战：

1）**性能**：性能是分布式存储面临的首要问题。一方面，可以通过大量存储设备并行的方法提高存储系统的性能；另一方面，随着存储技术的发展，大量新型存储介质广泛运用在云计算系统中，如固态硬盘（Solid State Drive，SSD），从而提升了分布式存储系统的性能。

2）**成本**：在云计算系统，特别是大规模的云计算系统中，存储设备的数量是庞大的，因此构建云计算系统时需要考虑存储设备的成本。例如，虽然三副本的机制能够大幅提高存储系统的性能并保证数据的可靠性，但由于其成本太高，因此只能针对部分热点数据使用。

3）**可靠性**：随着大型分布式存储系统的发展，存储设备的数量大幅提升，但设备失效概率也随之大幅提高。用户是无法忍受数据丢失的情况发生的。因此如何在低成本的前提下保证数据的可靠性，在丢失数据时可以进行数据恢复，是用户关心的重点，也是分布式存储面临的问题之一。

4）**可扩展性**：随着用户数据的急剧增加，存储设备的需求也在迅速增长。为满足日益增长的用户需求，云计算系统需要保证良好的可扩展性。存储设备的可扩展特别是在线扩展是目前研究的热点之一。

5）**可用性**：在大量用户并发访问存储系统时，或在存储系统进行扩展、数据恢复时，数据的可用性显得尤为重要，如何提高数据的可用性也是分布式存储系统要解决的重要问题之一。

6）**能耗**：分布式存储系统的规模随着数据量的增大而增大，在规模增大的同时，系统中服务器等设备的耗电量也水涨船高。大量的用电不仅消耗能源，而且会给用户带来成本上的负担。如何尽可能减少分布式存储系统的耗电量，是分布式系统扩展的关键问题。

7）**一致性**：在分布式存储系统中，为了保持数据可靠性，通常使用副本机制。这时要着重解决数据的一致性问题，确保数据在各个副本中及时更新，并保证更新的一致性。

8）**可持续性**：随着云计算系统存储设备使用的日益广泛，设备的可持续性也成为系统面临的一个重要问题。例如，在使用固态硬盘时，需要考虑磨损均衡的问题。

2. 面临的挑战

针对上述问题，可以总结出当前分布式存储面临着以下挑战：

1）**新型存储介质**：近些年来，新型存储介质，如闪存（Flash）、相变存储器（Phase Change Memory，PCM）、自旋存储器（Spin-Transfer Torque RAM，STT-RAM）等，由于其读写速度、能耗方面的优势，受到了越来越多的关注，未来将给分布式存储的存储设备带来新的改变。

2）**新型体系结构**：随着计算机技术的发展，存储墙的问题在分布式系统中越发严重。因此，如何解决计算与存储的体系结构问题是分布式系统的重要挑战之一。近几年的研究热点——内存计算、计算存储超融合体系结构，就是要解决这方面的问题。

3）**大数据应用**：大数据应用对分布式系统的存储能力提出了更高的要求，包括一些典型的大数据应用，如图计算、流处理应用等。

4）**软件定义存储**：软件定义将控制器的控制能力与数据传输功能分离，在分布式存储系统中，如何通过软件定义的方法，根据每个存储设备的能力，按需控制每个存储设备的运行，对存储系统的精细化管理是一次重大的革新。

5.1.2　帽子理论

帽子理论（CAP Theorem）是指一个分布式系统最多只能同时满足一致性（Consistency）、可用性（Availability）和分区容错性（Partition Tolerance）这三项中的两项，不可能满足全部三项。如图 5-1 所示。

1. CAP 的定义

（1）一致性

一致性是指读请求返回新写（或更新）的数据副本。通常而言，在分布式系统新写（或更新）一个数据并且该

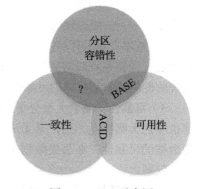

图 5-1　CAP 示意图

数据有多个副本时，要保证所有节点数据的一致性。一致性是并发读写场景下提出的问题。我们可以从客户端和服务端两个方面来看待一致性。从客户端来看，一致性主要指的是多并发访问的时候如何获取已更新过的数据的问题。不同强度的一致性使得不同进程获得已更新过的数据时使用不同的策略。在关系型数据库中，强一致性是指已更新过的数据能被后续服务获取。如果后续的部分或者全部服务获取不到已更新的数据，则是弱一致性。如果经过一段时间后能访问到更新后的数据，这是最终一致性。从服务端来看，一致性是指如何将更新复制到整个系统，以保证数据的最终一致性。

（2）可用性

可用性指数据在正常响应时间一直可用，但不保证数据是最新的副本。好的可用性主要是指系统能够很好地为用户服务，不会出现用户操作失败或者访问超时等用户体验不好的情况。可用性通常和分布式数据冗余方式、数据负载均衡等有着较大的关联。对于一个可用性的分布式系统，每一个非故障的节点必须对每一个请求做出响应。

（3）分区容错性

分区容错性是指允许网络分区，即分布式系统在遇到网络分区节点间消息丢失或延迟时，系统能够正常提供服务。对分布式系统进行网络分区，表明不同分区对通信的延迟容忍度不同。系统如果不能在要求时限内达到数据一致性，则表示发生了网络分区，必须在当前操作中选择一致性或者可用性，二者不可兼得。

在分布式应用中，一些原因可能导致分布式系统无法正常运转。因此，好的分区容错性要求系统虽然是一个分布式系统，但看上去应是一个有机的整体。例如，当分布式系统中有一个或者多个节点产生故障时，其他节点应能够正常运转，以满足系统可用性的需求；或者，节点之间发生网络异常时，通过将分布式系统分隔出不同的分区，各个分区仍能正常维持分布式系统的运作。

2. CAP 在应用场景中的解释

图 5-2 是 CAP 在应用场景中的解释。网络中有两个节点 N1 和 N2，它们之间共享一块数据 V，初始值为 V0。N1 中有一个算法 A，我们认为它是安全且可靠的；N2 也有一个类似的算法 B。在该实验中，A 将新值写入 V，B 从 V 读入数据。

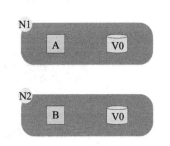

图 5-2 证明 CAP 的基本场景

在满足一致性的时候，N1 和 N2 中的数据是一样的，即 V0=V0。在满足可用性的时候，用户不管是请求 N1 还是 N2，都会得到立即响应。在满足分区容错性的情况下，N1 和 N2 有任何一方宕机或者网络不通的时候，都不会影响 N1 和 N2 彼此之间的正常运作。

考虑该系统运行的正常流程，如图 5-3 所示，A 将一个新值写入 V，记作 V1；接着 N1 向 N2 发送消息，告诉 N2，V 的值已被更新。接下来，B 从 V 读取任何数据都会返回 V1。

在图中，假定在 N1 和 N2 的数据库 V 中，N1 和 N2 是否相同为数据一致性（C）；外部对 N1 和 N2 的请求响应为可用性（A）；N1 和 N2 之间的网络环境为分区容错性（P）。这是正常运作的场景，但在实际情况中，当发生错误时，一致性、可用性和分区容错性是否能同时满足，还是需要进行取舍呢？

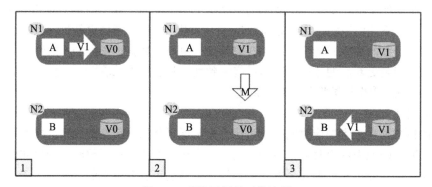

图 5-3　系统运行的正常流程

如图 5-4 所示，假设 N1 和 N2 之间的网络被分区，即在 N1 和 N2 之间的网络断开时，有用户向 N1 发送数据更新请求，N1 中的数据 V0 将被更新为 V1。由于网络是断开的，所以分布式系统未进行同步操作 M，N2 中的数据依旧是 V0。这个时候，有用户向 N2 发送数据读取请求，由于数据还没有进行同步，应用程序无法立即给用户返回最新的数据 V1，即不具备一致性。在该情况下，有两种选择：第一，牺牲数据一致性，将旧的数据 V0 返回给用户；第二，牺牲可用性，阻塞等待，直到网络连接恢复，数据更新操作 M 完成之后，再给用户响应最新的数据 V1。

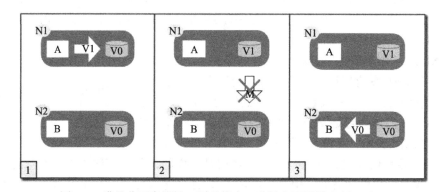

图 5-4　满足分区容错性，则只能在一致性和可用性之间二选一

这个过程说明，要满足分区容错性的分布式系统，只能在一致性和可用性两者中选择一个。

3. CAP 权衡

通过 CAP 理论，我们知道无法同时满足一致性、可用性和分区容错性这三个特性，那要舍弃哪个呢？ CAP 理论在设计分布式基础应用上做出了明确的权衡，用户能轻松地理解 CAP 中每对搭配的实例。

- **CA 搭配（不满足 P）**：若不允许分区容错性，则一致性和可用性是可以保证的。比如，提供分布式事务语义的数据库只能在没有网络分区的情况下将同等级的服务器进行分离。

- **CP 搭配（不满足 A）**：在一个分区事件里，一个满足 ACID 的服务器的事务被阻塞，直到分区可用，这样做可以避免引入合并冲突的风险。许多传统的数据库中的分布式事务都是保证 CP 的。

- **AP 搭配（不满足 C）**：要高可用并允许分区，则需要放弃一致性。一旦发生分区，节点之间可能会失去联系。为了保证高可用，每个节点只能用本地数据提供服务，而这样会导致全局数据的不一致性。现在众多的 NoSQL 都属于此类。

HTTP Web 缓存通过复制文档为客户服务器提供了分区恢复功能，但一个客户服务器分区阻止验证一个过期复制的刷新。一般来说，任何分布式数据库的问题都可以通过基于期满的缓存来达到 AP，或者通过复制和大多数投票达到 CP 来解决。

对于多数大型互联网应用的场景，主机众多、部署分散，而且集群规模越来越大，所以节点故障、网络故障是常态，要保证服务可用性达到要求，即保证分区容错性（P）和可用性（A），暂时舍弃一致性 C（可以随后保证最终一致性）。虽然某些地方会影响用户体验，但不会达到造成用户流失的严重程度。

对于金融、财务这样不能有一丝让步的场景，必须保证 C。网络发生故障时，宁可停止服务，这是保证 CA，舍弃 P。还有一种是保证 CP，舍弃 A。例如，网络故障时只读不写。

4. CAP 更进一步的讨论

CAP 理论主张，任何基于网络的数据共享系统最多只能拥有以下三条性质中的两条：

1）数据一致性（C），等同于所有节点访问同一份最新的数据副本。

2）对数据更新具备高可用性（A）。

3）能容忍网络分区（P）。

但是"三选二"的公式一直存在着误导性，它过分简单化三条性质之间的相互关系。怎样降低分区容错对数据一致性和可用性的影响是需要考虑的问题。其中的关键是如何以明确、公开的方式去"管理分区"，不仅需要主动察觉分区情况的发生，还需要为分区期间所有可能受影响的不变性约束准备专门的恢复过程和计划。

管理分区有以下三个步骤：

1）检测到分区开始。

2）明确进入分区模式，限制某些操作，例如限制针对单一元素的操作，记录下事务和动作。

3）当通信恢复后启动分区恢复过程，两边的状态必须具有一致性，并且补偿在系统分区模式期间程序产生的错误。

图 5-5 给出了管理分区的步骤。普通的操作是顺序的原子操作，因此分区总是在两个操作之间开始。一旦系统在操作间歇中检测到有分区发生，检测的一方随即进入分区模式（Partition Mode）。如果确实发生了分区的情况，则分区两侧都会进入分区模式，不过单方面完成分区也是有可能的。单方面分区要求在对方按需要通信的时候本方选择能正确响应，或

者不需要通信，这意味着操作不得破坏数据一致性。由于检测的一方可能有不一致的操作，它必须进入分区模式。

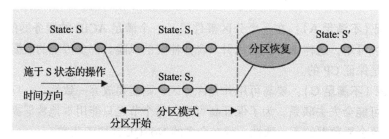

图 5-5 管理分区的步骤。一开始状态是一致的，并一直保持到分区开始的时刻。为了维持可用性，两侧都进入分区模式并继续执行操作，因此产生不一致的并发状态 S_1 和 S_2。到分区结束时，尘埃落定，分区恢复开始。恢复期间，系统合并 S_1 和 S_2 成为一致的状态 S'，并且弥补分区期间发生的任何错误

采取了 quorum 决定机制的系统即为单方面分区的例子。其中一方拥有"法定通过节点数"，因此可以执行操作；而另一方不可以执行操作。支持离线操作的系统明显地含有"分区模式"的概念，一些支持原子多播（atomic multicast）的系统也含有这个概念，如 Java 平台的 JGroups。

当系统进入分区模式后，它有两种可行的策略。第一种策略是限制部分操作，该做法可能会削弱可用性。第二种策略是额外记录一些有利于分区恢复的操作信息。系统可通过持续尝试恢复通信来确定分区何时结束。

因此，用户应当根据以下三点使用 CAP 理论，进行分布式系统设计。

1）当存在分区时在一致性和可用性之间做出选择。

2）在特定的应用程序下，将一致性和可用性的组合利用最大化。

3）灵活地管理分区并进行分区恢复。

5.1.3 数据一致性协议

数据一致性协议旨在实现一些特定的一致性模型，该模型高度依赖于系统架构，即指定哪个节点负责数据的一致性。这里我们按照以下六种实现模式来讨论。

1. 主从架构（Master-Slave）

如果在任何时候一个主设备被指定处理所有的请求，那么应用的主要是在高可用性集群中使用的主从架构。主从架构是一种通信模式，指一个通信设备或过程单向控制一个或多个其他设备。在一些系统中，主设备是从一组合格的设备中选择出来的，其他设备则扮演从属的角色。

换句话说，主从模型的配置基本上基于负载共享的目的。当两个相同的电机连接到两个不同的驱动器时，对一个常见负载来说是耦合的。一个设备被定义为主驱动器，且被设置运行在速度控制模式，而其他设备被定义为从设备，设置在转矩控制模式下运行。

2. 多主架构（Multi-Master）

如果任何设备都可以处理请求，接着分配一个新的状态，那么这是一个在数据库领域被称为多主的架构。在该方案下，必须使用某种形式的并发控制，如分布式锁管理器。

多主复制是一种数据库复制的方法，允许数据存储在一组计算机中，由组中任一成员更新。所有成员都可以对客户端数据的查询进行响应。多主复制系统负责传播由其他成员修改的数据，并解决可能出现的任何冲突，但可能出现因不同的成员造成并发修改。

多主复制与主从复制的不同在于，在主从结构中，小组成员中的一个被指定为主成员，且是可以修改数据的唯一成员。其他成员希望修改数据项时，必须先联系主节点。指定唯一的主节点有利于实现成员间的一致性，但不如多主复制灵活。多主复制的主要目的是增加可用性和得到更快的服务器响应时间。

3. 两阶段提交（Two Phase Commit，2PC）协议

两阶段提交协议是常见的解决分布式事务的方式，它可以保证数据的强一致性，许多分布式关系型数据管理系统均采用此协议来解决分布式事务问题。在分布式事务中，它承担着保持分布式环境中原子性的任务，并决定了所有进程是提交事务成功，还是取消（回滚）事务。同时，它也是解决一致性问题的一致性算法，能够解决许多临时性系统故障（包括进程、网络节点、通信等故障），并被广泛地使用。参与者为了恢复故障带来的损失，均使用日志来记录协议的状态。虽然日志的使用降低了系统性能，但节点能够从故障中恢复。

在两阶段提交协议中，系统一般包含两类机器（或节点、角色）：一类为协调者（coordinator），通常一个系统中只有一个，用来单独处理分布式事务；另一类为事务参与者（participant、cohort 或 worker），一般包含多个，在数据存储系统中可以理解为数据副本的个数，也可理解为实际处理事务的机器（或节点）。协议中假设每个节点都会记录写前日志（write-ahead log）并持久性存储，即使节点发生故障，日志也不会丢失。协议同时假设节点不会发生永久性故障，而且任意两个节点都可以互相通信。当事务的最后一步完成之后，协调者执行协议，参与者根据本地事务是否成功完成向协调者回复，同意提交事务，或者回滚（取消）事务。

顾名思义，两阶段提交协议由两个阶段组成。在正常的执行下，这两个阶段的执行过程如下：

阶段 1：请求阶段（commit-request phase，或称表决阶段，voting phase）

在请求阶段，有以下三个步骤：

1）协调者通知所有事务参与者准备提交或取消事务，并开始等待各参与者的反馈信息。

2）参与者执行所有事务操作，并将 Undo 信息和 Redo 信息写入日志。

3）各参与者告知协调者自己的决策：同意提交事务（事务参与者本地作业执行成功）或取消（回滚）事务（本地作业执行故障）。

阶段 2：提交阶段（commit phase）

在该阶段，协调者将基于第一个阶段的投票结果进行决策：提交或取消。当且仅当所有的参与者同意提交，事务协调者才通知所有的参与者提交事务，否则协调者将通知所有的参

与者取消事务。参与者在接收到协调者发来的消息后将执行相应的操作。协调者如果发现有一个投票是 VOTE-ABORT，那么将创建一个 GLOBAL-ABORT 通知所有的参与者中止该事务。如果都是 VOTE-COMMIT，那么协调者将发送一个 GLOBAL-COMMIT，告知所有的参与者执行该事务。图 5-6 和图 5-7 给出了协调者和参与者的状态机。

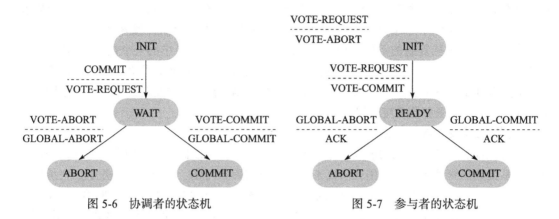

图 5-6　协调者的状态机　　　　图 5-7　参与者的状态机

两阶段提交协议的算法思路是，参与者将操作的结果（成功或失败）通知协调者，协调者收集到所有参与者的反馈后，决定各参与者是进行提交还是取消操作，并将该决议发送给各参与者，参与者收到决议后执行相关操作。

两阶段提交协议有以下几个缺陷：

1）执行过程中，所有参与者都是事务阻塞的。在节点等待消息的时候处于阻塞状态，节点中其他进程需要等待阻塞进程释放资源才能使用。

2）如果协调者发生了故障，那么参与者将无法完成事务并一直等待下去，进而无法继续完成事务操作。但如果某个参与者发生永久故障，那么协调者也不会一直阻塞，因为协调者在某一时间内还未收到某参与者的消息，将通知其他参与者回滚事务。

3）在协议的阶段 2 中，当协调者向参与者发送 COMMIT 请求之后，发生了局部网络异常或者在发送 COMMIT 请求过程中协调者发生了故障，会导致只有一部分参与者接收到了 COMMIT 请求。而在这部分参与者收到 COMMIT 请求之后就会执行 COMMIT 操作。但是其他未收到 COMMIT 请求的机器则无法执行事务提交。于是整个分布式系统便出现了数据部分一致性的现象。

此外，两阶段提交协议还有无法解决的问题。协调者在发出 COMMIT 消息之后宕机，而唯一接收到这条消息的参与者同时也宕机了，那么即使协调者通过选举协议产生了新的协调者，这条事务的状态也是不确定的，没人知道事务是否已经被提交。同时，两阶段提交协议没有容错机制，一个节点发生故障会导致整个事务回滚，代价比较大。

4. 三阶段提交（Three Phase Commit，3PC）协议

由于两阶段提交协议存在着阻塞、单点故障、数据不一致等问题，因此学术界在两阶段提交协议的基础上提出了三阶段提交协议（两阶段提交协议的升级版）。

三阶段提交协议是在计算机网络及数据库的范畴下，使得一个分布式系统内的所有节点能够执行事务的提交的一种分布式算法。

与两阶段提交协议不同的是，三阶段提交协议是"非阻塞"协议。三阶段提交在两阶段提交的第一阶段与第二阶段之间插入了一个准备阶段，使得原先在两阶段提交中参与者投票之后，由于协调者发生崩溃或错误而导致参与者处于无法知晓是否提交或者中止的"不确定状态"所产生的可能相当长的延时问题得以解决。三阶段提交协议还在协调者和参与者中引入超时机制，超出时间区域则判定为取消事务。

三阶段提交协议分为以下三个阶段：

（1）CanCommit 阶段

3PC 的 CanCommit 阶段其实和 2PC 的准备阶段类似。协调者向参与者发送 COMMIT 请求，参与者如果可以提交就返回 Yes 响应，否则返回 No 响应。其中有两项工作：

1）事务询问：协调者向参与者发送 CanCommit 请求，询问是否可以执行事务提交操作。然后开始等待参与者的响应。

2）响应反馈：参与者接到 CanCommit 请求之后，正常情况下，如果其认为可以顺利执行事务，则返回 Yes 响应，并进入预备状态。否则返回 No。

（2）PreCommit 阶段

协调者根据参与者的反应情况来决定是否可以进行事务的 PreCommit 操作。根据响应情况，有以下两种可能。

1）假如协调者从所有的参与者获得的反馈都是 Yes，那么就会执行事务的预执行。

- 发送预提交请求：协调者向参与者发送 PreCommit 请求，并进入 Prepared 阶段。
- 事务预提交：参与者接收到 PreCommit 请求后，会执行事务操作，并将 undo 和 redo 信息记录到事务日志中。
- 响应反馈：如果参与者成功执行了事务操作，则返回 Ack 响应，同时开始等待最终指令。

2）假如有任何一个参与者向协调者发送了 No 响应，或者等待超时之后，协调者都没有接到参与者的响应，那么就执行事务的中断。

- 发送中断请求：协调者向所有参与者发送 abort 请求。
- 中断事务：参与者收到来自协调者的 abort 请求之后（或超时之后，仍未收到协调者的请求），执行事务的中断。

（3）doCommit 阶段

该阶段进行真正的事务提交，也可以分为以下两种情况。

1）执行提交：

- 发送提交请求：协调者收到参与者发送的 ACK 响应，那么它将从预提交状态进入提交状态，并向所有参与者发送 doCommit 请求。
- 事务提交：参与者接收到 doCommit 请求之后，执行正式的事务提交，并在完成事务提交之后释放所有事务资源。

- 响应反馈：事务提交完之后，向协调者发送 Ack 响应。
- 完成事务：协调者接收到所有参与者的 Ack 响应之后，完成事务。

2）中断事务：协调者没有接收到参与者发送的 Ack 响应（可能是接收者发送的不是 Ack 响应，也可能响应超时），那么就会执行中断事务。

- 发送中断请求：协调者向所有参与者发送 abort 请求。
- 事务回滚：参与者接收到 abort 请求之后，利用其在阶段二记录的 undo 信息来执行事务的回滚操作，并在完成回滚之后释放所有的事务资源。
- 反馈结果：参与者完成事务回滚之后，向协调者发送 Ack 消息。
- 中断事务：协调者接收到参与者反馈的 Ack 消息之后，执行事务的中断。

5. Paxos 算法

分布式系统除了能提升整个系统的性能外还有一个重要的特性，就是提高系统的可靠性。可靠性指的是分布式系统中一台或 N 台机器宕机后都不会导致系统不可用，分布式系统是状态机复制（state machine replication）的，每个节点都可能是其他节点的快照，这是保证分布式系统高可靠性的关键，而存在多个复制节点就会存在数据不一致的问题，这时一致性就成为分布式系统的核心。在分布式系统中必须保证：

假如在分布式系统中初始时各个节点的数据是一致的，每个节点都顺序执行系列操作，每个节点最终的数据还是一致的。

Paxos 是用于解决一致性问题的算法。多个节点通信时，存在着两种节点通信模型：共享内存（Shared Memory）和消息传递（Message Passing），Paxos 是基于消息传递的通信模型的。Paxos 不只适用于分布式系统，凡是需要达成某种一致性都可以使用 Paxos 算法。

假设有如下场景：有一个 Client、三个 Proposer、三个 Acceptor、一个 Learner。Client 向 Proposer 提交一个 data 请求入库，Proposer 收到 Client 请求后生成一个序号 1 的请求，再向三个 Acceptor（最少两个）发送序号 1 请求提交议案，假如三个 Acceptor 收到 Proposer 申请提交的序号为 1 的请求，三个 Acceptor 都是初次接收到请求，然后向 Proposer 回复 Promise 允许提交议案，Proposer 收到三个 Acceptor（满足过半数原则）的 Promise 回复后接着向三个 Acceptor 正式提交议案（序号 1，value 为 data），三个 Acceptor 都收到议案（序号 1，value 为 data），请求期间没有收到其他请求，Acceptor 接受议案，回复 Proposer 已接受议案，然后向 Learner 提交议案，Proposer 收到回复后回复给 Client 成功处理请求，Learner 收到议案后开始学习议案（存储 data）。

Paxos 中有三种角色——Proposer（提议者）、Acceptor（决策者）、Learner（议案学习者），整个过程（一个实例、一个事务或一个 Round）分为两个阶段，如图 5-8 所示。

（1）准备阶段

1）Proposer 选择一个提案编号 N，并向超过半数（N/2+1）的 Acceptor 发起 Prepare 消息（发送编号 N）。

2）Acceptor 收到 Prepare 消息后，如果提案的编号大于它已经回复的所有 Prepare 消息，则 Acceptor 将自己上次接受的提案回复给 Proposer，并承诺不再回复小于 N 的提案。

（2）批准阶段

1）当一个 Proposer 收到了多数 Acceptor 对 Prepare 的回复后，就进入批准阶段。它要向回复 Prepare 请求的 Acceptor 发送 Accept 请求，包括编号 N 和根据 P2C $^{\ominus}$决定的 val（如果根据 P2C 没有已经接受的 val，那么它可以自由决定 val）。

2）在不违背自己向其他 Proposer 的承诺的前提下，Acceptor 收到 Accept 请求后即接受这个请求。

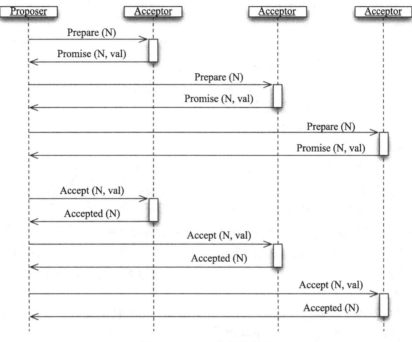

图 5-8　Paxos 协议示意图

这个过程在任何时候中断都可以保证正确性。例如，如果一个 Proposer 发现已经有其他 Proposer 提出了编号更高的提案，则有必要中断这个过程。因此为了优化，在上述 Prepare 过程中，如果一个 Acceptor 发现存在一个更高编号的提案，则需要通知 Proposer，提醒其中断这次提案。

Paxos 算法虽然能够保证分布式系统的数据一致性，但也有其缺点。最大的缺点就是实现比较复杂，后续有很多改进版本，如 ZooKeeper 使用的 ZAB（Zookeeper Atomic Broadcast）协议对 Paxos 进行了很多的改进与优化。

6. Raft 算法

为了简化 Paxos 算法，斯坦福大学于 2013 年提出了 Raft 算法。与 Paxos 相比，Raft 同

　⊖　P2C：如果一个编号为 N 的提案具有 val v，那么存在一个多数派，要么它们中的所有人都没有接受编号小于 N 的任何提案，要么它们已经接受的所有编号小于 N 的提案中编号最大的那个提案具有 val v。

样保证 N/2+1 节点正常就能够提供服务。但 Raft 算法将复杂的一致性问题分解为几个小问题来处理，它使用了分而治之的思想把算法流程分为三个子问题：选举（Election）、日志复制（Log Replication）、安全性（Safety）。

（1）Raft 算法的基本流程和节点状态

Raft 将集群中的所有节点状态分为三类：领导者（Leader）、追随者（Follower）和候选者（Candidate）。通常运行时只有领导者和追随者供选择。其不同类型节点状态说明如下：

- 领导者：负责日志的同步管理，处理来自客户端的请求，与追随者保持着 HeartBeat 的联系。
- 追随者：刚启动时所有节点均为追随者状态，响应领导者的日志同步请求和候选者的请求，把请求到追随者的事务转发给领导者。
- 候选者：负责选举投票，Raft 刚启动时一个节点从追随者转为候选者发起选举，选举出领导者后从候选者转为领导者状态。

Raft 的基本流程如图 5-9 所示。Raft 先在集群中选举出领导者负责日志复制的管理，领导者接受来自客户端的事务请求（日志），并将它们复制给集群的其他节点，然后通知集群中其他节点提交日志。领导者也负责保证其他节点与它的日志同步，当领导者宕机后集群其他节点会发起选举选出新的领导者。

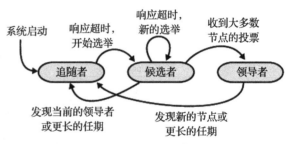

图 5-9　Raft 算法中节点的状态

（2）任期（Term）

Raft 算法中使用了任期这一概念。作为一个周期，每个任期都有一个连续递增的编号，每一轮选举占用一个任期周期，在一个任期中只能产生一个领导者。

先简单描述下任期的变化流程。Raft 开始时，所有追随者的任期为 1，其中一个追随者的逻辑时钟到期后转换为候选者，任期加 1，这时任期为 2，然后开始选举。这时有几种情况会使任期发生改变：

1）如果在当前任期为 2 的周期内没有选举出领导者或出现异常，则任期递增，开始新一任期选举。

2）在任期为 2 的周期内选举出领导者后，领导者宕掉，然后其他追随者转为候选者，任期递增，开始新一任期选举。

3）当领导者或候选者发现自己的任期比别的追随者小时，领导者或候选者将转为追随者，任期递增。

4）当追随者的任期比别的任期小时，追随者也将更新任期，从而保持与其他追随者一致。

在 Raft 算法中，每次任期的递增都将触发新一轮的选举，Raft 保证一个任期只有一个领导者。在 Raft 正常运转中所有节点的任期都是一致的，如果节点不发生故障，一个任期会一直保持下去，当某节点收到的请求中任期比当前任期小时则拒绝该请求。

Raft 算法中的任期如图 5-10 所示。

（3）选举

Raft 算法的选举由定时器来触发，每个节点的选举定时器时间都是不一样的。开始时，状态都为追随者的某个节点定时器触发选举后任期递增，状态由追随者转为候选者，向其他节点发起 RequestVote RPC 请求，这时有三种可能的情况发生：

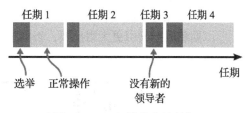

图 5-10　Raft 算法中的任期

1）该 RequestVote 请求接收到 N/2+1（过半数）个节点的投票，则当前节点从候选者转为领导者，向其他节点发送 HeartBeat 以保持领导者的正常运转。

2）在此期间收到其他节点发送过来的 AppendEntries RPC 请求，如该节点任期大于当前节点，则当前节点转为追随者，否则保持候选者，拒绝该请求。

3）若发生选举超时，则任期递增，重新发起选举。

在一个任期期间，每个节点只能投票一次，所以当有多个候选者存在时，就会出现每个候选者发起的选举都存在接收到的投票数不过半的问题，这时每个候选者都将任期递增、重启定时器并重新发起选举。由于每个节点中定时器的时间都是随机的，因此不会多次出现多个候选者同时发起投票的问题。

有如下几种情况时会发起选举：1）Raft 初次启动，不存在领导者，发起选举；2）领导者宕机或追随者没有接收到领导者的 HeartBeat，发生选举超时从而发起选举。

（4）日志复制

日志复制的主要作用是保证节点的一致性，该阶段所做的操作也是为了保证一致性与高可用性。当选举出领导者后便开始负责客户端的请求，所有事务（更新操作）请求都必须先经过领导者处理，这些事务请求也就是日志，它们需要保证节点都按顺序执行相同的操作序列，以保证节点数据的一致性。日志复制就是为了保证执行相同的操作序列所做的工作。在 Raft 中，当接收到客户端的日志（事务请求）后先把该日志追加到本地的日志中，然后通过 HeartBeat 把该条目同步给其他追随者，追随者接收到日志后记录日志，然后向领导者发送 ACK，当领导者收到大多数（N/2+1）追随者的 ACK 信息后将该日志设置为已提交并追加到本地磁盘中，通知客户端，而且在下个 HeartBeat 中，领导者将通知所有追随者将该日志存储在自己的本地磁盘中。Raft 算法中的日志复制如图 5-11 所示。

（5）安全性

安全性是用于保证每个节点都执行相同序列的安全机制。例如，某个追随者在当前领导者提交日志时变得不可用了，稍后可能该追随者又会被选举为领导者，这时新领导者可能会用新的日志覆盖先前已提交的日志，这会导致节点执行不同序列。Raft 算法有以下方法保证系统安全：

- 选举安全性（Election Safety）：每个任期只能选举出一个领导者。

- 领导者完整性（Leader Completeness）：这里所说的完整性是指领导者日志的完整性，当日志在任期 1 被提交后，那么以后任期 2、任期 3 等的领导者必须包含该日志。Raft 在选举阶段就使用任期的判断保证完整性，当请求投票的候选者的任期较大或任期相同但索引更大则投票，否则拒绝该请求。

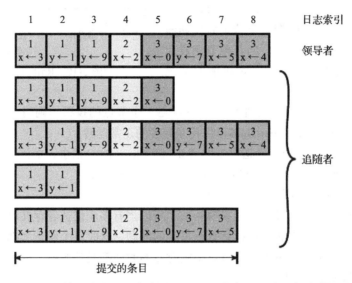

图 5-11　Raft 算法中的日志复制（日志由很多条目组成，每个条目均用数字依次标识其操作序列，也就是其任期号）

5.2　数据复制与备份技术

为提高数据的分区容错性（通常也称为数据可靠性），云计算系统通常采用数据复制和备份以及基于纠删码存储阵列等相关技术。本节先介绍数据复制与备份技术。

5.2.1　数据复制技术

作为数据保护手段之一，数据复制技术正在被越来越多的机构采用。数据复制已经演进成灾难恢复（DR）中不可缺少的组成部分，相比传统的磁带备份，能够提供更近的恢复点目标（RPO）和更短的恢复时间目标（RTO）。

1. 并非所有的复制都是一样的

从宏观上看，数据复制将来自一个存储位置的数据拷贝到一个或更多的其他本地或远程存储系统。但是，除这种基础任务之外，你会发现数据复制产品在几个关键方面是不同的，例如位置。复制发生的位置是主要差别之一，复制服务或软件可以运行在存储阵列上、网络中或主机、服务器上。不过，基于阵列的复制一直统治着数据复制技术的市场。

2. 复制的模式

复制的模式有同步复制与异步复制两种：复制可以同步发生，即数据同时写入到主和次级存储系统；也可以异步执行，即数据经过延时后复制到目标。

在同步复制中，主存储系统只有在复制目标确认数据被成功写入后才执行 I/O 写。同步复制取决于充足的带宽和低延时，支持的复制距离从 50 公里到 300 公里。它一般在要求零 RPO 和 RTO 的应用（如高可用群集和要求主系统与目标系统之间 100% 同步的关键任务应用）中使用。相反，异步复制首先将数据写入主阵列，并且根据实现方法，将数据复制到内存或基于硬盘的日志中。然后它实时或按照计划的间隔将数据拷贝到复制目标。与同步复制不同，异步复制主要用于长距离复制，并大大降低了带宽要求。大多数基于阵列和基于网络的复制产品同时支持同步和异步复制，而基于主机的复制产品通常只提供异步复制。

3. 复制的类型

复制产品可以复制卷或逻辑设备号（LUN）上的数据块，或者执行文件级的复制。除了可以同时支持基于块和基于文件的复制的网络连接存储（NAS）外，基于阵列的复制产品通常运行在块级上。基于网络的复制产品也是如此。相比之下，多数基于主机的复制产品运行在文件级上。基于块的复制独立于平台，可无缝地跨不同操作系统运行。基于文件的复制产品高度依赖特定操作系统，市场上的多数基于主机的复制产品是用于 Windows 操作系统的。与基于文件的复制不同，基于块的复制产品对连接的平台、文件系统或应用一无所知，它们依靠像快照这样的辅助服务实现任何类型的应用集成。因此，多数支持复制的存储阵列或多或少提供与文件系统和像 Exchange 与 SQL Server 数据库这样的关键应用集成的快照功能。

4. 基于阵列的复制

在基于阵列的复制中，复制软件运行在一个或多个存储控制器上。这项技术在大中型公司较为流行，这主要是由于这种大规模公司部署了能提供数据复制特性的更高端的存储阵列。

具有 15 年以上历史的基于阵列的复制是经过实践证明的相对成熟的复制方法，其可伸缩性只受到阵列的存储控制器的处理能力的限制。EMC 复制解决方案产品营销经理 Rick Walsworth 解释说："客户通过将数据复制分布到更多存储处理器上来扩展 Clariion 和 Symmetrix 阵列的复制性能。"

由于复制软件安装在阵列上，因此它非常适合有大量服务器的环境。原因如下：它独立于操作系统；能够支持 Windows 和基于 Unix 的操作系统以及大型机（高端阵列）；许可费一般基于存储量而不是连接的服务器数量；它不需要连接的服务器上的任何管理工作。由于复制工作由存储控制器来完成，因此避免了服务器上的处理开销，从而使基于阵列的复制非常适合关键任务和高端交易应用。基于阵列的复制的缺点是其缺少对异构存储系统的支持。除非阵列提供存储虚拟化选择，就像 HDS（Hitachi Data Systems）为其 Universal Storage Platform（USP）所做的那样，基于阵列的复制通常只能在类似机型的阵列之间发挥作用。除了高度的厂商锁定外，基于阵列的复制的入门费用也比较高，它可能对于必须支持大量不同位置的公司来说尤其昂贵。总的来说，基于阵列的复制适合统一采用一家存储阵列厂商产品的公司。

5. 基于主机的复制

在基于主机的复制产品中，复制软件运行在服务器上，不依赖额外的硬件组件。这就使基于主机的复制部署费用很低，且容易实现。Double-Take Software 公司解决方案工程主管 Bob Roudebush 指出："部署基于主机的复制只需要把复制软件安装在源和目标服务器上就行了。"

大多数基于主机的复制产品都支持 Windows，但对 Linux 和 Unix 的支持较为薄弱，因此平台支持显然是选择基于主机的复制产品时的关键评估标准之一。

基于主机的复制的缺点是，会给服务器增加额外开销，安装的复制软件有可能引入未知行为，从而带来风险。Enterprise Strategy Group 分析师 Lauren Whitehouse 说："对于关键和高端应用服务器，IT 经理一般更偏爱基于阵列的复制，而不是基于主机的复制，因为前者将服务器资源留给了应用，并且不会使服务器暴露于复制软件存在的潜在隐患和漏洞。"

此外，许可费用和系统管理任务随服务器的数量成比例增加，从而使基于阵列的和基于网络的复制在有大量服务器的环境中具有了优势。此外，基于主机的复制中的可见性通常限制在源和目标服务器。这与基于阵列的和基于网络的复制产品的中央架构有极大不同，后两类产品使用户可以更加整体地了解复制基础设施。

基于主机的复制产品的目标市场一般是用不起另两种费用更贵的复制技术的中小企业。CA、Double-Take、InMage Systems、Neverfail 和 SteelEye Technology 都在提供基于主机的复制产品，可使小公司以很少的成本实现 DR 和数据保护。虽然这类产品都是把数据从一个位置复制到另一个位置，但它们在效率、带宽节流、管理、高可用性故障切换能力、支持和应用集成等特性上是不同的。只有通过全面的评估才能了解哪种产品最适合某个环境。

除了这些独立的产品外，备份软件厂商也在把基于主机的复制集成到它们的备份套件中，希望把产品扩展到利润丰厚的远程办事处和分支办事处数据保护业务中。

Symantec 公司数据保护部产品营销高级经理 Marty Ward 说："我们看到 DR 与数据保护的融合，我们认为数据复制能力是一种特性而不是独立产品。"多数备份软件厂商已经在为他们的备份套件提供基于主机的数据复制选件，包括 BakBone Software Inc 的 NetVault：Real-Time Data Protector、CommVault Continuous Data Replicator（CDR）、补充 EMC NetWorker 的 EMC RepliStor、Symantec Backup Exec Continuous Protection Server（CPS），以及作为独立产品和 NetBackup 选件的提供数据去重选件的 Symantec NetBackup PureDisk。将传统备份与复制组合在一起的优势是在一个工具中管理复制和备份的能力。除了基于它们的基于主机的复制选件外，备份软件厂商一直在努力把备份套件与领先的基于存储阵列和基于网络的复制产品集成起来，使客户能够利用同一个工具管理所有的复制和备份。CommVault 公司产品管理副总裁 Brian Brockway 说："正如使用 Continuous Data Replicator 那样，所支持的基于阵列的复制被集成到备份应用索引和目录中，从而使用户只需在应用中点击右键就可恢复基于阵列的快照。"同样，Symantec 的 Veritas NetBackup 与 40 多种阵列和虚拟磁带库（VTL）集成，EMC NetWorker 提供与 EMC 的 RecoverPoint 基于网络的复制产品的紧密集成。

6. 基于网络的复制

在基于网络的复制中，复制发生在存储阵列与服务器之间。I/O 在联机专用设备或光纤通道（FC）结构中被分离；I/O 分流器分析入站的写 I/O 的目的地址，如果地址是复制卷的组成部分，则将这次 I/O 的副本转发给复制目标。基于网络的复制集基于阵列的复制和基于主机的复制的优势于一体。通过卸载服务器和阵列的复制工作负载，可以跨大量的服务器平台和存储阵列运行，因而使它成为高度异构的环境的理想选择。多数基于网络的复制产品还作为选件或核心产品的组成部分，提供存储虚拟化。

当前基于网络的复制产品大部分是联机专用设备或是基于结构的。在使用联机专用设备时，所有的 I/O 都必须经过这种复制设备。从技术上讲，专用设备结束所有的入站 I/O，然后发起转发给主存储和（在写 I/O 时）复制的存储目标的新 I/O。这种联机方式一直受到性能和可伸缩性问题的困扰。IBM 的 SAN Volume Controller（SVC）是联机专用设备的典型代表。

网络复制还有更复杂的基于结构的实现方式，其中联机专用设备已成为基于网络的复制和虚拟化市场中成功产品之一。

在基于结构的（fabric-based）复制产品中，I/O 的分离和转发在 FC 结构中执行。通过利用 FC 交换和把数据通道与控制通道分离，使其成为性能最好的和最具可伸缩性的产品。

5.2.2　数据备份技术

数据中心全年不休地运行，一旦发生不可预知的灾难，都会给数据中心造成极大的损失。设备等有形的损失还能弥补修复，但如果宝贵的数据丢失，造成的损失则是无法计算的，所以部署有效的数据备份系统尤为重要。万一因故障造成了数据丢失，还可以从备份系统中将数据还原回来，这就要使用数据备份技术。数据备份技术是将数据从在线状态剥离到离线状态的过程，从而将整个数据中心的数据或状态保存下来，其根本目的是能够快速、正确、方便地恢复数据，减少由于设备故障、逻辑错误等带来的数据损失。数据备份技术在存储系统中的意义不仅在于防范意外事件的破坏，而且是历史数据保存归档的主要方式。

数据备份由备份服务器（用于执行备份操作的服务器）、备份软件（在备份服务器系统上安装的备份软件，这些软件按照预先制定的备份策略将数据备份到磁带或磁盘等存储介质上）、数据服务器（用于存放重要数据的服务器或存储设备）和备份介质（磁带或磁盘）四个部分组成。数据备份并不是简单的数据拷贝，为降低备份数据所占用的额外空间，一般需要进行改变数据格式、进行压缩等操作，并由专业的备份软件完成。数据库的备份与普通文件备份不同，需要通过应用插件与数据库协调，以保证备份数据的数据一致性和完整性，数据备份也是一种含金量颇高的技术。

为实现数据备份，主要有四种基本的技术实现方式，分别是快照技术、镜像技术、连续数据保护技术、重复数据删除技术。

（1）快照技术

存储系统中的数据"快照"与我们生活中所说的"照片"非常相似，只是拍照的对象不是人，而是数据。如同照片留住了我们过去的模样和岁月，快照可以把数据在某一时刻的映像保留下来，因此我们可以根据快照查找数据在过去某一时刻的映像。快照常常作为增强数据备份系统的一种技术，它可以大大降低 RTO 和 RPO 两个指标。

SNIA（存储网络行业协会）对快照（Snapshot）的定义是：关于指定数据集合的一个完全可用拷贝，该拷贝包括相应数据在某个时间点（拷贝开始的时间点）的映像。快照可以是其所表示的数据的一个副本，也可以是数据的一个复制品。而从具体的技术细节来讲，快照是指向保存在存储设备中的数据的引用标记或指针。

磁盘快照是针对整个磁盘卷进行快速的档案系统备份，它和其他备份方式相比，最大的不同在于"速度"。进行磁盘快照时，并不涉及任何档案复制动作。就算数据量再大，一般来说，通常可以在一秒之内完成备份动作。

磁盘快照的基本概念与磁带备份等机制有很大不同。在建立磁盘快照时，并不需要复制数据本身，它所做的只是通知 LX Series NAS 服务器将目前有数据的磁盘区块全部保留起来，不被覆写。这个通知动作只需花费极短的时间。接下来的文件修改或任何新增、删除动作，均不会覆写原本数据所在的磁盘区块，而是将修改部分写入其他可用的磁盘区块中。可以说，数据复制（或者说数据备份）是在平常存取文件时就做好了，对效能影响极低。LX Series NAS 文件系统内部会建立一份数据结构，记录磁盘快照备份及目前文件系统所使用到的磁盘区块及指针，让使用者可以同时存取到主要文件系统及过去的磁盘快照版本。

（2）镜像技术

镜像技术是集群技术的一种，是通过软件或其他特殊的网络设备将建立在同一个局域网之上的两台服务器的硬盘做镜像。其中，一台服务器被指定为主服务器，另一台指定为从服务器。客户只能对主服务器上的镜像的卷进行读写，即只有主服务器通过网络向用户提供服务，从服务器上相应的卷被锁定，以防对数据的存取。主/从服务器分别通过心跳监测线路互相监测对方的运行状态，当主服务器因故障停机时，从服务器将在很短的时间内接管主服务器的应用。

（3）连续数据保护技术（CDP）

CDP 是一种在不影响主要数据运行的前提下，实现持续捕捉或跟踪目标数据所发生的任何改变，并且能够恢复到此前任意时间点的方法。CDP 系统能够提供块级、文件级和应用级的备份，以及恢复目标的无限的任意可变的恢复点。

连续数据保护（CDP）技术是对传统数据备份技术的革命性突破。传统的数据备份解决方案专注在对数据的周期性备份上，因此一直存在备份窗口、数据一致性以及对生产系统的影响等问题。CDP 为用户提供了新的数据保护手段，系统管理者无须关注数据的备份过程（因为 CDP 系统会不断监测关键数据的变化，从而不断地自动实现数据的保护），而是在灾难发生后，简单地选择需要恢复到的时间点即可实现数据的快速恢复。

CDP 技术通过在操作系统核心层中植入文件过滤驱动程序，来实时捕获所有文件访问操作。对于需要 CDP 连续备份保护的文件，当 CDP 管理模块经由文件过滤驱动拦截到其改写操作时，则预先将文件数据变化部分连同当前的系统时间戳（System Time Stamp）一起自动备份到存储设备。从理论上说，任何一次的文件数据变化都会被自动记录，因而称之为连续数据保护。

（4）重复数据删除技术

备份设备中总是充斥着大量的冗余数据。为了解决这个问题，节省更多空间，重复删除技术便顺理成章地成为人们关注的焦点。重复数据删除（data deduplication）是一种数据缩减技术，通常用于基于磁盘的备份系统，旨在减少存储系统中使用的存储容量。它的工作方式是在某个时间周期内查找不同文件中不同位置的重复可变大小数据块。重复的数据块用指示符取代。高度冗余的数据集（例如备份数据）从数据重复删除技术的获益极大，用户可以实现 10：1 至 50：1 的缩减比。而且，重复数据删除技术可以允许用户的不同站点之间进行高效、经济的备份数据复制。

5.2.3 归档存储

1. 归档存储概述

由于数据库越来越大，其管理和使用都是一个大的问题，归档的目的就是使数据库尽可能小，从而减小用户响应时间，并且对于用户进行的数据库查询操作来说，尽可能加载更多表到内存中。归档就是上面两个要求的平衡点，首先把不经常使用的业务对象数据从数据库中提取出来写到一个归档文件中，然后把相关对象从数据库删除，从而减小数据库大小。同时，这些归档数据还可以被用户读取和查询。所以，归档存储实际上是将不再经常使用的数据移到一个单独的存储设备来进行长期保存的过程。归档存储虽然由旧的数据组成，但它是以后工作必需的重要数据，因此，必须遵从一定规则来保存数据。数据存档需要具备索引和搜索功能，这样可以很容易地找到文件。对于积累新信息但仍需要保留旧信息的组织，数据归档是必不可少的。数据保存的趋势是保持更长的时间，存储更多的信息和进行更快的检索。自动化数据归档能够以更低的成本实现这些功能。图 5-12 给出了数据归档示意图。

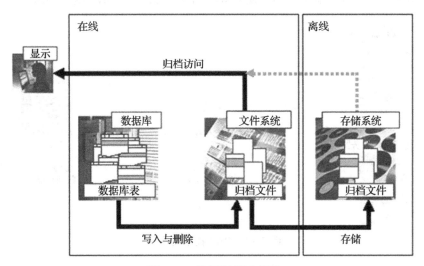

图 5-12 数据归档示意图

2. 归档存储面临的挑战及解决方案

（1）数据归档面临的挑战

目前，固定内容增长每年超过 90%，其中包括大量新创建的信息、要求保留和数据保护的新法规，如图 5-13 所示。

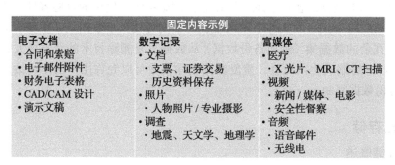

图 5-13　固定内容示例

传统归档存储面临的挑战有：磁带和光学介质均易磨损；涉及运营、管理和维护开销；无法智能识别重复数据，可能会多次归档相同内容；不能实现长期保留（数年到数十年），无法提供对固定内容的在线且快速的访问等。

（2）归档存储解决方案——CAS

内容寻址存储（Content Addressed Storage，CAS）是由美国 EMC 公司于 2002 年 4 月率先提出的针对固定内容存储需求的先进的网络存储技术。CAS 具有面向对象存储特征，基于磁记录技术，按照所存储数据内容的数字指纹寻址，具有良好的可搜索性、安全性、可靠性和扩展性。EMC 同时推出了其 CAS 产品 Centera，并成为 CAS 存储技术的代表性产品。之后，一些存储公司相继推出了相关的产品，使 CAS 技术备受关注，其体系结构如图 5-14 所示。

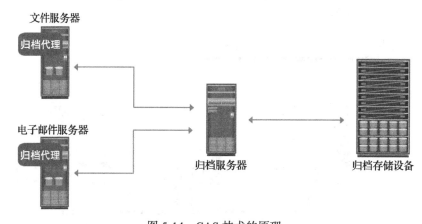

图 5-14　CAS 技术的原理

虽然架构简单，但基于 CAS 技术开发出的新型存储系统却具有许多独特的优势。

- 无重复数据：由于每个内容或数据分段都被赋予一个唯一的 ID，当有重复内容被存储时，会因产生同样的 ID 而被系统识别，从而避免了相同内容的重复存储。这不仅能节省大量空间、提高存储效率，而且极大简化了数据管理。（IDC 估计，3/4 的数字信息是经复制的副本。）

- 确保数据完整性：近年来有关数据保留的法律法规越来越多，对数据保存的要求越来越高。由于 CAS 存储数据的唯一性和不可更改性，而且可通过赋予数据保留时间等属性轻松实现 WORM（只写一次，多次读取），使数据的真实性与完整性得到完全保护。

- PB 级的扩展性：CAS 系统通常采用独立节点冗余（RAIN）架构，使用多个标准化的服务器作为节点组成网格，通过 CAS 平台软件进行全局管理。由于没有传统存储中复杂的 SAN 或文件系统管理，也无 LUN/RAID 组划分或分配，这样的架构不仅具有自我管理和配置、自我康复的智能，而且便于按需无缝扩展至 PB 级别。

- 内容分类与查找：一些 CAS 系统可让用户定义内容对象的元数据，对数据进行分类，并通过集成第三方的搜索软件对海量数据（成千万甚至几亿个文件）进行搜索、查找，充分挖掘固定内容的价值。

- 有效降低成本：CAS 系统通常用作近线归档存储，普遍采用 SATA 磁盘和标准化硬件来降低成本。无重复内容的特性节省了大量存储空间，而且智能化的自动管理使维护人员能较轻松地应对上百 TB 的数据，进一步降低 CAS 系统的总拥有成本。

综上所述，CAS 技术降低了存储系统理解、管理、操纵存储介质上的信息的物理或逻辑位置的难度；同时利用模块化的硬件架构有效地管理存储资源，对用户和应用保持透明，使 CAS 存储系统能全面满足固定内容的可获取性、真实性、长期性和可管理性的苛刻要求。

3. 阿里归档存储及典型应用

归档存储（Archive Storage）作为阿里云数据存储产品体系的重要组成部分，致力于提供低成本、高可靠的数据归档服务，适合于海量数据的长期归档、备份。使用归档存储产品如下优势：

- 高可靠性：提供了不低于 99.99999999% 的数据可靠性，数据自动进行多重冗余备份，归档的每 MB 数据都会有指纹保存。

- 低成本：每 GB 存储价格低至每月 6 分钱，无需运维人员与托管费用，零成本运维。

- 安全、灵活的鉴权和授权机制：提供 Token 与子账号的鉴权、授权机制，提供用户级别的资源隔离机制。

- 弹性扩展：海量的存储空间，随用户使用量的增加，空间弹性增长。

（1）基本概念

阿里云归档存储的数据模型由 Vault（目录）和 Archive（文档）组成。

1）Archive

在归档存储中，用户操作的基本数据单元是 Archive，它需要包含在 Vault 中。Archive 可以是任意类型的数据。上传 Archive 时，文档大小限制在 6GB；如果文档大小超出 6GB，可使用 Multipart Upload 方式。Archive 包含 ArchiveID、Description 和 Data 等信息，其中 ArchiveID 是 Archive 的唯一标识，用户上传 Archive 时由系统自动生成并返回给用户，Description 是用户对该归档的描述，Data 是归档的数据。Archive 目前仅支持通过 API 进行操作。

2）Vault

Vault 是归档存储提供给用户用于管理 Archive 的目录，也是计费、权限控制等功能的管理单位。Vault 名称在每个用户的每个 Region 下唯一，每个用户在每个 Region 最多可以创建 10 个 Vault，Vault 不支持嵌套。每个 Vault 中可以包含任意数量的 Archive。Vault 可以通过阿里云管理控制台、API 两种方式执行创建、删除等操作。

3）Region

Region 是归档存储集群的标识。各 Region 间的操作相互独立。

4）Multipart Upload

Multipart Upload 是将单个文档分段上传的方式，每段称为 Part，目的是便于用户上传较大的文档。使用 Multipart Upload 最大可以上传 10000*4GB 的文档。不仅如此，多段上传还支持独立、任意顺序，甚至并行上传这些段。如果某段上传失败，只需要重新上传该段即可。我们建议用户在上传大于 100MB 的文档时使用这种方式。该上传操作是异步方式，用户需要首先新建 Multipart Upload 任务，指定每次需要上传的 Part 字节长度，该长度值必须能够被 1MB 整除，且在 32 ~ 4096MB 之间。任务启动成功后，归档存储会为该任务分配唯一的 Upload ID，用户需要使用该 ID 作为标识完成后续 Part 的上传与合并。需要注意的是，该任务自创建起 24 小时后会自动失效。

5）Part

启动 Multipart Upload 任务成功以后，单独上传的某个范围内的文档数据称为 Part。用户上传时需要指定 Part 在文档中所属的范围。当所有 Part 都上传成功以后，用户还需要主动发起一次 Part 合并请求，才能将上传的数据完整地提交到归档存储，否则任务创建超过 24 小时以后，用户在该任务中上传的数据将会丢失。

6）Job

归档存储的 Vault/Archive 的内容提取为异步操作，用户需要首先提交指定类型的 Job 完成对数据的"唤醒"，然后通过查询 Job 状态来确认 Job 是否完成。正常情况下，任务会在 4 小时内完成。Job 完成以后，就可以获取 Job Output。Job 类型可以是 inventory-retrieval 或 archive-retrieval。前者获取到的 Job Output 是 Job 指定 Vault 的 Archive 列表信息，后者则是 Job 指定 Archive 的数据内容。注意，inventory-retrieval 类型 Job 获取到的 Archive 列表信息是由系统每天定期扫描生成的信息，不是实时数据。

Job 类型还可以是 pull-from-oss 或 push-to-oss。这两种 Job 类型可以方便阿里云用户在归档存储产品与 OSS 产品之间实现数据归档、提档功能，并帮助用户实现无中转方式的跨产品数据传输。pull-from-oss 类型的 Job 用于将用户在 OSS 产品上的 Object 归档到归档存储产品。push-to-oss 类型的 Job 用于将用户放在归档存储产品上的 Archive 提档到 OSS 产品。这两种类型的 Job 依赖用户对归档存储产品授予用户 OSS 访问权限。

7）Access Key ID、Access Key Secret

归档存储会对每个访问的请求进行身份验证，请求中需要包含签名（Signature）信息。归档存储通过使用 Access Key ID 和 Access Key Secret 进行对称加密的方法来验证请求的发送者身份。Access Key ID 和 Access Key Secret 由阿里云官方颁发给访问者（可以通过阿里云官方网站申请和管理），其中 Access Key ID 用于标识访问者的身份；Access Key Secret 是用于加密签名字符串和服务器端验证签名字符串的密钥，应严格保密，勿泄露给第三方。

8）ContentEtag、TreeEtag

归档存储会对上传的单文档或者文档分段，进行 ContentEtag 和 TreeEtag 两种方式的数据校验。ContentEtag 是对数据进行 MD5SUM 校验的数值，TreeEtag 是对数据按照 tree-hash 算法校验的数值。

（2）功能简介

1）Vault 操作

归档存储目前支持 Vault 的创建、删除、单个 Vault 信息查询以及 Vault 列表查询，需要注意的是：

- 如果 Vault 中包含 Archive，则删除操作会失败。
- Vault 列表查询不支持跨 Region 操作，同一请求只能获取单个 Region 下用户的 Vault 列表。
- 用户获取 Vault 统计信息时，该信息不是实时更新。返回消息中 Last Inventory（最后统计时间）的标识，反映了该信息的最后统计时间，信息更新来自归档存储系统定期扫描统计或者由用户主动发起的 inventory-retrieval 类型 Job。

2）Archive 操作

Archive 操作包括上传和删除。Archive 上传成功以后，归档存储会返回唯一的 Archive ID，删除操作需要使用该 Archive ID。

3）Multipart Upload 操作

Multipart Upload 操作包括任务初始化、删除、任务列表查询。初始化操作成功以后会启动一个多段上传的任务并返回 Upload ID，后续的 Part 上传、已上传完成的 Part 列表查询以及 Part 合并操作都需要指定该 Upload ID。用户可以通过 Multipart Upload 删除操作主动取消相应 Archive 的多段上传；多个 Multipart Upload 任务可以通过任务列表查询来获取任务信息。任务的删除和任务列表查询同样也需要使用初始化成功返回的 Upload ID 进行。

4）Job 操作

Job 操作包括 Job 初始化、Job Output 下载、Job 列表查询以及 Job 状态查询。Job 初始化成功以后会创建指定类型的 Job，开始数据准备并返回 Job ID。准备的过程中，用户可以使用 Job 状态查询来查看 Job 的状态，待 Job 完成后使用 Job Output 下载来获取所需的数据。正在进行的或近期完成的 Job 操作可以通过 Job 列表查询来查看。后三个 Job 操作都需要指定初始化 Job 成功后返回的 Job ID。

5.3 存储阵列和纠删码技术

存储阵列和纠删码是另一种提高分区容错性（即数据可靠性）的技术。由于传统的数据复制存在成本高的缺陷，在真实的数据中心中，存储阵列和纠删码已成为保存数据的主要选择之一。

5.3.1 RAID 概述

RAID 的全称是 Redundant Arrays of Independent/Inexpensive Disks，中文名为廉价冗余磁盘阵列。简言之，RAID 磁盘阵列就是将多台硬盘通过 RAID Controller（通过硬件或软件实现）结合成虚拟单台大容量的硬盘使用。RAID 的概念在 1987 年由美国加州大学伯克利分校 D.A. Patterson 教授提出，其作为高性能的存储系统，已经得到了越来越广泛的应用。RAID 为使用者降低了成本、增加了执行效率，并提供了系统运行的稳定性。

5.3.2 RAID 的级别

RAID 从概念的提出到现在，已经发展出了多个级别，标准级别有 0、1、2、3、4、5 等，但是常用的是 0、1、3、5 这四个级别。其他还有 6、7、10、30、50 等。

1. NRAID

NRAID 是指不使用 RAID 功能，而是使用硬盘的总容量组成逻辑碟（不使用条块读写）。换句话说，它生成的逻辑碟容量就是物理碟容量的总和。此外，NRAID 不提供文件的备份。

2. JBOD

JBOD 的含义是控制器将计算机上每个硬盘都当作单独的硬盘处理，因此每个硬盘都被当作独立的逻辑碟使用。此外，JBOD 并不提供文件备份的功能。

3. RAID0：Disk Stripping without Parity（常用）

PAID0 又称数据分块，即把数据分成若干相等大小的小块，并把它们写到阵列上不同的硬盘上，这种技术又称为"Stripping"（即将数据条带化）。这种方式把数据分布在多个盘上，在读写时以并行的方式对各硬盘同时进行操作。从理论上讲，其容量和数据传输率是单个硬盘的 N 倍，N 为构成 RAID0 的硬盘总数。当然，若阵列控制器有多个硬盘通道时，对多个通道上的硬盘进行 RAID0 操作，I/O 性能会更高。因此，RAID0 常用于图像、视频等领域，RAID0 I/O 传输率较高，但平均故障时间 MTTF 只有单盘的 N 分之一，因此 RAID0 可靠性最差。如图 5-15 所示。

4. RAID1：Disk Mirroring（较常用）

RAID1 又称为镜像，即每个工作盘都有一个镜像盘，每次写数据时必须同时写入镜像盘，读数据时只从工作盘读出。一旦工作盘发生故障立即转入镜像盘，从镜像盘中读出数据。当更换故障盘后，数据可以重构，恢复工作盘中的正确数据。这种阵列可靠性很高，但其有效容量减小到总容量一半以下，因此 RAID1 常用于对容错要求极严的应用场合，如财政、金融等领域。如图 5-16 所示。

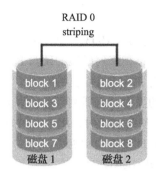

图 5-15　RAID0 示意图

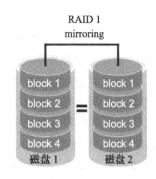

图 5-16　RAID1 示意图

5. RAID（0+1）

这种方式结合了 RAID0 和 RAID1，即在条块化读写的同时使用镜像操作。RAID（0+1）允许多个硬盘损坏，因为它完全使用硬盘来实现文件备份。如果有超过两个硬盘做 RAID1，系统会自动实现 RAID（0+1）。如图 5-17 所示。

6. RAID2

RAID2 又称位交叉，它采用汉明码作盘错校验，采用按位交叉存取，适用于大数据的读写，但冗余信息开销太大（校验盘为多个），已被淘汰。

7. RAID3：Parallel Disk Array

RAID3 为单盘容错并行传输，即采用 Stripping 技术将数据分块，对这些块进行异或校验，校验数据写到最后一个硬盘上。它的特点是有一个盘为校验盘，数据以位或字节的方式存储于各盘（分散记录在组内相同扇区的各个硬盘上）。当一个硬盘发生故障时，除故障盘外，写操作将继续对数据盘和校验盘进行操作。而读操作是通过对剩余数据盘和校验盘的异或计算重构故障盘上应有的数据来进行的。RAID3 的优点是并行 I/O 传输和单盘容错，具有很高可靠性；缺点是每次读写要牵动整个组，每次只能完成一次 I/O。

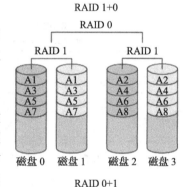

图 5-17　RAID 0+1

8. RAID4

RAID4 与 RAID3 相似，但 RAID3 是按位或字节交叉存取，而 RAID4 是按块（扇区）存取。它可以单独地对某个盘进行操作，无须像 RAID3 那样，哪怕每一次小 I/O 操作也要涉及全组。RAID4 只需涉及组中两块硬盘（一块数据盘、一块校验盘）即可，从而提高了小量数据 I/O 速度。其缺点是对于随机分散的小数据量 I/O，固定的校验盘又成为 I/O 瓶颈，例如事务处理，做两个很小的写操作，一个写在 drive2 的 stripe1 上，另一个写在 drive3 的 stripe2 上，它们都要往校验盘上写，所以会发生争用校验盘的问题。

9. RAID5：Striping with Floating Parity Drive

RAID5 是一种旋转奇偶校验独立存取的阵列方式，它与 RAID3、RAID4 不同的是没有固定的校验盘，而是按某种规则把奇偶校验信息均匀地分布在阵列所属的硬盘上。所以，在每块硬盘上，既有数据信息也有校验信息。这一改变解决了争用校验盘的问题，实现了在同一组内并发进行多个写操作。RAID5 既适用于大数据量的操作，也适用于各种事务处理，它是一种快速、大容量和容错分布合理的磁盘阵列。当有 N 块阵列盘时，用户空间为 N−1 块盘容量。在 RAID3、RAID5 中，一块硬盘发生故障后，RAID 组从 ONLINE 变为 DEGRADED 方式，但 I/O 读写不受影响，直到故障盘恢复。但如果 DEGRADED 状态下，又有第二块盘故障，则整个 RAID 组的数据将丢失。如图 5-18 所示。

10. RAID6

RAID6 的工作模式与 RAID5 基本相同，它通过增加双重校验来提高数据可靠性，实现处理两块磁盘同时失效的情形。最近十年发展而来的 RAID-6 编码有 EVENODD[8]、RDP[9]、X-Code[10]、Liber8tion[11]、P-code[12]、H-Code[13]、HDP-Code[14] 等。如图 5-19 所示。

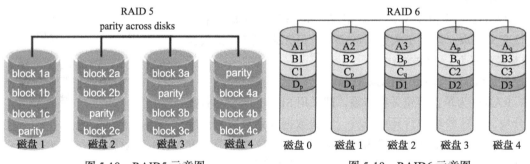

图 5-18　RAID5 示意图　　　　　　图 5-19　RAID6 示意图

5.3.3　纠删码技术

在实际存储系统中，我们考虑数据存储可靠性的同时，也需要考虑其成本。由于采用副本（镜像）进行数据保护的方案成本高昂，数据中心通常采用被称为纠删码（Erasure Code）的编码系统提供数据保护。

纠删码技术是指在一个磁盘数为 n 的磁盘阵列中，用户数据存放在其中 k 个磁盘上（k<n），用纠删码对数据进行编码得到校验信息，将校验信息存储在其余磁盘中，使得多块磁盘同时失效时仍能恢复出丢失的数据。该技术需要划分出少量存储区域，用来存放校验信息。相比于采用副本（镜像）保证数据可靠性的方式，纠删码技术的存储效率更高。

1. 名词解释

为了方便后文的描述，这里介绍一些与磁盘阵列和纠删码相关的基础知识，见图 5-20。

1）元素（Element）：数据或校验的一个基本单位，是纠删码的构造块，每个元素大小相等。

2）条带（Stripe）：一个由数据元素和校验元素组成的能独立提供数据保护的最小元素集合。一个冗余磁盘阵列是由很多这样的条带构成的。

3）条块（Strip）：一个条带中存储在同一磁盘上的所有元素组成的集合。

4）最大距离可分码（Max Distance Separable，MDS）：MDS 码是能达到 Singleton 边界的纠删码，它能提供最佳的存储效率。如果一个纠删码保护一个磁盘数为 n 的阵列系统，其中 k 个磁盘上存放的是数据元素，n-k 个磁盘上存放校验元素，且该纠删码是 MDS 的，则该阵列系统可以最多允许 m=n-k 块磁盘同时失效。

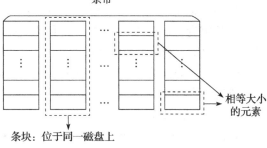

图 5-20 磁盘阵列与纠删码示意图

5）水平编码（Horizontal Code）：同一条带中的数据元素和校验元素分别存储在条带的不同的条块中。也就是说，在一个条块中，要么全部存储数据元素，要么全部存储校验元素。

6）垂直编码（Vertical Code）：一个条带中的每个条块既包含数据元素，又包含校验元素。

从图 5-20 中可知，纠删码技术是对每个条带中的数据元素进行编码，得到的校验元素存放在相应磁盘的条块中。当磁盘阵列中的部分磁盘失效，以条带为单位，通过每个条带上剩余的数据元素和校验元素恢复出丢失的条块，一步步恢复各个条带，最终恢复出整块磁盘上的数据。而且，我们可以发现，纠删码的设计是基于条带的，多个条带的编码 / 解码过程与单个条带是类似的。

2. 纠删码的分类

纠删码可以分为以下三类。

（1）里德 – 所罗门码（Reed-solomon code）

里德 – 所罗门码（Reed-solomon code，RS code）是一种前向错误更正的信道编码，对由校正过采样数据所产生的有效多项式。编码过程首先在多个点上对这些多项式求冗余，然后将其传输或者存储起来。对多项式的这种超出必要值的采样使得多项式超定（过限定）。当接收器正确收到足够的点后，它就可以恢复原来的多项式，即使接收到的多项式上有很多点被噪声干扰失真也可以恢复。

在里德 – 所罗门数据编码背后的核心可以形象化地表示为多项式。这种编码依靠一种代数理论，这个代数理论说明任何 k 个唯一的确定点表示一个阶数至少为 k-1 的多项式。发送者表明一个在有限域中的 k-1 阶的多项式，它表示 k 个数据点。这个多项式就根据它在各点的赋值被"编码"，实际传送的是这些值。在传输中，一些值会被破坏。所以，实际发送的点不止 k 个。只要正确地接收了足量的数值，接收方就可以推算出原始多项式，进而译出原始数据。

（2）奇偶校验码

奇偶校验码（Parity-Check Code）是一种完全基于 XOR 运算的纠删码，它是一种条块宽度为 1 的特殊水平码。单奇偶校验码是最简单的一种奇偶校验码。一个条带中只有唯一一个校验条块，这个校验条块由所有用户数据条块的异或运算得到。所以单奇偶校验码的容错能力为1，即能支持单块磁盘失效，其典型的应用是 RAID-5。

另外一种奇偶校验码是根据 Tanner 图结构构造的 LDPC 码（Low-Density Parity-Check Code，低密度奇偶校验）。这是一种使生成矩阵和奇偶校验矩阵中非零条目数量最小化的编码。这个性质有利于 RAID 算法设计，因为它将 IO 操作数量最小化，而 IO 操作数决定了一个存储系统中的开销。不过，LDPC 编码是为通信模型设计的，并且不一定适合解释所有存储系统相关的开销。

（3）奇偶校验阵列码

奇偶校验阵列码（Parity Array Code）主要是为了满足多盘容错磁盘阵列设计中所需要的数据可靠性要求。它可以分为两类，一类是水平阵列码，另一类是垂直阵列码。

在前面内容中，我们提到水平码中的数据元素和校验元素分别存储在不同磁盘上。所以当一个使用水平码的阵列系统需要进行扩展时，仅需添加磁盘并重新计算校验元素即可。由于校验元素存储在同一磁盘上，因此可能产生校验磁盘上的写性能瓶颈。对于 MDS 水平码来说，一个无法突破的理论局限在于，它的更新复杂度始终要高于容错能力。

垂直码与水平码不同，数据元素和校验元素是被存储在同一磁盘上的，因此校验元素分布在各个磁盘，其写性能比水平码高，并且 MDS 垂直码的更新复杂度达到理论最低。但是若要扩展一个使用垂直码的阵列系统，则需要更新每个磁盘上的校验元素，其代价相比水平码要高出许多。

由此可见，不同种类的纠删码各有优缺点。

3. 纠删码的性能分析

要分析和评价某种纠删码的性能，可从以下三方面考虑。

1）存储效率（Storage Efficiency）：存储效率是由基于纠删码的磁盘阵列中存储的数据元素所占的比例决定。若某一纠删码是 MDS 的，则该纠删码具有最佳存储效率。我们希望存储效率越高越好。

2）编码/解码的计算复杂度（Encoding/Decoding Computational Complexity）：纠删码的编码/解码复杂度取决于编码/解码过程中平均每个数据元素需要的 XOR 运算的数量。我们希望计算复杂度越小越好。

3）更新复杂度（Update Complexity）：纠删码的更新复杂度与更新一个数据元素所需要的额外更新的校验元素数量有关。我们希望更新复杂度越小越好。

通过前面对于存储系统的分析可知，存储效率越高，每个数据元素所涉及的校验保护就越多，其编码/解码的计算复杂度和更新复杂度会相应提高。所以用户要根据系统对于性能的要求选择合适的纠删码进行数据的保护。

5.3.4   云存储系统的纠删码

通过上文中对于 RAID 编码的介绍，我们发现，传统 RAID 编码通过镜像技术或奇偶校验技术获得数据的可靠性。使用镜像技术可以得到较高的安全性，但因为将磁盘上的数据完全复制到另一个磁盘上，导致这种方式下的存储效率最高只有 50%。使用奇偶校验技术增加单奇偶校验或双重校验，可支持最多两块磁盘同时失效的情况。与镜像相比，奇偶校验显著地降低了与数据保护相关的开销，且奇偶校验技术采用的是 XOR 异或操作，计算速度快。所以，系统中经常使用 RAID5（支持单盘恢复）和 RAID6（支持双盘恢复）来获得数据的可靠性。

由前述可知，云存储系统的使用使得多块磁盘失效的几率大大增加，现有单盘容错和双盘容错的纠删码已无法提供云存储系统需要的数据保护能力，因此人们提出三盘容错编码，来满足云存储系统对于数据可靠性的要求。目前已提出的能容忍三个及以上磁盘同时失效的纠删码有以下几种：Reed-Solomon、Cauchy-RS、Triple-STAR、STAR、HDD1、HDD2、T-Code、Low Complexity Array Codes、WEAVER、HoVer、LRC、Pyramid 等。其中，Reed-Solomon、Cauchy-RS、Triple-STAR、STAR 是 MDS 编码，具有最佳存储效率，但它们各有缺点。Reed-Solomon 和 Cauchy-RS 编码尽管可以处理多块磁盘失效，但是其本身的编码 / 解码涉及有限域上复杂的数学运算，计算开销很大；STAR 和 Triple-STAR 编码可以支持三盘失效的恢复，但数据更新的代价高昂，更新一个数据需要额外更新多个校验信息。而 HDD1、HDD2、T-Code、Low complexity array codes、WEAVER、HoVer、LRC 属于 Non-MDS 编码，这些编码出于带宽和存储空间的考虑，牺牲了一部分存储效率，以换取更好的读写与恢复性能，因此它们不具有最佳存储效率。

目前在云存储系统中所使用到的纠删码主要分为三类：

1. Reed Solomon 编码

目前广泛流行的 HDFS 采用的就是 Reed Solomon（RS）编码。和简单的对存储内容进行备份相比，RS 编码能够帮助 HDFS 减少大约 50% 存储开销，同时保证了相当甚至更高的容错率。RS 编码采用的是一种能够一次生成多个校验块的复杂的线性代数运算，使得每一组磁盘阵列都能够容纳多个磁盘同时出错。这也使得它成为工业界广泛采用的 EC 编码之一。RS 编码有两个参数 k 和 m。如图 5-21 所示。

RS 编码通过给 k 个数据块生成矩阵（Generator Matrix）进行运算，从而生成一个包含 k 个数据块和 m 个校验块的输出结果存储在磁盘阵列当中。不可否认的是，RS 编码给 HDFS 中的 NameNode 带来了一定的运算压力，但是与其带来的巨大好处相比，这些代价是值得付出的。

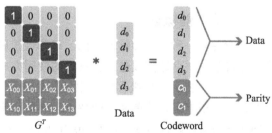

图 5-21　Reed Solomon 编码

2. 基于 RS 的改进编码

目前许多广泛使用的云平台提供商，如 Microsoft、Facebook，都根据 RS 编码的特点进行了改进。下面简要介绍两种主要的基于 RS 进行改进的编码。

（1）Local Reconstruction Code

Microsoft 的 Azure Storage 是一种云存储系统，它的目标是在付费前提下给用户提供一种在任何时候都可以无限量存储数据的云服务。为了保证服务的可靠性并降低成本，Azure 开发了一种新的 EC（称为 LRC）。LRC 能够减少数据重构过程中读取数据的数目，并相应地减少了恢复过程中的带宽和 I/O。通过这种方式，能够在磁盘、节点、交换机等出现错误的时候，存储系统仍然能够向用户提供及时有效的数据。采用的 LRC（12，2，2）的系统和 RS（12，4）相比，在恢复过程中能够有更小的 I/O 和更短的延迟。

（2）Locally Repairable Code

虽然很多分布式存储系统采用 RS 编码的方式进行校验，但人们仍然在寻求减少 RS 中运算代价的方法。Facebook 提出了 Locally Repairable Code（LRC）方案，通过少量的提升存储空间需求（约 14%）的方法，换得了只有 RS 编码一半的 I/O 和网络带宽。

3. 再生码

再生码（Regenerating Code）同样是一种在分布式存储环境下有效恢复失败节点的编码方法。一种配置参数为 [n, k, d] 的再生码允许控制器链接磁盘阵列里 n 个磁盘中的任意 k 个磁盘，就可以恢复失效的任何数据。而如果想要恢复失效的磁盘，就需要控制器链接 n 个磁盘中的任意 k 个磁盘。这种再生码在恢复过程中需要读取的数据量远远小于源数据的数据量。再生码又主要分为两种：

1）Minimum Bandwidth Regenerating（MBR）编码：适用于参数 [n, k, d] 的所有组合。

2）Minimum Storage Regenerating（MSR）编码：适用于参数满足 [n, k, d>=2k−2] 的所有组合。

这两种再生码都基于一种乘矩阵（Product-matrix）进行运算，并且相对容易实现。同时，由于这两种再生码对于 n 的大小并没有进行要求，因此理论上磁盘阵列可以通过参数来控制任意数量的磁盘容错，并且能够相对方便地增减整个存储系统中的磁盘数量。

5.4　块存储

5.4.1　块存储概述

块存储是一种基于存储网络的、可弹性扩展的、可由云主机进行管理和使用的原始块级存储卷设备。块存储挂载进云主机后的使用方式与现有普通硬盘的使用方式完全一致。块存储用于向云主机提供块级存储卷以持久化数据。块存储具有安全可靠、高并发、大吞吐量、低时延、规格丰富、简单易用的特点。简单来说，块存储就是提供了块设备存储的接口，通过向内核注册块设备信息，在 Linux 中通过 lsblk 可以得到当前主机上块设备信息列表。

5.4.2　常见的块存储设备

块存储技术的基础是底层的硬件存储设备，这些硬件存储设备可能是机械硬盘或固态硬盘。通过阵列控制层的设备，可以在同一个操作系统下协同控制多个存储设备，让后者在操作系统层被视为同一个存储设备。

1. 机械硬盘

机械硬盘就是传统的普通硬盘，主要由盘片、磁头、盘片转轴及控制电机、磁头控制器、数据转换器、接口、缓存等部分组成。磁头可沿盘片的半径方向运动，加上盘片每分钟几千转的高速旋转，磁头就可以定位在盘片的指定位置上进行数据的读写操作。信息通过离磁性表面很近的磁头，由电磁流来改变极性的方式被电磁流写到磁盘上，信息可以通过相反的方式读取。

当需要从硬盘上读取一个文件时，首先会要求磁头定位到这个文件的起始扇区。这个定位过程包括两个步骤：一是磁头定位到对应的磁道，然后等待主轴马达带动盘片转动到正确的位置，这个过程所花费的时间被称为寻址时间。也就是说，寻址时间实际上包含两部分：磁头定位到磁道的时间为寻道时间，等待盘片转动到正确位置的时间称为旋转等待时间。所以，磁盘性能受寻址时间和读取等待时间两个因素影响。

2. 固态硬盘

目前固态硬盘的生产工艺日趋成熟，单位容量价格有所下降，固态硬盘替代机械硬盘是一个必然趋势。本节我们来了解一下固态硬盘大致的构成结构和工作过程。

固态硬盘的结构和工作原理与机械硬盘大不一样。它主要由大量 NAND Flash 颗粒、Flash 存储芯片、SSD 控制器控制芯片构成。它们三者的关系可由图 5-22 表示。

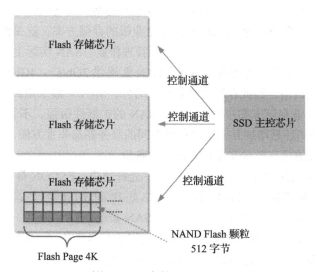

图 5-22　NAND Flash 颗粒、Flash 存储芯片、SSD 控制器主控芯片的关系

在一个固态硬盘上会有若干颗 Flash 存储芯片（可能有 2 颗、4 颗、8 颗等数值），每颗存储芯片内部包含大量 NAND Flash 颗粒，目前（2016 年）NAND Flash 颗粒的制作工艺已经达到 12nm。无论 NAND Flash 颗粒的制作工艺如何，每一个单位的存储容量都是 512 字节。多个 Flash 存储芯片被一个 SSD 主控芯片控制，SSD 主控芯片的主要工作包括识别来自外部接口（PCI-E、SATA 等）的控制指令、在将数据写入 Flash 存储芯片前接收和压缩这些数据、

在将数据送入内存前解压从 Flash 存储芯片读取数据、完成 LBA 和 PBA 的映射转换等工作。

5.4.3 云存储系统的块设备

云存储系统由于其设备种类繁多、数据量庞大，因此对数据存储和管理提出了更高的要求，于是云存储系统的块设备也引入了更高级的架构和管理方式。在这里，本节以 RAID 和 SAN 为例进行讲解。

1. RAID 存储阵列

磁盘阵列（Redundant Arrays of Independent Disks，RAID）有"独立磁盘构成的具有冗余能力的阵列"之意。磁盘阵列是由很多价格较便宜的磁盘组合成一个容量巨大的磁盘组，利用个别磁盘提供数据所产生加成效果提升整个磁盘系统效能。利用这项技术，可以将数据切割成许多区段，分别存放在各个硬盘上。RAID 分类及原理在 5.3 节中已有详细介绍，这里不再展开。在云存储系统中使用 RAID 存储阵列作为存储块设备得益于其高传输速率、提供校验的优点。

2. SAN

为进一步提高云存储系统的容量和吞吐率，还可以使用 SAN（存储区域网络）建立专用网络。SAN 使用网状通道技术，经由 FC 交换机连接存储阵列和服务器主机，建立专用于数据存储的区域网络。SAN 专注于企业级存储的特有问题。当前企业存储方案所遇到的问题的根源是：①数据与应用系统紧密结合所产生的结构性限制，②小型计算机系统接口（SCSI）标准的限制。大多数分析都认为，SAN 是未来企业级的存储方案，这是因为 SAN 便于集成，能改善数据可用性及网络性能，而且还可以减轻管理作业。SAN 实际上是一种专门为存储建立的独立于 TCP/IP 网络的专用网络。目前，SAN 能提供 2Gb/s ~ 4Gb/s 的传输数率，同时 SAN 网络独立于数据网络，因此存取速度很快。另外，SAN 一般采用高端的 RAID 阵列，使 SAN 的性能在几种专业存储方案中傲视群雄。SAN 的扩展性很强，不管是在一个 SAN 系统中增加一定的存储空间还是增加几台使用存储空间的服务器都非常方便。通过 SAN 接口的磁带机，SAN 系统可以方便高效地实现数据的集中备份。

SAN 由三个基本组件构成：接口（如 SCSI、光纤通道、ESCON 等）、连接设备（交换设备、网关、路由器、集线器等）和通信控制协议（如 IP 和 SCSI 等）。这三个组件再加上附加的存储设备和独立的 SAN 服务器，就构成一个 SAN 系统。SAN 提供一个专用的、高可靠性的基于光通道的存储网络，SAN 允许独立地增加它们的存储容量，也使得管理及集中控制（特别是全部存储设备都集群在一起的时候）更加简化。而且，光纤接口提供了 10 km 的连接长度，这使得物理上分离的远距离存储变得更容易。

SAN 提供了一种与现有 LAN 连接的简易方法，并且通过同一物理通道支持广泛使用的 SCSI 和 IP 协议。SAN 不受现今主流的、基于 SCSI 存储结构的布局限制。特别重要的是，随着存储容量的爆炸性增长，SAN 允许企业独立地增加它们的存储容量。SAN 的结构允许任何服务器连接到任何存储阵列，这样不管数据放置在哪里，服务器都可直接存取所需的数据。因为采用了光纤接口，SAN 还具有更高的带宽。因为 SAN 解决方案是从基本功能剥离出存储功能，所以运行备份操作就无需考虑它们对网络总体性能的影响。

SAN 方案也使得管理及集中控制更加简化，特别是对于全部存储设备都集群在一起的情况。最后，光纤接口提供了 10km 的连接长度，这使得实现物理上分离的、不在机房的存储变得非常容易。

5.4.4 块设备的存储管理

1. 单机块存储管理

一个硬盘是一个块设备，内核检测到硬盘后在 /dev/ 下会看到 /dev/sda/，因为我们需要利用一个硬盘来得到不同的分区进而完成不同的工作。通过 fdisk 工具可得到 /dev/sda1、/dev/sda2 等，这种方式是通过直接写入分区表来规定和切分硬盘的相对传统的分区方式。为优化单机块存储管理性能，提出了 LVM & Device-mapper。LVM 是一种逻辑卷管理器，通过 LVM 来对硬盘创建逻辑卷组和得到逻辑卷的方式比 fdisk 方式更有弹性。Device-mapper 是一种支持逻辑卷管理的通用设备映射机制，为存储资源管理的块设备驱动提供了一个高度模块化的内核架构，LVM 是基于 Device-mapper 的用户程序实现。

2. SAN & iSCSI

与单机下的逻辑卷管理不同，SAN 是目前常用的企业级存储方式。大部分 SAN 使用 SCSI 协议在服务器和存储设备之间传输和沟通，通过在 SCSI 之上建立不同镜像层，可以实现存储网络的连接。常见的有 iSCSI、FCP、Fibre Channel over Ethernet 等。SAN 通常需要在专用存储设备中建立，而 iSCSI 是基于 TCP/IP 的 SCSI 映射，通过 iSCSI 协议和 Linux iSCSI 项目，可以在常见的 PC 机上建立 SAN 存储。

3. 分布式块存储管理

在极具弹性的存储需求和性能要求下，单机或者独立的 SAN 越来越不能满足企业的需要。如同数据库系统一样，块存储在 scale up 的瓶颈下也面临着 scale out 的需要。我们可以用以下几个特点来描述分布式块存储系统的概念：

- 分布式块存储可以为任何物理机或者虚拟机提供持久化的块存储设备。
- 分布式块存储系统管理块设备的创建、删除和 attach/deattach。
- 分布式块存储支持强大的快照功能，快照可以用来恢复或者创建新的块设备。
- 分布式存储系统能够提供不同 IO 性能要求的块设备。

目前常见的分布式块设备管理方式有 Cinder、Ceph、Sheepdog 等。

（1）Cinder

OpenStack 是目前流行的 IAAS 框架，提供了 AWS 类似的服务且兼容其 API。其中，OpenStack Nova 是计算服务，Swift 是对象存储服务，Quantum 是网络服务，Glance 是镜像服务，Cinder 是块存储服务，Keystone 是身份认证服务，Horizon 是 Dashboard，另外还有 Heat、Oslo、Ceilometer、Ironic 等项目。

Cinder 是 OpenStack 中提供类似于 EBS 块存储服务的 API 框架，它并没有实现对块设备的管理和实际服务，用来为后端不同的存储结构提供统一的接口与 OpenStack 进行整合，不同的块设备服务厂商在 Cinder 中实现其驱动支持。后端的存储可以是 DAS、NAS、SAN、对象存储或者分布式文件系统。也就是说，Cinder 的块存储数据完整性、可用性保障是由后端存储提供的。在 CinderSupportMatrix 中可以看到众多存储厂商，如 NetAPP、IBM、SolidFire、EMC 和众多开源块存储系统对 Cinder 的支持。图 5-23 给出了 Cinder 存储框架示意图。

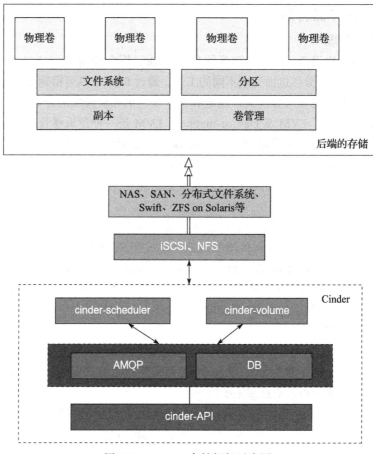

图 5-23　Cinder 存储框架示意图

（2）Ceph & Sheepdog

Ceph 是开源实现的 PB 级分布式文件系统，通过其分布式对象存储机制为上层提供了文件接口、块存储接口和对象存储接口。Inktank 是 Ceph 的主要支持商，Ceph 的团队目前主要来自 Inktankcom。

Ceph 目前是 OpenStack 支持的开源块存储实现系统（即 Cinder 项目 backend driver 之一），其实现分为三个部分：OSD、Monitor、MDS。OSD 是底层对象存储系统，Monitor 是集群管理系统，MDS 是用来支持 POSIX 文件接口的 Metadata Server。从 Ceph 的原始论文（Ceph：Reliable，Scalable，and High-Performance Distributed Storage）来看，Ceph 专注于扩展性、高可用性和容错性，它放弃了传统的 Metadata 查表方式（HDFS）而改用算法

（CRUSH）去定位具体的块。

利用 Ceph 提供的 RULES 可以弹性地制订存储策略和 Pool 选择，Monitor 作为集群管理系统掌握了全部的 Cluster Map，Client 在没有 Map 的情况下需要先向 Monitor 请求，然后通过 Object id 计算相应的 OSD Server。

Ceph 支持传统的 POSIX 文件接口，因此需要额外的 MDS（Meatadata Server）支持文件元信息（Ceph 的块存储和对象存储支持不需要 MDS 服务）。Ceph 将 data 和 metadata 分离到两个服务上，相比于传统的分布式系统（如 Lustre）可以大大增强扩展性。在小文件读写上，Ceph 读写文件会有 [RTT*2]，在每次 open 时，会先去 Metadata server 查询一次，然后再去 object server 查询。除了 open 操作外，Ceph 在删除操作方面也有问题，它需要到 Metadata Server 擦除对应的 metadata，是 n（2）复杂度。Ceph 在 Metadata 上并非只有坏处，通过 Metadata Server，目录列表等目录操作非常快速，远超 GlusterFS 等实现。

关于 Ceph 作为块存储项目时，有几个问题需要考虑：

1）Ceph 在读写上不太稳定（有 btrfs 的原因），目前 Ceph 官方推荐 XFS 作为底层文件系统。

2）Ceph 较难扩展，如果需要接入 Ceph，需要较长时间。

3）Ceph 的部署和集群不够稳定。

（3）Sheepdog

Sheepdog 是用于 QEMU/KVM 和 iSCSI 的分布式存储系统。它提供高可用性的块级存储卷，可以连接到 QEMU/KVM 虚拟机。Sheepdog 可扩展到数百个节点，并支持高级卷管理功能，如快照、克隆和精简配置。与 Ceph 相比，它的优势是代码短小、易于维护和 hack 的成本很小。Sheepdog 也有很多 Ceph 不支持的特性，比如说 Multi-Disk、cluster-wide snapshot 等。其架构如图 5-24 所示。

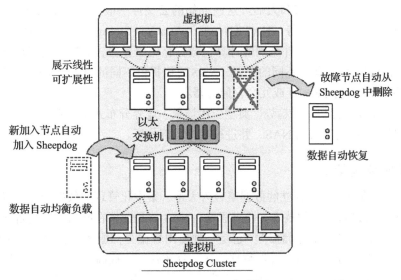

图 5-24   Sheepdog 架构图

Sheepdog 主要由集群管理和存储服务两部分组成。集群管理目前使用 Corosync 或者 Zookper 来完成，其存储服务的特点是在 client 和存储 host 有 Cache 的实现，从而大大减小了数据流量。

Sheepdog 的主要特点是全对称架构、无单点故障、动态成员资格、高级音量操纵、自主再平衡。目前，Sheepdog 只在 QEMU 端提供 Drive，而缺少 Library 支持，这是 Sheepdog 目前最主要的问题。但是社区已经在讨论这个问题。

5.5 文件存储

5.5.1 文件存储概述

文件存储也叫作文件级或者基于文件的存储，它是以一种分层的结构存储数据。数据保存于文件和文件夹中，以同样的格式用于存储和检索。对于 UNIX、Linux 系统，利用网络文件系统协议（NFS）能够访问这些数据；而对于 Windows，可使用服务器消息块协议（SMB 协议）进行访问。NFS 最初由 Sun Microsystems 开发，用来支持客户端存储和浏览服务器端文件，就好像它们在客户端计算机上操作一样。全部或者部分文件系统能够安装于服务器之上，客户能够指定文件的访问权限。SMB 通过由客户端到服务器端的数据包传递来响应请求。大多数 NAS 系统都支持 NFS 和 SMB 协议，被认为是通用互联网文件系统。文件存储具有造价低、方便共享文件的优点，其缺点在于读写速率低、传输速率慢。

云文件存储是在云环境下实现文件存储的模型。在这个模型中，数据被存储在逻辑池中。这些数据并非存在一个服务器中，而是跨越了多个服务器，有时候还会跨越多个地理位置，分布在不同的城市、国家和大陆。这些存储的云文件一般是由一个公司所拥有和管理，如阿里、谷歌、微软、亚马逊等。NAS（Network Attached Storage，网络附加存储）就是一种云文件存储技术，它是一个文件级别的计算机数据存储服务器，能够连接到计算机网络，为客户提供数据访问服务。通过不同的配置，NAS 可以提供不同的服务。NAS 一般含有一个或多个硬盘，并且经常组成 RAID 或冗余存储容器。

本章将从 NAS 架构和发展趋势、典型应用场景、业界分布式文件系统的比较等角度讲解 NAS 技术，最后介绍阿里云的 NAS，并进行用户案例分析。

5.5.2 NAS 及其架构

NAS 是一种将分布式、独立的数据整合为大型、集中化管理的数据中心，以便于对不同主机和应用服务器进行访问的技术。顾名思义，NAS 就是连接在网络上，具备文件存储功能的装置，因此也称为"网络存储器"。它是一种专用数据存储服务器，以数据为中心，将存储设备与服务器彻底分离，集中管理数据，达到释放带宽、提高性能、降低总拥有成本、保护投资的目的。其成本远远低于使用服务器存储，而效率却远远高于后者。

NAS 被定义为一种特殊的专用数据存储服务器，包括存储器件（例如磁盘阵列、CD/DVD 驱动器、磁带驱动器或可移动的存储介质）和内嵌系统软件，可提供跨平台文件共享功能。NAS 通常在一个 LAN 上占有自己的节点，无需应用服务器的干预，允许用户在网络上存取数据。

有人认为，NAS 与 SAN 的本质区别在于以太网与 FC，两者的命运又系于 TCP/IP 协议。SAN 采用的是 FC 上的 SCSI 传输。iSCSI 作为沟通了 IP 与 SCSI（已经成熟用于 FC 上）的新协议，被看作影响 SAN 命运的一件大事。这些本质区别是从网络架构来说的，对于许多关注 NAS 与 SAN 性能差别的用户来说，两者的差别还存在于文件读写实现上。

NAS 采用了 NFS（Sun）沟通 UNIX 阵营，采用 CIFS 沟通 NT 与 UNIX，这也反映了 NAS 是基于操作系统的"文件级"读写操作，访问请求是根据"文件句柄 + 偏移量"得出的。句柄是比进程还要小的单元，通常用于进程之间通信、资源定位等。SAN 中计算机和存储间的接口是底层的块协议，它按照协议头的"块地址 + 偏移地址"来定位。从这点说，SAN 天生具有存储异构整合的存储虚拟化功能。下面我们来介绍 NAS 文件共享的灵魂——NFS 和 CIFS。

NFS（网络文件系统）是 UNIX 系统间实现磁盘文件共享的一种方法，支持应用程序在客户端通过网络存取位于服务器磁盘中数据的一种文件系统协议。它包括许多种协议，最简单的网络文件系统是网络逻辑磁盘，即客户端的文件系统通过网络操作位于远端的逻辑磁盘，如 IBM SVD（共享虚拟盘）。现在通常在 UNIX 主机之间采用 Sun 开发的 NFS（Sun），它能够在所有 UNIX 系统之间实现文件数据的互访，逐渐成为主机间共享资源的一个标准。相比之下，SAN 采用的网络文件系统，作为高层协议，需要特别的文件服务器来管理磁盘数据，客户端以逻辑文件块的方式存取数据，文件服务器使用块映射存取真正的磁盘块，并完成磁盘格式和元数据管理。

CIFS 是由微软开发的，用于连接 Windows 客户机和服务器。经过 UNIX 服务器厂商的重新开发后，它可以用于连接 Windows 客户机和 UNIX 服务器，执行文件共享和打印等任务。它最早来自 NetBIOS，是微软开发的在局域网内实现基于 Windows 名称资源共享的 API。之后，产生了基于 NetBIOS 的 NetBEUI 协议和 NBT（NetBIOS OVER TCP/IP）协议。NBT 协议进一步发展为 SMB（Server Message Block Potocol）和 CIFS（Common Internet File System，通用互联网文件系统）协议。其中，CIFS 用于 Windows 系统，而 SMB 广泛用于 UNIX 和 Linux，两者可以互通。SMB 协议还被称作 LanManager 协议。CIFS 可籍由与支持 SMB 的服务器通信而实现共享。微软操作系统家族和几乎所有 UNIX 服务器都支持 SMB 协议 /SMBBA 软件包。

现有的 NAS 架构大致分为传统的纵向扩展（scale-up）架构、集群 NAS 架构和 Cloud NAS 架构三种。

1. 传统的纵向扩展（scale-up）架构

在纵向扩展架构（如图 5-25 所示）中，需要在目前采用的存储系统的基础上增加存储容量，以满足增加的容量的需求。

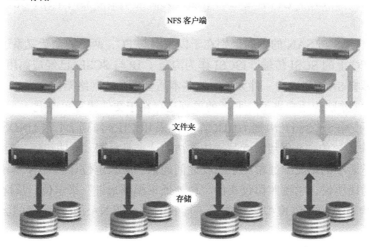

NFS 存储

NFS 客户端

文件夹

存储

图 5-25　纵向扩展的 NAS 架构

随着数据存储需求的日益加大，纵向扩展可以解决容量不足的问题，同时不用增加基础的结构原件，比如网络连接，也不必增加新的服务器。然而，这样的服务器需要额外的空间和电力，以及随之而来的冷却成本。而且，纵向扩展无法提高整个系统的控制能力，从而难以有效应对额外增加的主机活动。所以，虽然没有增加网络连接的成本，但整个系统的控制力同样没有增加。

2. 集群 NAS 架构

集群 NAS 架构又可以分为三种主流的技术架构：基于 SAN 的共享存储架构、集群文件系统架构和并行 NAS 架构（即 pNFS/NFSv4.1 架构）。

（1）基于 SAN 的共享存储架构

NAS 提供的内容包括存储设备和一个文件系统。这通常和 SAN（Storage Area Network，存储区域网络）的概念相悖。它仅提供基于块的存储，而将文件系统的问题留给客户端解决。后者的协议包括通过 SCSI（Small Computer System Interface，小型计算机接口）转为光纤通道或者 iSCSI（Internet Small Computer System Interface，因特网小型计算机接口），以及 AoE（ATA over Ethernet）和 HyperSCSI。

对于 NAS 和 SAN 的区别，简而言之，就是 NAS 对于客户端操作系统而言仍然是一个文件服务器，但是对 SAN 来说，挂载在其中的一块硬盘能够像本地磁盘一样，在磁盘和卷管理工具中被查看，同时也可以被挂载或者格式化为某个文件系统。

虽然存在上述不同，SAN 和 NAS 也并非是互斥的，可以将这两种技术进行组合，从而在一个系统中同时提供文件级协议（NAS）和块级协议（SAN）。

在基于 SAN 的共享存储架构中，后端存储使用 SAN，而 NAS 机头集群结点通过光纤连接到 SAN，同时使用 DNS 或 LVS 来实现负载平衡和高可用。

这种集群文件系统架构可以提供稳定的高带宽和优秀的 IOPS 性能，但同时也存在一些缺点，如成本高、管理复杂，同时扩展规模也有限。

（2）集群文件系统 NAS 架构

所谓集群文件系统，是一种被同时安装在多个服务器节点上的文件系统。集群文件系统能够提供位置的独立寻址和冗余性等特性，从而减少集群中其他部分的复杂性，同时增加数据的可靠性。

使用集群文件系统的 NAS 架构，则会同时运行多个 NAS 节点。无论文件的实际物理位置在哪里，用户都可以从任意一个集群 NAS 的节点中访问整个集群中所有的文件。对于客户端来说，节点的数量和位置是透明的，从而用户或者应用程序能够根据自己的需求进行访问。不同的集群 NAS 系统由它们的大容量文件系统区分，通常可以扩展到几百 TB 级别的数据容量。

通常，一个集群 NAS 系统会通过数据冗余来保证一定的容错性。如果一个或多个节点崩溃，系统可以依靠正常运行的节点继续完成工作，而且不会有任何数据丢失。集群 NAS 的概念与文件虚拟化有相似之处，但是大多数情况下，集群 NAS 系统的节点来自同一个供应商，并且每个节点的配置是相似的。这是集群 NAS 系统和文件虚拟化之间的一个主要区别。

一个集群文件系统的 NAS 架构如图 5-26 所示，它的存储由普通的服务器加本地存储组成。集群文件系统管理存储空间，并提供单一的名字空间。NAS 集群、元数据集群和存储集群一般共享物理机器。

EMC Isilon 是一个全对称的集群文件系统。集群文件系统通常采用 NFS（Network File System）/CIFS（Common Interface File System）协议。NFS 主要面向 UNIX 操作系统，CIFS 主要面向 Windows 系统。NFS（Network File System，网络文件系统）是由 Sun 公司在 1984 年开发的一种分布式文件系统协议。它允许客户端上的用户像访问本地存储一样访问网络上的文件。然而，NFS v3 及早期版本采用的是无状态协议，虽然实现较为简单，但仅支持数据的弱一致性，无法高效处理文件共享的问题。

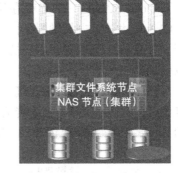

图 5-26 集群文件系统 NAS 架构

（3）并行 NAS 架构（即 pNFS/NFSv4.1 架构）

自从 NFSv4 开始，NFS 协议由 IETF（Internet Engineering Task Force，互联网工程任务小组）接手开发，提升了性能，并采用强制安全策略等。

2010 年 1 月，NFSv4.1（RFC 5661）发布。它对集群服务器部署提供支持，包括对多个服务器中的分布式文件进行可扩展的并行访问，即 pNFS（Parallel Network File System）扩展。pNFS 允许客户端以并行的形式直接访问存储设备。在传统的 NAS 中存在性能瓶颈，而 pNFS 通过允许客户端直接从物理存储设备中以并行方式读写数据来解决这一问题。pNFS 架构也解决了其他关于性能和扩展的问题。

使用并行的 NAS 架构（见图 5-27），客户端可以同时通过多个数据通路，并行地访问各个节点。它的元数据和数据分离，数据不经过 NFS 集群。一个数据通路之外的元数据服务器给客户端提供数据的位置，客户端能够直接在存储设备中读写数据。Panasas PanFS 就是一个采用并行 NAS 架构的例子。

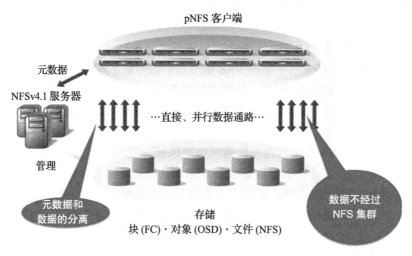

图 5-27　并行的 NAS 架构

3. Cloud NAS 架构

Cloud NAS 是一种远程存储，通过网络，可以像访问本地存储一样去访问它。Cloud NAS 一般由第三方提供服务，它们会根据容量和带宽的不同提供各个价位的存储服务。对于企业来说，可以要求第三方提供专有的存储服务，但同样是根据服务的级别进行订阅收费。

Cloud NAS 经常在备份场景中使用。它的好处是，云中的数据可以在任意时间从任意地点访问，而缺点则是数据的传输速率受限于网络环境，最大只能达到接入网络的带宽。微软的 Azure 文件存储（见图 5-28）就是一种 Cloud NAS。

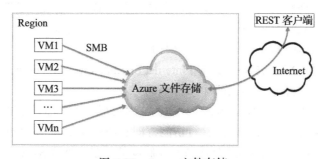

图 5-28　Azure 文件存储

5.5.3 阿里云文件存储

阿里云文件存储（Network Attached Storage，NAS）是面向阿里云 ECS 实例、HPC 和 Docker 等计算节点的文件存储服务，提供标准的文件访问协议，用户无需对现有应用做任何修改，即可使用具备无限容量及性能扩展、单一命名空间、多共享、高可靠和高可用等特性的分布式文件系统。用户创建 NAS 文件系统实例和挂载点后，即可在 ECS、HPC 和 Docker 等计算节点内通过标准的 NFS 协议挂载文件系统，并使用标准的 Posix 接口对文件系统进行访问。多个计算节点可以同时挂载同一个文件系统，共享文件和目录。

其中几个重要概念如下：

1）挂载点：挂载点是文件系统实例在专有网络或经典网络内的一个访问目标地址，每个挂载点都对应一个域名，用户 mount 时通过指定挂载点的域名来挂载对应的 NAS 文件系统到本地。

2）权限组：权限组是 NAS 提供的白名单机制，通过向权限组内添加规则来允许 IP 地址或网段以不同的权限访问文件系统。每个挂载点都必须与一个权限组绑定。

3）授权对象：授权对象是权限组规则的一个属性，代表一条权限组规则被应用的目标。在专有网络内，授权对象可以是一个单独的 IP 地址或一个网段；在经典网络内，授权对象只能是一个单独的 IP 地址（一般为 ECS 实例的内网 IP 地址）。

阿里云文件存储的优点如下：

- 多共享：同一个文件系统可以同时挂载到多个计算节点上共享访问，节约大量拷贝和同步成本。
- 高可靠：提供极高的数据可靠性，相比自建 NAS 存储，可以大量节约维护成本，降低数据安全风险。
- 弹性扩展：单个文件系统容量上限达 1PB，按实际使用量付费，轻松应对业务的随时扩容和缩容。
- 高性能：单个文件系统吞吐性能随存储量线性扩展，相比购买高端 NAS 存储设备，能大幅降低成本。
- 易用性：支持 NFSv3 和 NFSv4 协议，无论是在 ECS 实例内，还是在 HPC 和 Docker 等计算节点中，都可通过标准的 Posix 接口对文件系统进行访问操作。此外，它还支持 Windows 客户端的 SMB/CIFS 协议服务。

5.5.4 阿里云文件存储的典型应用

NAS 的应用场景非常广泛，以下是一些典型的场景。

（1）媒体 / 资讯行业

随着技术的发展，图片、视频等内容的精美程度逐渐提升，已经成为媒体依赖的重要内容表现形式。然而，这些精美的资源对存储和计算的要求越来越高。在媒体 / 资讯行业的工作系统（见图 5-29）中，有众多的 Windows 桌面图形工作站，需要通过服务器访问

NAS 中的资源。

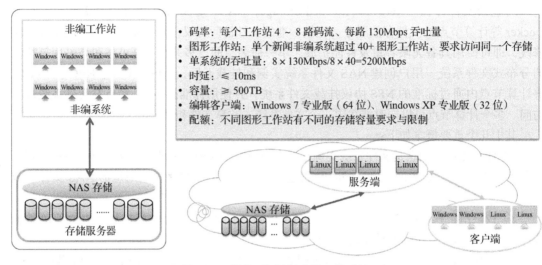

图 5-29 媒体 / 资讯行业的工作系统

（2）高性能计算

高性能计算通过并行处理，利用多个计算机形成计算集群，能够高效、快速、可靠地运行高级复杂的计算程序。高性能计算的数据源是采集而来的非结构化数据，通过 FTP 服务器和 NAS 交互，继而在 NAS 中被以 Linux 为主的计算集群调用。其结构如图 5-30 所示。

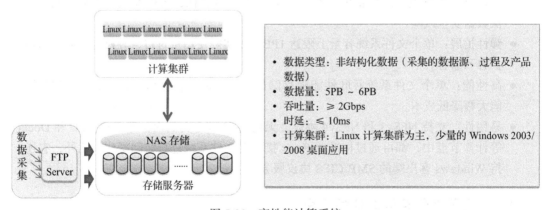

图 5-30 高性能计算系统

（3）金融行业

金融行业每天需要处理大量的业务交易，还需要在各个网店、ATM 机进行视频监控，从而需要大量的存储空间。由于其特殊性，金融行业要求系统有极高的可用性和抗灾能力，需要支持同城、异地容灾。同时，在金融行业系统（见图 5-31）中，其 Windows 为主的外部数据源和 Linux 为主的内部业务系统分离，需要同时对 NAS 进行访问。

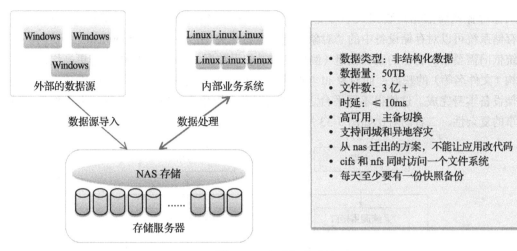

图 5-31 金融行业系统

5.6 对象存储

5.6.1 对象存储概述

存储局域网（SAN）和网络附加存储（NAS）是目前两种主流网络存储架构，而对象存储（Object-based Storage，OBS）是一种新的网络存储架构，基于对象存储技术的设备就是对象存储设备（Object-based Storage Device，OSD），如图 5-32 所示。1999 年成立的全球网络存储工业协会（SNIA）的对象存储设备（Object Storage Device）工作组发布了 ANSI 的 X3T10 标准。总体上来说，对象存储综合了 NAS 和 SAN 的优点，同时具有 SAN 的高速直接访问和 NAS 的分布式数据共享等优势，提供了具有高性能、高可靠性、跨平台以及安全的数据共享的存储体系结构。

图 5-32 对象存储架构

对象存储是一种基于对象的存储技术。与传统意义上的提供面向块（block-oriented）接口的磁盘存储系统不同，对象存储系统将数据封装到大小可变的"容器"中，称为对象（Object），通过对对象进行操作使系统工作在一个更高的层级中。

传统的基于块的存储系统可以分为两个部分：用户接口和存储管理。用户接口负责向用户呈现逻辑数据结构，如文件、目录等，并提供访问这些数据结构的接口；存储管理负责将这些逻辑数据结构映射到物理存储设备。存储设备本身只负责基于块的数据传输，元数据的维护及数据在存储设备上的布局完全取决于存储系统。不同平台之间共享数据，需要知晓对方的元数据结构及数据在设备上的分布。这种依赖性使得共享数据十分困难。

对象存储则将数据封装到大小可变的"对象"中，并将存储管理下放到存储设备本身，使得存储系统可以对存储设备中的"对象"进行平台无关（platform-independent）的访问。存储系统依旧需要维护自己的索引信息（例如，目录的元数据），以实现对象 id 与更高层次的数据结构（文件名等）的映射；而对象 id 与数据物理地址的映射，以及元数据的维护，则完全由存储设备本身完成。这使得不同平台之间的数据共享简化为对象 id 的共享，大大降低了数据共享的复杂性。二者的对比如图 5-33 所示。

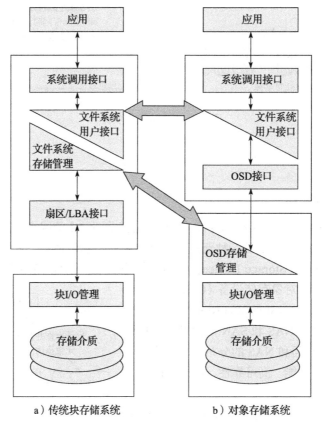

a）传统块存储系统　　　　　b）对象存储系统

图 5-33　传统块存储系统与对象存储系统

5.6.2　对象存储设备及其关键技术

1. 对象

对象是系统中数据存储的基本单位，每个对象是数据和数据属性集的综合体，数据属性可以根据应用的需求进行设置，包括数据分布、服务质量等。在传统的存储系统中用文件或块作为基本的存储单位，块设备要记录每个存储数据块在设备上的位置。对象维护自己的属性，从而简化了存储系统的管理任务，增加了灵活性。对象的大小可以不同，可以包含整个数据结构，如文件、数据库表项等。在存储设备中，所有对象都有一个对象标识，通过对象标识 OSD 命令访问该对象。通常有多种类型的对象，存储设备上的根对象标识存储设备和该设备的各种属性，组对象是存储设备上共享资源管理策略的对象集合等。图 5-34 给出了传统块存储与对象存储单元的示意图。图 5-35 给出了对象的组成，图 5-36 给出了传统的访问层次和虚拟数据访问模型。

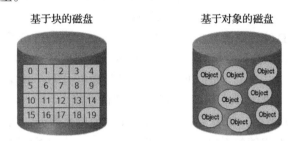

图 5-34　传统块存储与对象存储单元

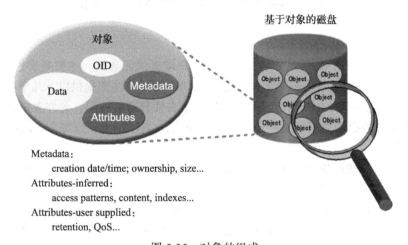

Metadata：
　　creation date/time; ownership, size...
Attributes-inferred：
　　access patterns, content, indexes...
Attributes-user supplied：
　　retention, QoS...

图 5-35　对象的组成

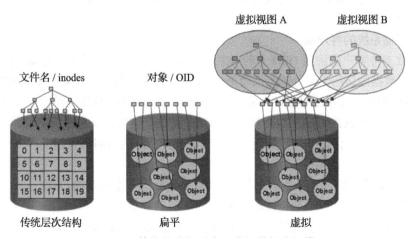

图 5-36　传统的访问层次和虚拟数据访问模型

2. 对象存储设备

每个 OSD 都是一个智能设备，具有自己的存储介质、处理器、内存以及网络系统等，负责管理本地的对象，是对象存储系统的核心。OSD 同块设备的不同不在于存储介质，而在于两者提供的访问接口。OSD 的主要功能包括数据存储和安全访问。目前国际上通常采用刀片式结构实现对象存储设备。OSD 提供三个主要功能：

1）数据存储。OSD 管理对象数据，并将它们放置在标准的磁盘系统上。OSD 不提供块接口访问方式，Client 请求数据时用对象 ID、偏移进行数据读写。

2）智能分布。OSD 用其自身的 CPU 和内存优化数据分布，并支持数据的预取。由于 OSD 可以智能地支持对象的预取，从而可以优化磁盘的性能。

3）管理每个对象元数据。OSD 管理存储在其上对象的元数据，该元数据与传统的 inode 元数据相似，通常包括对象的数据块和对象的长度。而在传统的 NAS 系统中，这些元数据是由文件服务器维护的，对象存储架构将系统中主要的元数据管理工作交给 OSD 来完成，降低了客户端的开销。

3. 元数据服务器（Metadata Server，MDS）

MDS 控制客户端与 OSD 对象的交互，为客户端提供元数据，主要是文件的逻辑视图，包括文件与目录的组织关系、每个文件所对应的 OSD 等。它主要提供以下几个功能：

1）对象存储访问。MDS 构造、管理描述每个文件分布的视图，允许客户端直接访问对象。MDS 为客户端提供访问该文件所含对象的能力，OSD 在接收到每个请求时将先验证该能力，然后才可以访问。

2）文件和目录访问管理。MDS 在存储系统上构建一个文件结构，包括限额控制、目录和文件的创建和删除、访问控制等。

3）客户端 Cache 一致性。为了提高客户端性能，在对象存储系统设计时通常支持客户端方的 Cache。由于引入客户端方的 Cache，带来了 Cache 一致性问题，MDS 支持基于客户端的文件 Cache，当 Cache 的文件发生改变时，将通知客户端刷新 Cache，从而防止 Cache 不一致引发的问题。

4. 对象存储系统的客户端

为了有效支持客户端访问 OSD 上的对象，需要在计算节点实现对象存储系统的客户端。现有的应用对数据的访问大部分都是通过 POSIX 文件方式进行的，对象存储系统提供给用户的也是标准的 POSIX 文件访问接口。接口具有和通用文件系统相同的访问方式，同时为了提高性能，也具有对数据的 Cache 功能和文件的条带功能。同时，文件系统必须维护不同客户端上 Cache 的一致性，保证文件系统的数据一致。文件系统读访问流程如下：

1）客户端应用发出读请求。

2）文件系统向元数据服务器发送请求，获取要读取的数据所在的 OSD。

3）直接向每个 OSD 发送数据读取请求。

4）OSD 得到请求以后，判断要读取的对象，并根据此对象要求的认证方式，对客户端进行认证，如果此客户端得到授权，则将对象的数据返回给客户端。

5）文件系统收到 OSD 返回的数据以后，读操作完成。

5. 对象存储文件系统的关键技术

（1）分布元数据

传统的存储结构元数据服务器通常提供两个主要功能：

1）为计算结点提供一个存储数据的逻辑视图（Virtual File System，VFS 层）、文件名列表及目录结构。

2）组织物理存储介质的数据分布（inode 层）。对象存储结构将存储数据的逻辑视图与物理视图分开，并将分布负载，避免元数据服务器引起的瓶颈（如 NAS 系统）。在对象存储结构，inode 工作分布到每个智能化的 OSD，每个 OSD 负责管理数据分布和检索，这样 90% 的元数据管理工作分布到智能的存储设备，从而提高了系统元数据管理的性能。另外，分布的元数据管理，在增加更多的 OSD 到系统中时，可以同时增加元数据的性能和系统存储容量。

（2）并发数据访问

对象存储体系结构定义了一个新的、更加智能化的磁盘接口 OSD。OSD 是与网络连接的设备，它自身包含存储介质，如磁盘或磁带，并具有足够的智能可以管理本地存储的数据。计算结点直接与 OSD 通信，访问它存储的数据，由于 OSD 具有智能，因此不需要文件服务器的介入。如果将文件系统的数据分布在多个 OSD 上，则聚合 I/O 速率和数据吞吐率将线性增长，对绝大多数 Linux 集群应用来说，持续的 I/O 聚合带宽和吞吐率对较多数目的计算结点是非常重要的。对象存储结构提供的性能是目前其他存储结构难以达到的，如 ActiveScale 对象存储文件系统的带宽可以达到 10GB/s。

5.6.3　阿里云对象存储

阿里云对象存储（Object Storage Service，OSS）是阿里云对外提供的海量、安全、低成本、高可靠的云存储服务。用户可以通过调用 API，在任何应用、任何时间、任何地点上传和下载数据，也可以通过用户 Web 控制台对数据进行简单的管理。OSS 适合存放任意文件类型，可供各种网站、开发企业及开发者使用。

在阿里云对象存储服务中，每个对象（Object）都是一个非结构化的数据，每个桶（Bucket）都是一个非结构化数据存储的容器，而对象存储服务是为非结构化存储系统提供的公共服务。阿里云对象存储服务将用户从存储管理中释放出来，用户无需考虑自定义对象如何在底层存储，仅需考虑对象的使用即可。

（1）存储空间（Bucket）

存储空间是用于存储对象的容器，所有对象都必须隶属于某个存储空间。用户可以设置和修改存储空间属性来控制地域、访问权限、生命周期等，这些属性设置直接作用于该存储空间内所有对象，因此用户可以通过灵活创建不同的存储空间来完成不同的管理功能。

- 提供标准的 RESTful API 接口、丰富的 SDK 包、客户端工具、控制台，用户可以像使用文件一样，方便地上传 / 下载、检索、管理用于 Web 网站或者移动应用海量的数据。

- 同一个存储空间内部的空间是扁平的，没有文件系统的目录等概念，所有的对象都直接隶属于其对应的存储空间。
- 每个用户可以拥有多个存储空间。
- 存储空间的名称在 OSS 范围内必须是全局唯一的，一旦创建之后无法修改名称。
- 存储空间内部的对象数目没有限制。

（2）对象 / 文件（Object）

对象是 OSS 存储数据的基本单元，也被称为 OSS 的文件。对象由元信息（Object Meta）、用户数据（Data）和文件名（Key）组成。对象由存储空间内部唯一的 Key 来标识。对象元信息是一个键值对，表示对象的一些属性，比如最后修改时间、大小等信息，同时用户也可以在元信息中存储一些自定义的信息中。

根据不同的上传方式，对象的大小限制是不一样的。分片上传最大支持 48.8TB 的对象大小，其他的上传方式最大支持 5GB。

对象的生命周期是从上传成功到被删除为止，在整个生命周期内，对象信息不可变更。重复上传同名的对象会覆盖之前的对象，因此，OSS 不支持类似文件系统的修改部分内容等操作。

OSS 提供了追加上传功能，用户可以使用该功能不断地在 Object 尾部追加写入数据。与传统的文件系统相比，OSS 是一个分布式的对象存储服务，提供的是一个 Key-Value 对形式的对象存储服务。用户可以根据对象的名称（Key）唯一地获取该对象的内容。虽然用户可以使用类似 test1/test.jpg 的名字，但这并不表示用户的对象是保存在 test1 目录下面的。对于 OSS 来说，test1/test.jpg 仅仅只是一个字符串，和 a.jpg 这样的字符串并没有本质的区别。因此不同名称的对象之间的访问消耗的资源是类似的。

文件系统是一种典型的树状的索引结构。例如，对于一个名为 test1/test.jpg 的文件，访问时需要先访问 test1 这个目录，然后再在该目录下查找名为 test.jpg 的文件。因此，文件系统可以很轻易地支持文件夹的操作，比如重命名目录、删除目录、移动目录等，因为这些操作仅仅是针对目录节点的操作。这种组织结构也决定了文件系统访问的目录层次越深，消耗的资源也越多，操作拥有很多文件的目录也会非常慢。

对于 OSS 来说，可以通过一些操作来模拟类似的功能，但是代价非常昂贵。比如将 test1 目录重命名成 test2，那么 OSS 的实际操作是将所有以 test1/ 开头的 Object 都重新复制成以 test2/ 开头的对象，这是一个非常消耗资源的操作。因此在使用 OSS 的时候要尽量避免类似的操作。

OSS 保存的对象是不支持修改的（追加写对象需要调用特定的接口，生成的对象也和正常上传的对象类型上有差别）。用户哪怕是仅仅需要修改一个字节也需要重新上传整个对象。而文件系统的文件支持修改，比如修改指定偏移位置的内容、截断文件尾部等，这些特点也使得文件系统拥有广泛的适用性。另一方面，OSS 能支持海量的用户并发访问，而文件系统会受限于单个设备的性能。

因此，将 OSS 映射为文件系统是非常低效的，也是不建议的做法。如果一定要挂载成文件系统，也建议尽量只做写新文件、删除文件、读取文件这几种操作。使用 OSS 应该充分发挥其优点，即海量数据处理能力，优先用来存储海量的非结构化数据，比如图片、视频、文档等。

与自建服务器存储相比，阿里云对象存储在可靠性、安全、成本、数据处理能力等方面具有很大优势，如表 5-1 所示。

表 5-1　阿里云对象存储的优势

对比项	对象存储 OSS	自建服务器存储
可靠性	服务可用性不低于 99.9%；规模自动扩展，不影响对外服务；数据持久性不低于 99.999 999 99%，数据自动多重冗余备份	受限于硬件可靠性，易出问题，一旦出现磁盘坏道，容易出现不可逆转的数据丢失。数据恢复困难、耗时、耗力
安全	提供企业级多层次安全防护；多用户资源隔离机制；支持异地容灾机制；提供多种鉴权和授权机制及白名单、防盗链、主子账号功能	清洗和黑洞设备需要另外购买，价格昂贵。安全机制需要单独实现，开发和维护成本高
成本	高性价比，最低只需要 0.14/GB/ 月，每月还送免费额度；多线 BGP 骨干网络，无带宽限制，上行流量免费；无需运维人员与托管费用，零成本运维	一次性投入高，资源利用率很低；存储受硬盘容量限制，需人工扩容；单线或双线接入速度慢，有带宽限制，峰值时期需人工扩容；需专人运维，成本高
数据处理能力	提供图片处理、音视频转码、内容加速分发、鉴黄服务、归档服务等多种数据增值服务，并不断丰富中	需要额外采购，单独部署

对象存储服务有六大设计目标：海量数目、任意大小、高可靠性、高可用性、安全、公共服务。如图 5-37 所示。下面分别介绍这几个设计目标。

（1）海量数目

对象存储服务必须能够容纳海量的对象、支持线性扩展、自动应对爆发式访问。阿里 OSS 具有5K 单集群，可容纳任意数量的对象。

（2）任意大小

对象存储服务必须能够容任意大小的对象。阿里 OSS 支持的单个对象最大尺寸为 48TB，其中 Normal 级 别 为 0 ~ 5GB，Multipart 级 别 为0 ~ 48.8TB，Appendable 级别为 0 ~ 5GB。同时，阿里 OSS 针对移动场景进行了调优，支持断点续传。Multipart 最小的 part 可以到 100kb。Append 满足边写边读的需求。

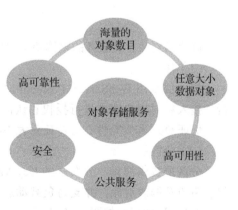

图 5-37　对象存储服务六大设计目标

（3）高可用性

对象存储服务要保证用户对象的可用性，阿里 OSS 能提供高达 99.9% 的可用性。

（4）高可靠性

对象存储服务要足够可靠，具有持久性，能容灾，硬件故障对用户完全透明。阿里 OSS 在单区域内保存多个副本，数据持久性高达 10^9。由于在全球范围内部署，用户可以就近使用。区域之间可开启数据自动互相备份。

（5）安全

阿里 OSS 支持多种授权体系：Bucket ACL、Object ACL、RAM 实现跨账号授权、RAM 管理主子账号、STS 实现非安全容器访问控制。其在服务器端进行加密，通过 HTTPS 实现通道安全，并使用 VPC 与混合云。

（6）公共服务

OSS 本质上是提供公共服务，需支持多租户的使用与隔离，保证服务质量。

对象存储服务的整体服务如图 5-38 所示。

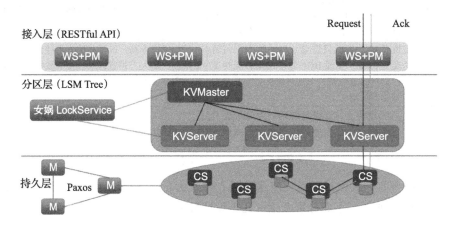

图 5-38　对象存储服务的整体架构

阿里云对象存储服务的整体架构包括如下部分：

（1）接入层

接入层采用 WebServer+Protocol Module 架构，主要接入用户请求，支持 Restful 协议解析。接入层对用户请求进行授权和认证，并请求路由。接入层提供 RESTful API，支持多租户，保证 QoS 和安全性，支持任意大小的对象，并使用 cache 缓存用户请求，服务效率高。

（2）分区层

分区层提供海量、分布式的 Key-Value 存储，能够扩展到成百上千台服务器，能快速查找、遍历及修改对象，并支持负载动态平衡。分区层通过 Key-Value 引擎管理分区、进行索引。KV 引擎的架构如图 5-39 所示。

其中，KVMaster 管理全局分区（Partition）的元信息，控制数据分区，并调度分区到 KVServer；KVServer 负责若干个分区，通过 Pangu 存储数据并建立索引；女娲提供命名服务和分布式锁服务。

分区层通过 Log-Structured Merge-Tree 进行存储，其存储架构如图 5-40 所示。

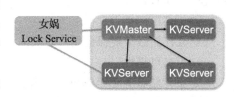

图 5-39　Key-Value 引擎的架构

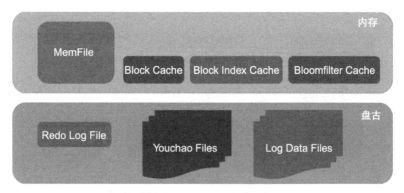

图 5-40　分层区的存储架构

分区层的读写过程如图 5-41 所示。

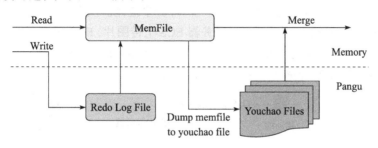

图 5-41　分层区的读写过程

（3）持久层

持久层的 Pangu 系统是一个 Append only 的分布式文件系统，支持创建、打开、追加、关闭、删除、重命名等操作，偏重于存储大文件。Pangu 支持 Normal/Log 两种文件类型。

对 Normal 文件的写过程如图 5-42 所示。

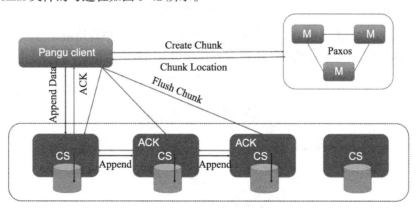

图 5-42　Pangu 对 Normal 文件的写过程

对 Log 文件的写过程如图 5-43 所示。

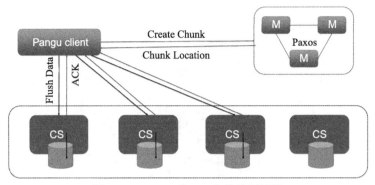

图 5-43　Pangu 对 Log 文件的写过程

5.6.4　阿里云对象存储的典型应用

图 5-44 给出了一个 OSS 的应用实例——图片分享应用。从图中可以看出，用户可以通过移动端调用 OSS 移动端 SDK，通过云服务器 ECS 上传图片，ECS 再将图片转存到 OSS 中；或者，用户可以将图片直接存储至 OSS。客户应用服务器可以向 OSS 回调上传的图片，也可以通过内容分发网络 CDN 将图片传送到其他客户端。

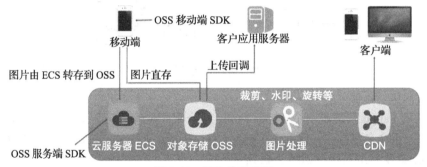

图 5-44　图片分享应用

图片的上传过程如图 5-45 所示，授权服务将密钥授权给用户应用服务器，用户应用服务器返回密钥给移动端。对象存储服务 OSS 发送应用服务器返回结果给移动端。

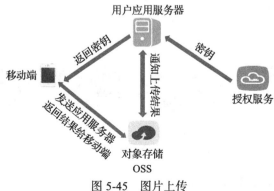

图 5-45　图片上传

图片的分享过程如图 5-46 所示，从 OSS 端读取原始图片后，经过图片处理，将处理后的图片通过 CDN 发放给所有客户端。

图 5-46 图片分享过程

5.7 分布式索引技术

索引是为检索而存在的。例如，一些书籍的末尾附有索引，指明了某个关键字在正文中的出现的页码位置，方便我们查找，但大多数书籍只有目录，目录不是索引，只是书中内容的排序，并不能提供真正的检索功能。可见，建立索引要单独占用空间；索引也并不是必须要建立的，它们只是为更好、更快地检索和定位关键字。

在海量数据的系统中，分布式系统是很好的解决方案，对海量数据进行查询和检索建立索引是必要的。在分布式存储环境下，目前普遍使用的索引技术包括哈希表、B+ 树、LSM 树等。下文将会针对几种技术进行详细介绍。

5.7.1 哈希表

哈希表（Hash Table，也叫散列表）是根据关键码值（Key Value）而直接进行访问的数据结构。也就是说，它通过把关键码值映射到表中一个位置来访问记录，以加快查找的速度。这个映射函数叫做哈希函数，存放记录的数组叫做哈希表。

给定表 M，存在函数 f（key），对任意给定的关键字值 key，代入函数后若能得到包含该关键字的记录在表中的地址，则称表 M 为哈希（Hash）表，函数 f（key）为哈希（Hash）函数。

哈希表的基本概念如下：

- 若关键字为 k，则其值存放在 f（k）的存储位置上。由此，不需比较便可直接取得所查记录，称这个对应关系 f 为哈希函数，按这个思想建立的表为哈希表。
- 对不同的关键字可能得到同一哈希地址，即 k1 ≠ k2，而 f（k1）=f（k2），这种现象称为碰撞（Collision）。具有相同函数值的关键字对该哈希函数来说称做同义词。综上所述，根据哈希函数 f（k）和处理碰撞的方法将一组关键字映射到一个有限的连续的地址集（区间）上，并以关键字在地址集中的"像"作为记录在表中的存储位置，这种表便称为哈希表，这一映射过程称为哈希造表或哈希，所得的存储位置称散列地址。

- 若对于关键字集合中的任一个关键字，经哈希函数映象到地址集合中任何一个地址的概率是相等的，则称此类哈希函数为均匀哈希函数（Uniform Hash function），这就是使关键字经过散列函数得到一个"随机的地址"，从而减少碰撞。

5.7.2 B+ 树

B+ 树是一种树数据结构，通常用于数据库和操作系统的文件系统中。B+ 树的特点是能够保持数据稳定有序，其插入与修改拥有较稳定的对数时间复杂度。B+ 树元素自底向上插入，这与二叉树恰好相反。

B+ 树是应文件系统所需而出的一种 B- 树的变形树，如图 5-47 所示。一棵 m 阶的 B+ 树和 m 阶的 B- 树的差异在于：

1）有 n 棵子树的节点中含有 n–1 个关键字，每个关键字不保存数据，只用来索引，所有数据都保存在叶子结点。

2）所有的叶子结点中包含了全部关键字的信息，以及指向含有这些关键字记录的指针，且叶子结点本身依关键字的大小按自小而大的顺序链接。

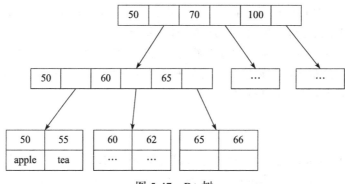

图 5-47　B+ 树

3）所有的非终端结点可以看成是索引部分，结点中仅含其子树（根结点）中的最大（或最小）关键字。

4）通常在 B+ 树上有两个头指针，一个指向根结点，一个指向关键字最小的叶子结点。

1. B+ 树的查找

对 B+ 树可以进行两种查找运算：从最小关键字起顺序查找；从根结点开始，进行随机查找。在查找时，若终端结点上的值不等于给定值，B+ 树的查找将继续向下直到叶子结点。因此，在 B+ 树中，不管查找成功与否，每次查找都要经过一条从根到叶子结点的路径。其余同 B- 树的查找类似。

2. B+ 树的插入

m 阶 B 树的插入操作在叶子结点上进行，假设要插入关键值 a，找到叶子结点后插入 a，做如下算法判别：

1）如果当前结点是根结点并且插入后结点关键字数目小于等于 m，则算法结束；

2）如果当前结点是非根结点并且插入后结点关键字数目小于等于 m，则判断若 a 是新索引值时转步骤 4 后结束，若 a 不是新索引值则直接结束；

3）如果插入后关键字数目大于 m（阶数），则结点先分裂成两个结点 X 和 Y，并且它们各自所含的关键字个数分别为：u= 大于（m+1）/2 的最小整数，v= 小于（m+1）/2 的最大整数。由于索引值位于结点的最左端或者最右端，不妨假设索引值位于结点最右端，有如下操作：

- 如果当前分裂成的 X 和 Y 结点原来所属的结点是根结点，则从 X 和 Y 中取出索引的关键字，将这两个关键字组成新的根结点，并且这个根结点指向 X 和 Y，算法结束；
- 如果当前分裂成的 X 和 Y 结点原来所属的结点是非根结点，依据假设条件判断，如果 a 成为 Y 的新索引值，则转步骤④得到 Y 的双亲结点 P，如果 a 不是 Y 结点的新索引值，则求出 X 和 Y 结点的双亲结点 P；然后提取 X 结点中的新索引值 a'，在 P 中插入关键字 a'，从 P 开始，继续进行插入算法；

4）提取结点原来的索引值 b，自顶向下先判断根是否含有 b，是则需要先将 b 替换为 a，然后从根结点开始，记录结点地址 P，判断 P 的孩子是否含有索引值 b 但不含有索引值 a，是则先将孩子结点中的 b 替换为 a，然后将 P 的孩子的地址赋值给 P，继续搜索，直到发现 P 的孩子中已经含有 a 值时，停止搜索，返回地址 P。

3. B+ 树的删除

B+ 树的删除也仅在叶子结点进行，当叶子结点中的最大关键字被删除时，其在非终端结点中的值可以作为一个"分界关键字"存在。若因删除而使结点中关键字的个数少于 m/2(m/2 结果取上界，如 5/2 结果为 3）时，其和兄弟结点的合并过程亦和 B– 树类似。

5.7.3　LSM 树

由于 B+ 树在随机写方面和数据一致性方面的缺陷，在分布式系统中，LSM 树是一种更好的选择。在计算机科学中，LSM 树是一种具有性能特征的数据结构，使其可以在高插入量下提供文件的索引访问，如事务日志数据。LSM 树和其他搜索树一样保持着键 – 值对，LSM 树将数据维护在两个或两个以上的独立结构，每一个都为各自的底层存储介质进行了优化；两种结构之间的数据以批处理的方式进行有效地同步。

一个简单版本的 LSM 树是一个二级 LSM 树。如图 5-48 所示，两级 LSM 树包含两个树状结构，称为 C_0 和 C_1。C_0 较小，完全驻留在内存中，而 C_1 是在磁盘上的。新记录插入到驻留内存的 C_0 组件。如果插入导致 C_0 组件超过一定规模阈值，会启动 rolling merge 的过程，C_0 会删除相邻段的条目，合并到 C_1 的磁盘上。

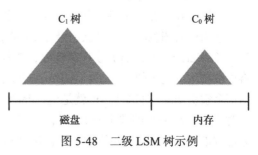

图 5-48　二级 LSM 树示例

LSM 树的性能特征源于一个事实，每个组件都是调到其底层存储介质的特点，数据是有效地跨媒体的批量迁移，如图 5-49 所示。

将索引结点放置到磁盘上的这一过程进行延迟处理，是 LSM 树中最重要的概念。LSM 树结构通常包含了一系列延迟放置机制。LSM 树结构也支持其他操作，比如删除、更新，甚至是那些具有长时间延迟的查询操作。只有那些需要立即响应的查询会具有相对昂贵的开销。LSM 树的主要应用场景就是，查询频率远低于插入频率的情况（大多数人不会像开支票或存款那样经常查看自己的账号活动信息）。在这种情况下，重要的是降低索引插入开销；与此同时，也必须要维护一个某种形式的索引，因为顺序搜索所有记录是不可能的。

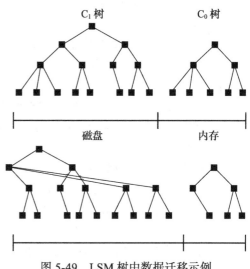

图 5-49　LSM 树中数据迁移示例

因此，LSM 树适用于那些索引插入频率远大于查询频率的情况，比如，历史记录表和日志文件就属于这种情况。

1. LSM 树的插入

首先，如果生成逻辑可以保证索引值是唯一的，比如使用时间戳来进行标识时，一个匹配查找已经在一个早期的 C_i 组件中找到需要的数据，那么它就可以宣告完成了。再比如，如果查询条件里使用了最近时间戳，那么我们可以让那些查找到的值不要向最大的组件中移动。当 merge 游标扫描（C_i，C_{i+1}）对时，我们可以让最近某个时间段（比如 τ_i 秒）内的值依然保留在 C_i 中，只把那些老记录移入到 C_{i+1}。

在最常访问的值都是最近插入的值的情况下，很多查询只需要访问 C_0 就可以完成，这样 C_0 实际上就承担了内存缓冲区的功能。比如，用于短期事务 UNDO 日志的索引访问模式，在中断事件发生时，通常都是针对近期的数据的访问，这样大部分的索引仍处在内存中。通过记录每个事务的启动时间，就可以保证所有最近的 τ_0 秒内发生的事务的所有日志都可以在 C_0 中找到，而不需要访问磁盘组件。

2. LSM 树的删除

需要指出的是，删除操作可以像插入操作那样享受到延迟和批量处理带来的好处。当某个被索引的行删除时，如果该记录在 C_0 树中对应的位置上不存在，那么可以将一个删除标记记录（delete node entry）放到该位置，该标记记录也通过相同的 key 值进行索引，同时指出将要被删除的记录的 Row ID（RID）。实际的删除可以在后面的 rolling merge 过程中遇到实际的那个索引 entry 时执行。也就是说，delete node entry 会在 merge 过程中移到更大的组件中，同时当碰到相关联的那个 entry 时，就将其清除。与此同时，查询请求也必须在通过该删除标记时进行过滤，以避免返回一个已经被删除的记录。

该过滤很容易进行，因为删除标记就位于它所标识的那个 entry 应在的位置上。同时在很多情况下，这种过滤还起到了减少判断记录是否被删除所需的开销（比如查找一个实际不存在的记录时，如果没有该删除标记，需要搜索到最大的那个 C_i 组件为止，但是如果存在一个删除标记，那么在碰到该标记后就可以停止了）。对于任何应用来说，那些会导致索引值发生变化（比如，一条记录包含了 ID 和 name，同时是以 ID 进行索引的，那么如果 name 更新了，则只需要对该记录进行原地改动即可，但是如果是 ID 更改了，那么该记录在索引中的位置就要调整了，因此是很棘手的）的更新都是不平凡的，但是这样的更新却可以被 LSM 树一招化解，通过将该更新操作看做是一个删除操作加一个插入操作。

5.8 分布式锁服务

分布式锁是控制分布式系统之间同步访问共享资源的一种方式。在分布式系统中，常常需要协调它们的动作。如果不同的系统或是同一个系统的不同主机之间共享了一个或一组资源，那么访问这些资源的时候，往往需要互斥来防止彼此干扰，从而保证一致性，在这种情况下，便需要使用到分布式锁。

5.8.1 Google Chubby

谷歌开发了一个名为 Chubby 的锁服务松散耦合的分布式系统。这个系统为粗粒度锁设计，还提供了一个有限但可靠的分布式文件系统。它用于解决分布式一致性问题。Google 的基础设施的关键部分包括 Google 文件系统（GFS）、BigTable 和 MapReduce，它们使用 Chubby 对共享资源的访问进行同步。虽然 Chubby 被设计作为一个锁服务，但现在 Google 内部名称服务器大量使用 Chubby，取代 DNS。

分布式一致性是指在一个分布式系统中，有一组 Process，它们需要确定一个 Value。于是每个 Process 都提出了一个 Value，但只有其中一个 Value 能够被选中作为最后确定的值，并且当这个值被选出来以后，所有的 Process 都需要被通知到。

1. Chubby 的系统架构

Chubby 有两个主要的组件：一个服务器和一个客户端应用程序需要链接的库，它们之间通过 RPC 进行通信，如图 5-50 所示。客户端与服务端之间的所有通信都需要通过 Chubby 客户端程序库。

一个 Chubby 单元由被称为副本的一组服务器集合组成，同时采用特殊的放置策略以尽量降低关联失败的可能性（比如它们通常在不同的机柜中）。这些副本使用分布式一致性协议来选择一个 master（主服务器）；master 必须获得来自副本集合中的半数以上的选票，同时需要保证这些副本在给定的一

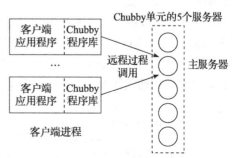

图 5-50 Chubby 系统架构

段时间内（即 master 的租约有效期间内）不会再选举出另一个 master。master 的租约会被周期性地更新，只要它能够持续获得半数以上的选票。

每个副本维护数据库的一个拷贝，但是只有 master 会读写该数据库，其他的副本只是复制 master 通过一致性协议传送的更新。

客户端通过向 DNS 中列出的各副本发送 master 定位请求来找到 master。非 master 副本通过返回 master 标识符来响应这种请求。一旦客户端定位到 master，它就会将自己的所有请求直接发送给 master，直到它停止响应或者不再是 master。写请求会通过一致性协议传送给所有副本，当写请求被一个 Chubby 单元中半数以上的副本收到后，就可以认为已成功完成。读请求只能通过 master 处理，只要 master 租约还未到期就是安全的，因为此时不可能有其他 master 存在。如果一个 master 出错，其他的副本就可以在它们的 master 租约过期后运行选举协议，通常几秒后就能选举出一个新的 master。

如果副本出错而且几个小时内都无法恢复，就会通过一个简单的替换系统从一个空闲机器池内选择一个新机器来，然后在它上面运行锁服务器的二进制文件。然后它会更新 DNS 表，将出错的那台机器对应的 IP 地址更新为新的地址。当前的 master 会周期性地检查 DNS 表，最终发现该变化。然后，它就会更新它所在的 Chubby 单元的成员列表，该列表通过普通的复制协议来维持多个副本间的一致性。与此同时，这个新的副本会从存储在文件服务器上一组备份中选择一个数据库的最近的拷贝，同时从活动的那些副本中获取更新。一旦该新副本已经处理过当前 master 正在等待提交的请求，该副本就被允许在新 master 的选举中投票了。

2. 分布式锁协议

当一个 master 失败或者失去 master 身份时，它会丢掉其关于会话、句柄及锁的所有内存状态。权威的会话租约计时器开始在 master 上运行⊖，直到一个新的 master 被选择出来，这个会话租约计时器才会停止。这是合法的，因为这种方式等价于扩展客户端租约。如果一个 master 选举很快完成，那么客户端就可以在它们的本地（近似的）租约计时器过期之前联系新的 master。如果选举花了很长时间，在尝试寻找新 master 的同时，客户端会刷新它们的缓存及等待进入 grace period。因此 grace period 使得会话可以超越正常的租约过期时间，而能够在故障恢复期间仍能得以维护。

图 5-51 展示了一个漫长的 master 故障恢复中的一系列事件序列。在这个过程中，客户端必须通过宽限期来保留它的会话。时间从左到右依次递增，但是时间没有按照比例画出，即图中各个阶段的跨度并不代表真实的时间长度。客户端的会话租约用粗箭头表示，既有新老 master 眼中的租期（上方的 M1 ~ M3），也有客户端眼中的租期（下方的 C1 ~ C3）。向上倾斜的箭头代表 KeepAlive 请求，向下倾斜的箭头代表针对它们的响应。原始的 master 具有客户端的会话租约 M1，与此同时客户端具有一个保守的估计 C1。在通过 KeepAlive 应答

⊖ 如果 master 所在的机器故障，如何运行它呢？实际上这可以看做是一种虚拟的租约计时器，因为 master 故障，所以它不可能再接受任何修改操作，这样之前发出去的租约就可以认为是仍然有效的，这些租约可以扩展，直到另一个 master 恢复。虽然旧的 master 失效，新的 master 尚未选出来，但是逻辑上我们可以认为有一个 master 存在，只是它无法支持对它的状态进行修改操作。

2 通知客户端之前，master 允诺了一个新的租期 M2 ；之后客户端将它的租期延至 C2。在响应下一个 KeepAlive 请求之前，master 故障，在另一个 master 选举出之前需经历一段时间。最后，客户端的租期 C2 到期。之后，客户端刷新缓存，开始启动一个针对 grace period 的计时器。

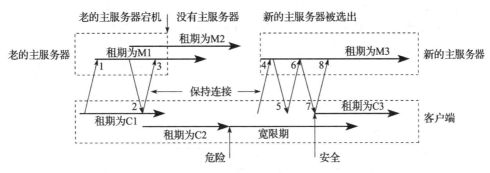

图 5-51　Chubby 中的分布式锁协议

在此期间，客户端无法确认它的租约是否已经在 master 端过期，但它并不关闭这个会话，而是阻塞所有的应用程序调用以防止它们看到不一致的数据。在 grace period 开始时，Chubby 库向应用程序发送一个 jeopardy 事件，以使得应用程序在能够确认会话状态之前保持静默。

最终一个新的 master 成功选举出来。最初，该 master 使用一个对于它的前任对客户端的租约期限，该租期为 M3。新 master 收到的第一个来自客户端的 KeepAlive 请求（4）会被拒绝，因为它具有错误的 master epoch 编号（细节稍后描述）。重试请求（6）会成功，但是通常不会扩展 master 的租约期限，因为 M3 是一个保守值。然而响应（7）允许客户端再一次扩展它的租约（C3），同时可以选择通知应用程序它的会话已经不再处于危险期（jeopardy）。因为 grace period 长的足以跨越 C2 的结束及 C3 的开始这段时间，对于客户端，除延迟之外其他工作都是透明的。假如 grace period 小于这个时间段，那么客户端会直接丢弃该会话并向应用程序报告错误。

一旦一个客户端联系上新的 master，客户端库就会和 master 相互协作，给应用程序没有故障发生的假象。为了实现这个目的，新的 master 就必须重建它的前任 master 内存状态的一个保守近似。一部分通过读取保存在硬盘上的数据（会通过普通的数据库备份协议来进行备份）来完成，一部分通过从客户端获取状态，一部分再通过保守的估计来完成。数据库会记录每个会话、持有的锁及临时文件。

新的选举出的 master 执行如下步骤：

1）它首先选择一个新的 epoch number，在每次调用中客户端都需要出示该编号。master 会拒绝那些使用老的 epoch number 的客户端调用，同时会提供新的编号。这就保证了一个新的 master 不会响应原本发送给旧 master 的包，即使是新老 master 运行在同一台机器上。

2）新的 master 响应 master 定位请求，但是最初它并没有处理收到的会话相关操作。

3）为那些记录在内存和数据库中的会话和锁建立内存数据结构。会话租期被延至前一个 master 曾经使用的最大值。

4）master 开始让客户端执行 KeepAlive，但是仍不允许其他的会话相关操作。

5）为每个会话产生一个故障恢复事件，这会导致客户端刷新它们的缓存（因为它们可能曾经丢失了一些缓存失效通知），同时警告客户端某些事件可能已经丢失。

6）master 等待每个会话对这个故障恢复事件做出响应，或者它的会话过期。

7）master 开始允许各种操作的处理。

8）如果客户端使用一个先于故障恢复点创建的句柄（通过句柄中的某个编号值可以判断出来），master 会在内存中创建该句柄，并执行该调用。如果这样创建出的句柄被关闭，那么 master 会在内存中记录下来，保证它不会在这个 master 存活期间被再次创建，从而保证一个延迟或者重复的网络包不会创建出一个已经关闭的句柄。

9）一段时间之后（比如一分钟），master 会删除那些没有打开的句柄的临时文件。在故障恢复之后的这个时间段内，客户端应该刷新它们在临时节点上的句柄。这种机制有一个问题，如果临时文件的最后一个客户端在故障恢复期间丢失了会话，它们可能不会立即消失。

3. Chubby 文件系统

Chubby 系统本质上就是一个分布式的、存储大量小文件的文件系统。Chubby 中的锁就是文件。在 GFS 的例子中，创建文件就是进行"加锁"操作，创建文件成功的那个服务器其实就是抢占到了"锁"。用户通过打开、关闭和存取文件，获取共享锁或者独占锁；并且通过通信机制，向用户发送更新信息。

5.8.2　ZooKeeper

ZooKeeper 是一个分布式的、开源的分布式应用程序协调服务。它由一组简单的原语组成，为了同步、配置维护、组和命名，分布式应用程序在这组原语的基础上可以建立并实现更高层次的服务。ZooKeeper 被设计成容易编程的模式，并在熟悉文件系统的目录树结构后，使用一个数据模型样式。它在 Java 中，与 Java 和 C 有绑定关系。

1. 整体架构

ZooKeeper 的架构如图 5-52 所示。ZooKeeper 允许分布式进程通过一个共享的层级命名空间相互协调，它类似于一个标准的文件系统组织形式。名称空间中包含数据寄存器（称为 znodes），根据 ZooKeeper 的说法，它这是类似于文件和目录的。与一个典型的用于存储的文件系统相比，ZooKeeper 将数据保存在内存中，这意味着 ZooKeeper 可以实现高吞吐量和低延迟。

ZooKeeper 实现了高性能、高可用性，严格命令的访问，高性能意味着它可以用于大型分布式系统；可靠性意味着它可以从一个单点故障恢复；严格命令访问意味着复杂的同步原语可以在客户端实现。

ZooKeeper 是使用复制机制实现的。组成 ZooKeeper 的服务器必须彼此知晓，它们维护一个内存中的镜像状态，以及一个事务日志和一个持久化存储快照。只要大部分服务器可用，ZooKeeper 服务就可用。

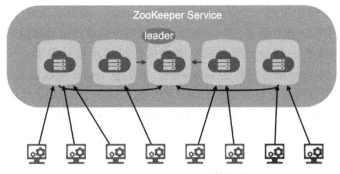

图 5-52 ZooKeeper 整体架构

当客户端连接到一个 ZooKeeper 服务器时，客户端首先建立一个 TCP 连接，通过它发送请求、得到响应后，得到观察事件，并发送心跳。如果连接到服务器的 TCP 断开，客户端将连接到一个不同的服务器。

通常而言，ZooKeeper 是有序的。ZooKeeper 为每个更新的数量添加时间戳，这反映了所有 ZooKeeper 事务的顺序。后续的操作可以使用以实现更高级别的抽象，如同步原语。ZooKeeper 很快，尤其在 "read-dominant" 工作负载下很快。一般来说，ZooKeeper 的应用程序运行在成千上万的机器，读比写多（读写比例为 10 ∶ 1）情况下性能最好，在比率约为 10 ∶ 1。

2. 处理逻辑

如图 5-53 所示，ZooKeeper 组件中显示了 ZooKeeper 服务的高级组件。除了请求处理器，每个组成 ZooKeeper 服务的服务器复制自己的每个组件的副本。

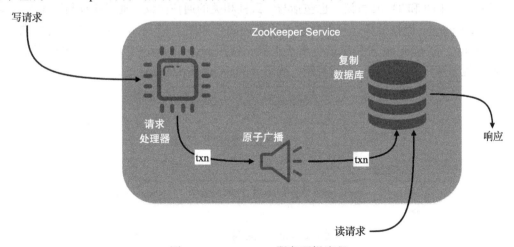

图 5-53 ZooKeeper 服务逻辑流程

复制数据库是一个内存数据库，其中包含整个数据树。为了数据的可恢复性，更新信息都被记录到磁盘，应用于内存数据库之前，写操作被序列化到磁盘。每个 ZooKeeper 服务器都为客户服务。客户端连接到一个服务器去提交 irequests。读请求是通过每个服务器数据库的本地副本进行服务的。改变服务的状态和写请求的服务请求经过处理后达成一致协议。

作为一致性协议的一部分，所有来自客户机的写请求被转发到一个服务器上，称为leader。其余的 ZooKeeper 服务器称为 followers，它们从 leader 接收消息的提案，并在消息传递上达成一致。消息传递层负责更新 leader 的失败和同步 followers 与 leader。管理员使用一个自定义原子消息传递协议。由于消息传递层具有原子性，ZooKeeper 可以保证本地副本没有一致性问题。当 leader 接到写请求时，它会计算当写请求被应用进去，且转换成捕获新状态的事务时，系统的状态是怎样的。

5.8.3　阿里云 Nuwa

阿里云 Nuwa 是分布式系统底层服务，是阿里云飞天核心模块，自 2009 年开始自主研发，在阿里云内支持 ODPS/ECS/OTS/OSS 等产品。女娲（Nuwa）系统为飞天提供高可用的协调服务（Coordination Service），是构建各类分布式应用的核心服务，它的作用是采用类似文件系统的树形命名空间让分布式进程互相协同工作。通过水平扩展的锁服务、大规模高效并行的消息通知机制以及单服务入口来达到系统要求。例如，当集群变更导致特定的服务被迫改变物理运行位置时，如服务器或者网络故障、配置调整或者扩容时，借助女娲系统可以使其他程序快速定位到该服务新的接入点，从而保证整个平台的高可靠性和高可用性。

女娲系统基于类 Paxos 协议，由多个女娲 Server 以类似文件系统的树形结构存储数据，提供高可用、高并发用户请求的处理能力，如图 5-54 所示。女娲系统的前端完全隔断 SDK和后端，支持无持久化状态和水平扩容。对用户来说，只需要记住一个域名 /vip 即可。前端的协议包括 HTTP 和 Thrift 协议，也包括与一致性相关的通信协议。通过将读与写操作分离，并且将 notification 操作分离，可解决队头阻塞问题，如图 5-55 所示。女娲架构的后端分成多组 quorum。以 quorum 为粒度进行水平扩展，使用 provisioned RPS control 进行多租户隔离，在阿里云账户系统下进行访问控制，确定 request prioritization。

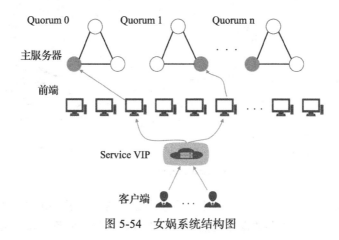

图 5-54　女娲系统结构图

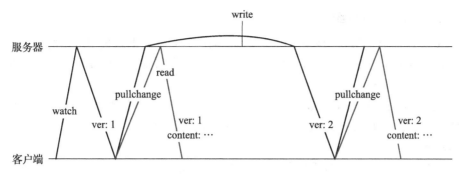

图 5-55　基于 Restful 接口的前端解决方案

下面来看看后端 quorum 的一致性协议是如何表示的。它可以表述为具有 session handoff 的 ZAB、租约和缓存的组合。具有 session handoff 的 ZAB 使得后端 quorum 水平扩展成为可能，并且实现 server failover 对客户的透明。在 session handoff 的关键概念中，session 是指 client 和 quorum master 之间的活跃连接，它是实现锁功能的关键点。session handoff 是指客户端的 session 连接被前端切断，前端代理客户端和 quorum master 维护连接，并连接有客户端的标识。其好处是可以控制 quorum master 的连接数目，其次是 session 无感知的 master/frontend failover。

5.9　分布式文件系统

分布式文件系统是一种允许文件根据网络协议，并通过网络在多台主机上分享的文件系统，可让多机器上的多用户分享文件和存储空间。它允许客户访问和处理存储在网络中多台主机上的数据，就好像数据是在客户自己的电脑上。

分布式文件系统对于相同存储的访问不会进行块级别共享，而是通过网络，使用特定的通信协议与服务器端进行沟通传输。借由通信协议的设计，可以让客户端和服务器端能根据访问控制列表或授权来限制对于文件系统的访问。

理想情况下，一个分布式文件系统将个人服务器的文件和目录组成全局目录，在这种方式下，远程数据访问不需要指定特定的位置，因为对任一客户机来说都是相同的。文件系统中的所有用户可以访问所有文件，而文件系统中的组织架构是分层的，并且基于目录实现的。

多个客户端可以同时访问相同的数据，则服务器必须有一个机制（如维护信息的多次访问）进行组织与更新，以便客户端总是接收最新版本的数据，并且数据不出现冲突。分布式文件系统通常使用文件或数据库复制（分布在多个服务器上的数据副本），以防止数据访问失败。即使系统中有少数节点脱机，系统仍然可以持续运作而不会有数据损失。

本节将介绍 GFS 基本架构及读写流程、HDFS 基本架构、Ceph 基本架构，以及上述三种分布式文件系统的适用场景。最后将介绍阿里云 Pangu 的设计架构，并对 HDFS 和 Pangu 进行了对比分析。

5.9.1　Google 文件系统

Google 文件系统（GFS）是一个可扩展的、面向分布式数据密集型应用的分布式文件系统。它将服务器构建在廉价硬件设备之上，通过软件的方式提供容错功能，在降低存储成本的同时，保证文件系统的高可靠性。

GFS 也是 Google 分布式存储的基础，它作为存储平台被广泛部署在 Google 内部，用于存储服务中产生的或处理的海量数据，也用于研究及开发工作。

1. 基本架构

如图 5-56 所示，GFS 文件系统包含一个独立的 Master 节点、多台 Chunk 服务器和多个 GFS 客户端。独立的 Master 节点表示在 GFS 系统中只存在一个 Master 逻辑组件。Master 节点是一个逻辑概念，包含两台物理服务器。上述服务器或客户端主机都是运行用户级别的服务进程的 Linux 机器。在机器资源允许的情况下，Chunk 服务器和客户端可以运行在同一台机器上。

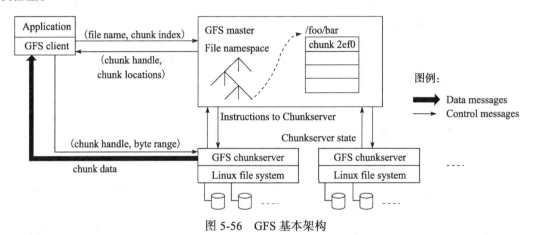

图 5-56　GFS 基本架构

GFS 存储的文件被分割成固定大小的 Chunk。在创建 Chunk 时，Master 服务器为每个 Chunk 分配一个全局唯一的 64 位 Chunk 标识。Chunk 服务器将 Chunk 以 Linux 文件的形式保存在磁盘上，并根据指定的 Chunk 标识和字节范围对 Chunk 进行读写。出于可靠性的考虑，Chunk 会复制到多个 Chunk 服务器上，默认的 Chunk 服务器的数量为 3。用户可以为不同的文件命名空间设置不同的复制级别。

Master 节点维护了所有的文件系统元数据。这些元数据包括命名空间、访问控制信息、文件和 Chunk 的映射信息以及 Chunk 位置信息。同时，Master 节点管理整个系统的全局控制，如 Chunk 租约管理、Chunk 垃圾回收、Chunk 复制以及 Chunk 在 Chunk 服务器之间的迁移。Master 节点周期地使用心跳的方式与 Chunk 服务器交换信息，发送指令到所有 Chunk 服务器并接收相关状态信息。

客户端是 GFS 提供的访问接口。GFS 客户端的代码以库文件的方式被链接到客户程序里。客户端代码实现了 GFS 文件系统的 API 接口函数（不遵循 POSIX 标准）、应用程序与 Master

节点和 Chunk 服务器通信以及对数据进行读写操作。客户端和 Master 节点的通信只获取元数据信息，所有的数据操作都是由客户端直接和 Chunk 服务器进行的，从而完成数据存取工作。

GFS 中，客户端和 Chunk 服务器都不需要缓存文件数据（客户端会缓存 Master 服务器中获取的元数据）。客户端不缓存文件数据是由 GFS 的应用特点决定的。GFS 主要应用在 MapReduce 和 BigTable 中。对 MapReduce 来说，GFS 顺序读写文件数据，没有缓存数据的必要。对 BigTable 来说，其内部实现了一套缓存机制，无需额外缓存数据。Chunk 服务器不需要缓存文件数据的原因是，Chunk 保存在本地中，Linux 操作系统的文件系统缓存会把经常访问的数据缓存在内存中。另外，没有文件数据的缓存不需要维护数据一致性问题。

2. 读写流程

我们利用流程图来解释一次简单读取的过程。首先，客户端把文件名和程序指定的字节偏移，根据固定的 Chunk 大小，转换成文件的 Chunk 索引。客户端把文件名和 Chunk 索引发送给 Master 节点。Master 节点将相应的 Chunk 标识和副本的位置信息发还给客户端。客户端用文件名和 Chunk 索引作为 key 缓存这些信息。

之后客户端发送请求到其中的一个副本 Chunk 服务器（一般会选择最近的）。请求信息包含了 Chunk 的标识和字节范围。在对这个 Chunk 的后续读取操作中，客户端不需要和 Master 节点继续通信，除非缓存的元数据信息过期或者文件被重新打开。事实上，客户端通常会在一次请求中查询多个 Chunk 信息，Master 节点的回复也可能包含了紧跟着这些被请求的 Chunk 后面的 Chunk 信息。在实际应用中，这些额外的信息避免了客户端和 Master 节点可能会发生的几次通信，提高了通信效率。

写入操作的控制流程如图 5-57 所示。

客户机向 Master 节点询问哪一个 Chunk 服务器持有当前的租约，以及其他副本的位置。如果没有一个 Chunk 持有租约，Master 节点就选择其中一个副本建立一个租约。Master 节点将主 Chunk 的标识符以及其他副本（二级副本）的位置返回给客户机。客户机缓存这些数据以便后续的操作。只有在主 Chunk 不可用，或者主 Chunk 回复信息表明它已不再持有租约的时候，客户机才需要重新跟 Master 节点联系。客户机可以以任意顺序把数据推送到所有的副本上。Chunk 服务器接收到数据并保存在它的内部 LRU 缓存中，一直到数据被使用或者过期交换出去。由于数据流的网络传输负载非常高，通过分离数据流和控制流，我们可以基于网络拓扑情况对数据流进行规划，提高系统性能，而不用去理会哪个 Chunk 服务器保存了主 Chunk。

当所有的副本都确认接收到了数据，客户机

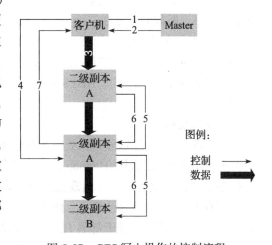

图 5-57 GFS 写入操作的控制流程

发送写请求到主 Chunk 服务器。这个请求标识了早前推送到所有副本的数据。主 Chunk 为接收到的所有操作分配连续的序列号，这些操作可能来自不同的客户机，序列号保证了操作顺序执行。它以序列号的顺序在本地执行这些操作，并更新状态。

主 Chunk 把写请求传递到所有的二级副本。每个二级副本依照主 Chunk 分配的序列号以相同的顺序执行这些操作。所有的二级副本回复主 Chunk，它们已经完成了操作。

主 Chunk 服务器回复客户机。任何副本产生的任何错误都会返回给客户机。在出现错误的情况下，写入操作可能在主 Chunk 和一些二级副本执行成功。（如果操作在主 Chunk 上失败了，操作就不会被分配序列号，也不会被传递。）客户端的请求被确认为失败，被修改的 region 处于不一致的状态。我们的客户机代码通过重复执行失败的操作来处理这样的错误。在从头开始重复执行之前，客户机会先从步骤 3 到步骤 7 做几次尝试。

如果应用程序一次写入的数据量很大，或者数据跨越了多个 Chunk，GFS 客户机代码会把它们分成多个写操作。这些操作都遵循前面描述的控制流程，但是可能会被其他客户机上同时进行的操作打断或者覆盖。因此，共享的文件 region 的尾部可能会包含来自不同客户机的数据片段，尽管如此，由于这些分解后的写入操作在所有的副本上都以相同的顺序执行完成，Chunk 的所有副本都是一致的。这使文件 region 处于一致的、但是未定义的状态。

5.9.2　Hadoop 分布式文件系统

Hadoop 分布式文件系统（HDFS）是 Hadoop 框架下基于 Java 实现的分布式、可伸缩、可移植的文件系统。Hadoop 集群有名义上的单个 NameNode 和一个 DataNode 集群，NameNode 可以根据实际情况选择冗余选项。每个 DataNode 通过网络与特定的 HDFS 协议提供数据。文件系统使用 TCP/IP 套接字进行通信。客户端使用远程过程调用（RPC）进行彼此之间的交流。

HDFS 在多个机器上存储大文件（通常在 G 字节）。它通过多个主机间的复制来实现数据可靠性，因此理论上不需要在主机进行 RAID 存储（但 RAID 配置能提高 I/O 性能）。默认复制值为 3，即数据存储在三个节点：两个在同一机架，另一个在不同的机架上。数据节点可以互相通信来达到负载均衡。HDFS 没有完全兼容 POSIX，因为 POSIX 文件系统的需求不同于 Hadoop 的应用程序目标。由于 HDFS 放宽了一部分 POSIX 约束，从而实现了流式读取文件系统数据的目的。HDFS 能提供高吞吐量的数据访问，非常适合大规模数据集上的应用。

1. 基本架构

Hadoop 是一个能够分布式处理大规模海量数据的软件框架，这一切都是在可靠、高效、可扩展的基础上完成的。Hadoop 的可靠性体现在假设计算元素和存储会出现故障，因为它维护多个工作数据副本，在出现故障时可以对失败的节点重新分布处理。Hadoop 的高效性是由于在 MapReduce 的思想下，Hadoop 是并行工作的，从而加快任务处理速度而实现的。Hadoop 的可扩展性依赖于部署 Hadoop 软件框架计算集群的规模，Hadoop 的运算是可扩展的，具有处理 PB 级数据的能力。HDFS 的基本架构如图 5-58 所示。

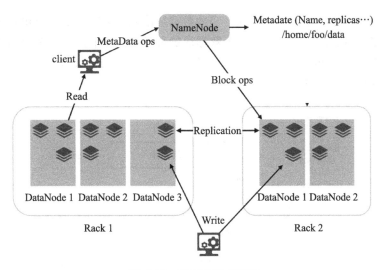

图 5-58　HDFS 基本架构

Hadoop 主要由 HDFS（Hadoop Distributed File System）和 MapReduce 引擎两部分组成。底部是 HDFS，它存储 Hadoop 集群中所有存储节点上的文件。HDFS 的上一层是 MapReduce 引擎，该引擎由 JobTrackers 和 TaskTrackers 组成。HDFS 可以执行的操作有创建、删除、移动或重命名文件等，架构类似于传统的分级文件系统。需要注意的是，HDFS 的架构基于一组特定的节点而构建，这是它自身的特点。HDFS 包括唯一的 NameNode，它在 HDFS 内部提供元数据服务；DataNode 为 HDFS 提供存储块。由于 NameNode 是唯一的，这也是 HDFS 的一个弱点。一旦 NameNode 出现故障，就会造成单点失败，后果可想而知。

2. 数据流

客户端调用 create() 来创建文件，分布式文件系统用 RPC 调用元数据节点，在文件系统的命名空间中创建一个新的文件。元数据节点首先确定文件原来不存在，并且客户端有创建文件的权限，然后创建新文件。分布式文件系统返回 DFSOutputStream，客户端用于写数据。客户端开始写入数据，DFSOutputStream 将数据分成块，写入 data queue。Data queue 由 Data Streamer 读取，并通知元数据节点分配数据节点，用来存储数据块（每块默认复制 3 块）。分配的数据节点放在一个 pipeline 里。Data Streamer 将数据块写入 pipeline 中的第一个数据节点。第一个数据节点将数据块发送给第二个数据节点。第二个数据节点将数据发送给第三个数据节点。DFSOutputStream 为发出去的数据块保存了 ack queue，等待 pipeline 中的数据节点告知数据已经写入成功。如果数据节点在写入的过程中失败，则关闭 pipeline，将 ack queue 中的数据块放入 data queue 的开始。

客户端用文件系统的 open() 函数打开文件，分布式文件系统用 RPC 调用元数据节点，得到文件的数据块信息。对于每一个数据块，元数据节点返回保存数据块的数据节点的地址。接下来，分布式文件系统将 FSDataInputStream 返回给客户端，用来读取数据。客户端调用 stream 的 read() 函数开始读取数据。DFSInputStream 连接保存此文件第一个数据块的最近的数据节点。Data 从数据节点读到客户端，当此数据块读取完毕时，DFSInputStream 关闭和此数据节点的连接，然后连接此文件下一个数据块的最近的数据节点。当客户端读取完毕数据的时候，调用 FSDataInputStream 的 close 函数，关闭相关文件。图 5-59 和图 5-60 分别展示了 HDFS 读文件和写文件的流程。

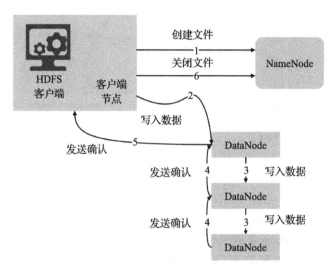

图 5-59　HDFS 写文件流程

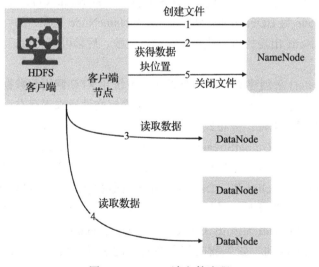

图 5-60　HDFS 读文件流程

3. HDFS 的主要设计理念与不适合应用的场景

HDFS 的主要设计理念有以下几点：

1）**存储超大文件**：这里的"超大文件"是指几百 MB、GB 甚至 TB 级别的文件。

2）**最高效的访问模式是一次写入、多次读取（流式数据访问）**：HDFS 存储的数据集作为 Hadoop 的分析对象。在数据集生成后，长时间在此数据集上进行各种分析。每次分析都将涉及该数据集的大部分数据甚至全部数据，因此读取整个数据集的时间延迟比读取第一条记录的时间延迟更重要。

3）**运行在普通的服务器上**：HDFS 设计理念之一就是让它能运行在普通的硬件之上，即便硬件出现故障，也可以通过容错策略来保证数据的高可用性。

不适合使用 HDFS 的场景包括：

①将 HDFS 用于对数据访问要求低延迟的场景：由于 HDFS 是为高数据吞吐量应用而设计的，必然以高延迟为代价。

②存储大量小文件：HDFS 中元数据（文件的基本信息）存储在 namenode 的内存中，而 namenode 为单点，小文件数量大到一定程度，namenode 内存就吃不消了。

5.9.3 Ceph

Ceph 已成为 OpenStack 上通用的存储之一，也是是目前人气很高的开源存储项目之一。Ceph 是一种为获得优秀的性能、可靠性和可扩展性而设计的统一的、分布式的存储系统。

"统一的"意味着 Ceph 可以在一套存储系统中提供对象存储、块存储和文件系统存储三种功能，以便在满足不同应用需求的前提下简化部署和运维。而"分布式的"则意味着在 Ceph 系统是真正的无中心结构且没有理论上限的系统规模可扩展性。Ceph 支持以下三种接口：

- Object：有原生的 API，而且也兼容 Swift 和 S3 的 API。
- Block：支持精简配置、快照、克隆。
- File：Posix 接口，支持快照。

Ceph 也是分布式存储系统，它的特点是：

1）高扩展性：使用普通 x86 服务器，支持 10 ～ 1000 台服务器，支持 TB 到 PB 级的扩展。

2）高可靠性：没有单点故障，具有多数据副本，能自动管理、自动修复。

3）高性能：数据分布均衡，并行化度高。对于对象存储和块存储，不需要元数据服务器。

Ceph 一方面实现了高度的可靠性和可扩展性，另一方面保证了客户端访问的相对低延迟和高聚合带宽。

1. 逻辑层次结构

按自底向上的方式可以将 Ceph 系统分为四个层次，如图 5-61 所示。

（1）基础存储系统 RADOS（Reliable，Autonomic，Distributed Object Store，可靠的、自动化的、分布式的对象存储）

顾名思义，这一层就是一个完整的对象存储系统，所有存储在 Ceph 系统中的用户数据事实上最终都是由这一层来存储的。而 Ceph 的高可靠、高可扩展、高性能、高自动化等特性本质上也是由这一层所提供的。因此，理解 RADOS 是理解 Ceph 的基础与关键。

物理上，RADOS 由大量存储设备节点组成，每个节点拥有自己的硬件资源（CPU、内存、硬盘、网络），并运行着操作系统和文件系统。

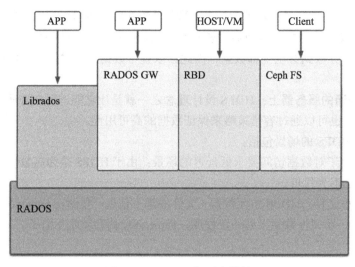

图 5-61   Ceph 逻辑层次结构

（2）基础库 Librados

这一层的功能是对 RADOS 进行抽象和封装，并向上层提供 API，以便直接基于 RADOS（而不是整个 Ceph）进行应用开发。特别要注意的是，RADOS 是一个对象存储系统，因此，Librados 实现的 API 也只是针对对象存储功能的。

RADOS 采用 C++ 开发，所提供的原生 Librados API 包括 C 和 C++ 两种。物理上，Librados 和基于其上开发的应用位于同一台机器，因而也被称为本地 API。应用调用本机上的 Librados API，再由后者通过 socket 与 RADOS 集群中的节点通信并完成各种操作。

（3）高层应用接口

这一层包括了三个部分：RADOS GW（RADOS Gateway）、RBD（Reliable Block Device）和 Ceph FS（Ceph File System），其作用是在 librados 库的基础上提供抽象层次更高、更便于应用或客户端使用的上层接口。

其中，RADOS GW 是一个提供与 Amazon S3 和 Swift 兼容的 RESTful API 的 gateway，以供相应的对象存储应用开发使用。RADOS GW 提供的 API 抽象层次更高，但功能则不如 librados 强大。因此，开发者应针对自己的需求选择使用。

RBD 则提供了一个标准的块设备接口，常用于在虚拟化的场景下为虚拟机创建卷。目前，Red Hat 已经将 RBD 驱动集成在 KVM/QEMU 中，以提高虚拟机访问性能。

Ceph FS 是一个 POSIX 兼容的分布式文件系统。由于还处在开发状态，因而 Ceph 官网并不推荐将其用于生产环境中。

（4）应用层

这一层就是不同场景下应用 Ceph 各个应用接口的方式，例如基于 librados 直接开发的对象存储应用、基于 RADOS GW 开发的对象存储应用、基于 RBD 实现的云硬盘等。

理解这个问题有助于理解 RADOS 的本质，因此有必要在此加以分析。初看起来，

Librados 和 RADOS GW 的区别在于，Librados 提供的是本地 API，而 RADOS GW 提供的则是 RESTful API，二者的编程模型和实际性能不同。更进一步说，则和这两个不同抽象层次的目标应用场景差异有关。换言之，虽然 RADOS 和 S3、Swift 同属分布式对象存储系统，但 RADOS 提供的功能更为基础、也更为丰富。这一点可以通过对比看出。

Ceph 一方面实现了高度的可靠性和可扩展性，另一方面保证了客户端访问的相对低延迟和高聚合带宽。

2. RADOS 的逻辑结构

RADOS 是 Ceph 的基础存储系统，其逻辑结构如图 5-62 所示。

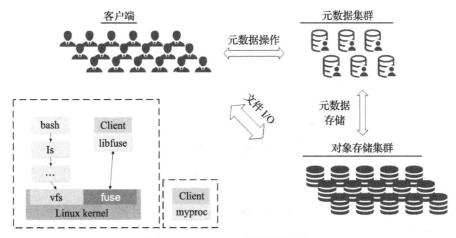

图 5-62　RADOS 系统逻辑结构

在使用 RADOS 系统时，大量的客户端程序通过与 OSD 或者 monitor 的交互获取 cluster map，然后直接在本地进行计算，得出对象的存储位置后，便直接与对应的 OSD 通信，完成数据的各种操作。可见，在此过程中，只要保证 cluster map 不频繁更新，则客户端显然可以不依赖于任何元数据服务器，不进行任何查表操作，便完成数据访问流程。在 RADOS 的运行过程中，cluster map 的更新完全取决于系统的状态变化，而导致这一变化的常见事件只有两种：OSD 出现故障，或者 RADOS 规模扩大。正常应用场景下，这两种事件发生的频率显然远远低于客户端对数据进行访问的频率。

根据定义，OSD 可以被抽象为两个组成部分，即系统部分和守护进程（OSD deamon）部分。OSD 的系统部分本质上就是一台安装了操作系统和文件系统的计算机，其硬件部分至少包括一个单核的处理器、一定数量的内存、一块硬盘以及一张网卡。由于这么小规模的 x86 架构服务器并不实用（事实上也见不到），因而实际应用中通常将多个 OSD 集中部署在一台更大规模的服务器上。在选择系统配置时，应当能够保证每个 OSD 占用一定的计算能力、一定量的内存和一块硬盘。同时，应当保证该服务器具备足够的网络带宽。具体的硬件配置选择可以参考。

在上述系统平台上，每个 OSD 拥有一个自己的 OSD deamon。这个 deamon 负责完成 OSD

的所有逻辑功能，包括与 monitor 和其他 OSD（事实上是其他 OSD 的 deamon）通信以维护更新系统状态，与其他 OSD 共同完成数据的存储和维护，与 client 通信完成各种数据对象操作等。

3. 寻址流程

CRUSH 是一个可扩展的伪随机数据分布算法，能够有效地映射数据对象到存储节点上，而且能够处理系统的扩展和硬件失效，最小化由于存储节点的添加和移除而导致的数据迁移。Client 不需要 Name 服务器，Client 直接和 OSD 进行通信。Ceph 的寻址流程如图 5-63 所示。

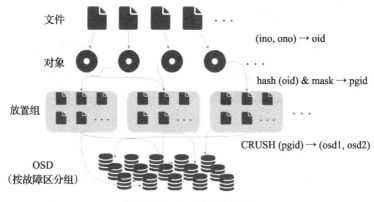

图 5-63　Ceph 寻址流程

Ceph 的命名空间是（Pool，Object），每个 Object 都会映射到一组 OSD 中（由这组 OSD 保存这个 Object）：

$$（Pool，Object）\rightarrow（Pool，PG）\rightarrow OSD\ set \rightarrow Disk$$

Ceph 中，Pools 的属性有：

- Object 的副本数。
- Placement Groups 的数量。
- 所使用的 CRUSH Ruleset。

在 Ceph 中，Object 先映射到 PG（Placement Group），再由 PG 映射到 OSD set。每个 Pool 有多个 PG，每个 Object 通过计算 Hash 值并取模得到它所对应的 PG。PG 再映射到一组 OSD（OSD 的个数由 Pool 的副本数决定），第一个 OSD 是 Primary，剩下的都是 Replicas。

数据映射（Data Placement）的方式决定了存储系统的性能和扩展性。（Pool，PG）→ OSD set 的映射由四个因素决定：

- CRUSH 算法：一种伪随机算法。
- OSD MAP：包含当前所有 Pool 的状态和所有 OSD 的状态。
- CRUSH MAP：包含当前磁盘、服务器、机架的层级结构。
- CRUSH Rules：数据映射的策略。这些策略可以灵活的设置 object 存放的区域。比如可以指定 pool1 中所有 objecst 放置在机架 1 上，所有 objects 的第 1 个副本放置在机架 1 上的服务器 A 上，第 2 个副本分布在机架 1 上的服务器 B 上。pool2 中所有的

object 分布在机架 2、3、4 上，所有 Object 的第 1 个副本分布在机架 2 的服务器上，第 2 个副本分布在机架 3 的服务器上，第 3 个副本分布在机架 4 的服务器上。

Client 可以从 Monitors 中得到 CRUSH MAP、OSD MAP、CRUSH Ruleset，然后使用 CRUSH 算法计算出 Object 所在的 OSD set。所以，Ceph 不需要 Name 服务器，Client 可以直接和 OSD 进行通信。

4. 更新流程

Ceph 的更新流程如图 5-64 所示。

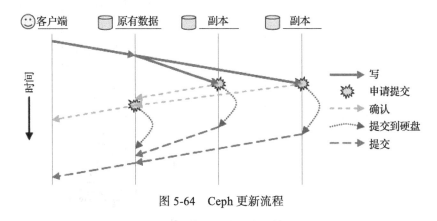

图 5-64　Ceph 更新流程

1）Ceph 的读写操作采用 Primary-Replica 模型，Client 只向 Object 所对应 OSD set 的 Primary 发起读写请求，这保证了数据的强一致性。

2）由于每个 Object 只有一个 Primary OSD，因此对 Object 的更新是顺序的，不存在同步问题。

3）当 Primary 收到 Object 的写请求时，它负责把数据发送给其他 Replicas，只有这个数据被保存在所有的 OSD 上时，Primary 才应答 Object 的写请求，从而保证了副本的一致性。

Primary 将更新转发给 Replicas，并用一个 ack 作为应用于所有 OSD 的内存缓冲区缓存的回应，使同步客户端的 POSIX 调用返回。当数据安全地提交到磁盘后，最后的 commit 被发送（也许发送许多秒后）。我们只在更新已被完全复制并且无缝容忍任意 OSD 的失效的情况下将 ack 发送到客户端后。

5.9.4　Lustre

Lustre 是 HP、Intel、Cluster File System 公司联合美国能源部开发的 Linux 集群并行文件系统。该系统已推出 1.0 的发布版本是第一个基于对象存储设备的、开源的并行文件系统。其结构如图所示，它由客户端、两个 MDS、OSD 设备池通过高速的以太网或 QWS Net 所构成。它可以支持 1000 个客户端节点的 I/O 请求，两个 MDS 采用共享存储设备的 Active-Standby 方式的容错机制，存储设备 OSD，是基于对象的智能存储设备。

Lustre 采用分布式的锁管理机制来实现并发控制，元数据和文件数据的通信链路分开管理。与 PVFS [⊖]相比，Lustre 虽然在性能、可用行和扩展性上略胜一筹，但它需要特殊设备的支持，而且分布式的元数据服务器管理还没有实现。Lustre 的结构如图 5-65 所示。

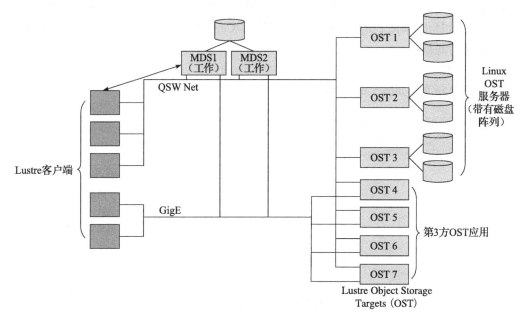

图 5-65   Lustre 的结构

5.9.5   GlasterFS

GlasterFS 主要应用在集群系统中，通过 Infiniband RDMA 或者 Tcp/Ip 方式将许多廉价的 x86 主机，通过网络互联成一个并行的网络文件系统，具有很好的可扩展性。软件的结果设计良好，易于扩展和配置，通过各个模块的灵活搭配得到针对性的解决方案。它可解决以下问题：网络存储、联合存储（融合多个节点上的存储空间）、冗余备份、大文件的负载均衡（分块）。由于缺乏一些关键特性，可靠性也未经过长时间考验，因此它还不主要应用于需要提供 24 小时不间断服务的产品环境。目前主要应用于大数据量的离线应用。由于 GlasterFS 良好的软件设计，以及由专门的公司负责开发，进展非常迅速，几个月或者一年后将会有很大的改进，非常值得期待。

5.9.6   阿里云 Pangu

盘古（Pangu）是一个分布式的统一存储系统，是飞天平台内核中的重要组成部分。盘古系统在一个核心基础层之上，通过为不同应用场景而抽象的适配层设计，提供了分布式块存

⊖　PVFS 是 Clemson 大学开发的并行虚拟文件系统（PVFS）项目，用来为运行 Linux 操作系统的 PC 群集创建一个开放源码的并行文件系统。PVFS 已被广泛用于临时存储的高性能大型文件系统和并行 I/O 研究的基础架构。作为一个并行文件系统，PVFS 将数据存储到多个群集节点的已有的文件系统中，多个客户端可以同时访问这些数据。

储系统和分布式文件系统两种形态，基于这一套系统同时提供对象存储、块存储、文件存储以及大数据存储等一系列服务。类似于众多的分布式存储系统，盘古将大量通用机器的存储资源聚合在一起，为用户提供大规模、高可靠、高可用、高吞吐量和可扩展的存储服务。通过分布式文件系统适配，提供类似 HDFS 和 GFS 的功能，能够高效地支撑离线批量处理大数据场景。不同的是，盘古还能够像 Ceph 那样提供统一通用的实时存储服务，并借助软件栈对 RDMA、NVMe SSD 等高性能硬件的融合与全链路优化，具备了高性能数据库级的支撑能力，能够很好地满足各种在线应用的低延时需求。其优点如下：

- 大规模：能够支持数十 EB 量级的存储大小（1EB=1000PB，1PB=1000TB），总文件数量达到亿量级。
- 数据高可靠性：保证数据和元数据（Metadata）是持久保存并能够正确访问，保证所有数据存储在处于不同机架的多个节点上面（通常设置为 3）。即使集群中的部分节点出现硬件和软件故障，系统也能够检测到故障并自动进行数据的备份和迁移，保证数据的安全。
- 服务高可用性：保证用户能够不中断地访问数据，降低系统的不可服务时间。即使出现软硬件的故障、异常和系统升级等情况，服务仍可正常访问。
- 高吞吐量：运行时系统 I/O 吞吐量能够随机器规模线性增长，保证响应时间。
- 高可扩展性：保证系统的容量能够通过增加机器的方式得到自动扩展，下线机器存储的数据能够自动迁移到新加入的节点上。
- 高性能：基于 RDMA、NVMe SSD 等硬件的软件栈优化使系统具备高性能数据库级的支撑能力，能够满足各种在线应用的低延时需求。

阿里云盘古的架构如图 5-66 所示。

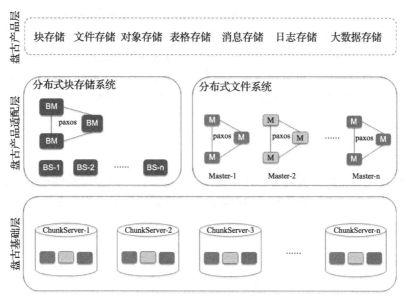

图 5-66　阿里云 Pangu 架构

在盘古系统中，文件系统的元数据存储在多个主服务器（Master）上，文件内容存储在大量的块服务器（Chunk Server）上。客户端程序在使用盘古系统时，首先从主服务器获取元数据信息（包括接下来与哪些块服务器交互），然后在块服务器上直接进行数据操作，如读取文件操作。由于元数据信息很小，大量的数据交互是客户端直接与块服务器进行的，因此盘古系统采用少量的主服务器来管理元数据，并使用 Paxos 协议保证元数据的一致性。此外，块大小被设置为 64MB，进一步减少了元数据的大小，因此可以将元数据全部放到内存中，使主服务器能够处理大量的并发请求。

块服务器负责存储大小为 64MB 的数据块。在向文件写入数据之前，客户端将建立到 3 个块服务器的连接，客户向主副本（Replica）写入数据以后，由主副本负责向其他副本发送数据。与直接由客户端向 3 个副本写入数据相比，这样可以减少客户端的网络带宽使用。块副本在放置的时候，为保证数据可用性和最大化地使用网络带宽，会将副本放置在不同机架上，并优先考虑磁盘利用率低的机器。当硬件故障或数据不可用造成数据块的副本数目不满 3 份时，数据块会被重新复制。为保证数据的完整性，每块数据在写入时会同时计算一个校验值，与数据同时写入磁盘。当读取数据块时，块服务器会再次计算校验值与之前存入的值是否相同，如果不同就说明数据出现了错误，需要从其他副本重新读取数据。

在线应用对盘古系统提出了与离线应用不同的挑战：OSS、OTS 要求低时延数据读写，ECS 在要求低时延的同时还需要具备随机写的能力，数据库业务对性能有更强烈的需求。针对这些需求，盘古系统实现了事务日志文件和分布式块存储层，用于支撑在线应用。其中，日志文件通过多种方法对时延进行了优化，包括设置更高的优先级、由客户端直接写多份拷贝而不是用传统的流水线复制方式（Chain Replication）、写入成功不经过 Master 确认等。分布式块存储层允许用户随机读写，同时也应用了类似日志文件的时延优化技术，并支持 RDMA、NVME SSD 等高性能硬件，能够提供 50μs 之内的端到端的单路随机和顺序写延迟，以及 100 万以上的 IOPS 能力。

另外，盘古采用了混合存储读写模式，SSD 作为快速设备，虽然有寿命限制，但其由于 IOPS 高，能进行掉电保护，可以作为普通磁盘 HDD 的磁盘级 Cache 缓存，用来支持系统的读和写；而普通磁盘 HDD 的吞吐量高，IOPS 少，用来支持系统的读。

本章小结

本章主要针对云存储系统进行了详细的阐述，包括分布式存储基础理论、数据可靠性、数据一致性、分布式文件系统等方面的内容。并详细说明阿里云相关系统（如盘古）的实现过程。

习题

1. 云存储的 CAP 理论是什么？

2. 云存储的数据一致性协议有哪些?

3. 云存储的分区容错性（数据可靠性）如何保证? 有哪些方法?

4. 常见分布式文件系统有哪些? 它们有什么区别?

5. 块存储、文件存储、对象存储有哪些区别?

参考文献与进一步阅读

［1］ 吴晨涛. 信息存储与 IT 管理［M］. 北京：人民邮电出版社，2015.

［2］ Donald Miner, Adam Shook. Mapreduce 设计模式［M］. 徐钊，等译. 北京：人民邮电出版社，2014.

［3］ T J Chandler. Looking at Optical Disk Storage Technology［J］. ACM SIGUCCS Newsletter, 1987, 17 (4): 15-22.

［4］ M Blaum, J Brady, J Bruck, J Menon. EVENODD: An Efficient Scheme for Tolerating Double Disk Failures in RAID Architectures［J］. IEEE Transactions on Computers, 1995, 44(2): 192-202.

［5］ J Blomer, M Kalfane, et al. An XOR-Based Erasure-Resilient Coding Scheme［R］. International Computer Science Institute, 1995.

［6］ P Chen, E Lee, et al. RAID: High-Performance, Reliable Secondary Storage［J］. ACM Computing Surveys, 1994, 26(2): 145-185.

［7］ S Ghemawat, H Gobioff, S Leung. The Google File System［R］. NY: In Proc. of the SOSP'03, 2003.

［8］ L Xu, J Bruck. X-Code: MDS Array Codes with Optimal Encoding［J］. IEEE Transactions on Information Theory, 1999, 45(1): 272-276.

［9］ G Somasundaram. 信息存储与管理（第二版）［M］. 马衡，等译. 北京：人民邮电出版社，2013.

云 数 据 库

通常而言，底层的存储数据一般通过第 5 章介绍的分布式文件系统来处理，结构化及半结构化数据则一般通过数据库来进行存储。近年来云计算的迅速发展，也要求传统数据库向云数据库进行转型。因此，本章将重点阐述分布式存储的另一个方面——云数据库的内容。

6.1 云数据库概述

伴随着云计算的发展，互联网中的数据量呈现出爆炸性的增长趋势，数据不仅可以在本地存储，还可以在云上进行存储。云数据库是一种稳定可靠、可弹性伸缩的在线数据库服务。云数据库基于云计算平台，提供数据库的变更、查询和计算等服务。这种服务不仅能够把用户从繁琐的硬件、软件配置上解脱出来，还可以简化软件、硬件的升级，具有普通数据库所不具有的特点和功能。

6.1.1 云数据库的现状和演化

第一代数据库问世至今已经有 50 多年，历经层次数据库、关系型数据库、分析数据库、非关系型数据库（NoSQL）等各种形式。这种演变本质上是由企业对于数据存取的速度、计算的数量等需求所推动的，同时也伴随着软件和硬件相辅相成的发展。

目前用户使用云数据库有两种模式：一种是用户利用虚拟机镜像独立地在云上运行数据库，另一种是购买云数据库服务提供商的数据库服务访问权限。

所谓虚拟机镜像，就是云平台允许用户在其购买的虚拟用例上搭建数据库。用户既可以上传自己本地的安装了数据库的虚拟机镜像，也可以利用云平台提供的安装了优化后的数据库的虚拟机镜像。

购买云数据库服务访问权限就是我们通常说的数据库即服务（DataBase as a Service，DBaaS），一些数据库平台把数据库的使用权限作为服务提供，而不需要手动建立一个虚拟机用例。用户因此省却了安装和维护数据库的成本，只需要为使用数据库服务付出一定的费用。

云数据库和普通数据库的关系，就像发电机/发电站与插座的关系（如图 6-1 所示），想想为什么我们用插座，而不是自己做发电机 / 发电站，就能进一步理解云数据库的优势。

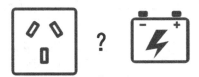

图 6-1 插座与发电机

1）便捷：通常，开发数据库需要首先购买一个主机，然后将其托管到项目公司，再在主机上安装数据库及其他需要的软件。这些步骤在现代项目要求快速落地和迭代的情况下已经不再适用了，我们希望有服务商提供一个"按钮"就能完成上述所有工作。这个原理类似于我们选择使用插座，而不是自己做发电机来发电。当需要搬家（不需要数据库）时，只需要将电闸关上（类似于将程序关掉）即可。

2）弹性收缩：弹性收缩的使用场景很多，典型的例子就是游戏行业。一款游戏在刚发布的时候可能玩家很少，在发布一个月后突然玩家暴增，过了一段时间可能用户量又开始逐渐流失。因此如何为游戏配置合适的服务器数量对游戏厂商而言是一个棘手的问题。使用云数据库，可以根据用户需求合理购买、释放数据库服务器，从而在降低成本的同时向用户提供满意的服务。这和插座的原理相同，一个用户不需要估计家里新增一个电冰箱时需要增加多少电能，然后置换更大功率的发电机，只需要将电冰箱的插头插到电源插座上即可。

3）安全：云数据库服务能够帮助用户将危险的操作收缩起来，避免数据库管理员的误操作，从而能够更好、更稳定地为用户提供服务。

6.1.2 OLTP 和 OLAP

数据库中的数据处理主要分为两大类：联机事务处理（On-Line Transaction Processing，OLTP）、联机分析处理（On-Line Analytical Processing，OLAP）。

OLTP 主要运用在传统关系型数据库中，面向日常的事务处理，例如银行交易。其基本特征是原始数据可以立即传送到计算中心进行处理，并在很短的时间内给出反馈，这样可以及时地处理数据、及时地反应，也称为实时系统。衡量联机事务处理结果的一个重要指标是系统性能，具体体现为实时请求 – 响应时间。

OLAP 主要运用在数据仓库系统中，专门用来支持复杂的分析操作，侧重对决策人员和高层管理人员的决策支持，可以根据分析人员的要求快速、灵活地进行大数据量的复杂查询处理，并且以一种直观而易懂的形式将查询结果提供给决策人员，以便他们准确掌握企业（公司）的经营状况，了解对象的需求，制定正确的方案。

随着大数据技术发展，数据库选择的范围越来越多。普遍关注的功能包括：①面向事务还是面向分析；②数据内容是当前的、详细的数据还是历史的、汇总的数据；③数据库设计是实体联系（Entity Relationship，ER）模型还是面向应用的数据库设计。通常而言，前者指的是 OLTP 场景，后者指的是 OLAP 场景。这两种场景的对比如图 6-2 所示。

	OLTP	OLAP
用户	操作人员，低层管理人员	决策人员，高级管理人员
功能	日常操作处理	分析决策
DB设计	面向应用	面向主题
数据	当前的，最新的，细节的，二维的，分立的	历史的，聚集的，多维的，集成的，统一的
存取	读/写数十条记录	读上百万条记录
工作单位	简单的事务	复杂的查询
用户数	上千个	上百个
DB大小	100MB到GB	100GB到TB

图 6-2　OLTP 和 OLAP 的对比

6.1.3　常见的数据库类型及其管理系统

1. 关系型数据库：结构化查询语言（SQL）和数据库管理系统（DBMS）

结构化查询语言（Structured Query Language，SQL）由 IBM San Jose 实验室开发，允许用户在高层数据结构上工作，用于存取数据以及查询、更新和管理关系数据库系统。由于 SQL 语言结构简洁、功能强大、简单易学，因此是大型关系型数据库系统的标准语言。DBMS（DataBase Management System）是一种创建和管理数据库的系统软件，能够给用户和程序员提供一种系统地创建、回收、更新、管理数据的方式，本质上就是一种服务于数据库和终端用户或者应用程序的接口。DBMS 主要负责三项重要的内容：数据，允许数据被访问、锁定、修改的数据库引擎，数据库关系。数据库维护者可以利用 DBMS 对数据库数据进行更新、负载监控、数据备份和恢复。事实上，维护数据库的总成本是购买及搭建数据库成本的 5 ～ 10 倍，因此将数据库维护业务交给第三方也成为一种选择。DBMS 的基本结构如图 6-3 所示。

2. 非关系型数据库 NoSQL

NoSQL（Not only SQL）的意思是"不仅仅是 SQL"，是一种对非关系型数据库的总称。这种非关系型数据库常常用于超大规模数据的存储，因为这些大规模的数据没有固定的模式，因此可以相对容易地进行横向扩展。在云数据库中，NoSQL 所具有的容易拓展、结构简单的特点使得大规模分布式开发变得更加方便，因此成为云数据库的宠儿。

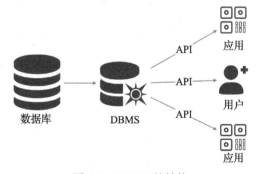

图 6-3　DBMS 的结构

3. 分布式数据库

分布式数据库（Distributed DataBase，DDB）通常使用多个存储节点构建一个完整的、全局的逻辑上集中、物理上分布的大型数据库，每个节点都有其独立的数据库或全局数据库的部分副本。其对应的数据库管理系统——分布式数据库管理系统（Distributed DataBase

Management System，DDBMS）是一种管理分布式数据库系统的应用。它能够周期性地同步数据，从而保证不同的用户能够访问同样的数据，以及对于数据的操作能够同步到分布式数据库系统的其他部分当中。

4. 内存数据库

内存数据库（Main Memory DataBase，MMDB）就是将数据放在内存中直接操作的数据库。采用内存数据库主要有两个方面的原因。一方面，由于内存比磁盘的读写速度更快，因此内存数据库能够极大地提高数据库应用的性能；另一方面，内存数据库抛弃了磁盘数据管理的传统方式，基于全部数据在内存中重新设计了体系结构，并且在数据缓存、快速算法、并行操作方面也进行了相应的改进，所以数据处理速度比传统数据库的数据处理速度快得多。内存数据库的最大特点是其"主拷贝"或"工作版本"常驻内存，即活动事务只与实时内存数据库的内存拷贝打交道。

6.1.4 云数据库关键组件及应用场景

1. 关键组件

（1）管控

"管控系统"就是用于控制数据库相关任务流的系统，比如数据库的创建、销毁、迁移、资源管理等。一般以任务的形式完成实例、资源管理，有些任务需要由外部系统调用，且同时提供任务接口。

（2）Proxy 中间层

中间层作为连接云数据库与用户端之间的简单程序，主要任务是监测、分析或者改变通信，本质上就是将用户端的连接请求发送给后台的数据库，通过相对复杂的控制与过滤，实现读写分离和负载均衡。

2. 大数据应用场景——流式计算

大数据计算主要有批量计算与流式计算两种模式，分别适用于不同的大数据应用场景，其他还有交互计算、图计算等模式。流式数据的特点就是数据的到来时间与顺序无法确定，往往是最近的一个窗口内出现数据激增，但是信息量相对少、时延短。在大数据的时代，数据的时效性越来越重要，因此对流式计算的需求也越来越高，尽可能地构建短时延、高宽带、持续可靠的云数据库流式计算系统是云数据库平台的目标。

建立一个流式计算的体系结构，需要考虑很多因素。首先是必须建立一个分布式的体系结构。因为集中式的体系结构很难满足数据流压力的需要，而一个分布式的体系结构则可以在数据流压力下实现任务的灵活扩展与收缩。其次，数据流必须灵活高效地利用内存，因为一个任务提交之后，必须在内存中运行，数据流也将在内存中完成计算，因此内存是流式计算的体系结构中非常重要的一个部分。再次，时效性对于流式计算非常关键，当一个数据流到达后，必须迅速准确地发现并进行处理，及时、部分准确的计算结果要优于延迟、精确的计算结果。根据场景的需要，也可以将数据流选择性地进行存储，实现流式计算与批量计算之间的优势互补。最后，系统需要在线进行优化与调整。根据当前时刻的数据流特点，有效迅速地调整系统方案。

6.2　云数据库的设计和架构

在云数据库系统中，设计及其分布式架构尤其重要。本节将首先从云数据库设计的四个方面（高可靠性、高可用性、高安全性、良好的兼容性）进行分析，然后介绍云数据库的主要架构。

6.2.1　高可靠性

所谓数据库的可靠性，就是当数据库系统通知用户数据读写成功后，我们不希望出现访问时有数据读写未成功的情况。然而这种情况真的会出现吗？基于图 6-4，我们给出一个例子来描述"事务丢失"的概念。

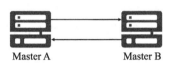

图 6-4　全同步

已知主数据库（主库）和备份数据库（备库）之间的数据同步是通过同步日志的内容实现的。假设用户花费了 5 分钟对 Master A 进行读写操作。读写成功后，Master A 向用户反馈了"操作完成"的消息。此时 Master B 开始进行同步数据的工作，同样，这个过程也需要花费 5 分钟的时间。如果在这 5 分钟之内，Master A 由于不可预知的故障出现了错误，用户的连接将被切换到 Master B 上去。但是，此时 Master B 的同步工作尚未完成。如果此时用户对 Master B 发出了查询请求，就会发现一部分原以为已经成功导入的数据并没有导入成功。甚至在向 Master B 发送日志记录的过程中，Master A 出现了不可预料的错误，这时不但用户即时访问 Master B 会发现数据没有更新成功，而且 Master B 将永远不会得到更新在 Master A 中的消息。这是云数据库提供商和用户都不愿意看到的情况。

通常我们有三种同步策略来解决这个问题。

1）异步：在备库正在同步数据库时，不允许将连接切换到备库中去。一个常见的例子就是人们用 POS 机刷银行卡时，有时会遇到 POS 机提示"网络异常"的情况，用户只需要稍等几秒再进行连接即可。这种等待在一些情形下是允许的。

2）全同步：在主库更新结束后，并不立即向用户反馈更新成功的消息，而是等待所有的备库同样更新成功后，再向用户反馈提示。这种方式的缺点是数据库更新的性能会低很多，在一些大规模数据库的行业中无法满足需要。

3）半同步：半同步是一种对全同步和异步进行折中的方案。当 Master A 进行读写时，将日志信息传送给 Master B，Master B 收到日志信息后给 Master A 返回一个确认信息。因此在 Master A 完成读写操作时，Master B 已经有了更新日志和部分更新的信息。此时，仍然需要等待 Master B 完成读写后才能将连接切换过去。

即使是半同步的方案，由于网络的不稳定性，其可用性依然存在挑战。因此人们尝试通过三个节点来提高数据的可靠性，因为三个机器同时出错的概率要比两个机器小很多。如图 6-5 所示。

同样采用半同步的方式，当 Master B 和 Master C 之一成功返回了确认信息，那么 Master A 即可向用户返回消息提示执行成功。可以发现，在向用户确认执行成功时，系统中至少有两个节点已经成功执行了数据更新，从而在数据可靠性和可用性之间取得了平衡。其缺陷是建立三个节点的成本比建立两个节点的成本要高。因此人们继续探索在保证性能的前提下降低成本的方案。

如图 6-6 所示，Master C 仅仅需要存储日志即可。当 Master A 出现错误时，如果 Master B 成功完成数据更新，则将连接建立在 Master B 上即可；如果 Master B 没有完成数据更新，那么将到 Binlog Store 中读取未完成的数据日志，执行完成后与用户建立连接即可。相比于三个节点的方式，这种方式大大降低了成本。

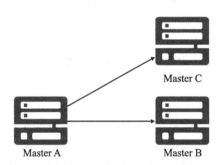

图 6-5　采用三台机器的半同步

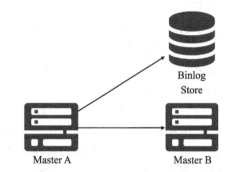

图 6-6　半同步优化方案（Master B/Binlog Store）

人们尝试再进一步，将 Master B 与 Binlog Store 在逻辑上合并在一起。在 Master B 上有两个线程同时执行，一个线程只负责记录日志，另一个线程在记录日志的同时执行数据更新。一方面，当 Master A 出错而 Master B 未完成所有的数据更新时，Master B 能够迅速地读取日志信息进行更新恢复，减少了不可用的时间。更重要的是，在数据出错时，能够准确发现是哪些数据出现了错误，给后续的信息更正节省了时间和精力。

6.2.2　高可用性

所谓可用性，就是让数据库能够在尽量长的时间内稳定提供服务，避免出现服务无法正常提供的情况。意外的硬件故障或者计划内的升级，都是对云数据库可用性的挑战。

为了提高可用性，出现了很多方案。以阿里云数据库为例，它采用了数据库主备同步机制。常见的主备结构如图 6-7 所示，Client 代表用户，我们把 Master A 当作"主"，Master B 当作"备"。

正常运行时，Client 对 Master A 进行访问，当 Master A 需要进行计划内的升级时，控制系统将高可用模块从 Master A 切换到 Master B 上。阿里云通过采用连

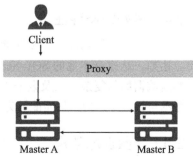

图 6-7　阿里云数据库主备同步机制

接保持的技术，使得用户对于这种计划内的切换而产生的间断毫无察觉。由于 Master A 中的缓存保存了用户经常访问的信息，突然地切换到 Master B 中可能会引起缓存命中率的降低，用户感觉到数据库服务器"变慢了"，因此计划内的切换通常在用户访问压力小的情况下进行，从而为用户提供高质量的服务。

当 Master A 出现计划外的错误时，我们可以认为这个错误影响的只是当前进行访问的请求。当这个请求失败后，连接保持技术就会迅速地将请求切换到 Master B 上去，从而维护了云数据库的可用性。

6.2.3　高安全性

云数据库在给用户带来便利、高效的使用体验以外，安全常常是云数据库发展过程中被问及的一个话题。很多云数据库安全问题的爆出警示我们，云数据库还需要进一步提升安全性才能保证用户的数据安全。

首先在云数据库的访问控制上面，针对不同的用户需要赋予不同的权限，进行合理授权。针对云数据库的管理员，也需要进行访问控制。通常情况下，管理员的任务是维护数据库的正常运行，而不是访问或者修改数据库中的数据。

其次，由于数据库在云环境下存在的风险是不可以否认的，因此可以针对数据库进行加密。如果黑客攻了数据库系统对数据库进行复制、删除或者修改，将对云数据库平台的提供者和使用者造成难以估量的负面影响。因此，针对云数据库中的核心数据进行加密是一种非常必要的手段。第一种方法是对存储数据库的磁盘进行加密，这能有效防止磁盘被破解，但是数据库在网络层、应用层上依然是明文传输的，并且对磁盘的加密也会破坏整体云平台的性能。第二种方法是在 DBMS 的外层加上数据加密 / 解密的代理，从而保证网络数据通信过程中数据的安全性。第三种方法是在 DBMS 的内核层进行加密，数据库服务器在向数据库中插入数据前会自动加密数据，读取的数据先进行解密再传递给查询程序。但是这种加密 /解密的过程也会加重服务器的负担。

最后，数据库可以利用审计技术，准确完整地记录数据库访问与操作行为。数据库安全事件一旦发生，就能够迅速精确地找到责任人，这也是对进行正常访问的用户的一种保护。

云数据库服务的提供商可采用以上一种或几种方式，为云数据库的用户提供有力的保护。

6.2.4　良好的兼容性

一个好的云数据库平台必须能够让用户便于进行数据库迁移，这时兼容性就显得至关重要。比如，从原有本地的 SQL Server 数据库迁移到阿里云 SQL 的数据库当中时，考虑到原有本地数据库的复杂性以及数据库语言的复杂性，应该让数据库平台尽可能地兼容多种数据库版本与数据库结构，从而能够为用户提供高效便捷的服务。

6.2.5　云数据库架构

现在，云数据库的主流架构主要分为两种：一种是大规模并行处理（Massively Parallel

Processing，MPP）架构，采用这种架构的数据库主要面向行业大数据；另一种是 SQL on Hadoop 系统中基于某个运行时框架来构建查询引擎，典型案例是 Hive。

当网格中所有的节点都参与协调计算时，网格计算可以用 MPP 方法。MPP DBMS 是构建于这种方法之上的数据库管理系统。在这类系统中，发起的每一个查询请求被划分成若干可以被 MPP 网格中节点并行计算的步骤。通过这种划分，运行时间比传统的 SMP RDBMS 系统更短。这种架构的另外一个优势是可扩展性更好，因为可以通过增加新的节点来方便地扩展网格。为了处理大量的数据，数据经常存储在各个节点，这样每个节点可以只处理其本地数据，这进一步加速了数据的处理。

MPP 架构如图 6-8 所示，其主要特征是 shared-nothing，具有两个或多个处理单元。这里，每个处理单元都有自己的内存、操作系统以及磁盘，从而实现数据的大规模并行处理。比较常见的利用 MPP 架构的数据库是 Pivotal 的 GreenPlum DataBase（GPDB)，GPDB 利用 MPP 架构来将 PB 级的数据负载进行分布，并且并行地使用系统资源来处理查询请求。

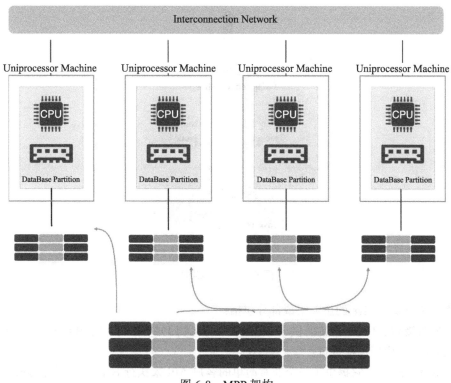

图 6-8　MPP 架构

Hive 是构建于 Hadoop 之上的开源数据仓库解决方案，支持类似于 SQL 的查询语言——HiveQL，该查询语言包含一个支持表格、集合以及嵌套成分的类型系统。Hive 还包括用于数据探索、查询优化以及查询编译的 Metastore 系统目录。Hive 将数据组织成表的形式，每个

表有一个相应的 HDFS 目录，表中的数据被序列化，然后存储在这个目录下的文件中。Hive
还支持存储在 HDFS、NFS 以及本地目录中的表数据。每张表可以分成若干个决定数据在表
目录的子目录中分布的 Partition，每个 Partition 中的数据还可以基于哈希被分成若干个块，
每个块在 Partition 目录中是以文件的形式存储的。Hive 支持多种列类型（整数、浮点数、字
符串、日期以及布尔类型、数组、映射等）。此外，用户还可以自定义需要的类型。其主要架
构如图 6-9 所示。

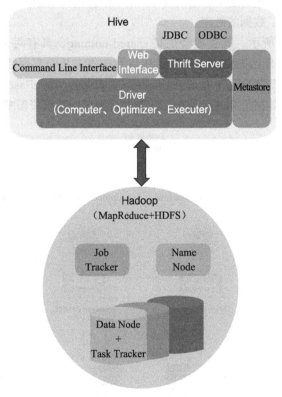

图 6-9　Hive 架构

由图 6-9 可知，Hive 的主要组成部分包括：

1）外部接口：Hive 不仅提供了诸如命令行（CLI）、Web UI 的用户接口，还提供了
JDBC、ODBC 等应用编程接口。

2）Thrift Server：它提供了一个非常简单的客户 API 来执行 HiveQL 语句。Thrift 是一个
针对跨语言的服务框架，用一种语言编写的服务器可以支持其他语言。

3）Metastore：Metastore 是一个存储表的元数据的系统目录，Hive 的其他组成部分都要
与 Metastore 进行交互。

4）Driver：用于管理各个阶段 HiveQL 语句的生存期。

5）Compiler：当 Driver 收到 HiveQL 语句的时候会触发 Compiler，Compiler 将这些语

句转换成包含一个 MapReduce 任务的有向图计划（Driver 将这些 MapReduce 任务以拓扑顺序提交给执行引擎，如 Hadoop、MySQL、Oracle）。

其中，对于插入、查询语句，Compiler 主要进行如下操作：分析程序将一个查询字符串表示成一个分析树；将分析树转换成基于块的内部查询表示；逻辑计划生成器将内部查询表示转换成一个逻辑计划，该逻辑计划又一个逻辑操作树组成。然后 Optimizer 重写该逻辑计划以提高语句的执行效率。另外，用户还可以指定 Optimizer 完成一些操作，比如在 Map 阶段而不是在 Reduce 阶段执行连接操作。

6.3 云数据库的关键技术

除了云数据库的设计和架构外，云数据库也有其关键技术。本节将介绍云数据库的几个关键技术：数据库的扩展、资源管理与任务调度、大规模数据库实现所用的负载均衡及读写分离等技术。

6.3.1 数据库的扩展

当数据库存储容量不足或者性能有待提升时，需要进行数据库扩展。数据库扩展有向上扩展（scale up）和横向扩展（scale out）两种方式。

向上扩展指的是通过数据库调优或者硬件调优等方式提高单机性能。向上扩展主要针对单个节点进行优化，实现数据库的扩展。横向扩展不再局限于提升单机性能，而是实现分布式的数据库，利用多机器解决数据库扩展的问题。

向上扩展和横向扩展是从不同角度对数据库进行的扩展。以楼房为例，一栋 30 层的楼房可以容纳两百人，现在又有两百人需要入住。向上扩展的方式是建一栋 60 层的楼房，供新老住户入住；而横向扩展的方式则是额外建一栋 30 层的房子给新来的两百人住。

随着大数据时代的到来，传统的向上扩展方式只使用单个节点的性能，已经很难满足用户的需求。而且这种扩展方式中，数据在迁移时不得不停机，会造成服务中断。而横向扩展的方式只需增加节点，使数据库的扩展工作大大简化。当有节点发生故障时，系统自动检测故障，并转移故障节点的应用，提高数据库的可靠性和高可用性。

此外，数据库在搭建之初，往往要预估未来的容量等需求，而由于很难准确预测未来容量，后期需要的大容量设备在初期无法得到充分利用，造成了资源的浪费。而使用横向扩展的方式，可以实现按需购买，在需要扩容的时候增加相应的节点，满足当前以及未来短时间内的需求，使资源得到充分利用。

6.3.2 大规模数据库的实现

在大数据时代，海量数据的存储和访问成为数据库设计的瓶颈，传统的方式已无法满足大数据的需求。要实现超大规模的数据库，可采用负载均衡技术、读写分离技术、数据库 /数据表拆分技术等。

1. 负载均衡技术

顾名思义，负载均衡就是平衡各节点／单元的工作负载，以达到提高整个系统资源利用率的目的。利用负载均衡技术，可以将大量并发访问或数据流量等任务分配到多个节点单元上分别处理以缩短反应时间，或者将单个负载严重的节点的工作任务分配到其他节点进行处理。

负载均衡技术通常用于集群系统中，该系统由多台计算机构成，系统之间通过网络进行连接。对内，各个节点相互协作，均衡负载；对外，则表现为超强性能的服务器。

在云数据库中实现负载均衡，首先需要一个连接数据库的控制端作为中间层。外部的所有请求访问中间层，由中间层来访问数据库。中间层可以设置有效的均衡策略，控制每次访问哪个数据库。此外，在云数据库中，负载均衡技术要解决的另一个问题是数据的实时和同步。

负载均衡技术使得数据库具有很强的扩展性，只需要增加数据库服务器即可，同时也保证了数据库的可维护性。通过多台服务器实现数据的冗余，也保护了数据库的安全性。

2. 读写分离技术

数据库读写分离的原理是将读操作和写操作对应到不同的数据库服务器上去，从而减轻数据库的压力（如图 6-10 所示）。一般由主数据库对应写操作、从数据库对应读操作，当数据库进行写操作时，需要同步到所有的数据库，从而保证数据的完整性。

数据库的读写分离需要实现数据复制，将一组数据拷贝到多个数据源，分布在多个数据库服务器，从而保证不同地点的数据自动更新，维持数据的一致性。

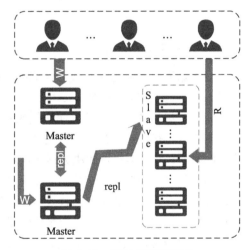

图 6-10　读写分离架构图

但读写分离技术也存在一定的问题。例如，实时性差，写操作进行后，往往要隔一段时间才能访问到最新的数据。尤其是在操作的数据量大时，同步效率明显变差。所以，需要根据查询的敏感程度区分业务，将可接受短期延迟的查询分流到库。

3. 数据库／数据表拆分技术

数据库／数据表拆分技术是按照一定的规则将同一个数据库的数据分散到不同的数据库中，通过路由转换访问特定的数据库，从而将访问分散到多台服务器。

拆分技术分为纵向拆分和横向拆分。纵向拆分是按照具体应用的功能模块进行拆分，不同功能的模块分布在不同的数据库。横向拆分是将单个表的数据分散到不同的数据库。

纵向拆分适合模块划分清晰的系统，但是仅仅按功能模块进行拆分，并不能有效缓解所有的访问压力，单表数据的操作带来的系统开销仍然很大。此时，横向拆分的方法继续将表划分成子表，可有效提升数据库操作效率。如图 6-11 所示。

6.3.3 共享型和分布式数据库

共享存储是云计算时代对数据库的创新，以节约资源、降低开发成本为目的。云数据库的提供商和使用数据库的人，类似于雇主和租户的关系。用户可以创建表、修改表，但是无法创建数据库、修改数据库，因为数据库供所有用户使用，单个用户不具备修改的权限。

由于是共享存储，用户可以按需付费，不必购买整个数据库。有多大的业务就租赁多大的空间，相应地就支付多少费用，从而降低了开发成本。

共享型数据库需要支持租户隔离并保障安全性。在遇到故障时，要提供高可用保障，不影响对用户的服务。当用户数据增长超过租用容量时，还要能够为用户数据库提供无缝升级的扩容服务。

分布式数据库是数据库技术和网络技术相结合的产物，目前逐渐向客户机 / 服务器模式发展。分布式数据库是一个数据的集合，这些数据物理上分布在计算机网络的不同站点，逻辑上却属于同一个系统。每个站点拥有独立处理的能力，同

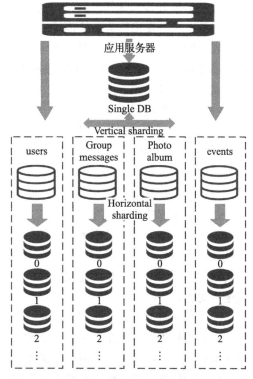

图 6-11 数据库 / 数据表拆分技术（数据分片架构图）

时也至少参与到一个全局应用中。所以分布式数据库的特点包括：物理分布性、逻辑整体性、场地自治性、场地之间协作性。

分布式数据库按照所使用的数据模型、数据库管理系统，可分为同构同质型、同构异质型、异构型。数据库要把数据分散到不同的站点，涉及数据分片的技术，包括水平分片、垂直分片、导出分片、混合分片等。无论采用哪种分片方式，都必须满足完备性、可重构、不相交的条件。

分布式数据库管理系统接收到用户请求后，要决定将其分配到哪些计算机。如果目标数据存储在多个计算机上，就必须进行分布式处理。由于采用分布式架构，数据库具有灵活的体系结构、较好的可扩展性，能够适应分布式的管理和控制结构。

6.3.4 智能运维和数据化管理

由于集群规模和数据量增长过快，业务环境愈发复杂，给运维工作带来了巨大的挑战。传统的运维平台虽然能在故障发生时及时报告，但却不具备预测的功能，无法发现潜在的风

险。智能运维和数据化管理则可以弥补传统运维的不足，实现数据库资源统一监控，运维工作自动化、智能化，挖掘和预测潜在的风险，快速定位和处理故障。

智能运维和数据化管理通过主动管理的方式，实时监控数据库的资源消耗、执行成本等性能参数，及时发出警告并给出原因分析。通过对历史数据自动收集和汇总分析，当数据库运行状态偏离时，也能够及时发出预警。通过预定义的标准，自动检测故障；通过预先设定的故障分析程序，自动分析原因并提供相应的解决方案，大大提升运维和管理的效率。

常见功能模块如下：

（1）数据库运行成本监控

数据库运行效率取决于数据库 SQL/NoSQL 语句的运行效率，通过对业务系统的数据库语句的资源（如 CPU、内存等）消耗、执行时间等成本因素监控，形成 SQL 语句历史执行成本变化曲线。当某类应用的 SQL/NoSQL 语句运行效率下降、运行成本增加、运行时间突增时，发出预警并提供相应的原因分析报告。

（2）数据库性能监控与分析

通过对数据库过去几周或几月的历史性能数据的自动收集、汇总分析，并生成数据库性能基线，当数据库运行状态偏离性能基线时发出预警。同时，将资源消耗多的 SQL/NoSQL 语句定位、原因解析、整改建议方案产生、整改前后效果预测与优化建议报表生成等功能实现全自动化。

（3）故障自动分析、处理与回溯

通过给数据库预先定义健康的标准，实时对数据库运行状态进行自检，当数据库偏离健康标准时发出故障预警。同时，可调用预先设置的相关故障分析程序自动分析故障原因，并给出可能的解决方案，极大缩短了故障处理时间；启动捕获业务系统故障时间交易信息及运行数据，并在测试环境再次回放，实现故障现象回溯。

（4）数据库容量监控与分析

通过实时收集与存储数据库容量（如空间消耗、并发连接数变化、内存消耗等）基础数据，进行自动分析。通过分析数据库的历史容量变化趋势，能够对数据库即将出现的容量瓶颈进行提前预警。

6.4　表格存储

本节将介绍云数据库的主要分支——表格存储的内容，重点介绍表格存储的基本内容和工业界的表格存储产品。

6.4.1　表格存储概述

随着互联网的不断发展，数据库面临很多新的挑战。许多应用都有结构化数据存储和查询的需求，数据规模也在爆炸式地增长，并发操作的需求达到了每秒千万次，响应时间也要降低到毫秒级别。而传统的数据库运营成本太高、运维也较复杂，不足以应对快速增长的数据量、并发访问量以及较低的返回延迟。

归功于 Amazon 的 Dymano 和 Google 的 Bigtable 两篇论文，NoSQL 存储兴起并快速发展，NoSQL 数据库的产生解决了大规模数据集合、多重数据种类带来的各种问题，尤其是大数据应用难题。其中，表格存储以实例和表的形式进行组织数据。表也有行和列的概念，但表格存储的表是稀疏的，每一行可以有不同的列，属性列可以动态增加或者减少，这与传统的数据库不同。传统数据库提供了丰富功能，相比之下，表格存储只提供较为基础的功能，但通过数据分片和负载均衡技术，能够较容易地支持更大的数据规模和并发访问，具有更好的规模扩展性；表格存储向应用程序屏蔽底层硬件平台的故障和错误，能自动从各类错误中恢复，提供良好的服务可用性。而且，由于表格存储的数据存储在 SSD 中且有多个备份，因此具有访问快速和数据可靠性极高的特点。最后，在使用表格存储服务时，只需要按照预留和使用的资源进行付费，无需关心数据库的软硬件升级维护、集群缩容扩容等复杂问题，这无疑方便了用户，优化了用户的使用体验。因此，表格存储的优势主要体现在以下方面：扩展性、可靠性、可用性、管理便捷性、访问安全性、数据模型的灵活性、按量付费等。

表格存储提供了海量结构化数据和半结构化数据的存储和实时查询的服务，具有实时的插入、修改、删除和查询等功能。相比传统的数据库，表格存储具有更强大的功能。其特点主要如下：

1）表格存储以实例和表的形式组织数据，通过数据分片和负载均衡技术，达到大规模的无缝扩展。

2）表格存储向应用程序屏蔽底层硬件平台的故障和错误，能自动从各类错误中快速恢复，提供非常高的服务可用性。

3）表格存储管理的数据全部存储在高速存储设备（如内存和固态硬盘 SSD）中并具有多个备份，提供了快速的访问性能和极高的数据可靠性。

4）用户在使用表格存储服务时，只需要按照预留和使用的资源进行付费，无需关心数据库的软硬件升级维护、集群缩容扩容等复杂问题。

表格存储主要提供四种数据模型：表、行、主键（每一行的唯一标识）、分区键（组成主键的第一个主键列），如图 6-12 所示。

表格存储的数据操作有单行操作、批量操作、范围读取三种类型，其中主要的命令如下所示。

（1）单行操作

● GetRow：读取单行数据。

● PutRow：新插入一行。如果该行内容已经存在，先删除旧行，再写入新行。

● UpdateRow：更新一行。应用可以增加、删除一行中的属性列，或者更新已经存在的属性列的值。如果该行不存在，那么新增一行。

● DeleteRow：删除一行。

（2）批量操作

● BatchGetRow：批量读取多行数据。

● BatchWriteRow：批量插入、更新、删除多行数据。

（3）范围读取

● GetRange：读取表中一个范围内的数据。

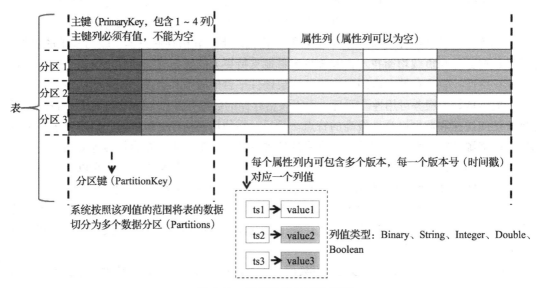

图 6-12　表格存储的四种模型

6.4.2　一些业界产品

HBase 是 Hadoop 的正式子项目，它是一个面向列的分布式数据库，建立在 HDFS 之上，可提供高可靠性、高性能、列存储、可伸缩、实时读写功能，主要用来存储非结构化和半结构化的松散数据。它介于 NoSQL 和 RDBMS 之间，以表的形式存储数据，仅能通过主键（row key）和主键的 range 来检索数据，仅支持单行事务（可通过 Hive 支持来实现多表 join 等复杂操作）。HBase 的存取单元是由行、列、版本来唯一确定，其中行键值是用来检索记录的主键，可以是任意字符串。在 HBase 内部，行键值保存为字节数组，列归属于某一列族，列名以列族为前缀，而版本通过 64 位整型的时间戳来索引。HBase 表中所有的行都按照行关键字的字典序来排列，Table 在行的方向上分割为多个 HRegion，HRegion 是 HBase 中分布式存储和负载均衡的最小单元。最小单元表示不同的 HRegion 可以分布在不同的 HRegion Server 上，但一个 HRegion 不会拆分到多个 Server 上。

Hypertable 是开源、高性能、可伸缩的数据库。采用与 Google 的 Bigtable 相似的模型，通过主键组织，实现高效查询。它可以处理大量并发请求和管理大量数据，扩容时也只需要增加集群中的机器。由于采用分布式的架构，可以应对节点失效的情况，有较高的可用性。但是，该产品不支持事务处理，也不支持关联查询。对单条查询的响应时间可能也不如传统数据库。

Cassandra 是一个混合型的非关系型数据库。它的使用模式灵活，可以在系统运行时随意操作字段。Cassandra 可以实现真正意义上的水平扩展，为集群增加更多的容量。此外，

Cassandra 实现了多数据中心识别。但是其未采用 HDFS 文件系统，难与 Hadoop 协同。同时，开源体系还不成熟，代码稳定性没有保证。

Vertica 是基于列存储的数据库，查询数据时只需取得需要的列，查询性能高、速度快。它具有较好的可伸缩性、可用性，节点无共享架构，独立运作，降低对共享资源的竞争。同时，使用标准 SQL 查询，适合云计算。

DynamoDB 是一个完全托管的 NoSQL 数据库服务，其将数据组织到包含项目的表，每个项目有一个或多个属性，属性是一个名称 – 值对（key-value 模式）。

Windows Azure Table Storage 是一个适合存储大量非结构化数据的不相关联的键值对存储系统，它优化了简单检索和快速插入性能。

6.4.3 阿里云表格存储

阿里云的表格存储是一个即开即用，支持高并发、低延时、无线容量的 NoSQL 数据存储服务，主要实现以下目标：

1）大规模可扩展性：单表大小规模要达到百 TB 级别，表格易扩展。

2）数据高可靠及服务高可用：数据不易丢失、破损，具有极高的可靠性，提供的服务需要高度可用。

3）高性能低延时：在提高性能的同时，保证提供的服务具有较低的延迟。

4）访问安全：保证用户使用表格存储服务的安全性。

5）面向多租户的全托管服务：面向多个用户，用户之间互不冲突。

6）Schema-free：模式自由，不需知道文件值得结构定义。

相比于传统的数据库，阿里云的表格存储具有更强大的功能。其特点主要如下：1）以表的形式组织数据，对数据的读写操作保持强一致性；2）提供用户级别的数据隔离、访问控制和权限管理，每次请求都进行身份认证；3）动态调整预留读写吞吐量，并且可以通过调整分区的方式，提供无限的容量；4）采用分布式架构，通过存储多个数据备份以及在备份失效时可以快速恢复；5）支持自动的故障检测和数据迁移；6）每行的列数不必相同，可以支持多种数据类型；7）提供弹性资源、按量付费以及专业的运维托管；8）与 RAM 集成，支持 VPC（Virtual Private Cloud）、Https；9）提供功能 API，主要包含单行数据操作、多行数据操作、表操作；10）新增了多版本和 TTL（数据生命周期，TimeToLive），表格存储会在后台对超过存活时间的数据进行清理，减少用户的数据存储空间，降低存储成本。

图 6-13 是通用的分层存储产品架构图，表格存储对应着中间的 Worker 和 Master 层。其中 Master 的职责如下：

1）元数据管理：包括表的建立、删除等。

2）分区调度：寻找合适的 Worker 加载分区。

3）负载均衡：分区太忙时自动分裂和迁移。

图 6-14 是表格存储中建表时 Master 和 Worker 的交互过程。Master 收到客户端发送的建表请求，对表的元数据进行持久化，随后异步地为该表寻找合适的 Worker 加载分区。

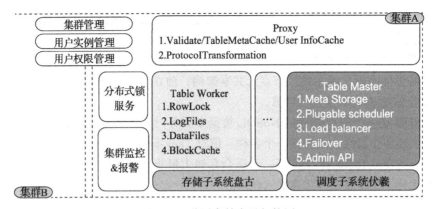

图 6-13　分层存储产品架构图

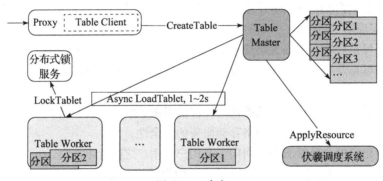

图 6-14　建表

图 6-15 是表格存储自动 Failover 的过程。Worker 通过向 Master 发送心跳，报告自己的状态，从而实现自动的状态监控。当 Worker1 不工作时，Master 和 Worker1 之间的心跳会停止，Master 检测到宕机时，会迅速将 Worker1 中的分区并行分配到集群的其他 Worker 上，随后继续为用户提供服务，实现故障自动检测、自动处理。

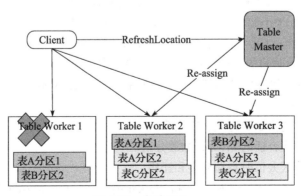

图 6-15　自动 Failover

图 6-16 是表格存储自动扩展分区的示意图。当分区 1 业务繁忙时，会自动进行分裂，然后寻找合适的 Worker 加载分区。如果分区仍然繁忙，该过程可以继续迭代。此外，分区分裂时，使用链接的方式，避免数据拷贝，整个扩展过程可以在较短的时间内完成。

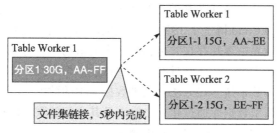

图 6-16　分区自动扩展

6.4.4　典型案例分析

表格存储在移动社交、电商物流、移动云存储、互联网金融、防伪溯源、物联网大数据、日志和监控、科学计算等场景都实现了很好的应用，提供了优秀的解决方案。

下面以物联网大数据为例，分析表格存储的实践与应用。物联网大数据应用主要通过智能终端收集数据，经过预处理，将数据传输到物联网源数据存储系统，然后应用程序对数据进行分析并将分析数据通过相关的应用服务与智能终端进行交互，从而达到数据存储和处理的目的。如图 6-17 所示。

图 6-17　物联网大数据的表格存储

表格存储主要建立设备数据表，通过监控设备（车载、家电、个人智能）的状态信息。设备定时上报数据，数据可以根据应用需求包含各种状态和指标；应用程序可以实时从表中查询各种设备的实时状态数据；应用程序可以指定设备查询一段时间内的轨迹和状态变化数据，显示整体趋势。

6.5　关系型数据库

6.5.1　关系型数据库概述

关系型数据库是建立在关系模型基础上的数据库，采用关系模型来组织数据库。关系模型是由 IBM 的研究员 E.F.Codd 博士于 1970 年首先提出的，它把世界看作是由实体和联系组成。所谓实体是指现实世界中客观存在并可相互区别的事物，它可能是有形或者无形的、具体或抽象的、有生命或无生命。实体所具有的某一特性称为属性。实体可以通过若干属性来描述。其借助集合代数等数学概念和方法来处理数据库中的数据。简单来说，关系模型就是一个二维表格模型，关系型数据库通过建立二维表及其之间的联系而形成一个数据组织。主流的 Oracle、DB2、MS SQL Server 和 MySQL 都属于这类传统数据库。

关系模型中的常用术语如下：1）关系，一个关系就是一张二维表；2）元组，即表的一行数据；3）属性，也叫字段，指表的一列数据；4）键（码），即能唯一标识一条记录的字段的集合；5）(值)域，字段的取值范围；6）分量，指属性的值。

关系型数据库具有如下特点：采用非常贴近逻辑世界的关系表格模型，容易理解；通用的 SQL 语言使得非常容易操作关系型数据库；插入一条数据可以立刻查询，读写实时性很高；传统关系型数据库的读写操作都是事务的，具有 ACID 的特点，事务一致性很强，大大减低了数据冗余和数据不一致的概率。

随着互联网 Web2.0 的兴起，对数据库提出了一些新的要求，然而传统关系型数据库在满足这些特性方面，显得力不从心，暴露出了很多问题。比如，无法对数据库进行高并发读写，对海量数据访问效率比较低以及可扩展性比较差等。

6.5.2　常用的关系型数据库

1. Sybase

Sybase 数据库是由 Sybase 公司于 1987 年推出的数据库产品，主要支持 UNIX、Windows、Novell Netware 等环境。Sybase 基于客户 / 服务器架构，应用被分配到多台机器上执行，一台机器既可以是客户机，也可以是服务机，从而充分利用了各种现有资源并且平衡了各机器节点之间的负载。Sybase 提供了应用程序接口，鼓励编写第三方应用程序接口，由于该接口在不同的平台可以使用相同的调用，因而具有很好的平台移植性。加上对存储过程、触发器、多线索化的支持，Sybase 无疑成为一种高性能的数据库。

Sybase 主要由三部分组成：数据库管理系统 Sybase SQL Server、一组前端工具 Sybase SQL Toolset 用于支持数据库系统的建立与开发、接口 Sybase Open Client/Open Server 用于与其他数据进行连接。

2. SQL Server

SQL Server 是微软公司推出的应用于 Windows 操作系统的关系数据库产品。由于它是微软公司从 Sybase 公司购买技术而开发的产品，因此与 Sybase 数据库完全兼容，也支持客户 / 服务器结构。最新的版本是 SQL Server 2016。SQL Server 易操作性强，很多开发环境支持

SQL Server，深受广大用户的喜爱。

SQL Server 通过以 SQL Server Management Studio 为中心的工具来实现对数据库的管理、查询等，提供多个 SQL Server 多个拷贝之间以及与其他数据库系统的复制服务。SQL Server 还提供了一个图形化工具集和向导，引导数据库管理员执行各种任务。在 SQL Server 中，为了有效管理数据库中的空间，将其中的文件划分为一个或多个组，称为文件组。文件组的空间管理主要是通过分配系统来进行的。分配系统将文件组中的数据文件划分为固定大小的称为页的单元，通常以若干个连续页为单位进行分配来降低空间浪费和碎片数量。当文件组中有不止一个文件时，分配系统通过 proportional fill 算法来进行盘区（也就是刚刚说的连续页）的分配。

3. Oracle

Oracle 是甲骨文公司的一款关系数据库管理系统，其在数据库领域一直处于领先地位。1984 年，Oracle 首先将关系数据库转到了桌面计算机上。然后，Oracle5 率先推出了分布式数据库、客户 / 服务器结构等新的概念。Oracle 6 首创行锁定模式以及对对称多处理计算机的支持，Oracle 8 增加了对象技术，成为关系 – 对象数据库系统。目前，Oracle 产品覆盖了大、中、小型机等几十种机型，Oracle 数据库成为世界上广泛使用的关系数据系统之一。本节重点描述 Oracle 的关系数据库部分。

Oracle 认为，一个数据库是由存储在文件中的信息组成，并通过一个实例来访问。这个实例是共享存储区和一组进程的集合，主要有用户进程、服务器进程、后台进程三种类型。Oracle 的逻辑结构是由一个或者多个表空间组成的，每个表空间又由一个或多个数据文件组成，表空间又可以进一步被划分为若干个单元，称为段。段又可分为四种类型：数据段、索引段、临时段、撤销段。Oracle 还支持多种索引，以及对这些索引以及表的划分。这使得 Oracle 具备更加快速的备份恢复能力（可以单独得对分区划分，更加细粒度）以及更加优化的查询性能。

4. MySQL

MySQL 是一个关系型数据库管理系统，由瑞典 MySQL AB 公司开发，目前是 Oracle 旗下的产品。MySQL 是流行的关系型数据库管理系统之一，在 Web 应用方面，MySQL 是最好的 RDBMS（Relational Database Management System，关系数据库管理系统）应用软件。

MySQL 将数据保存在不同的表中，而不是将所有数据放在一个大仓库内，从而提高了速度和灵活性。

MySQL 所使用的 SQL 语言是用于访问数据库的常用标准化语言。MySQL 软件采用双授权政策，分为社区版和商业版。由于其体积小、速度快、总体拥有成本低，尤其是开放源码这一特点，一般中小型网站的开发都选择 MySQL 作为网站数据库。

6.5.3 阿里云关系数据库 RDS

阿里云数据库（ApsaraDB for RDS，RDS）是一种稳定可靠、可弹性伸缩的在线数据库服务。它基于飞天分布式系统和全 SSD 盘高性能存储，支持 MySQL、SQL Server、PostgreSQL

和 PPAS（高度兼容 Oracle）引擎，默认部署主备架构且提供了容灾、备份、恢复、监控、迁移等方面的解决方案。

RDS 目前有四个子产品，分别是 RDS for MySQL、RDS for MS SQLServer、RDS for PostgreSQL 和 RDS for PPAS。RDS 目前支持 MySQL 和 SQL Server 两种关系型数据库，与企业自建的数据库在技术环境和使用方式方面完全一致。用户无需学习或修改代码，只需使用数据导入导出工具将数据迁移至 RDS 即可。

RDS 架构如图 6-18 所示。RDS 主要包括 6 大核心服务：

1）数据链路服务：数据链路服务主要提供数据操作，包括表结构和数据的增删改查。主要包括以下几个模块：① DNS 模块，提供域名到 IP 的动态解析功能，以便屏蔽 RDS 实例 IP 地址变化带来的影响。② SLB 模块提供实例 IP 地址（包括内网和外网 IP），以屏蔽物理服务器变化带来的影响。③ Proxy 模块提供数据路由、流量探测和会话保持等功能，该模块还在不断发展中。④ DMS（Data Management Service，DMS）是一个访问管理云端数据的 Web 服务，提供了数据管理、对象管理、数据流转和实例管理等功能。目前支持 MySQL、MS SQLServer、PostgreSQL 和 ADS 等数据源。

2）高可用服务：高可用服务主要保障数据链路服务的可用性，除此之外还负责处理数据库内部的异常。另外，高可用服务由多个 HA 节点提供，本身具有高可用的特点。主要包括以下几个模块：① Detection 模块负责检测 DB Engine 的主节点和备节点是否提供了正常的服务。② Repair 模块负责维护 DB Engine 的主节点和备节点之间的复制关系，还会修复主节点或者备节点在日常运行中出现的错误。③ Notice 模块负责将主备节点的状态变动通知到 SLB 或者 Proxy，保证用户访问正确的节点。

3）备份服务：备份服务主要提供数据的离线备份、转储和恢复，主要有两个模块：① Backup 模块负责将主备节点上面的数据和日志压缩并上传到 OSS 上面，在特定场景下还支持将备份文件转储到更加廉价和持久的 OAS 上。在备节点正常运作的情况下，备份总是在备节点上发起，以避免对主节点的服务带来冲击；在备节点不可用或者损坏的情况下，Backup 模块会通过主节点创建备份。② Recovery 模块负责将 OSS 上面的备份文件恢复到目标节点上。Storage 模块负责备份文件的上传、转储和下载。

4）监控服务：监控服务主要提供服务、网络、操作系统和实例层面的状态跟踪。其中，Service 模块负责服务级别的状态跟踪；Network 模块负责网络层面的状态跟踪；OS 模块负责硬件和 OS 内核层面的状态跟踪；Instance 模块负责 RDS 实例级别的信息采集。

5）调度服务：调度服务主要提供资源调配和实例版本管理。其中，Resource 模块主要负责 RDS 底层资源的分配和整合，对用户而言就是实例的开通和迁移；Version 模块主要负责 RDS 实例的版本升级。

6）迁移服务：迁移服务主要帮助用户把数据从自建数据库迁移到 RDS 里面。其中，FTP 模块主要负责 RDS for MS SQLServer 的全量迁移上云；DTS（Data Transfer Service）是一个云上的数据传输服务，目前支持 MySQL、MS SQLServer 和 PostgreSQL 三种数据库。DTS 还提供了三种迁移模式，分别为结构迁移、全量迁移和增量迁移。

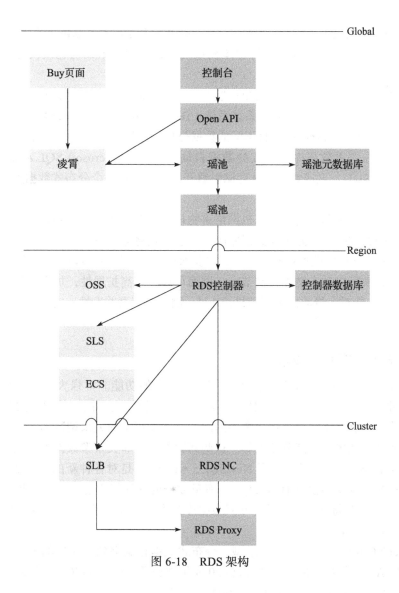

图 6-18 RDS 架构

6.6 分布式数据库

本节主要介绍云数据库的另一个重要分支——分布式数据库的内容，包括分布式数据库的概述、发展过程及常见分布式数据库的介绍。

6.6.1 分布式数据库概述

分布式数据库是在单机版关系数据库的基础上逐步扩展来的。可以说，关系数据库理论支撑了互联网几十年，支撑包括 Oracle、Microsoft SQL Server、MySQL 在内的关系数据库系统得到广泛应用。然而，关系数据库在设计之初并没有预料到互联网的发展速度如此惊人，所以最初的数据库系统总是设想运行在单机系统上，各种技术架构也仅仅针对单机版系统而言。

随着数据爆炸式的增长，传统的单机版系统已经不能满足数据存储的要求，我们需要将单机系统上数据库模型扩展到分布式系统系统（DDBS）上。有很多种方案可以实现数据库的扩展，比如，在应用层划分数据，将不同的数据分片划分到不同的关系数据库上，如 MySQL Sharding；或者在关系数据库内部支持数据自动分片，如 Microsoft SQL Azure、阿里云的 HybridDB for MySQL；又或者直接从存储引擎开始重新设计一个分布式数据库，经典的例子有 Google 的 Spanner。

分布式数据库是指利用高速计算机网络将物理上分散的多个数据存储单元连接起来组成一个逻辑上统一的数据库。分布式数据库的基本思想是将原来集中式数据库中的数据分散存储到多个通过网络连接的数据存储节点上，以获取更大的存储容量和更高的并发访问量。

分布式数据库可以动态增加存储节点，因而可以实现高扩展性，加上其能响应大规模用户的读/写请求，能对海量数据进行随机读/写，因而具有高并发性，对数据冗余备份的容错机制保证了其服务的高度可用性。

6.6.2　分布式数据库的发展

关系数据库是目前为止最为成熟的存储技术，它的功能非常强大，也有很多商用的关系数据库软件，例如 Oracle 及其上层相关工具和应用软件生态链。然而，关系数据库在可扩展性、高并发以及性能方面存在非常多的问题，比如传统的关系型数据库以及二维关系模型很难高效地扩展到多个存储节点上等。这些问题催生了非关系型数据库的发展，即所谓的 NoSQL。最近，继 NoSQL 又出现了 NewSQL，NewSQL 是对各种新的可扩展/高性能数据库的简称，这类数据库不仅具有 NoSQL 对海量数据的存储管理能力，还保持了传统数据库支持 ACID 和 SQL 等特性。本节就分布式数据库技术的发展路径做一个详细的介绍。

1. 为什么要用 NoSQL

随着 Web2.0 的快速发展，非关系型、分布式数据存储得到了快速的发展，但它们不保证关系数据的 ACID 特性。NoSQL 概念在 2009 年被提了出来。NoSQL 常见的解释是"non-relational"、"Not Only SQL"，这已经被很多人接受。

NoSQL 之所以能够发展如此迅速，与当今互联网时代信息数据爆炸式的增长是紧密相关的。传统的关系数据库具有不错的性能，而且使用简单、功能强大，同时也积累了大量的成功案例。在 20 世纪 90 年代，一个网站的访问量一般都不大，用单个数据库完全可以轻松应付。在那个时候，网站中多为静态网页，动态交互类型的网站不多。随着互联网技术的逐渐成熟以及普及程度的增长，网站开始快速发展。随着访问量的上升，几乎大部分使用 MySQL 架构的网站在数据库上都开始出现了性能问题，Web 程序不再仅仅专注在功能上，同时也在追求性能。程序员们开始大量使用缓存技术来缓解数据库的压力，优化数据库的结构和索引。开始比较流行的是通过文件缓存来缓解数据库压力，但是当访问量继续增大的时候，多台 Web 机器通过文件缓存不能共享，大量的小文件缓存也带来了比较高的 IO 压力。之后，为了解决数据库的性能瓶颈问题，五花八门的技术开始出现，如 Memcached+MySQ、Memcached+MySQL、分表分库等。

在互联网上，大部分的 MySQL 都是 IO 密集型的，事实上，如果 MySQL 是 CPU 密集型的话，那么很可能这个 MySQL 的设计有性能问题，需要优化了。大数据量、高并发环境下，MySQL 应用开发越来越复杂，也越来越具有技术挑战性。分表分库的规则把握是需要经验的。虽然有像淘宝这样技术实力强大的公司开发了透明的中间件层来屏蔽开发者的复杂性，但是避免不了整个架构的复杂性。分库分表的子库到一定阶段又面临扩展问题。还有就是需求的变更，可能又需要一种新的分库方式。

MySQL 数据库也经常存储一些大文本字段，导致数据库表非常大，在做数据库恢复的时候导致速度非常慢，不容易快速恢复数据库。比如，1000 万个 4KB 大小的文本就接近 40GB，如果能把这些数据从 MySQL 省去，MySQL 将变得非常小。关系数据库很强大，但是它并不能很好地应对所有的应用场景。MySQL 的扩展性差（需要复杂的技术来实现），大数据下 IO 压力大，表结构更改困难，正是当前使用 MySQL 的开发人员面临的问题。所以，越来越多的开发人员意识到，不能再一味扩展 MySQL 的解决方案，于是 NoSQL 进入开发者的视野。

2. NoSQL 的特点与优势

NoSQL 具有以下特点：

（1）易扩展

NoSQL 数据库种类繁多，但是共同的特点都是去掉了关系数据库的关系型特性。数据之间无关系，这样就非常容易扩展，也在架构层面带来了可扩展的能力。

高性能 NoSQL 数据库都具有非常高的读写性能，在大数据量下同样表现优秀。这也得益于它的无关系性，数据库结构的简单性。一般 MySQL 使用 Query Cache，每次表的更新 Cache 就失效，是一种大粒度的 Cache，针对 web2.0 的交互频繁的应用，Cache 性能不高。而 NoSQL 的 Cache 是记录级的，是一种细粒度的 Cache，所以在这个层面上来说 NoSQL 的性能高很多。

（2）灵活的数据模型

在关系数据库里，增删字段是一件非常麻烦的事情。如果是非常大数据量的表，增加字段简直就是一个噩梦。这在大数据量的 Web2.0 时代尤其明显。而 NoSQL 无需事先为要存储的数据建立字段，随时可以存储自定义的数据格式。

（3）高可用

NoSQL 在不太影响性能的情况，就可以方便地实现高可用的架构。比如 Cassandra、HBase 模型，通过复制模型也能实现高可用。

3. NewSQL 的出现

虽然 NoSQL 具有对海量数据的管理能力，但在很多实际应用场景中，SQL 等特性也是必须的。因此在 NoSQL 的基础上，发展出了 NewSQL 数据库。

所谓 NewSQL 数据库，是一系列这种新型数据库的统称，其典型代表有 Google Spanner、VoltDB、Clustrix、NuoDB 等。NewSQL 是既拥有传统 SQL 数据库血统，又能够适应云计算时代分布式扩展的产品，主要包括两类：拥有关系型数据库产品和服务，并将关系模型的好处带到分布式架构上；或者提高关系数据库的性能，使之达到不用考虑水平扩展问题的程度。前一类 NewSQL 包括 Clustrix、GenieDB、ScalArc、ScaleBase、NimbusDB，也包括带有 NDB 的 MySQL 集群、Drizzle 等。后一类 NewSQL 包括 Tokutek、JustOne DB。还有一些"NewSQL 即服务"，包括 Amazon 的关系数据库服务、Microsoft 的 SQL Azure、FathomDB 等。NewSQL 不仅能够提供 SQL 数据库的质量保证，也能提供 NoSQL 数据库的可扩展性。

NewSQL 和 NoSQL 也有交叉的地方，例如，RethinkDB 可以看作 NoSQL 数据库中键 / 值存储的高速缓存系统，也可以当作 NewSQL 数据库中 MySQL 的存储引擎。现在许多 NewSQL 提供商使用自己的数据库为没有固定模式的数据提供存储服务，同时一些 NoSQL 数据库开始支持 SQL 查询和 ACID 事务特性。

最后，我们综合对比一下传统 SQL、NoSQL 以及 New SQL，如图 6-19 所示。

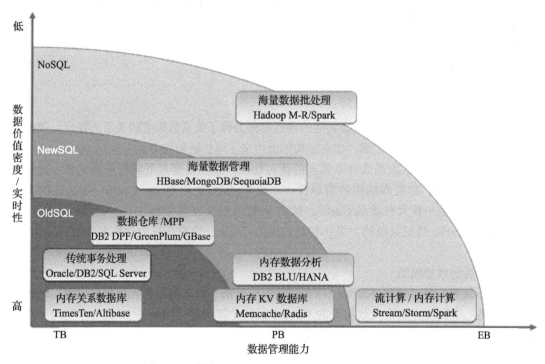

图 6-19　传统 SQL、NoSQL 以及 NewSQL 的对比

6.6.3　常用的分布式数据库

1. Spanner

Spanner 是谷歌公司研发的、可扩展的、多版本、全球分布式、同步复制数据库。

Spanner 可以扩展到数百万的机器、数以百计的数据中心、上万亿的行。它可以把数据分布在全球范围内的系统，并且支持外部一致性的分布式事务。Spanner 主要致力于跨数据中心的数据复制，同时也能提供数据库功能。在 Google，类似的系统有 BigTable 和 Megastore。BigTable 在 Google 得到了广泛的使用，但是它不能提供较为复杂的 Schema，以及在跨数据中心环境下的强一致性。Megastore 有类 RDBMS 的数据模型，同时也支持同步复制，但是吞吐量差，不能适应应用要求。Spanner 不再是类似 BigTable 的版本化 key-value 存储，而是一个"临时多版本"的数据库。所谓"临时多版本"，是指数据存储在一个版本化的关系表里，数据库存储的数据会根据其提交的时间分别打上时间戳，应用可以同时访问到老版本和新版本。当老版本长期不用时，该版本也会被回收。Google 官方认为 Spanner 是下一代 BigTable，也是 Megastore 的继任者。

一个 Spanner 部署称为一个 universe，如果 Spanner 在全球范围内管理数据，那么就会有一定数量的 universe。一个 universe 在物理上可以看做一个 master（一个控制台，显示了各种关于 zone 的状态信息，用于相互之间的调试）、一个 driver（周期性地与 spanserver 进行交互，转移数据）、一个或多个 zone 的集合。其中，zone 包括一个 master（zonemaster）和成百上千个 spanserver。zonemaster 把数据分配给 spanserver，spanserver 给客户端提供数据，其中 spanserver 是通过软件栈的形式实现的。

作为一个全球范围内分布的系统，Spanner 有如下几个特性：首先，应用可以细粒度地动态控制数据的副本参数。应用可以设定一些限制来指定哪个控制中心包含哪些数据，数据距离用户多远（控制读延迟）、副本之间的距离（控制写延迟）以及要维护的副本数量。数据还可以动态地在数据中心之间迁移以达到平衡负载的目的。其次，Spanner 有两个难以在分布式数据库中实施的特性，那就是读写操作的外部一致性以及在一个时间戳下跨越整个数据库的全球一致性读操作。这些特性使得 Spanner 可以支持全球范围内一致的备份、一致的 MapReduce 执行和原子模式更新，即使在有事务正在进行的情况下也可以更新。

2. 阿里云云数据库 HybridDB for MySQL

云数据库 HybridDB for MySQL（原名 PetaData）是阿里云自研的面向 HTAP（Hybrid Transaction/Analytical Processing）场景的分布式数据库，其架构如图 6-20 所示。其特点如下：

- HTAP：HybridDB for MySQL 基于创新的计算存储框架，将存储和计算分离。在一份数据上同时支持 OLTP（事务处理）和 OLAP（联机分析）场景，解决了以往需要把一份数据进行多次复制来分别进行业务交易和数据分析的问题，极大降低了数据存储的成本，免去了以往在线数据库（Operational Database）和数据仓库（Data Warehouse）之间的海量数据加载过程，缩短了数据分析的延迟，使得实时分析决策系统成为可能。

- 易扩展：HybridDB for MySQL 采用分布式架构，将数据分散到各个节点，突破了单个数据库或单张数据表的容量限制，轻松管理和分析 PB 级数据；系统通过增加节点扩容，获得性能线性扩展的同时对业务无影响，从容应对企业应用。

- 高性能：HybridDB for MySQL 的计算和存储引擎通过代价优化器、分布式计算、行列混合加速、向量化执行、高吞吐写入优化、高效压缩等多项技术，在解决高并发场景的同时支持海量数据下查询毫秒级响应。

- 易使用：HybridDB for MySQL 在 SQL 功能上兼容 MySQL 语法，并支持 Oracle 分析函数，已通过 TPC-H、TPC-DS 等基准测试，无论是 MySQL 还是 Oracle 用户，都可以轻松掌握基于 HybridDB for MySQL 的数据开发。与云监控（Cloud Monitor）、数据传输（Data Transmission）、数据集成（Data Integration）、数据管理（Data Management）等阿里云产品无缝集成，实现从数据上云到系统监控、数据管理的完整体系，与 RDS 产品体验一致。

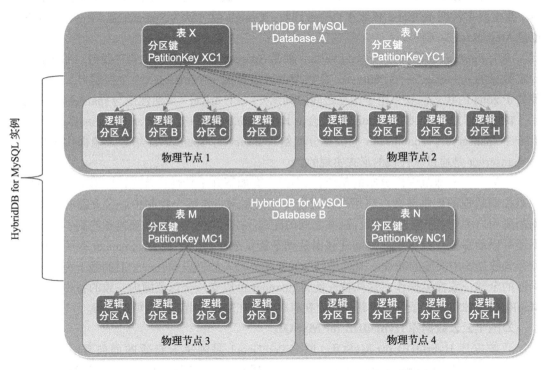

图 6-20　阿里云云数据库 HybridDB for MySQL 逻辑架构示意

6.7　内存数据库

随着大数据系统（如 Spark 等）的发布，内存数据库已成为数据库研究领域的热点之一。本节主要介绍内存数据库及其历史和发展，重点介绍常见的内存数据库如 SQLite、FastDB、Memcached、Redis 等。

6.7.1　内存数据库概述

内存数据库是以内存为主要存储介质的数据库，它将数据放在内存中直接操作。传统磁盘数据库需要频繁访问磁盘，但受磁头的机械移动和系统调用时间等影响，当访问数据量很大，且操作频繁时，基于磁盘的数据库会受到很大影响。内存的读写速度相较于磁盘高出几个数量级，双通道 DDR3-1333 可以达到 9300MB/s，一般磁盘约 150MB/s。随机访问时间更是以毫秒计，一般磁盘约 10ms，双通道 DDR3-1333 可以达到 0.05ms。因此内存数据库的最大特点就是性能好、速度快，能提高应用的性能，更有效地使用 CPU 周期和内存。

内存数据库抛弃了磁盘数据管理的传统方式，基于全部数据都在内存中重新设计了体系结构，并且在数据缓存、快速算法、并行操作方面也进行了相应的改进，所以数据处理速度比传统数据库的数据处理速度快很多（一般都在 10 倍以上）。内存数据库的最大特点是其"主拷贝"或"工作版本"常驻内存，即活动事务只与实时内存数据库的内存拷贝打交道。由于内存在系统中是稀缺的资源，内存数据库的容量大小受物理内存的限制，因此内存数据库中所管理的数据通常只有热点或者高频数据（而不是全部数据）。同时，内存数据库也会被要求根据灵活的策略与磁盘数据库进行数据同步。

内存数据库的技术特点如下：

1）采用复杂的数据模型表示数据结构，数据冗余小，易扩充，实现了数据共享。

2）具有较高的数据和程序独立性，数据库的独立性有物理独立性和逻辑独立性。

3）内存数据库为用户提供了方便的用户接口。

4）内存数据库提供 4 个方面的数据控制功能，分别是并发控制、恢复、完整性和安全性。数据库中各个应用程序所使用的数据由数据库统一规定，按照一定的数据模型组织和建立，由系统统一管理和集中控制。

5）系统的灵活性非常好。

6.7.2 内存数据库的历史和发展

1. 雏形期

从 20 世纪 60 年代末到 80 年代初出现了内存数据库的雏形。1969 年，IBM 公司研制出了世界上最早的数据库管理系统——基于层次模型的数据库管理系统 IMS，并作为商品化软件投入市场。在设计 IMS 时，IBM 考虑到基于内存的数据管理方法，相应推出了 IMS/VS Fast Path。Fast Path 是一个支持内存驻留数据的商业化数据库，但它也可以很好地支持磁盘驻留数据。在这个产品中体现了内存数据库的主要设计思想，也就是将需要频繁访问、要求高响应速度的数据直接存放在物理内存中访问和管理。在这个阶段中，包括网状数据库、关系数据库等其他各种数据库技术也都逐渐成型。

2. 技术理论成熟期

1984 年，D J DeWitt 等人发表了《内存数据库系统的实现技术》一文，第一次提出了 Main Memory Database（内存数据库）的概念，预言当时异常昂贵的计算机内存价格一定会下降，用户有可能将大容量的数据库全部保存在内存中，并提出了 AVL 树、哈希算法、主存数据库恢复机制等内存数据库技术的关键理论，为内存数据库的发展指出了明确的方向。

1984 年，D J DeWitt 等人提出使用非易失内存或预提交和成组提交技术作为内存数据库的提交处理方案，使用指针实现内存数据库的存取访问。1985 年，IBM 推出了 IBM 370 上运行的 OBE 内存数据库。1986 年，RB Hagman 提出了使用检查点技术实现内存数据库的恢复机制。威斯康星大学提出了按区双向锁定模式解决内存数据库中的并发控制问题，并设计出 MM-DBMS 内存数据库。贝尔实验室推出了 DALI 内存数据库模型。1987 年，ACM SIGMOD 会议中提出了以堆文件（HEAP FILE）作为内存数据库的数据存储结构。Southern Methodist 大学设计出 MARS 内存数据库模型。1988 年，普林斯顿大学设计出 TPK 内存数据库，1990 年又设计出 System M 内存数据库。

3. 产品发展期和市场成长期

随着互联网的发展，越来越多的网络应用系统需要支持大用户量并发访问、高响应速度的数据库系统，内存数据库市场成熟。半导体技术快速发展，半导体内存大规模生产，动态随机存取存储器（DRAM）的容量越来越大，而价格越来越低，这无疑为计算机内存的不断扩大提供了硬件基础，使得内存数据库的技术可行性逐步成熟。1994 年，美国 OSE 公司推出了第一个商业化的、开始实际应用的内存数据库产品 Polyhedra。1998 年，德国 SoftwareAG 推出了 Tamino Database。1999 年，日本 UBIT 会社开发出 XDB 内存数据库产品。2000 年，奥地利的 QuiLogic 公司推出了 SQL-IMDB。2001，年美国 McObject 推出 eXtremeDB。

6.7.3　常用的内存数据库

1. SQLite

SQLite 是一个小型的 C 程序库，实现了独立的、可嵌入的、零配置的 SQL 数据库引擎，是 D. Richard Hipp 创建的公有领域项目。主要特性包括：

1）事务操作具有原子性、一致性、隔离性和持久性（即 ACID)，即使在系统崩溃和电源故障之后，依然能保持这些特性。

2）多个进程或线程可以同时访问同一个数据而不会出现问题。可以同时平行读取同一个数据库。但同一时间只能有一个进程或线程进行数据写入，否则会写入失败并得到一个错误消息。

3）零配置——不需要安装和管理。

4）实现了绝大多数 SQL92 标准。

5）整个数据库存储在一个单一的文件中。数据库文件可以在不同字节序的机器之间自由地共享。最大可支持 2T 的数据库。

6）小的代码：完整配置的少于 250KB，忽略一些可选特性的少于 150KB。在大多数常见操作上比流行的客户 / 服务器数据库引擎更快。包含简单，易于使用的 API。

7）内建 TCL 绑定，另外提供可用于许多其他语言的绑定，包括 C/C++、Python、PHP、Java 和 Haskell 等。

8）源代码位于公共域，可用于任何用途。

SQLite 发行版包含一个独立的命令行访问程序（sqlite），可用于管理 SQLite 数据库，并适合作为一个如何使用 SQLite 库的例子。

2. FastDB

FastDb 是高效的关系型内存数据库系统，具备实时能力及便利的 C++ 接口。FastDB 针对应用程序通过控制读访问模式作了优化。通过降低数据传输的开销和非常有效的锁机制提供了高速的查询。对每一个使用数据库的应用数据库文件被映射到虚拟内存空间中。因此查询在应用的上下文中执行而不需要切换上下文以及数据传输。FastDB 中并发访问数据库的同步机制通过原子指令实现，几乎不增加查询的开销。

FastDB 的特点包括如下方面：

1）FastDB 不支持客户端/服务器架构，因而所有使用 FastDB 的应用程序必须运行在同一主机上。

2）FastDB 假定整个数据库存在于 RAM 中，并且依据这个假定优化了查询算法和接口。

3）FastDB 没有数据库缓冲管理开销，不需要在数据库文件和缓冲池之间传输数据。

4）整个 FastDB 的搜索算法和结构是建立在假定所有的数据都存在于内存中的，因此数据换出的效率不是很高。

5）Fastdb 支持事务、在线备份以及系统崩溃后的自动恢复。

6）FastDB 是一个面向应用的数据库，数据库表通过应用程序的类信息来构造。

FastDB 不能支持 Java API 接口，这使得在本应用下不适合使用 FastDB。

3. Memcached

Memcached 由 Danga Interactive 开发，其最新版本发布于 2010 年，作者为 Anatoly Vorobey 和 Brad Fitzpatrick。它是一种基于 Key-Value 开源缓存服务器系统，主要用做数据库的数据高速缓冲，并不能完全称为数据库。Memcached 具有多种语言的客户端开发包，包括 Perl、PHP、Java、C、Python、Ruby、C#。

Memcached 的 API 使用 32 位循环冗余校验（CRC-32）计算键值后，将文件分散在不同的机器上。当表格满了以后，接下来新增的文件会以 LRU 机制替换掉。由于 Memcached 通常只是当作缓存系统使用，所以使用 Memcached 的应用程序在写回较慢的系统时（像是后端的数据库）需要额外的程序更新 Memcached 内的文件。

Memcached 的守护进程（daemon）是用 C 语言编写的，客户端可以用任何语言来编写，并通过 Memcached 协议与守护进程通信。但是它并不提供冗余（例如，复制其 Hashmap 条目）；当某个服务器 S 停止运行或崩溃，所有存放在 S 上的键/值对都将丢失。

4. Redis

Redis 是一个 key-value 存储系统。和 Memcached 类似，它支持存储的值类型相对更多，包括 string（字符串）、list（链表）、set（集合）、zset（sorted set，有序集合）和 hash（哈希类型）。这些数据类型都支持 push/pop、add/remove 及取交集、并集和差集及更丰富的操作，而且这些操作都是原子性的。在此基础上，Redis 支持各种不同方式的排序。与 Memcached 一样，为了保证效率，数据都是缓存在内存中。区别是 Redis 会周期性地把更新的数据写入磁盘或者把修改操作写入追加的记录文件，并且在此基础上实现了主从同步。主从同步是指数据可以从主服务器向任意数量的从服务器上同步，从服务器可以是关联其他从服务器的主服务器。这使得 Redis 可执行单层树复制，从盘可以对数据进行写操作。由于完全实现了发布 / 订阅机制，使得从数据库在任何地方同步树时，可订阅一个频道并接收主服务器完整的消息发布记录。同步对读取操作的可扩展性和数据冗余很有帮助。

Redis 的出现，很大程度弥补了 Memcached 这类 key/value 存储的不足，在部分场合可以对关系数据库起到很好的补充作用。它提供了 Java、C/C++、C#、PHP、JavaScript、Perl、Object-C、Python、Ruby、Erlang 等客户端，使用很方便。

5. MongoDB

MongoDB 是一个基于分布式文件存储的数据库，由 C++ 语言编写，旨在为 Web 应用提供可扩展的高性能数据存储解决方案。

MongoDB 是一个介于关系数据库和非关系数据库之间的产品，是非关系数据库当中功能最丰富、与关系数据库最相近的。它支持的数据结构非常松散，是类似 json 的 bson 格式，因此可以存储比较复杂的数据类型。Mongo 最大的特点是支持的查询语言非常强大，其语法类似于面向对象的查询语言，几乎可以实现类似关系数据库单表查询的绝大部分功能，而且还支持对数据建立索引。

MongoDB 也可以作为内存数据库使用。它有一个非常酷的设计，就是可以使用内存映射文件（memory-mapped file）来处理对磁盘文件中数据的读写请求。也就是说，MongoDB 并不对 RAM 和磁盘这两者进行区别对待，只是将文件看作一个巨大的数组，然后以字节为单位访问其中的数据，剩下的都交由操作系统（OS）去处理。正是这个设计决策，才使得 MongoDB 可以无需任何修改就能够运行于 RAM 之中。

6.7.4 内存数据库存在的问题

可靠性问题可以说是内存数据库的硬伤。因为内存本身有掉电丢失的天然缺陷，因此我们在使用内存数据库的时候，通常需要提前对内存上的数据采取一些保护机制，比如备份、记录日志、热备或集群、与磁盘数据库同步等。可以在集群里保存额外的数据副本，然后对数据库进行横向扩展，让系统能够在运行中不断将更新的数据复制到一个或多个备用系统当中。

一些数据库系统还会定期将数据复制到磁盘系统，就是为了应对上述突然断电或系统宕机的情况。当然，这时候就要在额外的负载和数据可恢复性方面做出权衡。

【应用开发实践】

图 6-21 为高可用背景下的 HA 模块，正常切换如图 6-22 所示，异常情况如图 6-23 所示，此时会导致两边的业务都认为本地连的是主库，出现双写。之后即使网络恢复，也会出现数据不一致的后果。请设计一个解决方案。

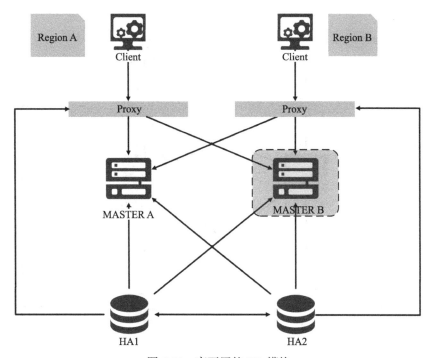

图 6-21 高可用的 HA 模块

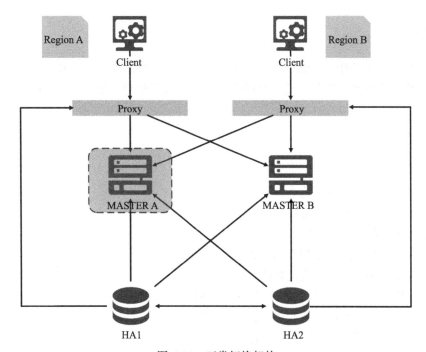

图 6-22 正常切换架构

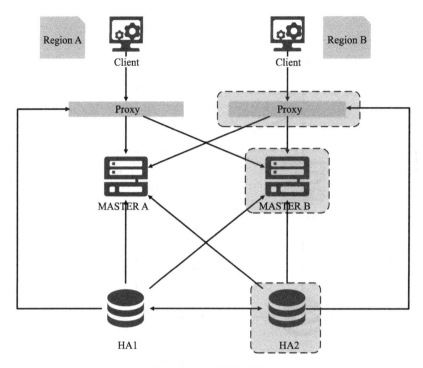

图 6-23　异常切换架构

本章小结

　　本章主要介绍了云计算存储的另一个重要方面——云数据库，重点介绍了云数据库的设计、架构及其关键技术，以及常见云数据库类型，如表格存储、分布式存储库、内存数据库的相关内容。

习题

1. 云数据库的设计需要注意哪几个方面？
2. 云数据库的架构通常有哪几类？
3. 云存储库的关键技术有哪些？
4. SQL、NoSQL、NewSQL 数据库的区别有哪些？
5. 常见表格存储有哪些产品？它们有什么区别？
6. 常见关系型数据库有哪些产品？它们有什么区别？
7. 常见分布式数据库有哪些产品？它们有什么区别？
8. 常见内存数据库有哪些产品？它们有什么区别？

参考文献与进一步阅读

［1］ Chang F, Dean J, Ghemawat S, et al. Bigtable: A Distributed Storage System for Structured Data［J］. Acm Transactions on Computer Systems, 2008, 26(2): 205-218.

［2］ Giuseppe DeCandia, Deniz Hastorun. Dynamo: Amazon's Highly Available Key-Value Store［R］. Proceeding SOSP'07 Proceedings of Twenty-First ACM SIGOPS Symposium on Operating Systems Principles, 205-220.

［3］ 蒂瓦里. 深入 NoSQL［M］. 巨成，译. 北京：人民邮电出版社，2012.

［4］ 马献章. 数据库云平台理论与实践［M］. 北京：清华大学出版社，2016.

［5］ D Egger, SQL in the Cloud［J］. Computing in Science & Engineering, 2009, 11(4): 12-28.

［6］ Saravanan N, Mahendiran A, Subramanian N V, et al. An Implementation of RSA Algorithm in Google Cloud using Cloud SQL［J］. Research Journal of Applied Sciences Engineering &Technology, 2012, 4(19).

［7］ Cattel, Rick. Scalable SQL and NoSQL Data Stores［J］. ACM Sigmod Record, 2010, 39(4), 12-27.

［8］ Decandia G, Hastorun D, Jampani M, et al. Dynamo: Amazon's Highly Available Key-Value Store［J］. ACM Sigops Operating Systems Review, 2007, 41(6): 205-220.

［9］ Cooper B F, Silberstein A, Tam E, et al. Benchmarking Cloud Serving Systems with YCSB［C］. ACM Symposium on Cloud Computing, NY: ACM. 2010: 143-154.

［10］ Burrows M. The Chubby Lock Service for Loosely-Coupled Distributed Systems［C］. Symposium on Operating Systems Design and Implementation. NY: USENIX Association, 2006: 335-350.

［11］ Stonebraker M, Abadi D J, Batkin A, et al. C-Store: A Column-Oriented DBMS［C］. International Conference on Very Large Data Bases. Norway: Trondheim. 2005: 6741-6747.

［12］ Dewitt D. Parallel Database Systems: The Future of High Performance Database Systems［J］. Communications of the ACM, 1992, 35(6): 85-98.

［13］ Rowstron A, Druschel P. Pastry: Scalable, Decentralized Object Location, and Routing for Large-Scale Peer-to-Peer Systems［C］. IFIP/ACM International Conference on Distributed Systems Platforms. Heidelberg: Springer-Verlag, 2001: 329-350.

［14］ Soliman M A, Antova L, Raghavan V, et al. Orca: A Modular Query Optimizer Architecture for Big Data［M］. NY: ACM, 2014.

第 **7** 章

云计算中间件

随着企业的传统业务逐渐向互联网方向转型，对 IT 系统提出了新的需求，企业开始采用云计算作为其新一代 IT 架构，而且对如何基于云计算支撑业务，为业务转型提供可靠、稳固的保障提出了诉求。在这样的背景下，云计算中间件通过一系列技术解决互联网场景下业务平台问题，比如支持高并发、海量数据高效访问、保证大量突发访问下系统的稳定性等。云计算中间件作为云计算 PaaS 层的重要组成部分，基于互联网架构的敏捷性、扩展性、共享和开放性的特点，具备弹性、功能组件丰富、业务系统之间共享资源等优势，不仅能够帮助企业大幅提高 IT 系统响应能力，改善业务效率，而且能够有效降低成本，因此成为云计算提供商帮助企业解决互联网挑战难题的关键法宝和"杀手锏"。

在本章中，我们将先阐述中间件的一些基础知识，然后介绍云计算中间件的关键技术，并以中间件的典型——消息中间件为例展开分析，然后以阿里云中间件企业级分布式应用服务作为案例说明产业云计算中间件产品的一些考虑点，最后探讨云计算中间件的发展趋势。

7.1 中间件概述

IDC 认为，中间件是一种独立的系统软件或服务程序，分布式应用程序可以借助该服务在不同的技术之间共享资源。中间件位于客户机 / 服务器的操作系统之上，管理计算资源和网络通信。可见，中间件是位于操作系统和应用软件之间的通用服务，具有标准的程序接口和协议，如图 7-1 所示。

中间件使应用软件之间进行跨网络的协同工作（也就是互操作），而应用软件之下所涉及的"系统结构、操作系统、通信协议、数据库和其他应用服务"可以各不相同。

图 7-2 给出了更为直观的中间件示意图。从纵向看，中间件处于用户应用程序和平台（操作系统软件和底层网络服务）之间，在平台之上，应用软件之下，为

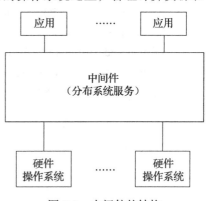

图 7-1 中间件的结构

上层应用提供集成的开发环境；从横向看，中间件主要为网络分布式环境提供通信、协同交互服务，解决应用系统之间的互操作。

7.1.1 应用的复杂性

应用的复杂性是中间件产生的最初需求背景。企业业务在不断发展过程中，一是业务本身会变得错综复杂，应用之间上下层依赖增多；二是用户量增加，对应用规模提出更高诉求。对于大型的业务系统，其应用逻辑更是十分复杂，需要多种多样的程序协同工作才能为终端用户提供一整套服务，极少有单一程序能够全面提供包括网络接口、数据库服务、计算调度、应用支撑等一系列服务。现代应用系统的基本特征如下：

1）分布式：在现代应用系统中，任务已不只是在单机上运行，而是由网络中多台计算机上的相关应用共同协作完成。

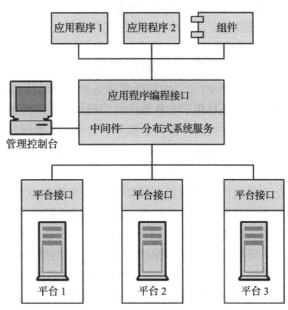

图 7-2　中间件示意图

网络环境带来的好处是容易实现网络资源共享、用户操作并发，而且系统可伸缩性强、容错措施实施方便，而另一方面也带来一系列挑战：软件之间的通信、不同资源的异构、资源在网络上的定位、系统总体的可靠性、安全以及维护等问题。需考虑网络传输、数据安全、数据一致性、同步等问题。

2）异构性：由于现代应用系统中的计算机硬件、操作系统、网络协议、数据库系统以及开发工具种类繁多，结构各异，因此需考虑数据表示、调用接口、处理方式等。

3）动态协作：当服务数量很多时，服务 URL 配置管理都变得非常困难，参与协作的应用需要支持位置透明性，可以动态地注册和发现服务，使服务的位置透明；在分布式环境下，集群中机器很多，单机小概率的故障变成常态，需要支持失效备援，使故障机器可自动迁移到其他机器，实现迁移的透明性；此外请求可以通过轮询等机制路由到不同的服务器，实现负载均衡。

因此，为了满足业务需求，需要考虑很多因素。首先，大多数应用都存在不同类型的用户访问接口。例如，大多数网页访问离不开相关浏览器，许多云计算客户端需要运行在桌面环境的访问接口，一些系统开发任务还离不开命令行或者其他关键应用程序接口 API。其次，除了接口的复杂性外，关键数据的存储也会涉及不同的数据库。有些应用会采用关系型数据库（如 Oracle 和 MySQL），以提供快速高效的数据管理和访问；有些应用会采用基于分布式文件存储的数据库（如 MongoDB），从而为 Web 应用提供可扩展的高性能数据存储，并能够方便非结构化数据和对象的存储。如果结合多种不同类型的数据库，则可能构建更加复杂的应用。最后,许多云计算应用还可能包含其他支持部件,比如针对网络安全和网络流量的实时监控部件,或者是负责日志集中式管理和统一查询的部件,也可能是针对部件潜在故障进行管理以保证功能性和性能的优化部件。

7.1.2 中间件的产生和发展

早在 1990 年,中间件就作为网络应用的基础设施出现了,诞生于贝尔实验室的 Tuxedo 系统就是最早用于交易系统的中间件。中间件的出现解决了异构分布式网络环境下软件系统的通信、互操作、协同、事务、安全等共性问题。因为其在系统中的重要性,所以中间件与操作系统、数据库一起被称为系统软件的三驾马车。

中间件产生的本质是为了解决软件研发过程中碰到的各种问题。由于业务需求不断变化,系统流程变得更加复杂,系统越来越不堪重负,在需求交付上面临重大挑战。其中最困难的问题之一是异构性,这涉及两个层面的问题:1)由于市场竞争和标准规范的滞后等因素,计算机软硬件相互不兼容,编程语言需要依赖特定的编译器和操作系统,不同软件在不同平台很难或不能移植;2)由于网络协议和通信机制的不同,系统之间不能有效地相互集成。中间件的产生很好地屏蔽了这些异构平台之间的差异性,解决了软件之间的互操作性问题。中间件通过提炼应用系统之间的共性,以平台化的模式提供简单一致的集成开发环境,通过软件复用的思想来提升软件开发的整体效率和质量,保持应用软件的复杂性相对稳定。

从编程角度,Java 语言是催生中间件发展的核心力量。Java 能够提供通用的跨平台网络应用服务,特别是 J2EE 发布后,Java 已经从一个编程语言演变为网络应用服务平台的事实标准。它通过提供标准的可重用模块组件及服务架构,使遵循 J2EE 架构的不同平台具有良好的兼容性。

中间件技术发展随着应用架构的变化不断衍化,而应用架构随着业务规模的扩大而不断演进,如图 7-3 所示,从常规的垂直应用架构发展到现在的分布式面向服务的架构(SOA),亟需服务治理保证系统有条不紊地运行,这些需求推动了中间件的发展。下面主要从应用架构的变迁这一视角来介绍中间件的技术发展。

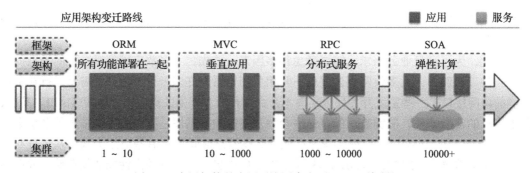

图 7-3 应用架构的发展(该图参考了 Dubbo 资料)

1. 单一应用架构

当网站流量很小时，只需一个应用就可以将所有功能都部署在一起，从而减少部署的节点和成本。在这个阶段，用于简化增删改查工作量的数据访问框架——对象关系映射（Object Relational Mapping，ORM）是关键。ORM 中间件主要实现程序对象到关系数据库数据的映射，通过 ORM 可以大大减少数据访问层代码，提高开发效率。典型的 ORM 中间件有 Hibernate、iBatis 等。

2. 垂直应用架构

当访问量逐渐增大，单一应用靠增加机器带来的速度提升越来越小，因此考虑将应用拆成互不相干的几个应用，以提升效率。在这个阶段，用于加速前端页面开发的 Web 框架——模型 – 视图 – 控制器模型（Model View Controller，MVC）成为关键。基于 MVC 框架的中间件，可以实现多个视图共享一个模型，模型是自包含的，并且与控制器和视图分离，可以独立于数据层和业务规则。典型的 MVC 中间件有 Struts。

3. 分布式服务框架

当垂直应用越来越多，不可避免地要进行应用之间交互，因此将核心业务抽取出来，作为独立的服务，逐渐形成稳定的服务中心，使前端应用能更快速地响应多变的市场需求。在这个阶段，用于提高业务复用及整合的分布式服务框架——远程过程调用（Remote Procedure Call，RPC）是关键。基于 RPC 的中间件主要用于连接客户端和服务器组件，RMI（Remote Method Invocation，远程方法调用）是基于 Java 语言的的 RPC 的一种面向对象实现。Spring、EJB 是典型的封装了 RMI 的 RPC 中间件代表。

4. 面向服务的架构

当服务越来越多，服务配置管理也变得很复杂、很困难，F5 硬件负载均衡单点压力也变得很大。同时，服务的依赖关系也变得错综复杂，牵一发而动全身。容量的评估，包括评估需要多少台机器、什么时候要增加机器成为一个难题。另外，小服务资源的浪费等问题也逐渐显现。此时，需增加一个调度中心基于访问压力实时管理地集群容量，从而提高集群利用率。在这个阶段，用于提高机器利用率的资源调度和治理中心——面向服务的架构（Service Oriented Architecture，SOA）是关键，服务治理关键模块如图 7-4 所示。

在服务治理体系中，通过服务注册中心动态地注册和发现服务，使服务的位置透明，并通过在消费方获取服务提供方地址列表，实现软负载均衡和 Failover，降低对 F5 这类硬件负载均衡器的依赖，同时减少成本。在这种架构下，可以自动生成应用间的依赖关系图，厘清应用之间的上下游依赖关系，并且可以对每天的服务运行日志进行统计分析，计算每天的调用量、响应时间等指标，作为容量规划的参考指标。此外还可以灵活动态调整权重，保证系统稳定运行。

企业服务总线（Enterprise Service Bus，ESB）是典型的基于 SOA 架构的中间件，以"总线"模式管理和简化应用之间的集成拓扑，通过开放标准支持应用之间在消息、事件和服务级别上动态互联互通。比如，阿里巴巴的开源分布式服务框架 Dubbo 不仅提供高性能和透明化的 RPC 远程服务调用方案，而且提供 SOA 服务治理方案。

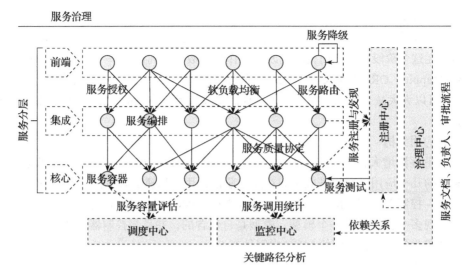

图 7-4　服务治理关键模块（该图参考 Dubbo 资料）

7.1.3　中间件与 SOA、微服务之间的关系

中间件包含了应用服务器、服务框架、缓存、消息中间件等一系列平台，也就是说，在应用和底层操作系统之间，能有效提升应用开发效率、稳定性的通用组件都可以划归到中间件的范畴。SOA 和微服务都体现了服务化架构的思想，中间件也从最初的传统中间件逐步发展到基于 SOA 架构的中间件，如今比较流行的分布式服务框架——微服务则已成为很多云计算中间件产品的服务化架构的核心。理解中间件、SOA 和微服务的关系，尤其是理解微服务的思想对于理解现代的云计算中间件会有很大帮助。

早在 1996 年，Gartner 就提出面向服务的架构（SOA）这个概念。SOA 阐述了"对于复杂的企业 IT 系统，应按照不同的、可重用的粒度划分，将功能相关的一组功能提供者组织在一起为消费者提供服务"，其目的是为了解决企业内部不同 IT 资源之间无法互联而导致的信息孤岛问题。到 2000 年左右，企业服务总线（Enterprise Service Bus，ESB）、Web Service、SOAP 等技术的出现，使 SOA 逐步落地，更多的厂商（像 IBM、Oracle 等）也分别提出基于 SOA 的解决方案或者产品。微服务在很大程度上继承了 SOA 的思想，但在服务架构开发、测试、部署以及监控方面和 SOA 有较大区别，在敏捷、持续集成、持续交付、DevOps、云计算技术上更深入人心。SOA 与微服务之间的对比如表 7-1 所示。

表 7-1　SOA 与微服务

SOA 实现	微服务架构实现
企业级，自顶向下开展实施	团队级，自底向上开展实施
服务由多个子系统组成，粒度大	一个系统被拆分成多个服务，粒度细
企业服务总线，集中式的服务架构	无集中式总线，松散的服务架构
集成方式复杂（ESB/WS/SOAP）	集成方式简单（HTTP/REST/JSON）
单块架构系统，相互依赖，部署复杂	服务都能独立部署

相比传统 SOA 的服务实现方式，微服务的灵活性、可实施性以及可扩展性更强，其强调的是一种独立测试、独立部署、独立运行的软件架构模式。

我们很难给出微服务的准确定义，软件开发"教父"Martin Fowler 对微服务的阐述可作为对微服务的基本认识：微服务架构是一种架构模式，它提倡将单一应用程序划分成一组小的服务，服务之间互相协调、互相配合，为用户提供最终价值。每个服务运行在其独立的进程中，服务与服务间采用轻量级的通信机制互相沟通（通常是基于 HTTP 协议的 RESTful API）。每个服务都围绕着具体业务进行构建，并且能够被独立部署到生产环境、类生产环境等。另外，应当尽量避免统一的、集中式的服务管理机制。对一个具体的服务而言，应根据业务上下文，选择合适的语言、工具对其进行构建。图 7-5 很好地描述了 SOA 与微服务之间的关系。

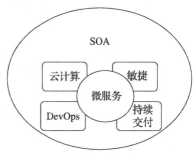

图 7-5　SOA 与微服务之间的关系

7.1.4　中间件的分类

中间件对分布式环境下的应用开发平台和通信服务提供支持，它主要包含以下几类：

1）远程过程调用（Remote Procedure Call，RPC）中间件：使用这类中间件，一个应用程序使用 RPC 执行一个位于不同地址空间里的过程，就好像是本地调用一样。

2）数据访问（Universal Data Access，UDA）中间件：这类中间件提供对各种信息资源的高性能访问，包括关系、非关系数据，支持数据应用资源的互操作。

3）消息中间件（Message Oriented Middleware，MOM）：这类中间件利用高效的消息传递机制，使分布式应用程序可以通过发送和接收消息来进行通信和交换数据。

4）对象请求代理（Object Request Broker，ORB）中间件：这类中间件定义异构环境下对象透明地发送请求和接收响应的基本机制，使应用程序的对象能够在异类网络之间分布和共享。

所有这些模型都使一个软件组件可以通过网络影响另一个组件的行为。它们的区别在于基于 RPC 和 ORB 的中间件会创建紧密耦合组件系统，而基于 MOM 的系统允许组件进行更松散的耦合。在基于 RPC 或 ORB 的系统中，一个过程调用另一个过程时，必须等待调用的过程返回才能执行其他操作。正如前面所提到的，在这些模型中，中间件在一定程度上充当超级链接程序，在网络上查找被调用过程，并使用网络服务将函数或方法参数传递到被调用过程，然后返回查找结果。

7.1.5　云计算中间件

传统中间件主要支持相对封闭、静态、稳定和易控的企业网络环境中（Intranet）的企业计算和信息资源共享，其核心是对组件对象的管理，通过远程对象代理，实现企业网络内复用。在开放、动态、多变的互联网（Internet）网络技术冲击下，现代的互联网中间件逐渐发展成以服务为核心，即 SOA 架构中间件，从而实现更高层次的复用和解耦。服务基于统一的标准封装，应用开发可以简化为服务之间的组装和编排，从而敏捷、高效以及低成本地实现各种资源的集成。

中间件本质上是对操作系统、数据库、网络的抽象，为应用提供业务构建服务。云计算中间件可以理解为集成了云计算能力的互联网中间件平台，它对应于云计算的 PaaS 模式，主要包括 IT 虚拟化资源的管理和计算服务化，满足对应用业务的支撑，例如对虚拟资源创建、使用、回收生命周期管理；对虚拟计算资源的动态调度以及提供智能化的管理平台。

如图 7-6 所示，从技术视角看，云计算中间件把分布式计算资源管理中常见的问题和解决方案提炼出来，并针对不同类型的资源进行性能优化和容错处理，然后通过统一的管理引擎和开发平台提供。云计算中间件利用资源层的虚拟化技术、智能系统管理和资源自动调配，使企业能够快速、有效地搭建和管理"云"平台。在云计算中间件的帮助下，应用服务商可以从复杂繁琐的分布式计算资源管理问题中解脱出来，集中精力和财力为他们的用户提供更好的搜索、电商、邮件、企业管理等服务。从业务视角看，中间件在公共服务层提供不同的业务模型（如用户中心、营销中心、交易中心等），向上支持构建不同的应用。

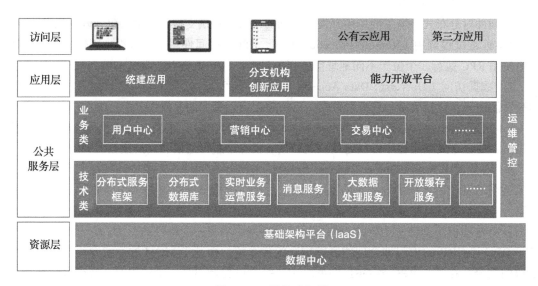

图 7-6　云计算中间件

云计算中间件是基于云计算的新一代企业级互联网架构，它能够有效整合各种计算资源，是搭建云平台不可缺少的基石。它可以帮助用户搭建虚拟化服务环境，帮助企业快速利用云计算技术完成从传统结构向云计算架构的平滑迁移。这个平台让任何企业能够像使用单机一样使用计算机集群，使得以往难以想像的大规模的系统管理和海量的数据处理成为可能。需要指出的是，虽然云计算可以更有效地整合和利用现有 IT 资源，提供高效、可靠的计算服务，但无论是基于公共云还是专有云，构建云计算中间件平台都是一项艰巨而复杂的工作，不能一蹴而就，既要考虑充分利用已有的软硬件平台，又要将现有的大量应用和数据迁移到云计算的平台上。

7.1.6 主流厂商的中间件

中间件为互联网应用的快速开发、灵活部署、可靠运行、有效管理和快速集成提供了基础的计算平台，据业界统计，95% 以上的互联网企业应用和电子政务系统都是构建在 SOA 架构的中间件上。因此，中间件也是很多主流厂商的核心竞争领域，本节将介绍几个主流厂商提供的中间件产品。

1. 阿里云中间件

随着互联网技术的蓬勃发展，越来越多向互联网转型的企业对快速开发、海量用户、大量数据、低延迟等提出了更高的要求。阿里巴巴自身也经历了这种痛苦的蜕变过程，为支持天猫双十一等海量、高并发数据的需求，开发了一套高效省时、快速复用的可共享架构的互联网中间件。

阿里云的互联网中间件的设计目标是"快速解决在生产运营过程中 IT 变化和业务变化的不确定性"，为处于自己上层的应用软件提供运行与开发的环境，帮助用户灵活、高效地开发和集成复杂的应用软件，包括企业级分布式应用服务（EDAS）、分布式关系型数据库服务（DRDS）、消息队列（MQ），业务实时监控服务（ARMS）、云服务总线（CSB）等，如图 7-7 所示。

图 7-7 阿里云互联网中间件体系

与传统技术模式不同，阿里云的互联网中间件的主要特点是服务化和去中心化架构，在控制成本的情况下实现性能和可用性的线性提升。比如，EDAS 可以帮助企业快速搭建能快速复用、线性扩展的类似会员中心、交易中心、商品中心的"原子模块"，当企业的业务发生变化时（比如新增业务），这些原子模块可以像搭积木一样进行叠加，满足业务创新过程中的技术需求。

阿里的中间件平台上已经积累了千个应用，并提供了十几万个服务化接口。在阿里内部，基于"大中台、小前端"的战略，它支持着阿里巴巴集团自身业务如淘宝、天猫、聚划算、1688、菜鸟物流等（如图 7-8 所示），避免"烟囱式"项目建设带来的弊端，包括重复功能建设带来的重复投资、打通"烟囱式"系统交互成本高昂等。基于普惠科技的思想，通过阿里云中间件提供公共云、金融云、混合云、专有云的不同输出模式，也是很多大型企业向互联网转型的重要支撑。比如，中石化旗下首个工业品电商平台易派客就是基于阿里云中间件进行快速开发的典型案例。

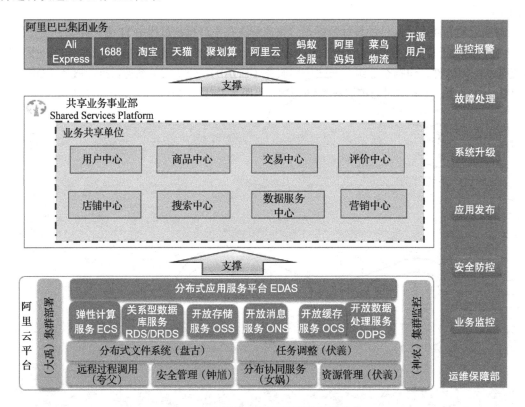

图 7-8　中间件支撑阿里巴巴集团业务

2. Oracle 中间件

Fusion 中间件是 Oracle 公司基础设施应用的完整集合，涵盖广泛应用的 Java 运行环境、服务集成及企业入口等。该中间件整体可以与 Oracle 公司的应用和技术无缝结合，实现快速的系统部署与实施，并能够降低管理和运维开销。图 7-9 展示了 Fusion 中间件的主要功能组件，每个组件内又分为多个不同的功能模块。

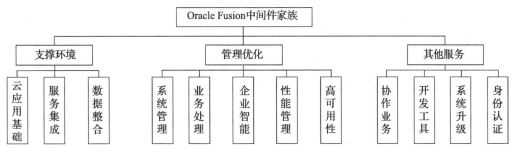

图 7-9　Oracle Fusion 中间件

系统运营支撑是 Fusion 中间件系统的重要功能。举例来说，云应用基础部分包括许多云计算需要的重要功能模块，比如 Oracle Traffic Director（OTD）模块提供了高可用的应用程序调度环境，Oracle Tuxedo 能够为云环境中多种程序语言（如 C、C++、Java）提供支撑环境。在大数据环境下，该中间件还提供了一个统一的以数据为中心的建立、部署、管理解决方案。系统管理优化是 Fusion 中间件最大的一类功能组件，包含针对系统自身的运维管理，以及针对业务的启动、执行、优化。例如，企业智能组件包含许多包括数据可视化、数据挖掘、业务监控等服务，这些功能组件使得大型数据中心能够高效地实现管理自动化和业务流程优化。Oracle Fusion 还包括一系列关键的附加服务，比如，针对团队合作的业务平台、针对系统升级和维护的自动化管理服务，以及针对多种应用开发的基础框架。

3. IBM 中间件

IBM 的中间件服务包括五大模块，如图 7-10 所示。其中应用平台能够简化应用，加快部署速度，自动化相关进程；IT 服务优化模块可以预测潜在性能，降低服务开销；混合集成模块可以将不同功能部件以前所未有的形式集成起来；智能业务管理对核心业务进程建模，提供改进、监控服务；DevOps 提供应用部署、测试自动化，支持过程、方法、系统开发和运营的产品和服务。每个模块下又涵盖众多子模块，为构建企业的各种系统应用提供便利。

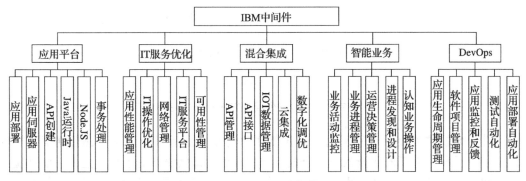

图 7-10　IBM 中间件

7.2 云计算中间件的关键技术

构建云计算中间件平台面临很多技术挑战，在架构设计上需要考虑的问题很多。架构设计是对很多不同因素的权衡，没有完美的方案。从应用服务视角看，云计算中间件的目标是有效实现基于服务的应用层线性增长；从数据库视角看，云计算中间件能够有效实现基于服务的数据库线性增长。本节将先探讨架构设计的关键点，然后分析其关键技术，包括服务框架、消息服务、分布式事务、服务化治理、容器等。

7.2.1 架构设计原则

云计算中间件是为了应对复杂的企业应用交付，在架构设计上往往遵循"微服务"架构设计思想，主要包括以下几个原则。

1）尽可能使用成熟组件：在系统构建中，由于用户量翻倍，系统构建的难度也会翻倍，有时一些组件（模块）的不稳定会对系统造成灾难，因此应该尽量使用经过实际生产环境证明过的成熟组件。

2）尽可能拆分：不同于构建单一、庞大的应用，基于微服务架构思想，应该将应用拆分成一套小而互相关联的服务，每个服务完成某个特定的功能，比如订单管理、客户管理等。

《The Art of Scalability》一书通过 scale cube 描述了如何通过三个维度实现系统扩展，如图 7-11 所示。

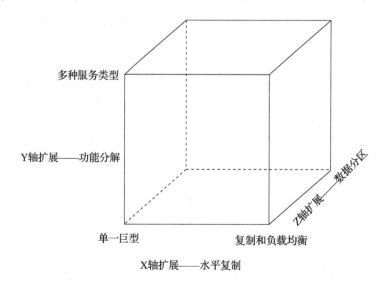

图 7-11　通过三个维度实现系统扩展

其中，X 轴扩展表示水平复制，即在负载均衡服务器后增加多个 Web 服务器；Y 轴扩展是功能分解，将不同职能的模块分成不同的服务，即微服务的思想，把单一巨型应用（monolith）分解成一组不同的服务，比如订单管理中心、客户信息管理中心等；Z 轴扩展是指对数据分片（分区），对应于数据库，即数据库分库 / 分表，分库是把关系紧密的表放在同一个数据库里；分表是由于一张表的数据量太大，需要把该表的数据通过哈希放到不同的数据库服务器上。

　　良好的拆分有助于业务的独立扩展和伸缩，在部署上也更灵活，此外，拆分可以实现松耦合，较好地隔离错误，避免牵一发而动全身。例如，对于一个打车软件，系统架构可能如图 7-12 所示。

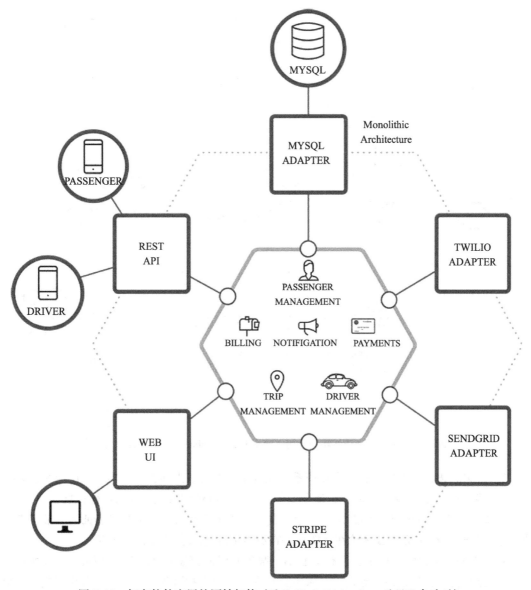

图 7-12　打车软件应用的原始架构（源于 Chris Richardson 的微服务系列）

经过拆分后，系统架构可能如图 7-13 所示。可见，拆分后的架构更有利于设计和实现。

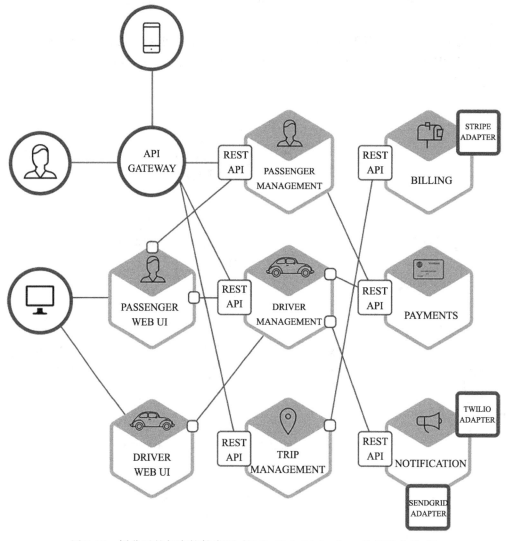

图 7-13　拆分后的打车软件应用（源于 Chris Richardson 的微服务系列）

3）去中心化，线性扩展：在大规模系统架构中，中心节点往往会成为系统的瓶颈。基于微服务的架构思想，应该去中心化，避免业务单点，更好地实现服务能力线性扩展。

传统的中心化系统架构如图 7-14 所示。其中，服务调用者和服务提供者通过企业服务总线相连，企业服务总线 ESB 无论在性能还是在成本消耗上都会导致瓶颈出现。

在去中心化的系统架构中，没有了 ESB，服务调用者和服务提供者关系如图 7-15 所示。

4）异步化，保证最终一致性：在服务交互中，客户端和服务器之间有很多交互模式，可以从两种维度进行归类：一对一 / 一对多以及同步 / 异步模式，如表 7-2 所示。

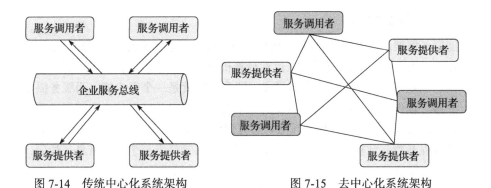

图 7-14　传统中心化系统架构　　　　　图 7-15　去中心化系统架构

表 7-2　客户端和服务器之间的交互模式

一	一对一	一对多
同步	请求 / 响应	—
异步	通知	发布 / 订阅
异步	请求 / 异步响应	发布 / 异步响应

一对一是指每个客户端请求由一个服务实例来响应；一对多是指每个客户端请求由多个服务实例来响应；对于同步模式，客户端请求需要服务端即时响应，但可能由于等待造成阻塞；对于异步模式，客户端请求发送到服务器，不期望服务器响应，即请求是单向的，客户端不会阻塞。

在实际中，交互一般采用以上几种模式的组合。在架构设计上，应尽量利用异步机制（比如消息机制）实现拆分事务，利用消息服务实现消息的发布 / 订阅，实现模块之间的最大化解耦。异步机制对于事务一致性问题提出了很大挑战，系统应用尽量保证无状态化，通过 BASE 机制确保最终一致。

5）尽可能自动化：当基于微服务思想，把系统拆分成多个组件时，这些组件之间的集成和部署运维就变得异常复杂。对于任何一个组件，当依赖的外部应用组件越多，集成、部署和联调测试的过程就越复杂。如果通过手工的方式完成，不仅会增加工作量，也会极大增加出错的可能性，而且很难实现环境配置的快速更新和管理。应用 DevOps，可以实现从开发设计到部署运维的一体化，比如自动打包部署、自动化的冒烟测试等，不但释放了人力成本，而且更容易实现资源的伸缩、更快调整环境、更低的运维代价以及更好的可管理性。如图 7-16 所示，自动化体系主要包括以下五点：弹性伸缩、限流降级、容量规划、线上演练和监控报警。

6）数据化运营：通过数据化运营，可以实时监控服务运行，并通过可视化数据展示快速定位系统问题，也为系统优化打下基础。

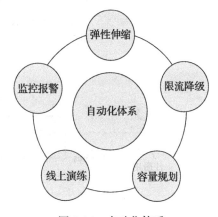

图 7-16　自动化体系

7.2.2 高性能服务框架

高性能服务框架基于 RPC 的分布式系统通信服务，为系统串起整个流程，是构建云计算中间件的核心。RPC 是一种通过网络从远程计算机程序上请求服务，而不需要了解底层网络技术的协议。RPC 采用客户机 / 服务器模式，请求程序就是一个客户机，而服务提供程序就是一个服务器。首先，客户机调用进程发送一个有进程参数的调用信息到服务进程，然后等待应答信息。在服务器端，进程保持睡眠状态直到调用信息到达为止。当一个调用信息到达，服务器获得进程参数，计算结果，发送答复信息，然后等待下一个调用信息，最后，客户端调用进程接收答复信息，获得进程结果，然后调用执行继续进行。

高性能服务框架基于 RPC 协议和微服务的架构思想，把原本集中式的模块分散到分布式架构的不同机制上运行，通过该服务框架可以将不同机器、不同机房、不同模块之间的服务化调用顺畅地构建起来，并且能够帮助组织服务发布、服务注册以及服务发现等过程。

7.2.3 消息服务

消息服务实现应用解耦、异步通信等功能，是云计算中间件的重要组成部分。消息队列是大型分布式系统中的重要组件，主要解决应用耦合、异步处理、流量削峰、日志处理等问题。针对异步处理，我们通过用户注册后，需要发送注册邮件和短信的例子来说明消息服务的方式。在这种场景下，有串行、并行和基于消息队列的异步处理三种处理方式，如图 7-17 所示。

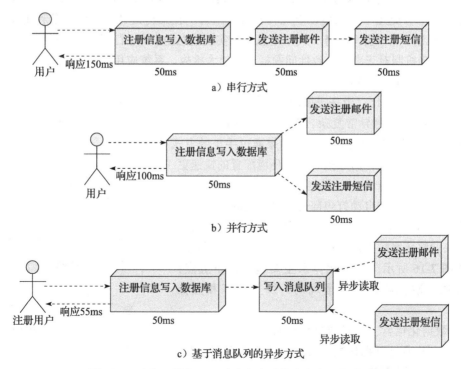

图 7-17　串行、并行和基于消息队列的异步处理的对比

如图 7-17 所示，假设每个业务节点耗时 50ms，不考虑网络等开销，则串行方式的响应时间是 150s，并行方式的响应时间是 100ms。采用消息队列后，用户响应时间等于写入数据库的时间加上写入消息队列的时间，即 55ms，响应时间明显降低，系统吞吐量明显提高。

再举个简单的例子说明如何实现应用解耦。在电商网站中，当用户下单后，订单系统需要通知库存系统更新库存。基于传统模式，订单系统调用库存系统接口，假如库存系统无法访问，订单更新库存失败，导致订单失败，如图 7-18a 所示。基于消息队列模式，用户下单后，订单系统完成持久化处理，将消息写入消息队列，返回用户订单下单成功；库存系统采用订阅模式，更新库存操作。这样即使库存系统暂时不可用，也不影响下单。订单系统和库存系统的应用解耦如图 7-18b 所示。

在这个应用中，如果限制队列长度，就可以实现流量削锋（常见应用场景如秒杀），当写入队列的消息超出最大限制，则直接抛弃请求或跳转到错误页面。

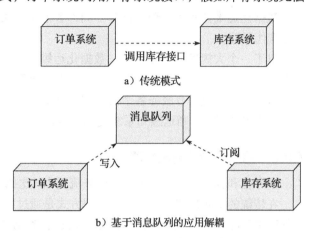

图 7-18　传统方式与基于消息队列的应用解耦方式的对比

7.2.4　分布式事务

跨越多个服务器的事务称为分布式事务。分布式事务的本质是解决数据/事务一致性问题，支持数据库分库和业务的服务化等。在分布式系统中，为了保证数据的可用性，生成数据副本是唯一的选择，但多个副本就会带来"数据一致性"问题，这是分布式事务面临的首要问题。针对数据库场景，当业务数据量膨胀，单库存储受容量和性能限制，无法满足业务需求，就要进行分库，把数据存储到多个数据库中，而写操作一旦需要跨多个数据库，单机事务就无法保证数据一致性，需要通过分布式事务来保证。当业务规模很大时，业务服务化成为强需求，实现系统间解耦、可以不同的业务系统，可以降低系统之间相互影响的风险，更好地应对上层业务变更。也就是说，将原本集式的服务通过 RPC 拆分成服务 A 和服务 B，并分别访问各自的数据库，同时进行分布式事务管控，当一个服务出现问题需要回滚时，能够将所有在一个分布式组的服务都进行回滚。由于一个业务往往需要调用多个服务，如何保证多个服务间的数据一致性？比如，一个业务调用了 N 个服务，其中前 N-1 个调用都成功，只有服务 N 调用失败。我们期望前 N-1 个服务所修改的状态数据可以恢复到调用前的状态，这需要通过分布式事务来实现。

从数据库角度，分布式事务所面临的是经典的 ACID 问题：原子性（Atomicity）、一致性（Consistency）、隔离性（Isolation）、持久性（Durability）。常见的有基于两阶段提交（2PC）/三阶段提交（3PC）协议、Paxos 算法等。

分布式事务典型的应用场景包括银行转账、电商交易、下单减库存、数据库扩容（分库）后产生的分布式事务、跨资源操作（比如更新数据库操作成功，但调用消息服务发送消息失败，或反之都会造成业务的不完整）等。

7.2.5 数据化运维

数据化运维体系是实现云计算中间件智能化的关键部分，它主要基于流计算技术进行全链路迭代跟踪。

对于一个大规模分布式系统，数据化运维是非常必要的。如果没有数据化运维，系统就像个黑盒子，一旦出现问题，很难定位问题。基于流计算技术的数据化运维，可以实现全链路跟踪系统，实现所有服务各个模块端到端的数据采集和分析处理，通过可视化建立全链路的数据监控，可以清晰地感知系统变化，实现系统的高效运维和问题的精确、快速定位。

7.2.6 服务化和服务治理

服务化和服务治理主要考虑在业务流程中（比如交易、物流）如何处理业务/服务冲突。

在传统的中间件实现中，组件实现方式是通过库（library）和应用一起运行在进程中，组件的变更意味着整个应用要重新部署。通过服务化方式实现组件，则可以将应用拆分成一系列微服务运行在不同的进程中，某个服务变化时只需要重新部署对应的服务进程即可。此外，服务化方式可以更明确清晰地定义组件的边界。

如图 7-19 所示，随着服务化的拆分，系统组件变得越来越多，系统可能会调用很多服务中心，已经无法人为地对服务依赖和架构进行梳理，因此高效的服务治理就迫在眉睫。

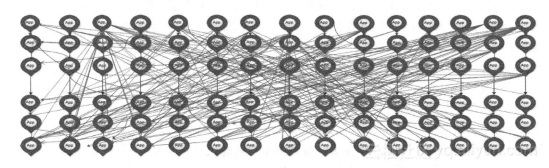

图 7-19　系统对服务中心的调用越来越复杂

服务治理的范畴很广，比如，在数据化运维中提及的数据可视化监控、全链路分析，以及容量规划、弹性伸缩、限流降级等都属于服务治理。对于高速发展的业务，容量规划至关重要，主要是基于弹性伸缩，根据 CPU、负载和响应时间等指标设置应用的自动扩容和缩容。

具体而言，服务治理需要考虑的问题很多。服务一般由两种角色组成：服务提供者和服务调用者。服务提供者关注以下问题：谁调用了我的服务？在什么链路下调用，调用是否合理？调用趋势怎样？产生的瞬间峰值多少？系统能否支撑，是否需要扩容？其对应的应对措施包括对服务的分组、限流、鉴权和压测。由于任何一个系统必定存在容量上限，因此可能存在业务超出预期容量。限流是对服务提供者的保护，它是服务提供者对服务调用者（消费者）的上限设置，当超过最大流量时断开，避免将系统整个拖垮。服务调用者关注以下问题：我依赖哪些应用、哪些服务？整个链路的依赖路径是怎样的？哪些容易出错，哪些是链路的处理瓶颈？这些依赖如果出错，对我的服务有什么影响？其应对措施包括：捕获异常、降级（对于不稳定的服务，采取降级措施）、开关（系统压力很大时，关闭不必要的操作）和优化（利用服务治理，对瓶颈进行优化）。降级是对服务调用者的保护，它是服务调用者对服务提供者的上限设置，一旦超出某个时间，便允许服务调用者强行断开。

7.2.7　容器

容器为上层应用构建提供了运行态支持，包括事务管理、安全检查、资源缓冲以及状态管理等。容器依赖其上运行的操作系统，实现基于 Linux 内核的资源隔离功能，如内核 namespaces（隔离的应用程序运行环境，包括进程树、网络、用户 ID，以及安装的文件系统），以及 cgroup（提供资源限制，包括 CPU、内存、I/O 和网络），这使得容器可以在单个 Linux 实例中独立运行，避免了初始化以及维持虚拟机的开销。

相比于虚拟机，容器的主要特点是标准化包装、可移植、能按需创建，从而达到较低的启动和占用时间、可重复性、资源利用率高，能更好地融入发展中的生态系统整体（如持续集成 / 持续交付）。容器化的应用程序可以在任何环境下随意创建和运行，无论是笔记本电脑、测试系统、预生产和生产系统，而且环境不同不会改变容器以及容器内的应用程序的任何内容。灵活的开发和部署、持续集成和持续交付是对上层应用提供容器的关键因素。

7.3　日志服务

日志服务是常见的面向日志数据处理的应用型中间件。在计算机中，日志是一种以时间为记录单位、自动生成的文件，记录某个特定系统的运行信息。几乎所有的系统和生产环境中的应用软件都有日志功能。

日志（Log）是系统运行过程中变化的一种抽象，其内容是指定对象的某些操作和操作结果按时间的有序集合。文件日志（LogFile）、事件（Event）、数据库日志（BinLog）、度量（Metric）数据都是日志的不同载体。日志文件有三个特点：

- 仅附加写：在日志中，记录被附加在文件的末尾。读取操作是从左至右进行，代表时间的流动顺序。
- 按顺序记录：以一个递增的序号作为标志。
- 按时间组织：最近的记录在文件的最后。

在文件日志中，每个日志文件由一条或多条日志组成，每条日志描述了一次系统事件，是日志服务处理的最小数据单元。图 7-20 显示了日志的示意图。日志记录的顺序代表了时间的流动。左边的日志记录在前，意味着它们出现的时间比右边更早。日志的记录编号相当于一个时间戳，代表日志记录的内容是何时发生的，它的好处是能和现实世界中的时间脱离，这一点在分布式系统中十分有用。

图 7-20　日志示意图

7.3.1　典型应用场景

日志的应用场景十分广泛。无论是应用程序、数据库还是分布式系统，都需要日志来记录运行和故障信息。日志还可以与产品的数据集成，通过分析日志进行数据统计，以及决定产品的改进方向。

1. 应用程序日志

应用程序日志（参见图 7-21）是指程序在运行时记录的跟踪信息，包括调试、警告和错误报告等。这些日志有高度的可读性，可供程序员们事后查看，检查程序运行状况是否正常。

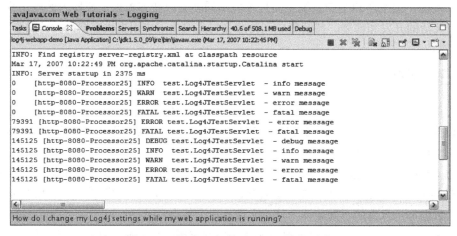

图 7-21　基于 Java 的 Apache log4j 日志

2. 数据库日志

早在 IBM 的 System R 中，数据库为了保证操作的同步性和原子化，就已经有了日志的概念。通过记录即将修改的信息，数据库可以在崩溃的时候保证数据的同步性。由于数据是即时性的，因此可以依靠它来恢复崩溃之前的状态。如图 7-22 所示。

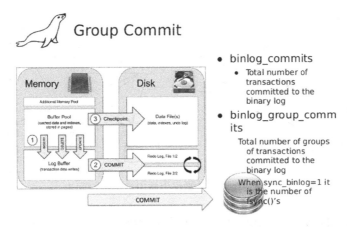

图 7-22　使用日志进行数据库故障恢复

随着时间的推移，数据库日志已经由一种故障恢复的方法变成一个数据库间的主从同步工具。只要记录在数据库进行的线性改动，就能在不同数据库之间完成同步。如图 7-23 所示。

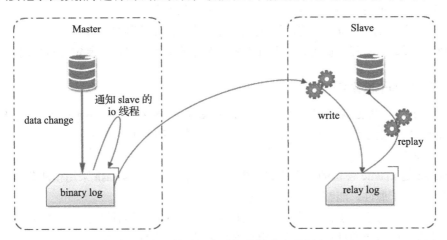

图 7-23　使用日志进行数据库主从同步

数据库日志一般设定对机器读取友好的格式，从而使得恢复和同步能够自动进行。同时，其巨大的数量也不适合人类阅读。

3. 分布式系统日志

分布式系统可以让多台计算机同时处理同一个问题。为了保持各个系统的同步性，需要使用日志来保证不同节点处理的都是同样的数据。如图 7-24 所示。

4. 日志与数据的集成

下面我们以互联网外卖订餐及配送服务为例，说明日志和数据的关系。

在这类服务中，用户先在网站上浏览喜欢的食品，选定后下单付款。被选定的商家将接到通知，加工食品后送货。在这一过程中能够产生大量的数据。

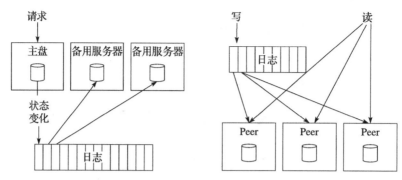

图 7-24　在分布式系统中使用日志进行同步

对外卖公司的数据分析师来说，用户在网页上的浏览习惯和购买行为能够让他们得知哪些食品更加受欢迎，进而增加对于这类食品的宣传；而用户的消费习惯可以让外卖公司调整价格补贴的力度，决定是否进行满减活动或者发放红包。

对于饭店的老板，他们可以分析哪个时间段订单量最大，从而提前准备食材，缩短供应周期，提升用户的消费体验，进而更多地选择这家店的产品。

对于外卖公司的程序员，他们可以通过日志分析出现问题的具体环节。当接到用户关于配送速度慢的投诉时，程序员可以调取日志中各个环节的配送时间，制定针对性的解决方案。

7.3.2　常见的日志系统

本节将介绍一些主流的日志系统，包括 Logstash、Scribe、Chukwa、Kafka、Flume 和 Elasticsearch 等，它们可以实现日志的采集、存储、检索和分析等流程。

1. Logstash

Logstash 是 Elastic 公司的一个开源的中心化日志服务。Logstash 采用模块化设计，具有高度的灵活性和扩展性，能够兼容 Redis 等存储方案。

Logstash 还有易于索引的特性。日志条目能够通过 Web 界面搜索，并能够让管理员定义各种过滤器来获取需要的日志，以及决定什么样的消息会出现在日志中。

2. Scribe

Scribe 是 Facebook 开源的日志收集系统，在 Facebook 内部已经得到大量的应用。它能够从各种日志源上收集日志，存储到一个中央存储系统（可以是 NFS，分布式文件系统等）上，以便进行集中统计分析处理。它为日志的分布式收集、统一处理提供了可扩展的、高容错的方案。

Scribe 最重要的特点是容错性好。当后端的存储系统崩溃时，Scribe 会将数据写到本地磁盘上，当存储系统恢复正常后，Scribe 将日志重新加载到存储系统中。Scribe 系统架构如图 7-25 所示。

Scribe 的架构比较简单，主要包括三部分，分别为 Scribe agent、Scribe 和存储系统。

（1）Scribe agent

Scribe agent 实际上是一个 thrift client。向 Scribe 发送数据的唯一方法是使用 thrift client， scribe 内部定义了一个 thrift 接口，用户使用该接口将数据发送给服务器。

（2）Scribe

Scribe 接收到 thrift client 发送过来的数据，根据配置文件，将不同主题的数据发送给不同的对象。Scribe 提供了各种 store，如 file、HDFS 等，Scribe 可将数据加载到这些 store 中。

（3）存储系统

存储系统实际上就是 Scribe 中的 store，当前 Scribe 支持很多 store，包括 file（文件）、buffer（双层存储，一个主存储、一个副存储）、network（另一个 Scribe 服务器）、bucket（包含多个 store，通过 hash 将数据存储到不同 store 中）、null（忽略数据）、thriftfile（写到一个 Thrift TFileTransport 文件中）和 multi（把数据同时存放到不同 store 中）。

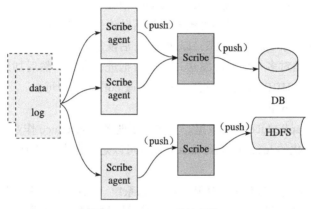

图 7-25　Scribe 系统架构

3. Chukwa

Chukwa 是一个非常新的开源项目，由于它属于 Hadoop 系列产品，因而使用了很多 Hadoop 的组件（用 HDFS 存储，用 MapReduce 处理数据）。它提供了很多模块来支持 Hadoop 集群日志分析。Chukwa 主要面向以下需求：1）灵活的，动态可控的数据源；2）高性能、高可扩展的存储系统；3）适当的并行与分布式处理框架，用于对收集到的大规模数据进行分析。

Chukwa 架构中主要有 3 种角色，分别为 adaptor、agent、collector。如图 7-26 所示。

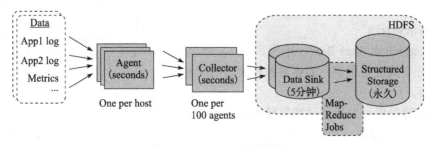

图 7-26　Chukwa 系统架构

（1）Adaptor 数据源

Adaptor 可封装其他数据源，如 file、unix 命令行工具等。目前可用的数据源有 hadoop logs、应用程序度量数据、系统参数数据（如 Linux CPU 使用流率）。

（2）HDFS 存储系统

Chukwa 采用 HDFS 作为存储系统。HDFS 的设计初衷是支持大文件存储和小并发高速写的应用场景，而日志系统的特点恰好相反，它需要支持高并发低速率的写和大量小文件的存储。需要注意的是，直接写到 HDFS 上的小文件是不可见的，直到关闭文件。另外，HDFS 不支持文件重新打开。

（3）collector 和 agent

为了克服（2）中的问题，增加了 agent 和 collector 阶段。

agent 的作用是给 adaptor 提供各种服务，包括启动和关闭 adaptor、将数据通过 HTTP 传递给 Collector、定期记录 adaptor 状态，以便 crash 后恢复。

collector 的作用是对多个数据源发送过来的数据进行合并，然后加载到 HDFS 中；隐藏 HDFS 实现的细节，如 HDFS 版本更换后，只需修改 collector 即可。

（4）demux 和 achieving

直接支持利用 MapReduce 处理数据。它内置了两个 mapreduce 作业，分别用于获取 data 和将 data 转化为结构化的 log，存储到 data store（可以是数据库或者 HDFS 等）中。

4. Flume

Flume 是 Cloudera 于 2009 年 7 月开源的日志系统。它内置的各种组件非常齐全，用户几乎不必进行任何额外开发即可使用。Flume 的设计目标包括：可靠性、可扩展性、可管理性和功能可扩展性。

Flume 采用了三层架构，分别为 agent、collector 和 storage，每一层均可以水平扩展。其中，所有 agent 和 collector 由 master 统一管理，这使得系统容易监控和维护，且允许有多个 master（使用 ZooKeeper 进行管理和负载均衡），从而避免了单点故障问题。用户可以在 master 上查看各个数据源或者数据流执行情况，且可以对各个数据源配置和动态加载。Flume 提供了 web 和 shell script command 两种形式对数据流进行管理。Flume 的系统架构如图 7-27 所示。

5. Elasticsearch

Elasticsearch 由 Shay Banon 开发，是一个基于 Lucene 的分布式搜索引擎，能够对各种类型的文档进行全文搜索。

目前的数据库可以通过过滤器检索管理员所需的日志，但在全文搜索和文档管理方面并没有太有效的办法。Elasticsearch 提供一个 Web 搜索界面，通过分布式

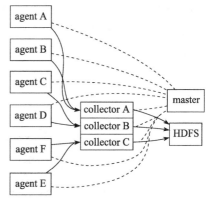

图 7-27　Flume 系统架构

系统将不同的索引关键字分配到各个服务器节点,自动取得路由和再平衡,自动分析和聚合检索的结果。

很多大公司都使用 Elasticsearch 的服务,比如 Facebook、Quora、Mozilla、GitHub、Netflix、SoundCloud、Foursquare 等。

7.3.3 阿里云日志服务

阿里云的日志服务(Log Service,Log)是针对日志类数据的一站式服务,如图 7-28 所示。基于日志服务,可以快速完成日志数据的采集、消费、投递以及查询分析等功能。

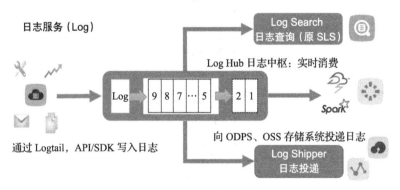

图 7-28 阿里云的日志服务

它主要包括以下三个组件:

- 日志中枢(LogHub):实时采集和消费日志,通过 Agent/API 实时收集、订阅、消费日志数据,如图 7-29 所示。

图 7-29 实时数据采集和消费

- 日志投递（LogShipper）：稳定、可靠的日志投递，将日志定时投递至存储类和大数据分析服务，如 OSS、MaxCompute 和 TableStore，如图 7-30 所示。
- 日志查询（LogSearch）：实时索引、查询数据，提供基于时间、关键词查询用以定位及分析问题。

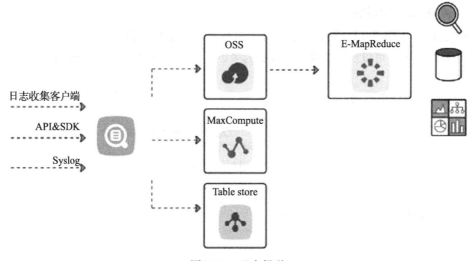

图 7-30　日志投递

在阿里云的日志服务中，有以下几个关键概念：

- 地域（Region）：即阿里云的服务节点。阿里云在全国不同地区拥有自己的服务节点，用户可以选择距离自己最近的节点，获得更低的访问延迟和更好的用户体验。
- 项目：项目为日志服务中的基本管理单元，用于资源隔离和控制。用户可以通过项目来管理某一个应用的所有日志及相关的日志源。
- 日志库（Logstore）：日志库为日志服务中日志数据的收集、存储和查询单元。每个日志库隶属于一个项目，且每个项目可以创建多个日志库。用户可以根据实际需求为某一个项目生成多个日志库，其中常见的做法是为一个应用中的每类日志创建一个独立的日志库。例如，假如用户有一个"big-game"游戏应用，服务器上有三种日志：操作日志（operation_log）、应用程序日志（application_log）以及访问日志（access_log），用户可以首先创建名为"big-game"的项目，然后在该项目下面为这三种日志创建三个日志库，分别用于它们的收集、存储和查询。
- 分区（Shard）：分区是每个日志库下的读写基本单元，用户可以指定每个日志库下的分区数目。每个分区能承载一定量的服务能力。
- 日志（Log）：日志为日志服务中处理的最小数据单元。日志服务采用半结构数据模式定义一条日志，具体数据模型如下：
  - 主题（Topic）：用户自定义字段，用以标记一批日志（例如，访问日志根据不同的站点进行标记）。默认该字段为空字符串（空字符串也为一个有效的主题）。

- 时间（Time）：日志中保留字段，用以表示日志产生的时间（精度为秒，从 1970-1-1 00:00:00 UTC 计算起的秒数），一般由日志中的时间直接生成。
- 内容（Content）：用以记录日志的具体内容。内容部分由一个或多个内容项组成，每一个内容项由 Key、Value 对组成。
- 来源（Source）：日志的来源地，例如产生该日志机器的 IP 地址。默认该字段为空。

- 日志组（LogGroup）：一组日志的集合，写入与读取的基本单位。日志组限制为最大 4096 行日志，或 10MB 空间。
- 日志主题（Topic）：一个日志库内的日志可以通过日志主题（Topic）来划分。用户可以在写入时指定日志主题，并在查询时必须指定查询的日志主题。例如，一个平台用户可以使用用户编号作为日志主题写入日志。这样在查询时可利用日志主题让不同用户仅看到自己的日志。如果不需要划分一个日志库内日志，则所有日志使用相同的日志主题即可。

日志库、日志主题和日志之间的关系如图 7-31 所示。

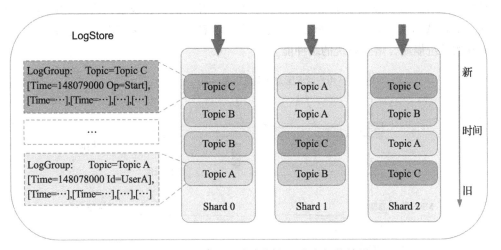

图 7-31　日志库、日志主题和日志之间的关系

7.4　消息中间件

消息中间件（MOM）是在分布式系统之间收 / 发消息的基础组件，它是一类典型的云计算中间件。本节将以消息中间件为例，介绍其使用场景和特点、调用模型和消息类型，并分析主流的消息中间件以及一些案例，帮助读者进一步认识云计算中间件。

7.4.1　使用场景和特点

消息中间件的基本作用有两点：一是对应用解耦，二是异步处理。消息中间件可应用在多个领域，包括异步通信解耦、企业解决方案、金融支付、电信、电子商务、快递物流、广告营销、社交、即时通信、移动应用、手游、视频、物联网、车联网等。

下面给出几种典型的使用场景。

1. 应用 / 系统解耦

如图 7-32 所示，在紧耦合系统中，服务 A 直接向服务 B 发送消息请求，当服务 B 出现问题或升级都会影响服务 A。而在引入消息中间件的松耦合系统中，即使服务 B 失效，服务 A 的请求可以先缓存到消息队列中，所以服务 B 的故障不会影响服务 A。

2. 削峰填谷

如图 7-33 所示，通过消息队列缓存用户的请求，可以缓冲用户任务请求压

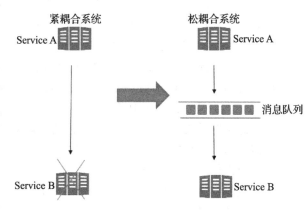

图 7-32   系统解耦

力实现削峰填谷，进而降低系统峰值压力。基于生产者和消费者模型，通过定时推送或拉取的方式，消息队列在上游系统出现峰值时可以堆积消息，供下游系统消费，避免上游系统负载过大导致系统崩溃，增强系统的缓冲能力。

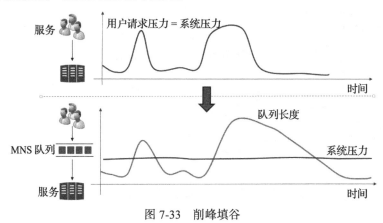

图 7-33   削峰填谷

3. 数据交换

在图 7-34 中，通过云消息服务这个中间媒介无需打通企业 A 和 B 的内网，也无需暴露企业 A 内网服务，就可以实现企业 A 向企业 B 数据同步和交换，即加快了数据交换速度，也保障了数据安全。

4. 异步通知

在图 7-35 中，左侧是轮询方式，Web 前端会向后端服务发送大量的轮询请求。通过消息中间件，可以实现异步通知，在后端服务处理完任务时，回调通知用户，从而避免大量轮询请求。

图 7-34　数据交换

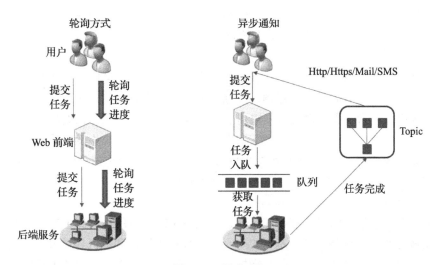

图 7-35　异步通知

5. 定时任务

如图 7-36 所示，基于消息队列，可以定时向消息队列中推（push）或拉（pull）消息，比如图中设置了 30 分钟消息延时，这样可以轻松实现定时任务场景。

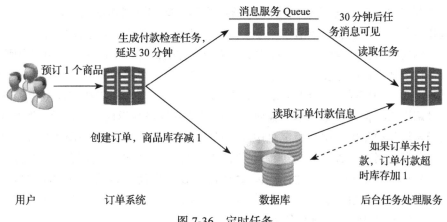

图 7-36　定时任务

在分布式系统中，消息中间件需要具备如下特点：

（1）低延迟

中间件具备一定的消息堆积能力，可以为后端抵挡来自前端的数据洪流。在分布式应用中，当洪峰数据来临时，会有大量的消息堆积到消息中间件，后端程序根据消费速度对数据进行读取，因此保证中间件对写消息链路的低延迟至关重要。从技术上，可以通过多种优化技术，比如 JVM 设置、内存和锁的管理、内存预分配、系统调用、读写分离等措施降低延迟。此外，还可以通过流控，对慢请求（指排队等待时间以及服务实践超过某个阈值的请求）进行容错处理。比如，对于离线应用场景，通过滑动窗口机制，减缓从服务端拉的频率以及消息大小，降低对服务端的应用；对于在线高频交易等场景，采取快速失败策略，既能预防应用连锁的资源耗尽引发的雪崩，又能有效降低服务端压力，保证端到端的低延迟。

（2）稳定性

在分布式系统中，由于资源有限，其所能提供的单位时间服务能力也是有限的。如果超过系统承受能力，可能会造成服务停顿、应用崩溃，进而将风险传递给服务调用方，从而造成整个系统的服务能力丧失，进而引发雪崩。为了保证服务的 SLA，需要控制单位时间的请求量（即限流）。此外，还可以通过"熔断"措施（类似于电力系统中的保险丝，当负载过大会自身熔断切断电流），通过分布式系统中的过载保护，让应用快速失败，从而保护系统稳定性。

（3）高可用

中间件需要保证消息的可靠存储和传递，保证系统的高可用性。高可用几乎是每个分布式系统必须考虑的一个重要特性，基于 CAP（一致性、可用性和分区容错性）原则，很难设计出一种高可用方案可以同时满足所有指标，一般是基于系统需求，对各个指标的支持有所侧重，常见措施包括冷备、Master/Slave、Master/Master、2PC、3PC、基于 Paxos 算法等，并要对数据一致性、事务支持、数据延迟、系统吞吐、故障恢复等指标进行权衡。

7.4.2　同步 / 异步调用模式

在计算机领域，消息通常是进程 / 服务器 / 应用之间相互通信的信息载体。消息通信分为同步调用与异步调用。同步调用是一种阻塞式调用，调用方要等待对方执行完毕才返回，因此是一种单向调用；异步调用是一种类似消息或事件的机制，不过它的调用方向刚好相反，接口的服务在收到某种信息或发生某种事件时，会主动通知客户方（即调用客户方的接口）。

图 7-37 给出了典型的消息同步调用模型与异步调用模型。同步调用模型中，进程 A 可以直接通过调用 API 向进程 B 发起消息请求，并且等待进程 B 返回消息之后再继续执行其他任务。而异步调用模型中，引入了消息中间件模块，在消息中间件中利用队列或者其他数据结构来缓存消息。当进程 A 打算向进程 B 发起消息调用时，可以通过消息中间件这一层的代理，由消息中间件来处理进程 A 的请求。之后进程 B 给进程 A 返回消息时同样也将消息先发送给消息中间件，再由消息中间件在适当的时候发送给进程 A。这样进程 A 在发送消息调用的请求之后就可以继续处理其他任务，而不用一直等待进程 B 的回应。

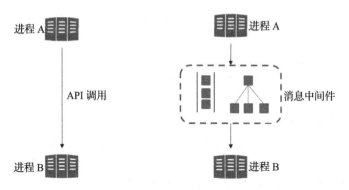

图 7-37 消息同步调用模型与异步调用模型

7.4.3 点对点和发布 / 订阅模型

大部分消息服务都采用异步方式来实现，而异步方式大都通过消息中间件形式来实现。消息中间件利用高效可靠的消息传递机制进行平台无关的数据交流，并基于数据通信来进行分布式系统的集成。消息中间件一般提供两种模型：点对点模型（Point to Point，Queue）和发布 / 订阅模型（Publish/Subscribe，Topic），其主要区别是发送到队列的消息能否重复消费（多次订阅）。

1. 点对点（Queue）模型

在 Queue 模型中，消息生产者生成消息，发送到队列中，消息消费者从队列中取出并消费信息。消息被消费后，会从队列中删除，因此，队列支持多个消费者，但每个消息只能有一个消费者，如图 7-38 所示。

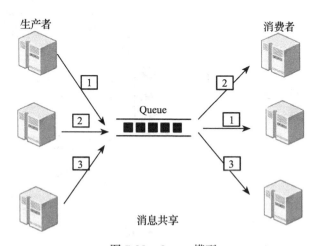

图 7-38 Queue 模型

该模型具有如下几个特点：

1）一对一模型共享：一个生产者对应一个消费者。队列模型可以支持多个生产者和消费者并发访问同一个队列，并往往能确保某条消息在取出之后的特定时间段内，无法被其他消费者获得。

2）客户端主动读取消息（pull）模式。

3）多种队列：这种模型有普通队列、延时队列、优先级队列，这里的延时队列可以采用定时的方式实现。

4）保证至少成功消费一次。

如何保证消息被成功处理呢？我们来看一个例子。如图 7-39 所示，消息处理步骤为：1）接收消息；2）处理消息，每一条消息代表一个任务；3）删除消息。这里其实是采用了确认机制来保证消息的成功发送。消息有可见和隐藏两种状态。消息刚刚发送给中间件处理的时候是可见状态，是指当前没有处理程序在处理该条消息，此时所有处理程序都可以处理该消息。当有处理程序开始处理该条消息的时候，该条消息对外界处于一种隐藏的状态，即不能被其他程序处理。只要第 3 步不成功，消息会继续留在消息服务中，并且在一定时间后变成可见，其他消息处理程序可以再次进行处理，这样一直到最终消息被成功处理之后删除。

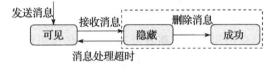

图 7-39　消息处理

2. 发布 / 订阅（Topic）模型

在 Topic 模型中，消息生产者把消息发布到 Topic 中，同时有多个消息消费者订阅（消费）该消息。和 Queue 模型不同，发布到 Topic 的消息可以被所有订阅者消费。Topic 模型结构如图 7-40 所示。

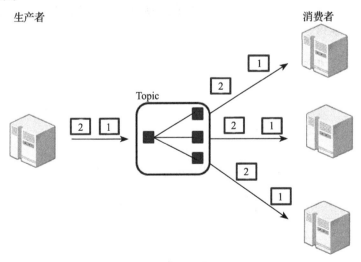

图 7-40　Topic 模型

该模型的主要特点如下：

1）一对多消费模型（广播）：一条通知消息可以同时被多个订阅者订阅和消费。

2）服务端主动发起（push 模式）：通常消息服务会有 pull/push 两种服务方式，这里服务端会主动将消息推送（push）给客户端。

3）支持多种投递方式：包括 HTTP/Queue 推送、短信推送、移动推送、邮件推送等方式。

7.4.4 主流消息中间件

目前主流的消息中间件有 Kafka、RabbitMQ 和阿里云消息队列 Message Queue（MQ）、IBM WebSphere MQ 等。下面先重点介绍 Kafka 和阿里云 MQ，然后给出这几款产品的对比分析。

1. Kafka

Kafka 是一种分布式发布 – 订阅消息系统，最初由 LinkedIn 公司开发，之后成为 Apache 项目。与传统消息系统相比，Kafka 有以下特点：

- 它被设计为一个分布式系统，易于向外扩展。
- 它同时为发布和订阅提供高吞吐量。
- 它支持多订阅者，当失败时能自动平衡消费者。
- 它将消息持久化到磁盘，因此可用于批量消费，例如 ETL，以及实时应用程序。

Kafka 架构包括以下组件：

- 主题（Topic）：是特定类型的消息流。消息是字节的有效负载（Payload）。
- 生产者（Producer）：是能够发布消息到话题的任何对象。
- 代理（Broker）：Kafka 集群包含一个或多个服务器，一个服务实例称为 Broker，已发布的消息保存在 Broker 中。
- 消费者（Consumer）：可以订阅一个或多个话题，并从 Broker 拉数据，从而消费这些已发布的消息。

Kafka 的生产者、消费者和代理环境的关系如图 7-41 所示。

由于 Kafka 是分布式的，一个 Kafka 集群通常包括多个代理。为了均衡负载，可以将主题分成多个分区，每个代理存储一或多个分区。多个生产者和消费者能够同时生产和获取消息，其架构如图 7-42 所示。

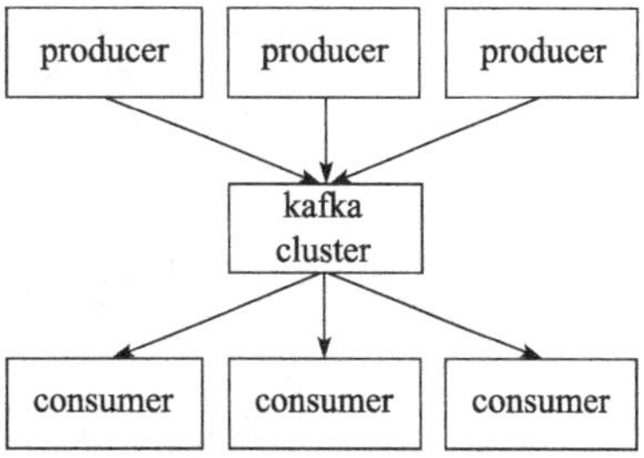

图 7-41　Kafka 生产者、消费者和代理环境

2. 阿里云 MQ

阿里云消息队列 MQ（Message Queue, https://www.aliyun.com/product/ons）是阿里巴巴集团自主研发的专业消息中间件。MQ 基于高可用分布式集群技术，提供消息发布订阅、消息轨迹查询、定时（延时）消息、资源统计、监控报警等一系列消息云服务。MQ 能从多个角度保障服务可靠性和安全访问控制，比如资源和账号管理，应用场景可覆盖跨账号资源授权、黑名单控制等。另外，MQ 采用多节点集群化部署、多副本数据存储和主备复制方式保证服务和数据的高可靠。

在系统架构上，MQ 由消息队列服务器（MQ Broker）、服务发现系统（Name Server）、管控平台（Console）、鉴权系统（Dauth）和 Open API 等系统模块组成，如图 7-43 所示。

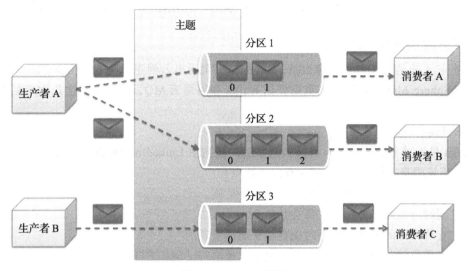

图 7-42　Kafka 架构

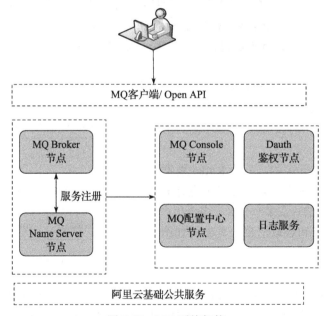

图 7-43　MQ 系统架构

其中，MQ Broker 是消息队列的核心处理模块，由多个服务节点组成服务集群，负责消息的收、发以及消息的存储，支持集群化、多副本部署，主备复制实现高可用；Name Server 负责消息队列服务的注册和查找，是实现消息队列服务弹性部署和线性扩展的核心；Console 为用户提供消息的主题管理、发布/订阅管理、消息查询、资源报表以及监控告警等一整套运维功能；Dauth 为消息队列提供统一的登录服务以及安全访问控制功能；Open API 方便用户接入、自主运维，用户可以通过 Open API 创建主题、发布 / 订阅消息、查询状态等。

对于消息类型，MQ 支持定时 / 延时消息、顺序消息和事务消息。它们适用于不同的应用场景，比如，定时 / 延时消息可用于消息生产者和消费者有时间窗口要求或者通过消息触发一些定时任务的场景；当应用要求消息严格按照先进先出（FIFO）原则进行消息发布和消费时，可以使用顺序消息。顺序消息又分为全局有序和局部（分区）有序两种。全局顺序是指对于指定的 Topic，所有消息严格按照 FIFO 顺序进行发布和消费，如图 7-44 所示；分区顺序是指对于指定 topic，所有消息根据 sharding key 进行分区，同一个分区内的消息严格按照 FIFO 顺序进行发布和消费，如图 7-45 所示。

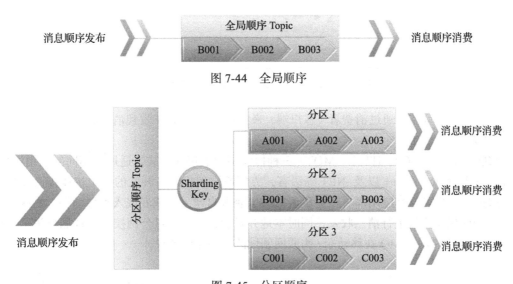

图 7-44　全局顺序

图 7-45　分区顺序

对于消息的存储结构，采取的是物理队列 + 逻辑队列结合的方式，如图 7-46 所示。

Producer（生产者）生产消息，根据消息的 Topic 选择其对应的分区，然后发送到该分区对应的 Broker；Consumer（消费者）根据订阅的 Topic，选择相应 Topic 的某个分区拉取消息。在这个过程中，如何保证消息不丢？主要考虑以下三点：

1）保证生产者可靠性：消息生产者发送消息后，会返回结果 flag，如果 flag 为 true，则表示消息已经发送到服务器并存储。整个发送过程是一个同步过程，保证消息送达并返回结果。

2）服务器可靠性保证：服务器收到消息后，会对消息进行校验和检查，然后写入磁盘，写入成功后则返回应答给生产者。由于操作系统对写有缓冲，可以采取异步或同步刷盘策略，强制写入磁盘。异步刷盘是对每一定数量或一定时间的消息，调用 force 操作强制写入磁盘；同步刷盘则是写入消息后，立即强制刷盘。

3）保证消费者可靠性：消费者成功消费一条消息后，才会接着消费下一条。如果消费失败，会通过重试机制保证消息的可靠消费。

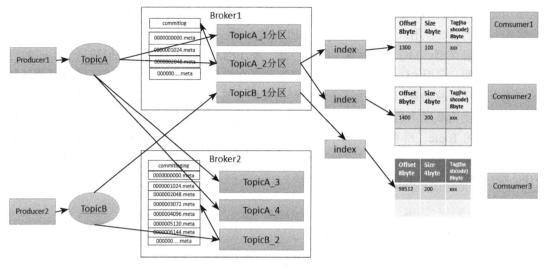

图 7-46　物理队列 + 逻辑队列的消息存储结构

MQ 消息不重需要通过消费者（客户端）来实现。Consumer 收到消息后，可以通过定义 tag 实现去重。

MQ 目前提供 TCP、HTTP、MQTT 三种协议层面的接入方式，适用于不同的应用场景。此外，它支持 Java、C++ 以及 .NET 等语言，方便不同编程语言开发的应用快速接入 MQ 消息云服务。用户可以将应用部署在阿里云 ECS、企业自建云，或者嵌入到移动端、物联网设备中与 MQ 建立连接进行消息收发，同时本地开发者也可以通过公网接入 MQ 服务进行消息收发，图 7-47 展示了 MQ 在移动端 / 物联网领域的一些应用场景。

图 7-47　MQ 的应用场景

3. 主流消息中间件的对比

为了更直观地解释消息中间件，方便读者理解，表 7-3 给出了阿里云 MQ、IBM WebSphere MQ、Kafka 和 RabbitMQ 这几款主流消息中间件的对比。

表 7-3 主流消息中间件对比分析

产品名称	阿里 MQ	IBM Web Sphere MQ	Kafka	RabbitMQ
所属社区 / 公司	Alibaba	IBM	Apache	Mozilla Public License
特点	支持分布式扩展、主备高可靠；支持海量订阅；丰富的消息订阅模式；高可用且性能很好	负责在两个系统之间传递消息，具有强大的跨平台性，它支持的平台数多达 35 种，保证消息的"Once and Once only"的传输，做到不丢失、不复传	为追求吞吐量而设计，性能很好。但 Broker 并不保存消费状态，可靠性较差	实现了 AMQP 协议，支持丰富的路由模式；消息可靠性较高；Broker 部署复杂
开发语言	Java		Scala	Erlang
支持的协议	自定义 /MQTT/HTTP	自定义 /JMS/HTTP/MQTT	自定义	AMQP
客户端支持语言	Java、C++、.Net	两类编程接口：Java 消息服务（JMS）；消息队列接口（MQI），支持多语言	Java、C、C++、Python、PHP、Perl、.net、Ruby、Clojure、Node.js 等	Java、C、C++、Python、PHP、Perl 等
是否开源	底层 RocketMQ 开源	不开源，可免费试用 90 天	开源	开源
持久化	磁盘文件	磁盘文件	磁盘文件	内存、文件
单机 TPS 性能	约为 110 000/sec	约为 20 000/sec	约为 170 000/sec	约为 60 000/sec
单机最大队列数	< 10 万	< 1 千	< 1 千	< 1 千
集群	支持，对应用透明的集群式实现	支持，通过在仓储库队列管理器设置集群队列来实现，部署较复杂	支持，但集群对发送者并不透明，发送者需要确认消息发送到	支持，对应用透明的集群式实现

7.4.5 案例分析：抽奖系统

下面我们通过一个案例进一步说明消息中间件。抽奖系统和秒杀场景类似，从技术角度看，主要由于大规模并发对 Web 系统提出很大挑战，其基本需求有三点：1）支持瞬间大规模并发；2）快速研发和上线。传统的抽奖系统架构如图 7-48 所示。

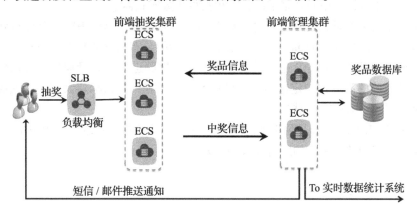

图 7-48　传统的抽奖系统

传统抽奖系统的架构问题之一在于当访问是高并发的时候，奖品数据库的访问会成为瓶颈。为此我们引入了 MQ 奖品队列、MQ 中奖信息队列、发奖通知主题这三个消息队列，来解决高并发下的性能瓶颈问题，图 7-49 是改进后的抽奖系统的架构。

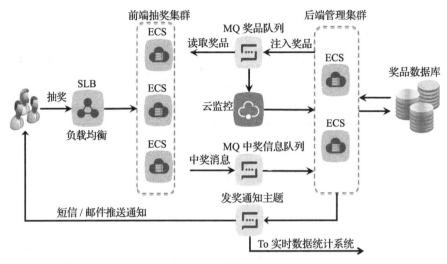

图 7-49　基于消息队列的抽奖系统

经过改进之后，前端抽奖集群与后端管理集群变成松耦合，并且通过队列的缓冲减轻了数据库的压力，使得数据库的访问不再成为瓶颈。

7.5　阿里云企业级分布式应用服务

从某种角度看，应用服务中间件是中间件技术的集大成者，是中间件的核心。本节将以阿里云的企业级分布式应用服务（Enterprise Distributed Application Service，EDAS）为例，介绍如何综合使用云计算中间件来解决企业级高可用分布式需求。

EDAS 充分利用阿里云的资源管理和服务体系，涵盖阿里巴巴中间件整套成熟的分布式产品，兼容 Apache Tomcat 的 Java 容器，提供高性能的分布式服务框架以及秒级推送的分布式配置管理服务。此外，EDAS 还提供了分布式系统链路追踪、容量规划、数据化运营和多款经过台长期考验的高可用稳定性组件，可帮助企业级客户轻松构建大型分布式应用服务系统。图 7-50 给出了 EDAS 的架构。

在阿里内部，EDAS 支撑了阿里巴巴 99% 以上的大规模应用系统，其中包括会员、交易、商品、店铺、物流和评价在内的所有在线核心系统。

7.5.1　应用场景需求

在大型分布式应用中，往往面临如下两个问题：

- 应用彼此间存在复杂的调用关系。
- 应用数量很多，可能达到成百上千个应用。

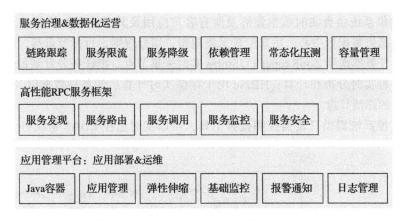

图 7-50　EDAS 架构

以阿里的真实情况为例，由于淘宝网用户数猛增，整个系统面临如下技术挑战：

- 业务需求爆发式增长。
- 开发人员快速扩张。
- 系统代码量越来越多。
- 系统压力越来越大。

当时主要以业务为核心来积累技术，但很快发现问题变得更严重：

1）业务支持缓慢，牵一发而动全身：由于很多人同时维护一个核心工程，不同人有不同的理解，导致源代码冲突严重，很难做项目管理，协同成本非常高，进而项目发布周期加长，迭代速度变慢，且错误难以隔离。

2）数据库能力达到上限：当时只有一个数据库，发布新的系统可能会导致宕机，而且单数据库连接数捉襟见肘，单机 IOPS 达到瓶颈，每年都至少宕机一次。

3）数据孤岛：多套用户体系导致用户不知道到底在哪个网站登录，商家想知道用户的画像，分析用户的购买行为，但却无法判断两个不同网站的同名用户是否为同一用户，所以没办法进行后续的大数据分析。随着系统越来越多，开始出现项目管理和代码管理的乱象，比如对于用户查询，不同的业务系统存在不同的方法，存在数据隔离和不一致的问题。

7.5.2　系统架构

为了解决上述问题，逐渐形成了图 7-51 所示的采用中间件的系统架构。从系统架构可以看出，EDAS 主要由控制台、数据采集系统、配置注册中心和鉴权中心等组件系统组成。

其中各个组件系统的功能说明如下：

- EDAS 控制台是供用户使用 EDAS 系统功能的操作界面，用户通过控制台可以实现资源管理、应用生命周期管理、运维管控、立体化监控等。它包含两个组件：EDAS Console 和 EDAS Admin，Console 提供客户访问的操作界面，Admin 用于执行后台定时任务。

- 数据收集系统负责实时收集集群及所有客户应用及其系统运行状态，并实时汇总数据，包括采集配置中心，用来配置采集规则、切分规则、目标节点等，配置完成后生成采集任务推送到 ZooKeeper；JStorm 实时采集节点，把任务分发到每个采集节点执行，进行实时分析和计算；HBase 用于存储实时计算后的各种数据以及 HiStore 存储调用链的详情日志。

- 运维监控系统提供日常监控和报警工具，可以实时监控 EDAS 系统各个组件的运行状态。

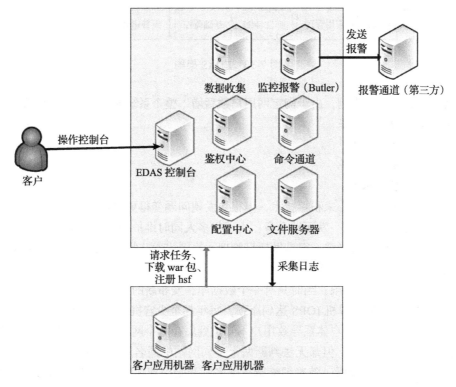

图 7-51　EDAS 的系统组成

7.5.3　服务化和服务治理

基于 EDAS，阿里进行了服务化改造，包括以下几个阶段：首先把相对简单的用户中心剥离出来，作为一个单独的服务；然后对交易中心进行改造，交易中心是整个系统中最复杂的业务流程，它的成功是 EDAS 服务化成功的里程碑；然后又陆续对其他中心，比如类目、店铺、商品中心等进行服务化改造，如图 7-52 所示。

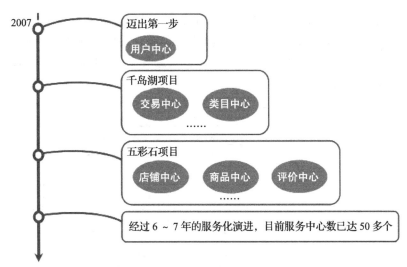

图 7-52　EDAS 服务化改造过程

服务化改造完成以后，开始时业务应用很少，但随着系统应用的延伸，服务之间变得更加复杂，形成一个复杂的网状结构，如图 7-53 所示，服务之间的依赖很多，如何进行准确的梳理呢？

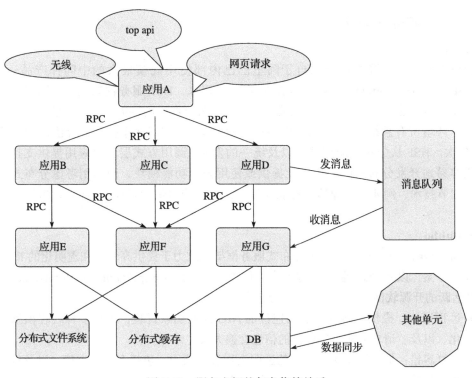

图 7-53　服务之间的复杂依赖关系

当系统变成网状结构后，依赖关系变得错综复杂，已无法通过人工方式梳理，必须通过系统的方式来解决问题。于是，服务治理"鹰眼"系统应运而生（如图 7-54 所示），它是一套链路跟踪系统，可以对海量调用链进行统计，得到链路各个依赖的稳定性指标，能够在系统故障时，清晰地定位故障根源。

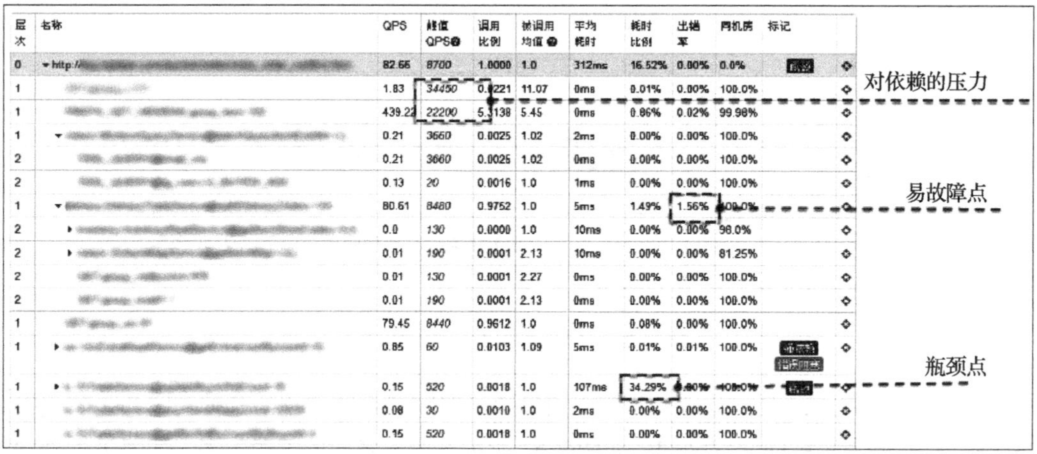

层次	名称	QPS	峰值QPS	调用比例	被调用均值	平均耗时	耗时比例	出错率	网机房	标记
0	▼ http://	82.65	8700	1.0000	1.0	312ms	16.52%	0.00%	0.0%	
1		1.83	34450	0.0221	11.07	8ms	0.01%	0.00%	100.0%	
1		439.22	22200	5.3138	5.45	0ms	0.86%	0.02%	99.98%	
1	▼	0.21	3660	0.0025	1.02	2ms	0.00%	0.00%	100.0%	
2		0.21	3660	0.0025	1.02	0ms	0.00%	0.00%	100.0%	
2		0.13	20	0.0016	1.0	1ms	0.00%	0.00%	100.0%	
1	▼	80.61	8480	0.9752	1.0	5ms	1.49%	1.56%	100.0%	
2	▶	0.0	130	0.0000	1.0	10ms	0.00%	0.00%	98.0%	
2	▶	0.01	190	0.0001	2.13	10ms	0.00%	0.00%	81.25%	
2		0.01	130	0.0001	2.27	0ms	0.00%	0.00%	100.0%	
2		0.01	190	0.0001	2.13	0ms	0.00%	0.00%	100.0%	
1		79.45	8440	0.9612	1.0	0ms	0.08%	0.00%	100.0%	
1	▶	0.85	60	0.0103	1.09	5ms	0.01%	0.01%	100.0%	
1	▶	0.15	520	0.0018	1.0	107ms	34.29%	0.00%	100.0%	
1		0.08	30	0.0010	1.0	2ms	0.00%	0.00%	100.0%	
1		0.15	520	0.0018	1.0	0ms	0.00%	0.00%	100.0%	

（右侧标注：对依赖的压力、易故障点、瓶颈点）

图 7-54　鹰眼系统的链路跟踪分析

7.5.4　核心组件和功能

1. HSF

EDAS 的分布式服务框架源自于阿里巴巴内部使用规模最大的中间件产品——HSF（High-Speed Service Framework）。自 2007 年诞生以来，HSF 服务框架就成为阿里巴巴内部服务化改造的基础组件，其无中心化的架构体系、久经考验的性能以及良好的用户体验，支撑了生产环境所有系统的服务化调用，在阿里内部日均调用达千亿次，峰值调用达到每分钟 30 亿次。HSF 从分布式应用层面以及统一的发布 / 调用方式层面为应用提供支持，从而可以很容易地开发分布式的应用以及提供或使用公用功能模块，而不用考虑分布式领域中的各种细节技术，例如远程通信、性能损耗、调用的透明化、同步 / 异步调用方式的实现等问题。

2. Dubbo

Dubbo 是阿里巴巴研发的一个分布式服务框架，致力于提供高性能和透明化的 RPC 远程服务调用方案，以及 SOA 服务治理方案。该项目已开源（http://dubbo.io/Home-zh.htm），是国内最活跃的开源软件之一。其核心部分包含：

- 远程通信：提供对多种基于长连接的 NIO 框架抽象封装，包括多种线程模型、序列化、以及"请求 – 响应"模式的信息交换方式。
- 集群容错：提供基于接口方法的透明远程过程调用，包括多协议支持，以及软负载均衡、失败容错、地址路由、动态配置等集群支持。

- 自动发现：基于注册中心目录服务，使服务消费方能动态地查找服务提供方，使地址透明，使服务提供方可以平滑增加或减少机器。

3. 分布式事务

分布式事务（Transaction Controller，TXC）是一款高性能、高可靠、接入简单的分布式事务中间件，用于解决分布式环境下的事务一致性问题。该产品支持 DRDS、RDS、Oracle、MySQL、PostgreSQL、H2 等多种数据源，并可以配合使用 EDAS、Dubbo 及多种私有 RPC 框架，同时还兼容 MQ 消息队列等中间件产品，能够轻松实现分布式数据库事务、多库事务、消息事务、服务链路级事务及其各种组合，策略丰富，易用性和性能兼顾。

4. 分布式配置中心 Diamond

集中式系统变成分布式系统后，如何有效地对分布式系统中每一个机器上的配置信息进行有效的实时管理成为一个难题。EDAS 分布式配置中心能够在毫秒级推送、变更历史记录、追踪推送轨迹，如图 7-55 所示。

配置中心对大型分布式应用配置进行集中管理，使修改更容易、通知更及时、配置变更也更安全；对应用配置变更进行历史记录：让应用配置可以轻松回退到前一版本。能追踪应用配置推送轨迹，让配置推送所到达机器变得可视化，而且应用集群推送的规模更大、效率更高。

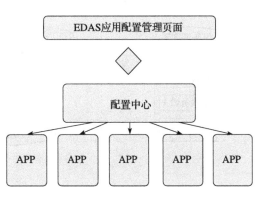

图 7-55　EDAS 分布式配置中心

5. 服务调用

1）服务接口可视化：在应用启动时自动完成服务注册，所发布和消费的服务可以在 EDAS 平台在线查看，避免黑盒困境。

2）服务调用安全性：在发布、订阅和调用服务时，必须使用合法的安全令牌进行鉴权，保证服务调用的安全性，如图 7-56 所示。

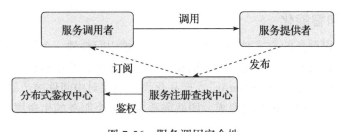

图 7-56　服务调用安全性

6. 立体化监控服务

EDAS 服务监控三个层面的数据：资源、容器和应用。

- 系统资源：包括负载、CPU、内存、磁盘、网络数据。

- 容器：包括堆内存、类加载情况、线程池、连接器数据。
- 应用：包括响应时间、吞吐率、关键链路分析数据。

7. 服务治理

服务治理包括鹰眼监控、容量压测、限流降级、弹性伸缩四个方面，这里不再赘述。

8. 灰度发布

灰度发布能够允许一部分用户使用新功能，一部分用户使用原有功能，再通过实际测试作出正确的决定。在业务系统层面，让现有的系统可以平滑升级。图7-57给出了灰度发布的示意图。

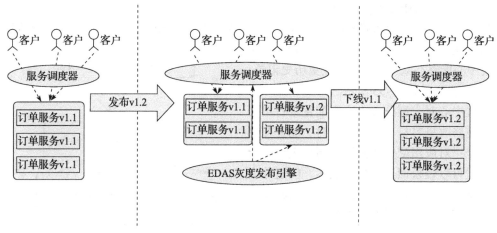

图7-57　灰度发布的示意图

7.6 云计算中间件发展趋势

这一节将简要介绍云计算中间件的发展趋势，以便读者进一步加强对该领域的认识和理解。

7.6.1 产品化和智能化

云计算中间件以服务的方式对外提供，这是和传统中间件的一个很大区别。以服务为核心，通过标准封装，实现服务的复用、解耦和互操作；基于微服务思想，通过产品化而非项目模式驱动，"You build it，you run it"。产品化思想不仅对中间件的产品开发过程有影响，对跨职能团队的组织也提出很高的要求，团队需要负责整个服务的生命周期，从而提供更优质的服务。

基于DevOps的思想，基础设施的自动化已逐渐成为云计算中间件的基本要求。随着工业互联网和物联网的蓬勃发展，对云计算中间件也提出了智能化的需求，希望云计算中间件能深度利用云计算、大数据等前沿技术，支持新一代的软件基础设施，为工业系统和商业系统提供无缝对接，帮助传统企业转型。

7.6.2 平台化和深度融合

由于应用系统的复杂性，比如在线应用和离线应用的融合，功能单一的中间件产品很难满足不同形态的应用需求，这决定了中间件必须以平台化的方式，融合不同的模块化系统服务，比如消息服务、分布式数据库服务、监控服务等，为上层应用一体化的整体解决方案。中间件作为平台，应不断深度融合关键的核心技术，提供开放、统一、集成的互联网计算平台。在内核，提供统一的内核设计，包括中间件核心的通信服务、事务服务和资源服务等；在中层，基于微服务思想，根据业务构建不同的中间件服务，保证系统的可扩展性和灵活插拔；在外层，通过 Open API 提供统一的编程模型，便于用户实现业务逻辑。此外，应提供统一的控制台和监控系统，方便用户充分利用平台的各种功能。

本章小结

云计算中间件是云计算的关键组成部分，它逐渐成为云计算提供商的核心竞争力。相对而言，云计算中间件涉及的技术领域较为复杂，往往是在平台发展过程中不断演化和沉淀而来，而不是基于一蹴而就的设计和开发。本章只是对云计算中间件的初步介绍，要深入理解云计算中间件，还需要较多的实践积累。

习题

1. 请谈一下你对 SOA、微服务和云计算中间件的理解。
2. 中间件在架构设计中，一般会关注哪些点？其关键技术有哪些？
3. 基于阿里云日志服务，实现日志的实时、离线分析：
   1）收集 Nginx/Apache 访问日志，也可以使用公共数据接口。
   2）通过代码或框架（Spark、Storm）等对日志进行实时分析，包括 PV、UV、访问路径、地理位置、浏览器类型等。
   3）利用可视化手段展现网站访问情况。
4. 基于阿里云消息中间件 MQ，实现以下功能：
   1）实现一个严格有序的队列。
   2）实现消息一对多的拉（pull）消费模型。
   3）用消息服务实现一个网上聊天室程序。
5. 基于阿里云 EDAS 产品，搭建分布式应用购物车 Demo。

参考文献与进一步阅读

[1] 维基百科中关于中间件的介绍：https://en.wikipedia.org/wiki/Middleware_（distributed_applications）.

［ 2 ］ 奉继承. 浅析深究什么是中间件［OL］. http://kb.cnblogs.com/page/196448/.

［ 3 ］ Randy Shoup. eBay's Architectural Principles［OL］. https://www.infoq.com/presentations/shoup-ebay-architectural-principles.

［ 4 ］ Microservices 官网：https://martinfowler.com/articles/microservices.html.

［ 5 ］ Martin L Abbott, Michael T Fisher. 架构即未来：现代企业可扩展的 Web 架构、流程和组织（原书第 2 版)［M］. 陈斌，等译. 北京：机械工业出版社，2016.

［ 6 ］ 阿里云企业级分布式应用服务 EDAS_V2.0.0 技术白皮书.

［ 7 ］ 阿里云消息队列 MQ_V2.0.0 技术白皮书.

［ 8 ］ 阿里巴巴不一样的技术创新［OL］. https://102.alibaba.com/newsInfo.htm?newsId=28.

［ 9 ］ Dubbo 官网：http://dubbo.io/Home-zh.htm.

［10］ 奉继承. 中间件技术的发展趋势分析［OL］. http://wenku.baidu.com/view/bf92ecb25a8102d277a22f70.html.

分布式部署与监控

　　高效灵活的云计算服务离不开专业的软件系统。在云计算环境下，对大型软件系统的部署通常要涉及如何将该软件系统的组件部署到不同机器上，以及对服务的动态监控和管理。如果说在单机环境中尚能够采取简单的人工配置，那么在涉及千万级服务器节点的大规模生产环境中，无法再以人工方式配置，在多系统上高效地安装各种组件变得势在必行。这些组件需要考虑操作系统、硬件资源的特定需求，也需要考虑组件间的相互依赖关系和制约条件。

　　本章首先将简要介绍传统的软件分布式部署，使读者对相关的背景知识有一定了解，然后探讨基于互联网的大规模分布式部署设计，接着以阿里云分布式部署系统"天基"为实例介绍如何实现分布式部署，并从用户视角分析基于天基的阿里云监控系统，最后分析其他几个分布式云计算管理系统，包括微软的 Autopilot、谷歌的 Borg，以及 Facebook 的 Dynamo。

8.1　软件分布式部署概述

　　本节将介绍经典的软件部署问题，尤其是软件在其整个生命周期中的部署与管理。

8.1.1　功能模块

　　如今软件产品不再采用单一庞大的架构，而是用一系列功能模块有机地组成能够共同运行的系统。不同模块之间存在合同式的接口定义，保证整个系统的功能性。基于模块的设计方式使得部署变得更加容易，不同模块可以独立部署。因此，模块作为包装、传递、部署的基本单元逐渐成为大型分布式系统的通用软件部署方式。

8.1.2　软件部署的内容

　　软件部署是系统软件生命周期中非常关键的一个环节。软件部署可以被定义为："一种涵盖了功能模块组织和调度等一系列行为的过程，用于实现软件的可用性，功能性，以及实时更新，"从实际运营角度来看，这一过程涵盖了软件生命周期中的一系列关键问题，包括：

- 软件发行（Release）：标志着软件的准备和包装过程完毕，可以为公众使用。
- 软件安装（Installation）：软件在系统上的安装。

- 软件激活（Activation）：软件安装后，为得以运行所需的所有操作。
- 软件升级（Update）：软件因版本改变而进行的更新。
- 软件重组（Reorganization）：因系统模块间逻辑结构的改变而造成的软件调整。
- 软件重布（Redistribution）：因系统模块间物理拓扑的改变而造成的软件调整。
- 软件冻结（Deactivation）：临时冻结软件的功能。
- 软件卸载（De-installation）：软件从系统上解除安装的过程。
- 软件退休（Retire）：标志着软件生命周期的正式结束。

图 8-1 描绘了以上软件部署行为的关系。

8.1.3　软件部署模式

在开放和不稳定的系统中，软件部署并不是一成不变的静态过程。应用程序的变化和硬件设备的改变、网络连接状态的改变，都会影响到软件部署的进程。

根据所部署目标的不同，有如下两种部署模式：

- 增量式部署（Incremental Deployment）：在已有的软件系统中部署一个新的软件功能模块。
- 持续式部署（Continuous Deployment）：管理一个新加入或离开的设备上的软件功能模块。

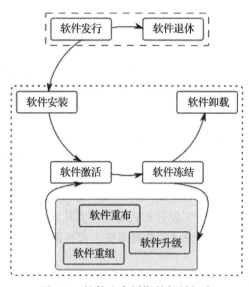

图 8-1　软件生命周期的部署行为

根据应用场景的不同，软件部署也可分为快速部署和分布式部署。快速部署满足的是初始的应用需求，一般采用 Web 平台安装程序把相关组件安装到一个系统上。这类部署的优势在于部署简单和硬件成本低，一般用于低流量实验室的测试或学习，并不适用于生产环境。相比之下，分布式部署通常在生产环境中，在多个系统或虚拟机上安装各种组件，并提供更好的性能调优和工作负载平衡。

8.1.4　软件的分布式部署

软件部署起初都是采用"人工"的模式。随着软件系统复杂度的增加，部署的难度也快速上升，在这种情况下，人工部署的效率和可靠性都存在较大的不确定性。对于拥有海量分布式节点的云计算环境来说尤为如此。因此，以自动化方式进行分布式部署逐渐成为一种趋势。

软件系统的分布式部署是一项复杂的后期工程，需要在硬件集群上实现软件系统的可用性和功能性。云计算作为一种典型的大规模分布式系统，在其上进行分布式软件部署必须满足一系列的约束条件，比如不同模块相互间的依赖性，以及支撑模块运行的资源和环境。

分布式部署采用可扩展的系统架构，允许部署规模从一个节点到许多节点的软件系统，实现应用的分布式存储和配置。利用分布式部署，可以使用廉价的硬件节点构建高效的集群环境，还能够为集群环境增加额外的系统节点。在集群环境中，有相应的主机进行资源的调度和监控，以实现负载均衡，更加高效地完成任务。分布式部署的好处是能够分担服务器负荷，解决集中式存储系统通常面临的性能瓶颈和单点错误问题，从而提升系统可靠性、可用性和可扩展性。

8.2 互联网大规模的软件分布式部署的设计

8.2.1 三大技术挑战

在互联网环境下，对于百万台级服务器在线连接、单集群达到万台规模、面向多租户的云计算平台下，进行软件分布式部署面临着以下技术挑战：

1）小概率故障成为常态。在分布式计算中，当服务器达到一定规模时，任何小概率故障都可能成为常态。比如以下几种故障：

- 磁盘故障：磁盘是服务里面经常出现故障的环节。从实践中看，SATA 磁盘的年故障率是 3%，也就是说，5K 台机器中每天会有 4 块磁盘损坏，100K 台机器每小时有 4 块磁盘损坏。
- 机器的故障：常见的机器故障有内存 ECC 错误、根分区只读问题等。如果有 5K 台机器，则每天会有一台损坏；如果有 100K 机器，则每小时会损坏一台。
- 网络故障：网络虽然比较可靠，但还是会发生网络丢包、网络延时、时断时连等问题或故障。

2）人是最薄弱的环节。在重复事件的执行上，机器远远比人可靠。当运维人员顶着巨大压力进行系统修复时，大概有 20% 的概率会出现失误。因此，必须降低人为因素在整个服务链条中的副作用。

3）多租户环境的性能隔离。"慢，也是一种故障"，如何隔离其他租户带来的性能影响是个挑战。在云计算多租户环境下，性能是个很重要的功能点。比如，某个客户的业务是家庭监控摄像头，数据采集上传到云端进行分析处理，以发现是否存在入侵等可疑问题，对他们来说，如果 I/O 大于上限（比如 3s），就会出现丢失数据、存在漏报等问题，也就失去监控意义了。慢 I/O 的原因很难预知，可能由于光纤和硬盘等硬件老化，也可能是操作系统 bug（负载陡增）、瞬时热点等因素造成的。

8.2.2 设计原则

James Hamilton 在《On Designing and Deploying Internet-Scale Services》一书中，基于 20 多年的大型数据中心软件系统和互联网服务经验，给出了深入、切实的设计原则建议。基于这些设计原则及工业实践，我们总结设计原则如下。

1. 分布式系统设计的三大基本思想

Bill Hoffman 在分布式系统设计上，给出了三大基本思想：

1）零信任（Expect failures）："零信任安全模型"是网络安全领域非常重要的课题，其思想也适用于分布式系统设计。一个组件可能在任意时间故障或停止工作，其依赖的组件也可能在任何时间故障或停止工作（比如网络故障、磁盘空间耗尽等），因此系统需要恰当地处理所有的故障。

2）极简设计（Keep things simple）：复杂导致问题，简单更容易保证正确。系统模块之间需要避免不必要的依赖，单台服务器的故障应该对集群其他模块没有影响。

3）自动化（Automate everything）：人会犯错，是不确定、不可靠的。自动化的过程可测试、可确定，最终更可靠，因此系统应尽可能地将整个过程自动化。

基于上面的三大基本思想，衍生出下面云计算分布式部署和设计的最佳实践指南。

2. 关键设计原则

（1）总体服务设计

80% 的运维问题源自设计和开发，因此总体服务设计是关键环节。设计、开发和运维一体化，这也是 DevOps 的核心思想。在总体设计中，应该遵循以下几点：

- 容错设计。前面说过，在大型分布式系统中，小概率故障成为常态，容错设计就成为系统总体设计的关键因素。在故障发生时，系统应该能够自动恢复，不需要人工干预，这也是系统可扩展的前提。

- 冗余。冗余是保证系统高可靠性的唯一途径，应该通过多数据副本，保证故障发生时系统仍可用。在硬件选择上，应使用大量廉价服务器组成大规模集群，而不是由少量大型服务器来工作，在保证整体成本更低的情况下通过冗余保证系统可用性更高。

- 统一版本，多种部署。单一版本在整体开发、运维上优于散乱的多版本方式，后者很容易在后期导致更多问题，类似"雪崩效应"。对于云计算背景下不同的需求，可以采用统一版本、支持多种部署模式来满足，比如同一套系统，可以支持公共云、专有云、金融云等不同的部署模式。

- 多租户。多租户是云计算降低成本的必然选择，通过多租户可以充分利用集群的能力。比如，阿里云的集群同时支持在线计算和离线计算，当在线计算占用资源少时，可以把资源分配给离线计算，从而极大提升集群利用率。

（2）自动化管理和配置

很多服务在出现故障时，会向运维系统发送警报，依赖人工干预来恢复，这种方式需要 7×24 小时的运维人员，成本很高，更容易出错，整体服务的可靠性降低。面向自动化的设计包含以下几点：

- 可重入。所有操作应该都是可重入的，状态持久化并冗余存储。

- 支持跨数据中心的部署。支持多数据中心部署，可以通过负载从一个数据中心迁移到另一个数据中心。

- 自动配置和安装。手动完成配置容易出错，而且出现故障时很难定位。

（3）容量规划和运维

容量规划需要对资源分配进行跟踪分析，通过一些关键指标（比如吞吐量、延时等）分析系统的容量需求。运维需要对一些紧急情况有应对预案，并且是自动化执行，比如一些操作流程，需要通过脚本处理，而且脚本需要经过测试，而不是把步骤写在 Word 文件中，通过人工方式检查执行。

（4）频繁、灰度发布

发布可以很频繁，实际上，发布越频繁，爆炸式的变更就越少，发布的质量更高，客户体验越好。在发布时，为了避免因故障带来的大范围影响，可以采取灰度发布方式，小范围验收测试通过后再继续发布。此外，也必须支持版本回滚，这类似于在飞机上准备的降落伞，应该确保可用。

（5）监控和报警

在分布式系统中，为了避免黑盒效应，对系统的监控至关重要。应收集生产数据，构建细粒度监控，确保出现问题时可以快速定位。需要收集的数据主要包括以下几个方面：

- 记录所有操作数据，包括操作时长等，当数据发生抖动时，往往是系统存在问题的危险信号。
- 跟踪容错机制。容错至关重要，但它有时会屏蔽潜在的故障信号。比如，在出现大范围机器不可用时，可能由于容错机制，将任务调度到可用机器去执行，导致大面积机器故障没有及时得到发现。
- 保留历史数据。历史数据对于分析趋势和诊断问题都是非常必要的。

报警可以说是一门艺术。如果所有事件都报警，开发和运维人员每天将收到大量无用的报警信息，这样的报警形同虚设，反而带来副作用。报警应该遵循最小化误报（false positive）原则，否则人们就会习惯性忽略它们，导致真实故障报警信息没有得到关注。

8.3　分布式部署系统案例

分布式部署系统对于云计算具有重要意义，无论是资源配置、健康监控、能源管理，都有它的身影。本节将介绍微软、谷歌、Facebook 近年来提出的具有代表性的分布式部署系统。

8.3.1　微软 Autopilot 系统

Autopilot 是一款帮助微软将数百万台服务器以及海量数据融合成一整套庞大强劲计算及存储资源池的自动化工具。Autopilot 并不完全取代人工，而是协助人们更有效地控制整个系统，从而使开发者更有效地专注于广义上的系统运营。

从整个系统架构看，Autopilot 由多个不同的 Service 组成，这些 Service 分工协作，共同负责维护集群中的服务。其架构如图 8-2 所示。

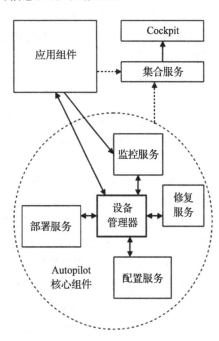

图 8-2　Autopilot 系统架构

Autopilot 的关键性任务之一就是处理底层基础设施的配置工作。当微软希望为其遍布全球的 10 ~ 100 家数据中心添加容量资源时，通常会在一个集装箱里塞进约上万个计算节点——微软所说的"ITPAC"。一旦这些设备与数据中心的电网接驳完毕，Autopilot 就开始检查所有新服务器是否经过正确配置、相关网络是否工作良好，同时帮助它们与系统中的其他部分进行对接。Autopilot 不仅为主机部署并管理操作系统镜像，同时也负责管理已经部署完成的应用程序，这套代理机制与操作系统镜像如影随行，也是 SDN 解决方案的组成部分。SDN 解决方案同时管理着数据中心网络中的东西流量与南北流量，拓扑结构则带来了相当充裕的网络带宽以及路径冗余。

如果某台服务器发生故障，Autopilot 的"自我修复"功能可以预防集群规模下的批量瘫痪，同时 Autopilot 还拥有一套极为精巧的调度组件。用航空领域的例子来打比方，它能像空中交通管制员那样打理微软全球计算设备池内不计其数、大大小小的各类工作负载。

8.3.2　谷歌 Borg 系统

Borg 是一个谷歌服务器集群管理系统，它负责对几千个应用程序所提交的 job 进行接收、调试、启动、停止、重启和监控，这些 job 将用于不同的服务，运行在不同数量的集群中，每个集群各自可能包含最多几万台服务器。Borg 能够隐藏资源管理和故障处理细节，使其用户可以专注于应用开发；能提供高可靠性和高可用性的操作，并支持应用程序做到高可靠、高可用；能让集群在跨数以万计的机器上有效运行。Borg 的目标是让开发者不必操心资源管理的问题，而是专注于自己的工作，并且做到跨多个数据中心的资源利用率最大化。图 8-3 给出了 Borg 的结构示意图。

Borg 的用户是谷歌开发人员和系统管理员，他们运行谷歌应用与服务。用户以 job 的方式提交他们的工作给 Borg，每个 job 又由一个或多个 task 组成，每个 task 含有同样的二进制程序。一个 job 在一个 Borg 的计算单元（cell）里面运行，一个计算单元里包括多台机器。每个计算单元（cell）里面的所有机器都划归为某个集群，该集群由高性能的数据中心级光纤网络连接。一个集群安装在数据中心的一座楼里面，几座楼合在一起成为一个 site。一个集群通常包括一个大的计算单元和一些小的或测试性质的计算单元。

除了测试 cell，中等大小的计算单元大概包括 1 万台机器，而有一些计算单元规模更大。一个计算单元中的机器往往是异构的，比如设备（CPU、RAM、磁盘、网络）大小、处理器类型、性能以及外部 IP 地址或 flash 存储都可能不同。Borg 把用户和这些异构性隔离开来，用户无需操心选择哪个单元来运行任务，如何分配资源、安装程序、监控系统的状态并在故障时重启。一切工作都由 Borg 来完成。

关于 Borg 系统的监控策略，几乎所有的 Borg 的 task 都会包含一个内置的 HTTP 服务，用来发布健康信息和几千个性能指标（例如 RPC 延时）。Borg 监控这些健康检查 URL，把其中响应超时的和错误的 task 重启。其他数据也被监控工具追踪并在 Dashboard 上展示，当服务等级目标（SLO）出问题时就会报警。

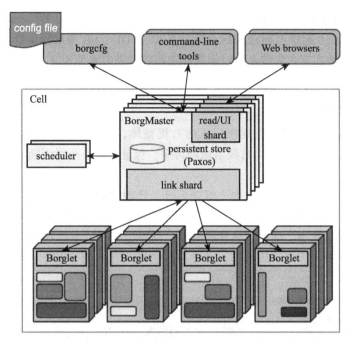

图 8-3　Borg 结构示意图

8.3.3　Facebook 的 Dynamo 系统

Dynamo 是 Facebook 公司开发的数据中心规模的分布式电力监控和动态管理系统。该系统由 Facebook 和密歇根大学的研究人员共同研发，旨在应对复杂大规模互联网数据中心的负载波动，实现细粒度的功率管控。

电力监控对于数据中心来说非常重要且具有挑战性。由于各个计算节点的负载波动各异，稍有不慎会导致系统的超载。在数据中心的电力供给通道上，涉及不同层级不同容量的电力设备。以 Facebook 所采用的一款基于 OCP 开放计算项目的架构为例，数据中心一般分布于多个房间中（一般为 4 个），称之为套间，套间中服务器机柜排列成行。每个套间由不超过 4 组主电力板（MSB）提供电力，每个 MSB 能够为 4 个 1.25MW 的电力切换板（Switch Board，SB）提供电能，每个 SB 则进一步将功率输送到几百千瓦量级的 Reactive Power Panel（RPP）上。每个 RPP 能够为服务器机柜和相关的直流电电池柜（DCUPS）充电。传统的基于 PDU 的供电模式被基于 SB 和 RPP 的供电模型取代了。每个机柜的功率被设置在 12.6 千瓦。根据服务器配置的不同，每个机柜可以容纳 9 ～ 42 个服务器。

为更好地管理数据中心的供电需求和容量配置，Dynamo 在数据中心全局全层实施了功率监测和管理。Dynamo 主要包括两个组成部分：Dynamo Agent 和 Dynamo Controller。前者是一个轻量级的管控程序，运行在每个服务器上，能够读功耗、限制功耗、解除限制，并与其他 Agent 通信；后者是一个控制器，主要运行在一批专用服务器上，用以监控每个 Dynamo

Agent 的数据并为保护整个数据中心的供配电设备负责。根据统计，Dynamo 曾在六个月内为 Facebook 成功防止 18 起供电超载隐患，涉及 RPP、PDU、SB 等层面。Dynamo 使得数据中心能够更放心大胆地在老式集群上通过超频加速和放低供电来节省开支。

8.4　阿里云天基系统

阿里云"飞天"系统是一个规模很大的有机整体，包含百万台级的服务器，这样一个"生命"是如何有机的自我调节，自我组织和再生，保证 7×24 小时无间断提供服务呢？这个答案在于阿里云天基系统。

天基是飞天的一套自动化数据中心管理系统，管理数据中心中的硬件生命周期与各类静态资源（程序、配置、操作系统镜像、数据等）。天基为飞天及阿里云各种产品应用及服务提供了一套通用的版本管理、部署、热升级方案，使基于天基的服务在大规模分布式的环境下实现自动化运维，极大提高运维效率，并提高系统可用性。图 8-4 给出了天基和阿里云其他产品的关系。

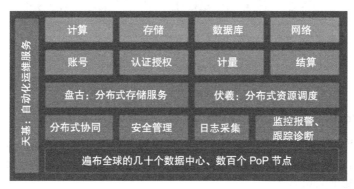

图 8-4　天基与阿里云其他系统的关系

阿里云整个系统里的每一台机器都无时无刻地处在部署、升级、迁移以及各个状态的转换中，"天基"在整个系统运行中精准地控制每个进程、每个组件的状态，从而控制每个系统的状态。

"天基"采用了一种面向恢复的计算模型（Recovery Oriented Computing Model）。每台由"天基"管理的机器会定期向"天基"发送自己的状态，而"天基"还维护一个系统预期的状态，"天基"会定期地比较预期状态和当前状态，根据其差别来制定出详细的执行计划并下发到"天基"的执行 AGENT 机器上，通过这样的过程迭代使得整个系统的状态逐步逼近到预期状态。

8.4.1　基本概念

为了了解天基及其的自动化运维机制，首先来了解天基的一些基本概念。

- 集群（Cluster）：逻辑上提供服务（Service）的一组物理机集合。

- 服务（Service）：在天基系统中，服务只提供一定功能的软件，通常每个云产品都是一个服务。服务名称全局唯一，每个服务会对应一个服务包（Service Package），是一个标准的 tar.gz 文件。服务包的目录结构需遵循天基服务包规范。服务可以被部署到一组硬件服务器（集群）上，提供相应的服务能力。
- 服务器角色（Server Role）：服务可根据功能划分为一个或多个服务器角色（Server Role）。服务器角色是一个不可拆分的部署单元，表明硬件服务器上运行的服务（Service）中的某个功能组件。部署一个服务器角色到一台服务器，意味着服务器提供相应的功能。同一台服务器上可部署多个服务器角色，例如 PanguMaster 与 TianjiClient。
- 服务器角色实例（Server Role Instance）：服务器角色部署到集群上的实例。同一集群内可部署多个同一服务器角色的多个实例。例如，Pangu Federation 可在一个集群上部署 3 套 PanguMaster，对于同一个服务器角色的不同实例，采用井号（#）加后缀的方式表示，如 PanguMaster#1、PanguMaster#2 等。
- 应用（Application）：应用对应服务器角色中包含的每一个进程级服务组件，每个应用独立工作。应用是天基系统中部署和升级的最小单位，可以被部署到每一台服务器上。

8.4.2 工作原理

天基系统提供了数据中心可运维的基础服务的自动化机制，包括置备、部署、监控和硬件生命周期。每个服务器上运行什么软件、监控哪些可被修复的错误都是由服务（Service）控制的。

由于数据中心的硬件都是不可靠的，可能出现的不可靠问题有：服务器硬件不可用、服务器突然关闭、服务器重启 / 重装系统、网络分区、依赖的服务不可用等，因此，天基管理的服务必须能够容错，允许任何时间的软、硬件失效。

由天基管理的数据中心和服务的工作过程大致为：在 Region 中部署天基服务集群，由天基服务集群部署管理应用集群。天基采用基于配置的终态管理模型，所有关于数据中心的状态信息连同更新逻辑，保存在天基服务集群中的 TianjiMaster 组件中。应用集群中的每台服务器上都部署有 TianjiClient，根据 TianjiMaster 的状态来决定具体的行为。

图 8-5 描述了服务与天基系统主要模块的交互关系。

下面将从部署与扩容、升级、自动修复三个方面展开具体介绍。

8.4.3 部署与扩容

在部署与扩容过程中，部署人员根据服务定义，将服务包含的服务器角色映射到要部署的服务器。天基系统提供了部署服务（DeployService）、TianjiMaster 以及本地机器上的 TianjiClient 组件（Downloader、CloneService、ServiceManager 等），可以按照设计的协议协同完成部署过程。

在部署或扩容过程中，用户需要输入待变更集群上的目标版本信息。集群里的每个服务（Service）都有一个对应的同名配置文件，配置文件中的 ServerRoles 部分指定该服务（Service）在集群中的服务器角色实例列表及其与服务器之间的对应关系；配置文件中的 Versions 描述每个服务器角色实例的版本信息，最小粒度为应用（Application），版本信息支持通过通配符模糊指定，精确指定的版本信息的优先级高于通过通配符指定的版本。

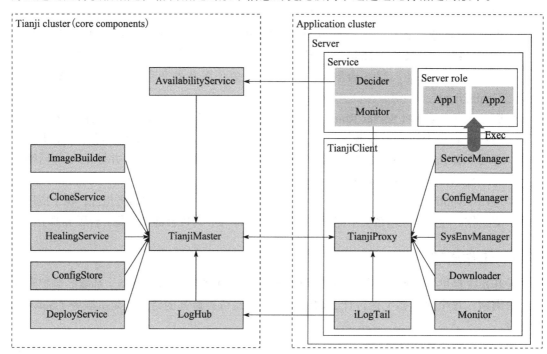

图 8-5　天基主要模块交互

8.4.4　升级

对于天基管理的服务，升级过程与部署过程类似，除了需要用户输入的待变更集群上的目标版本信息，还需要提供本次操作中受影响的服务器角色实例（Server Role Instance）及在变更过程中的执行顺序关系（升级计划）。如果用户在某次变更中改变了多个服务器角色实例（Server Role Instance）的版本配置，那么对于在升级计划中版本发生变化的服务器角色实例应按规定顺序执行操作，否则视为操作无顺序要求。

升级计划包含应用集群的配置信息和服务的升级计划配置文件 plan.conf 两部分，记录了全局控制参数和服务器角色实例（Server Role Instance）的升级顺序。应用集群的配置信息提供了 Job 级别的任务控制参数，如该 Job 失败后是否需要回滚、是否启动 unsafeRolling 模式以及应用集群中服务（Service）的升级顺序。服务的 plan.conf 提供了该服务包含的服务器角色实例（Server Role Instance）的升级顺序，以及每个服务器角色实例（Server Role Instance）升级过程的控制参数，如服务器角色实例（Server Role Instance）升级成功的判定条件、PROBATION 状态的超时时间等。利用升级计划和本次升级中影响到的服务器角色实例

（Server Role Instance），能够得到执行计划，控制 Job 的执行。

8.4.5　自动修复

天基系统使用一个状态机模型来检测、恢复故障。故障单元定义在服务器级别和进程级别，不同级别使用不同的修复方式。具体来说，天基定义了两种状态机模型：服务器状态机模型和应用状态机模型。在服务状态机模型下，系统关注与服务器相关的一些常见状态，而应用状态级模型则关注应用的正常与故障状态。

天基使用监控服务（Monitor）来检测故障，它提供了基于每台服务器的硬件监控，包括检查 OS 镜像版本、磁盘和内存错误等，作为硬件生命周期管理、扩容、缩容的重要依据；各服务提供各自需要的 Monitor，用于在软件级别的健康度监控，Monitor 通过 TianjiMaster 的监控接口上报健康度状况。天基不限制 Monitor 的数量，不同 Monitor 处理不同场景。每当线上发现新的故障时，需要添加新的 Monitor 以便日后能够自动检测到此种类型的故障。天基对服务器做的修复操作行为包括：

- NOOP：发现故障后不进行修复动作，观察系统是否能自动恢复。
- REBOOT：重启系统，包括 soft reboot（OS 重启）和 hard reboot（通过 OOB）。
- REIMAGE：恢复操作系统，包括 soft reimage（只重建系统分区，保留用户数据）和 hard reimage（清除用户数据）。
- REPAIR：硬件保修（RMA）。
- STRESS：运行压力工具，测试系统稳定性。

8.4.6　调度系统

天基的调度系统是和 Fuxi（伏羲）集成在一起的，由 Fuxi 完成全局统一调度。天基服务的部署和调度如图 8-6 所示。

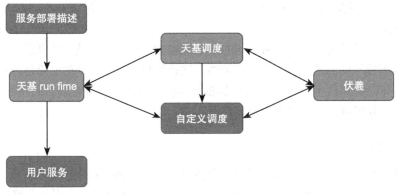

图 8-6　天基调度系统

Fuxi 负责飞天的资源管理和任务调度，类似于 Mesos 和 Google 的 Borg 系统，其架构如图 8-7 所示。

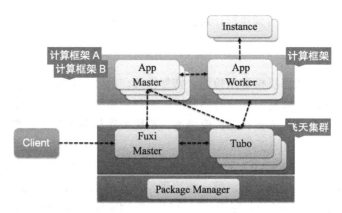

图 8-7 阿里云飞天 Fuxi 架构图

阿里云 Fuxi 是典型的两层架构：FuxiMaster/Tubo 负责整个集群的资源调度分配以及单台机器上的进程管理和资源隔离；而 AppMaster/AppWorker 则负责各种计算框架内部的任务调度。Fuxi 也是多任务系统，每个任务在运行时都有对应的 AppMaster 进行任务管理，数据分片称为 Instance。AppWorker 进程可以复用，执行完一个 Instance 后，可以继续执行下一个 Instance，从而减少进程启停的开销，提高任务运行效率。

当 Fuxi 被部署系统安装到集群后，会有 FuxiMaster 角色和多个 Tubo 角色，每台物理机器有一个 Tubo 角色。同时还会部署一个 Package Manager 系统，负责管理所有任务的可执行包、包的分发，以及元数据管理功能。

Fuxi 架构的主要特点包括：

1）大规模：资源管理和调度模块仅负责资源的整体分片，不负责具体的任务调度，因此 FuxiMaster 容易进行水平扩展，目前已支持单集群 5000 台规模。

2）容错：集群中某个任务运行失败不会影响其他任务的执行；同时资源调度失败也不会影响任务调度。所有角色均实现了自身 failover 功能，任何时候进程被杀死都可以恢复之前的状态进行运行。

3）扩展性：不同任务可以采用不同的参数配置和调度策略，支持多租户 quota，每个租户 group 可以配置不同的排队方式和调度策略，支持租户 group 内单独配置是否资源抢占。

4）效率高：资源的生命周期交给计算框架 AppMaster，应用可以自行决定是否要复用 AppWorker，即复用资源，提高资源交互效率。

8.4.7　监控系统

监控是 DevOps 中的重要一环。天基监控报警系统（Tianjimon）的功能主要有两个方面：一是服务监控，主要包括 IDC 监控、硬件监控、OS 监控、容器监控、服务监控、业务监控等全领域状态监控和性能监控（如图 8-8 所示）；二是数据的实时收集、多维度分析、存储和报警。Tianjimon 提供了模板管理功能来简化用户使用部署报警服务过程，提供 Tianjimon 实例方便用户对系统实际状态进行查看和 debug。天基模板是报警服务的配置模板，提供了从日志文件搜集、日志分析处理到结果报警的整个流程配置。天基报警监控系统结构如图 8-9 所示。

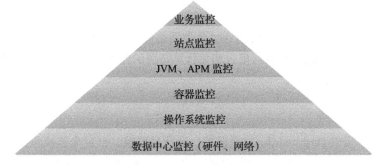

图 8-8 天基监控报警系统的功能

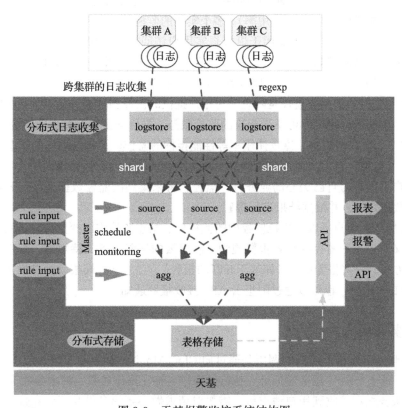

图 8-9 天基报警监控系统结构图

8.5 阿里云监控

云监控是基于天基构建的云产品，和 TianjiMon 不同，它主要负责上层云产品层面的监控和报警，是确保云计算平台服务质量的关键一环。云监控是针对云计算资源和互联网应用进行监控的服务。通过云监控，用户可以全面了解自身在云端的资源使用、负载性能和运行状况，并及时对异常行为做出反应，保证应用的顺畅运行。

阿里云监控（Alibaba Cloud Monitor）服务能够监控云服务器 ECS、云数据库 RDS 和负载均衡等各类阿里云服务资源，同时能通过各类网络协议（如 HTTP、ICMP 等）监控互联网应用的可用性。用户可以收集获取阿里云相关计算资源的监控指标，探测互联网服务可用性，以及针对相关指标设置警报等。

8.5.1 核心监控服务

云监控对用户提供 Dashboard、站点监控、云产品监控、自定义监控和报警服务：

1）Dashboard：该功能旨在打造监控可视化一站式解决方案，提供对云产品监控数据的多维查询和展示。一些常见的展示场景包括：多个实例的监控数据走势、多个监控项的数据对比、机器的资源消耗（如 CPU 使用率）、多个实例的监控数据实施分布等。

2）站点监控：站点监控主要用于模拟真实用户访问情况，探测 API 可用性、端口连通性、DNS 解析等问题。阿里云站点监控支持不同协议的探测，包括 HTTP、PING、TCP、UPD、SMTP、FTP、DNS、POP3。探测频率从 1 分钟到 15 分钟。

3）云服务监控：云服务监控是阿里云为用户提供的监控各种云产品相关指标的服务。在购买相关产品实例后，用户即可享受相应的监控服务。举例来说，云服务监控为 ECS 用户提供 CPU 使用率、内存使用率、磁盘使用率等性能指标的监控以及指定进程的状态监控。

4）自定义监控：自定义监控是提供给用户自由定义监控项及报警规则的一项功能。通过此功能，用户可以针对自己关心的业务进行监控，将采集到的监控数据上报至云监控，由云监控来进行数据处理，并根据结果进行报警。

5）报警服务：用户可以对主机监控中的监控项、站点监控中的探测点、云服务监控中的实例和自定义监控中的监控项设置报警规则。阿里云的报警服务支持短信、邮件、旺旺、事件订阅四种方式。一些报警服务（如基于旺旺的报警）仅支持 PC 端报警消息推送。对于安装了阿里云 APP 的用户，也可以通过阿里云 APP 接收报警通知。

8.5.2 服务调用方式

对 CloudMonitor 服务接口的调用是通过向 CloudMonitor 服务端发送 HTTP 请求实现的。请求一般包括请求 URL、服务端地址、执行的操作名称、操作参数、请求参数等。

云监控服务端在接收到用户请求后，需要对请求做必要的身份验证和参数验证，在验证成功后，根据请求提交参数或完成相应操作，并把处理结果以 HTTP 响应的形式返回给调用者。调用方式如表 8-1 所示。

表 8-1　阿里云监控的调用方式

服务地址	API 服务接入地址为 metrics.aliyuncs.com
通信协议	目前支持通过 HTTP 请求进行通信

（续）

请求方法	支持 HTTP GET 方法发送请求，请求参数需要包含在请求的 URL 中
请求参数	请求需要包含公共的鉴权、签名相关请求参数和相关操作特有的请求参数
字符编码	请求及返回结果都使用 UTF-8 字符集进行编码

8.5.3　云主机监控

云监控中的主机监控服务是通过在服务器上安装插件，为用户提供服务器的系统监控服务。目前支持 Linux 操作系统和 Windows 操作系统。

主机监控的监控项分为插件采集的监控项和 ECS 原生自带的监控项两部分，插件采集频率为 15 秒一次，ECS 基础监控数据采集频率为 1 分钟 1 次。由于统计频率不同以及数据统计视角不同，ECS 基础监控和操作系统监控的数据可能会存在不一致的现象。

如果用户采用 ECS 服务器作为主机，一些监控项为购买 ECS 后自动享有，不需要安装插件就可以提供。这类 ECS 原生监控指标采集粒度为 1 分钟。ECS 原生监控项包括 CPU 使用率、公 / 私网入 / 出流量及流量平均速率、系统磁盘读写率等。

插件采集指标涉及处理器使用率、内存使用量、系统平均负载、磁盘使用率，以及文件系统活动、网络流量数据、进程相关信息等。

表 8-2 列出了 CPU 相关插件监控项的说明，表 8-3 给出了内存相关插件监控项的说明。

表 8-2　CPU 相关插件监控项及说明

监控项名称	监控项含义	单　　位	说　　明
Host.cpu.idle	当前空闲 CPU 百分比	%	
Host.cpu.system	当前内核空间占用 CPU 百分比	%	指系统上下文切换的消耗，该监控项数值比较高，说明服务器打开了太多的进程或者线程
Host.cpu.user	当前用户空间占用 CPU 百分比	%	用户进程对 CPU 的消耗
Host.cpu.iowait	当前等待 IO 操作的 CPU 百分比	%	该项数值比较高说明有很频繁的 IO 操作
Host.cpu.other	其他占用 CUP 百分比	%	其他消耗，计算方式为（Nice + SoftIrq + Irq + Stolen）的消耗
Host.cpu.total	当前消耗的总 CPU 百分比	%	指以上各项 CPU 消耗的总和，通常用于报警

表 8-3　内存相关插件监控项及说明

监控项名称	监控项含义	单　　位	说　　明
Host.mem.total	内存总量	bytes	服务器的内存总量
Host.mem.used	已用内存量	bytes	用户程序使用的内存 + buffers + cached，buffers 为缓冲区占用的内存空间，cached 为系统缓存占用的内存空间
Host.mem.actualused	用户实际使用的内存	bytes	计算方法为（used-buffers-cached）
Host.mem.free	剩余内存量	bytes	计算方法为（内存总量 – 已用内存量）
Host.mem.freeutilization	剩余内存百分比	%	计算方法为（剩余内存量 / 内存总量 *100%）
Host.mem.usedutilization	内存使用率	%	计算方法为（ Actual used/total*100%）

8.5.4 云服务监控

阿里云监控中一些主要的云服务监控包括：

- 云服务器 ECS：ECS 的监控指标分为基础监控指标和操作系统级监控指标。基础监控指标为阿里云直接采集的监控数据，用户购买实例后即可登录控制台查看，无需进行其他操作。操作系统级监控指标需要用户在 VM 内部安装插件才能采集获取监控数据。

- 云数据库 RDS：云监控通过监控 RDS 的磁盘使用率、IOPS 使用率、连接数使用率、CPU 使用率等监控指标，让用户一目了然地了解 RDS 的运行状态。用户购买 RDS 产品后，云监控会自动对上述四个监控项收集数据，无需其他操作。

- 负载均衡：云监控通过监控 Sever Load Balancer 的流入流量、流出流量等 7 个监控项，为用户展示 SLB 的运行状态，帮助用户监测实例的运行状态，并支持用户对监控项设置报警规则。用户创建 SLB 实例后，云监控会自动对上述监控项收集数据。

- 对象存储 OSS：OSS 监控服务为用户提供系统基本运行状态、性能以及计量等方面的监控数据指标，并且提供自定义报警服务，帮助用户跟踪请求、分析使用情况、统计业务趋势，及时发现以及诊断系统的相关问题。

- CDN：云监控通过监控 CDN 的 QPS、BPS、字节命中率等 9 个监控项，帮助用户获取域名的使用情况。用户添加一个加速域名后，云监控自动开始对其监控，登录云监控的 CDN 页面即可查看监控详情。此外，还可以对监控项设置报警规则，以便数据异常时收到报警息。

- 弹性公网 IP：云监控通过监控弹性公网 IP 的流出流量、流入流量、流出数据包数、流入数据包数 4 个监控项，帮助用户监测服务的运行状态，并支持对监控项设置报警规则。用户购买弹性公网 IP 服务后，云监控会自动对上述项收集数据。

- 云数据库 Memcache 版：云监控通过监控云数据库 Memcache 版服务实例的已用缓存、读取命中率等 7 个监控项，帮助用户监测实例的运行状态，并支持用户对监控项设置报警规则。用户购买 Memcache 服务后，云监控会自动对上述项收集数据。

- 云数据库 Redis 版：云监控通过监控 Redis 的已用容量百分比、已用连接数百分比等监控项，帮助用户获取 Redis 的运行状态和使用情况。用户创建 Redis 实例后，云监控自动开始对其监控，登录云监控的 Redis 页面即可查看监控详情。还可以对监控项设置报警规则，以便数据异常时收到报警信息。

- 云数据库 MongoDB 版：云监控通过监控云数据库 MongoDB 版服务实例的 CPU 使用率、内存使用率等多个监控项，可以帮助用户监测实例的运行状态，并支持用户对监控项设置报警规则。用户购买 MongoDB 服务后，云监控会自动对上述监控项收集数据。

- 分析型数据库：云监控通过提供 Analytic DB 的磁盘额定容量、磁盘已用容量、磁盘使用率 3 项信息，帮助用户获取 Analytic DB 服务的使用情况。用户开通使用 Analytic DB 服务后，云监控自动开始对其监控，登录云监控的 Analytic DB 页面即可查看监控详情。可对监控项设置报警规则，以便数据异常时收到报警消息。

- 消息服务：云监控通过监控 MNS 的延迟消息、无效消息、活跃消息 3 个监控项，帮助用户获取 MNS 队列的使用情况。用户创建 MNS 的消息队列后，云监控自动开始对其监控，登录云监控的 MNS 页面即可查看监控详情。还可以对监控项设置报警规则，以便数据异常时收到报警消息。

- 日志服务：云监控通过监控日志服务的出入流量、总体 QPS、日志统计方法等 11 个监控项，帮助用户获取日志服务的使用情况。用户创建日志服务后，云监控自动开始对其监控，登录云监控的日志服务页面即可查看监控详情。还可以对监控项设置报警规则，以便数据异常时收到报警消息。

- 容器服务：云监控通过监控容器服务的 CPU 使用率、内存使用率等 7 个监控项，帮助用户获取容器服务的使用情况。用户创建容器服务后，云监控自动开始对其监控，登录云监控的容器服务页面即可查看监控详情。还可以对监控项设置报警规则，以便数据异常时收到报警通知。

- API 网关：云监控通过提供 API 网关的 API 的流入流量、流出流量、响应时间等监控数据，帮助用户获取 API 网关服务的使用情况。用户开通使用 API 网关服务后，云监控自动开始对其监控。登录云监控的 API 网关页面即可查看监控详情。用户还可以对监控项设置报警规则，以便数据异常时收到报警消息。

- E-MapReduce：云监控通过监控 E-MapReduce 集群的 CPU 空闲率、内存容量、磁盘容量等多个监控项，帮助用户监测集群的运行状态，并支持用户对监控项设置报警规则。用户购买 E-MapReduce 服务后，云监控会自动对上述监控项收集数据。

本章小结

云计算的规模性和复杂性造成传统软件部署模式的不可用。分布式部署与系统监控对于云计算平台的搭建、运行、升级、维护等具有重要意义。阿里云的飞天系统是互联网规模的云计算平台，其核心天基就是一个典型的分布式部署系统。本章以天基为主要案例，介绍了分布式部署和监控的一般实践及重要意义。此外，本章还介绍了国外的相关系统，包括微软的 Autopilot、谷歌的 Borg、Facebook 的 Dynamo 等。

习题

1. 什么是软件的分布式部署，软件部署的生命周期可能涉及哪些问题？
2. 互联网规模的系统的运维挑战有哪些？
3. 分布式部署与系统监控可能带来哪些开销（性能、能耗、成本）？如何避免这些开销？

参考文献与进一步阅读

[1] Arcangeli, Jean-Paul, Raja Boujbel, Sébastien Leriche. Automatic Deployment of Distributed Software Systems: Definitions and State of The Art [J]. Journal of Systems and Software, 2015, 103: 198-218.

[2] James Hamilton On Designing and Deploying Internet-Scale Services [OL]. http://www. mvdirona.com/jrh/TalksAndPapers/JamesRH_Lisa.pdf.

[3] Zhang, Zhuo, et al. Fuxi: A Fault-Tolerant Resource Management and Job Scheduling System At Internet Scale [J]. Proceedings of the VLDB Endowment, 2014, 7.13: 1393-1404.

[4] Isard, Michael. Autopilot: Automatic Data Center Management [J]. ACM SIGOPS Operating Systems Review, 2007, 41.2: 60-67.

[5] Verma, Abhishek, et al. Proceedings of the Tenth European Conference on Computer Systems [C]. NY: ACM, 2015.

[6] Wu, Qiang, et al. Dynamo: Facebook's Data Center-Wide Power Management System [R]. Computer Architecture (ISCA), 2016 ACM/IEEE 43rd Annual International Symposium on. IEEE, 2016.

第**9**章

云计算产业实践

无论是从国家政策和战略层面，还是产业创新、学术研究，云计算都备受瞩目，它带来了深刻的产业变革，让越来越多的企业看到新的创新和发展机遇，全球云计算市场正在高速增长。Gartner 的研究报告显示，截至 2015 年末，全球云计算市场规模已达 1750 亿美元，到 2019 年将达到 3150 亿美元。云计算越来越成为企业日常经营的"标配"。

前面各章介绍了云计算的关键技术，本章将从产业角度介绍云计算带来的变革和商业价值，主要从用户角度，结合安全、高可用、可扩展、高性能、成本效益和可运维来分析云上架构设计的最佳实践，描述行业解决方案的一些实践并给出几个典型案例，然后结合具体的云上应用开发实践，让读者对云计算技术及开发过程有更好的理解和认识。最后，分享关于云计算发展领域的一些前沿性思考。

9.1 云计算带来的产业变革

云计算被看作继 PC、互联网变革之后的第三次 IT 浪潮，已成为信息产业发展的重要支撑。云计算是助力企业转型的核心驱动力，它带来了生活、生产方式和商业模式的根本性改变，引发整个产业变革。

本质上，云计算是一种通过网络提供的按需、可动态调整的计算服务，它以公共服务的方式提供计算能力，通过"云"的方式，把服务器等硬件以共享的方式进行再分配，CPU、存储和网络都成为按需配置的资源，实现资源复用的最大化。云计算使计算资源成为类似水电煤一样的社会公共基础设施，通过网络交付，提供即时的按需服务。有了云计算，计算能力不再封装于具体的软硬件产品中，而是以社会化服务方式呈现，助力企业业务不断创新。

例如，在互联网金融领域，余额宝是基于云计算的大数据创新的典型案例。基于阿里云计算平台后，其实时事务处理能力增长了 11 倍，清算效率提升了 16 倍，30 分钟完成了之前需要 8 小时的清算工作。同样，阿里小贷依托阿里云计算平台和大数据能力，基于淘宝、支付宝等平台沉淀的大量数据，分析客户的信用情况，帮助小微企业解决其融资难题，截至 2015 年 3 月底，已累计为超过 140 万家的小微企业解决融资需求，累计投放贷款超过 4000

亿元。

芝麻信用是基于大数据征信的应用创新，通过云计算、机器学习技术，客观呈现个人的信用状况，应用于金融消费、租赁、酒店、出行等场景中。它融合传统和创新的信用评估，设计评分卡，基于复杂的模型计算用户的芝麻分。今天，达到一定芝麻分可以用于一些国家的申根签证，免去了各种繁琐的手续。

尽管如此，云计算并非互联网企业的专属船票。市场机构 IDC 最新报告预测，未来 3 年内，大中型企业将加速向云计算转型。前面说过的中石化公司借助云计算技术仅用 90 天时间就建成首个石化工业品电子商务平台，大大降低了 IT 的投资成本及运维成本。国家食品药品监管局将药品监管系统迁移到云平台后，利用云计算强大的数据处理能力，药品流通效率和政府监管效率都得到了大幅提升。杭州市建设统一的"电子政务云"，以按需分配的方式向各个政府部门提供存储、计算等云服务资源，为政府节省了约 50% 的建设和运营成本。铁路购票网在售票高峰把 75% 的火车票查询业务分流到云平台后，购票过程更顺畅，取得了很好的效果。

从上面的例子可以看出，云计算已成为产业的升级和变革的主要支撑，它已经走进人们生活的方方面面。

9.2　云计算的价值

这些年，云计算在产业界掀起了热潮，受到很多企业的青睐，给企业带来了很多价值。云计算带来的价值可以从业务角度和技术角度两个视角来剖析。

9.2.1　商业价值

在传统的 IT 模式下，想喝水要自己打井，即要由企业自行创建 IT 系统，成本很高。有了云计算，用户可以像用电、用水一样使用 IT 资源，实现按需取用、按量付费的商业模式。它的底层是部署在互联网上的大规模基础设施，以公共服务的方式对外提供服务，并且提供了丰富的元数据服务、数据服务、完善的安全体系和云市场及生态支撑。客户享受的是云上便捷的服务，没必要将人力、物力和时间成本浪费在不擅长的领域，从而快速实现商业价值。

1. 降低 IT 成本

前面说过，传统 IT 模式下，需要企业前期在 IT 建设上投入很大的资本，购买昂贵的服务器、网络带宽和软件许可等，而云计算有效改变了资本性开支（CAPEX，Capital Expenditure）和运营开支（OPEX，Operating Expense）的比率。CAPEX 指用于基础建设、扩大生产等方面的需要所产生的资本性支出。一般来讲，CAPEX 要求先期投资被分摊（折旧），然后随时间减值。初始的 CAPEX 购买会导致庞大的现金支出，诸多公司不约而同地想避免这种购买、建设基础设施的行为。OPEX 主要指运营成本，一般包含维护费用，营销费用，人工成本及折旧。在运营成本中，维护费用一般指针对基础设施的维护，属于现付成本。

基于云计算，企业成为 IT 服务的消费者，不再需要投入巨额的基础建设资本。有人认为，云计算实质上把 CAPEX 转移到了 OPEX，因此争论降低 IT 成本的说法是个陷阱。很多情况下，深入思考会发现这个观点似是而非。CAPEX 对于长期投资是有意义的，但是在期望的生命周期内，随着业务更新，系统可能发生翻天覆地的变化，企业往往陷入尴尬的两难之地：一是不断增加 IT 建设投入，满足业务需求；二是维持现状，放弃业务增长。此外，为了维护系统，需要投入较高的人力资源成本，增加 OPEX 费用。因此，在很多场景下，实际情况是云计算可能既降低了 CAPEX，同时使得 OPEX 更加可控。由于采用随用随付原则，它降低了 CAPEX 和 OPEX 间的比率：它有效将用于基础设施建设的成本转化为维护成本，使用户避免了大量前期投入，而将更有效的资本投入到运营中。事实上，云计算也改变了运营成本，由于计算服务的折旧远比实体机器和基础设施的折旧要缓慢，云计算事实上也降低了基础设施的折旧成本。

当然，需要根据企业实际情况选择合适的方案，一方面先充分利旧，按期自然淘汰过渡，同时充分利用云计算的弹性模式扩展新业务，是较明智的选择。

简而言之，云计算是一个通用且普惠的科技，会随着用户的增加而降低单位使用成本，最终它会变成每一个人都能用的计算服务。

2. 更好地利用资源和服务

在传统 IT 模式下，为了满足业务需求，资源配置常采用两种模式：一是资源超配，二是资源按峰值配置，如图 9-1 所示。显而易见，这两种方式一方面带来了较大的资源浪费，另一方面也很难提前准确预估业务增长（比如某个时期爆发性增长）规模。基于云计算模式，则可以实现资源按需弹性配置，充分利用资源。

云计算以网络化的方式组织和聚合计算与通信资源，以虚拟化的方式为用户提供可以缩减或扩展规模的计算资源，增加了用户对于计算系统的规划、购置、占有和使用的灵活性。在云计算中，用户所关心的核心问题不再是计算资源本身，而是其所能获得的服务。从这个角度出发，可以认为服务的提供和使用是云计算中的核心和关键问题。

云计算系统通过管理、调度与整合分布在网络上的各种资源，以统一界面为大量用户提供服务。例如，借助云计算，用户的应用程序可以在很短时间内处理 TB 级甚至 PB 级的信息内容，实现和超级计算机同样强大的效能。

因此，云计算中的服务问题既涉及用户所期望达到的要求，又涉及云计算服务的提供者所能提供的功能和性能。从云应用的用户——服务消费者来看，用户希望获得满足其个性化需求的云服务，这些云服务将利用"云"中的领域知识和用户端的状态信息来提供情境感知的服务，以提升用户体验。另一方面，从云计算服务的提供者来看，按需服务的含义是，根据云端的可用资源情况、用户的情境需求，更加高效地满足尽可能多的用户的服务需求，以提高平台的使用效率。

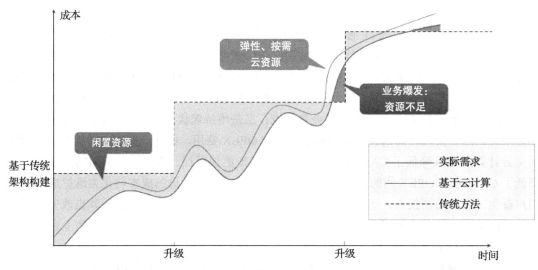

图 9-1 资源配置方式

3. 维护和升级变得简单

云计算提供商负责服务器、网络和软件管理，有专业的技术团队保证服务的连续性。底层系统的维护和升级都是由云计算提供商来完成，这对于使用云计算的企业而言，既省钱又省力。

4. 业务灵活性

当计算资源变得触手可及，业务就会进一步焕发活力。项目启动变得简单，产品可以在更短、可预测的时间上市；能够更快、更低成本、更高质量地保证产品迭代、更新和上市，是企业的一大竞争力。云计算带来新的业务模式，使企业创新门槛更低，在这之前，有多少想法因为缺乏前期规划，没有预算而只能夭折或根本就没有机会孵化呢？

5. 业务延续性

保护数据和系统是业务连续性规划的重要部分。遇到任何灾难（包括地震、火灾之类的自然灾害）或故障时，基于云计算的多地备份技术，可以保证数据可用，极大降低服务不可用时间，使得企业业务的延续性得到保证。

9.2.2 技术价值

本质上，云计算以透明自助的方式，随时随需地向用户提供弹性计算、弹性存储及网络等基础软件服务，提供低成本的存储、计算能力，并保障服务的高可用性和高安全性。

1. 弹性伸缩

业务访问往往呈现出高峰低谷的特性，通过配置，云计算使得企业可以根据业务特性对资源自动进行弹性伸缩，而不需要人工干预。弹性伸缩不但降低成本，而且更高效。

2. 自动化

自动化包含两方面，一是自动化部署，基于云计算，系统自动化变得更简单，一台机器完成环境搭建后，可以通过镜像复制出多台相同的环境，生产系统也可以更容易复制；二是自动更新，随着技术的发展，云计算提供商不断追求技术超越和突破，实现技术更新，并保证对用户透明。很多情况下，用户可以自动"享用"技术的提升和进步。

3. 容灾

云计算提供商提供容灾解决方案。基于云计算，可以利用多地域多可用区分布，对业务进行备份。

4. 提升 IT 安全

人们曾经争论质疑云计算的安全性，认为云计算在安全方面存在隐患。实际上，在很多情况下，这是个悖论。自己打井饮水和自来水，哪个更安全？ IT 也类似，自建机房看似安全，实际上一方面很难满足多地域分布，在容灾方面存在不足；另一方面，大部分企业安全能力欠佳，自建系统存在很多安全隐患。相反，云计算提供商有更专业的安全团队，有更好的容灾方案，因此反而能保障 IT 安全。

我们可以以云计算提供商阿里云为例，看一看云计算提供的价值体现在哪里。在第 1 章已经提到，飞天（Apsara）是由阿里云自主研发、服务全球的超大规模通用计算操作系统。它可以将遍布全球的百万级服务器连成一台超级计算机，以在线公共服务的方式为社会提供计算能力。从 PC 互联网到移动互联网到万物互联网，互联网成为世界新的基础设施。飞天力求解决人类计算的规模、效率和安全问题，它能提供足够强大的、通用的、普惠的计算能力。在 2016 年天猫双十一全球狂欢节当天，飞天系统实现了每秒 17.5 万笔交易峰值，每秒 12 万笔支付峰值，成功支撑了暴增 437 倍的电商交易，也支撑了阿里云的快速增长。对企业而言，它提供了以下核心竞争力：

- 自主可控：对云计算底层技术体系的把控力，通过自主研发来解决业务中的核心问题。
- 调度能力：10K（单集群 1 万台服务器）的任务分布式部署和监控。
- 数据能力：EB（10 亿 GB）级的大数据存储和分析能力。
- 安全能力：为国内大批网站提供防御能力。
- 大规模实践：经受双 11、12306 春运购票等极限并发场景的挑战。
- 开放的生态：兼容大多数生态软件和硬件，比如 CloudFoundry、Docker、Hadoop。

基于以上核心能力，基于飞天的阿里云计算还为客户提供了如下独特的价值：

- 算得起：解决客户的计算成本问题，即开即用，零 CAPEX，零基础运维人员投入，计算资源弹性扩展，降低 OPEX。
- 算得快：解决客户的计算规模瓶颈问题，以及客户应用的实时性问题。
- 算得准：解决客户应用的数据智能问题，让小客户具备和大公司一样的数据智能的能力。

- 高可用：解决客户应用的业务连续性问题，客户的服务可以部署在多个 region，并支持灵活多样的数据同步机制，打造高可用系统。
- 安全性：安全管理根植在飞天内核最底层，建立了自主可控的全栈安全体系。
- API 经济：让开源产品、ISV、SI、和云 SP 能够有效协同为客户提供服务。

9.3 云上架构设计最佳实践

架构设计如同盖楼，良好的架构设计可以打下坚实的基础。人们通常认为好的架构是不断演进而来的，这意味着弹性在架构设计中的重要性，只有弹性的架构才有可能"不断演进"。在架构设计中，良好的架构设计应该遵循几个原则：安全、高可用、可扩展、高性能、成本效益和可运维。

9.3.1 安全

安全是架构设计的重中之重。在探讨云计算平台的安全问题之前，先看一下云上安全责任共担模型。亚马逊 AWS 最早提出责任共担模型，下层的云平台安全由云计算厂商解决，上层的安全由用户自己解决，包括数据安全、应用安全、用户管理的虚拟机和网络的安全问题。从用户角度看，这些安全问题和传统的安全问题并没有太大区别。而云平台安全却和传统安全有较大差异，需要解决很多新的安全挑战，比如虚拟化安全、多租户引发的安全、用户隐私保护问题等。比如，在云计算环境下，用户 A 购买了一台服务器，使用一段时间后释放该服务器，之后用户 B 购买了该服务器。用户 A 在使用时受到攻击，很可能"无辜的"用户 B 也会受到攻击，这就是脏 IP，需要清洗。

阿里云安全和业内其他云计算服务商的最大不同，在于云盾安全服务和云安全生态。云盾集阿里十多年攻防实践之成，从用户层面保证用户数据和应用的安全，期望做到云上比云外更安全。

云盾的本质是三个字：反黑客。它解决三个问题：一是因为黑客入侵导致的数据泄露问题；二是因为黑客入侵导致的资金损失；三是因为黑客攻击导致的业务中断。据统计，黑客入侵原因分类和 Web 应用攻击类型分布如图 9-2 所示。中国有超过 30% 的网站在阿里云上，云盾每天为其保驾护航，每天抵挡 1000 次以上 DDoS 攻击，2000 万次的 Web 应用攻击和 2 亿次的密码暴力破解攻击。

在信息安全领域，安全方案设计有以下几大原则：

- 默认安全
- 纵深防御
- 默认禁止
- 最小权限
- 职责分离

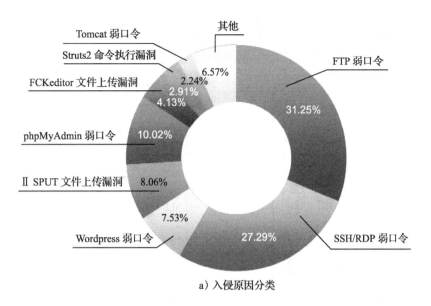

a) 入侵原因分类

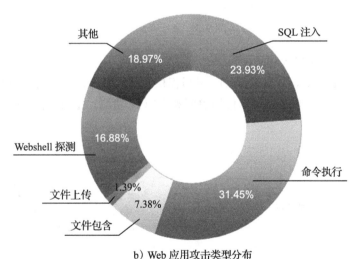

b) Web 应用攻击类型分布

图 9-2 黑客攻击分析

这些原则在设计云上架构时同样适用。结合阿里云平台的最佳实践，我们来看看如何在真实环境下实现这几个原则。

（1）通过 RAM 实现账号安全管理和访问控制

账号安全是信息安全防护的第一关，在云平台上更要做到账号可控、权限可控。每个账号对应自然人，确保账号唯一，不要为根账号创建 AK。应采用强密码策略并对重要账号启用双因素认证方式，使用 STS 给临时用户授权。权限上采用分组授权，实现权限分离，遵循最小权限原则，采取细粒度授权策略，实现最小授权。如图 9-3 所示。

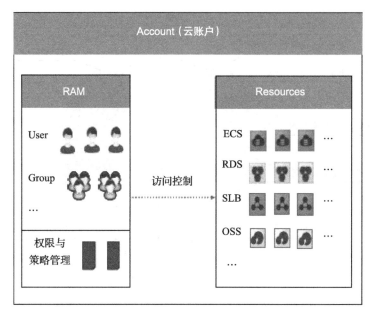

图 9-3　账号安全

（2）DDoS 防护和主机入侵防护

对于小流量攻击（攻击小于 5Gbps），云盾提供免费服务，由云中心出口初级检测清洗设备完成清洗。对于大流量攻击，可以使用黑洞和高防 IP 功能。主机入侵防护可以通过安骑士实现。如图 9-4 所示。

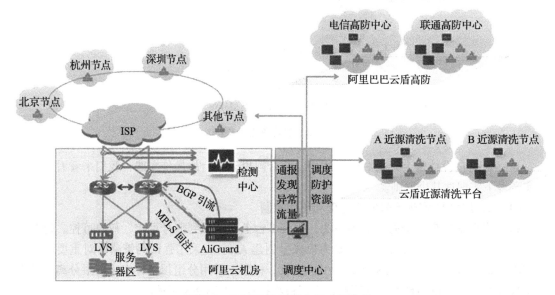

图 9-4　DDOS 防护和主机入侵防护

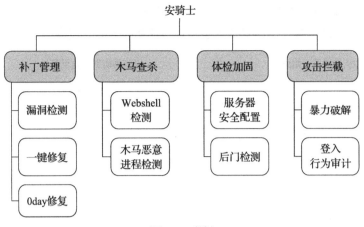

图 9-4 （续）

（3）使用 VPC 构建专有网络

VPC 通过 VxLAN 实现逻辑隔离，构建客户自主管理的专有网络，可以自定义路由和 IP 地址，通过安全组防火墙划分安全域，只开放必要的网络端口。ECS 实例可以通过绑定弹性公网 IP（EIP）访问公网，无公网 IP 实例可以通过 NAT 实例访问公网，尽可能少暴露到公网；阿里云上不同的 VPC 可以通过高速通道服务连接，云数据中心和自建的数据中心可以通过 VPN/专线接入，如图 9-5 所示。

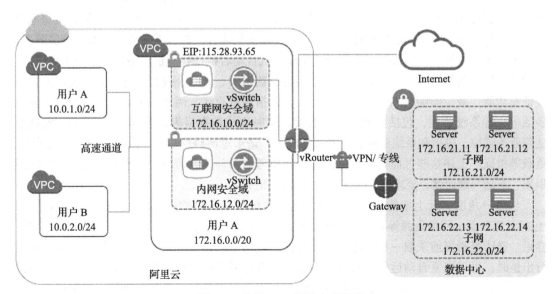

图 9-5 使用 VPC 构建专有网络

（4）基于大数据的安全态势感知

云计算的核心价值之一是把不同数据汇聚于一点，发挥大数据竞争力，让数据产生

$1+1>2$ 的价值。安全态势感知是基于阿里云的计算能力，通过数据收集、大数据分析和安全决策，构建云端威胁情报，实时安全告警和发现威胁线索和入侵事件。如图 9-6 所示。

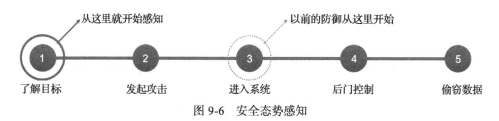

图 9-6　安全态势感知

9.3.2　高可用

在使用云计算服务时，人们最关心的一个问题是服务的可用性（Availability）。服务是否具备高可用性（High Availability, HA）通常由 SLA（Service Level Agreement，服务水平协议）来衡量。SLA 表示服务能够连续对外提供服务的能力，表现在服务的可用性和数据的可靠性上，也反映了云计算提供商的服务质量和等级。假如某个服务每月的 SLA 是 99.95%，那表示在一个月（假设 30 天）内，服务出现故障的时间只能占总时间的 0.05%，即 $30 \times 0.05\% \times 24 \times 60 = 21.6$ 分钟。SLA 是保障服务稳定性的核心指标，推动服务架构的升级。

高可用在设计上主要涉及以下两点：

1）冗余设计，消除单点故障。无论是硬件层还是软件层，都有备用（standby）系统。

2）故障恢复（Failover）机制。检测故障，自动切换，由备用节点接管故障点。

云计算提供商在提高系统 SLA 上不懈努力，提出了很多方案：①软件的部署、机房电源和交换机硬件设备等保证系统高可用无单点；②系统松耦合，梳理系统核心技术，分层隔离，把强依赖转为弱依赖；③数据多重冗余；④虚拟机自动宕机迁移、快照备份；⑤资源池隔离，不同业务使用的资源池相互隔离，包括连接池、数据库、缓存、线程池等；⑥通过灰度发布验证新功能，减少影响范围；⑦多机房容灾，包括同城双活、两地三中心、异地只读、异地多活等；⑧系统监控，包括业务监控和告警，实时生成数据报表，通过全局唯一 ID 实现全链路业务监控，应用和系统监控，查看响应时长、请求返回码、CPU、内存、IO、网络带宽、负载等指标。上述这些方面要做好，设计上需要考虑各种故障情况，技术上需要很长时间的积累，不是一蹴而就，要攻克非常多的技术难题和挑战。

从用户角度，云上架构的可靠性主要是指系统可以从故障中恢复，可以动态调整资源（包括计算资源、网络资源等）满足系统需求。保证可靠性在方法上可以概括为四个字：避错、容错。避错是指提前采取一些措施，比如测试，避免系统在运行中出错。容错是指在系统运行出错时，可以恢复自动运行。其中一种常见措施是采取防御式编程，对上下游服务出现的任何问题，可以通过策略保证自身系统的稳定，比如①设置客户端超时时间，调用任何外部服务设定合理的超时时间，避免因为外部服务故障引发一系列系统故障；②设置服务端超时时间，对于在等待队列中的任务，如果客户端已经超时则抛弃请求，避免引发雪崩问题；③对服务降级，对弱依赖服务采取多策略切换机制，保证自身服务正常运行。

对于云计算服务商来说，生产环境可以提供 1 万台规模的物理集群，但在开发测试时不可能做到同样构建 1 万台规模的物理集群。测试集群往往是个相对较小的集合。因此，生产环境中的很多问题，在测试环境中很难重现。在单机环境下，硬件错误导致机器重启和数据错误以及操作系统缺陷导致系统死机等都是小概率事件。一台机器的日宕机率是 1‰，而在 1 万台的大规模环境下，意味着每天都有机器宕机。如何处理小概率事件是云计算服务商面临的工程挑战。对于用户而言，在云平台上，由于资源用完即可以释放，测试变得更容易和低成本，完全可以临时构建和生产环境一样的规模来运行测试，测试不同情况下故障时系统的恢复程序是否能够正常工作，提前规避各种故障带来的风险。

容错往往通过冗余来实现，通过资源的冗余（包括硬件、软件、数据、时间等）使系统的鲁棒性更高。比如，在分布式存储上，普遍采用纠删码方案保证正确性。从用户角度，比如采用多地部署、异地容灾方案，通过主备环境，主系统有故障时可以立即切换到备系统。另外，在云上，可以通过弹性伸缩服务 ESS 在一定程度上避免由于资源不足带来的系统崩溃。

对于数据库，阿里云 RDS 默认采用主备架构，两个实例位于不同的服务器，自动同步数据。当主实例不可用时，系统会自动将数据库连接切换到备用实例，对应用系统透明。它满足绝大多数的应用高可用性需求。如果业务有更高的高可用性需求，比如需要做到跨机房容灾，可以选择使用不同可用区的实例，如图 9-7 所示。

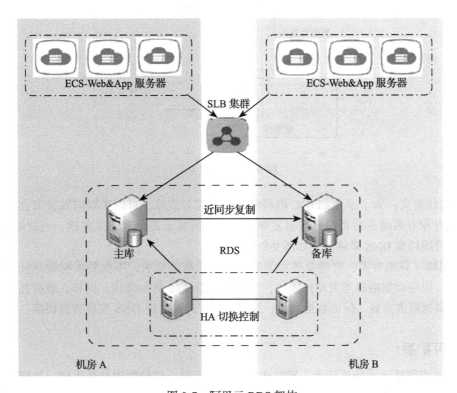

图 9-7 阿里云 RDS 架构

以阿里云平台为例，基于不同的业务需求，从容灾角度，高可用架构可以分为以下三种：

1）普通容灾：对于一般企业，如果业务没有特殊需求，可以在同一地域（Region）下的一个或多个可用区购买云产品，使用多台 ECS，避免单点故障，前端购买 SLB 提供负载功能，便于屏蔽后端 ECS 故障，也便于后期业务扩展。数据库建议使用 RDS，不要和应用服务部署在一台 ECS 上。如图 9-8 所示。

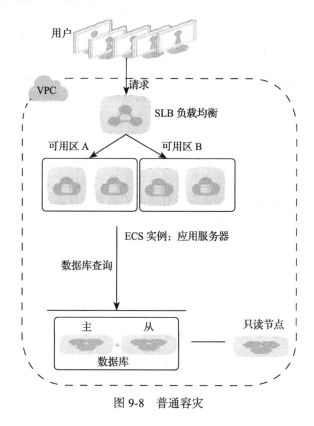

图 9-8　普通容灾

2）同城容灾：为了避免如 IDC 机房断电、火灾等故障，可以采取同城容灾方案，在不同可用区对原有系统进行备份，数据复制可以通过阿里云高速通道来完成。当故障发生时，可以通过前端切换 DNS 来恢复，如图 9-9 所示。

3）同城＋异地容灾：有些业务对于容灾有非常高的要求，不仅要求同城容灾，还要求异地容灾，以应对如地震等灾难性固执，可采用如图 9-10 所示架构。同样，数据复制可以通过阿里云高速通道完成，保证数据同步；故障发生时通过前端 DNS 实现秒级切换。

9.3.3　可扩展

某个电商网站因为秒杀活动，网站访问量陡增百倍，订单数增加数十倍；某媒体或社交网站，因为某个热点事件，网站 PV 暴涨，这些都是很常见的业务场景，反映了业务对规模可扩展（弹性资源）的强烈诉求。实际上，对很多业务而言，即使没有突发活动或事件，业务本身也通常有高峰低谷，比如可能每天晚上 7 点到 9 点是高峰期，因此，业务对资源的需求往往呈波浪形特征。在这种情况下，应用架构应满足弹性扩展的需求。扩展通常有两种方式：垂直扩展和水平扩展。垂直扩展通常是指通过提升系统原有组件的负荷能力来提升整个系统的能力，比如硬件升级。水平扩展不是通过增加单个系统组件的能力，而是增加更多的系统组件来实现，比如将服务器数量从 100 台增加到 200 台。

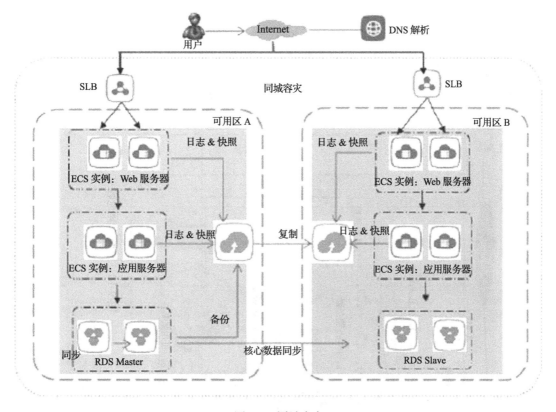

图 9-9 同城容灾

在第 7 章已经通过 scale cube 描述了如何通过三个维度实现系统扩展，在实际应用开发实践中，弹性扩展可以从三个层面考虑：业务、系统和资源。业务上可以按功能模块划分，比如电商的订单系统、商品系统、用户系统等，每个系统有自己的应用和数据库，系统之间通过服务化方式交互。在系统中，当资源（比如服务器、网络配置）很低时，可能会严重影响系统性能，这时可以通过垂直扩展提升，比如升级 ECS 实例规格（从 1 核 1GB 内存升级到 32 核 128GB 内存）、升级网络带宽（从 1Mbps 升级到 200Mbps）、升级 RDS（从 1 核 2GB 升级到 30 核 220GB），基于云平台，可以很方便地根据系统需求选择合适的配置。

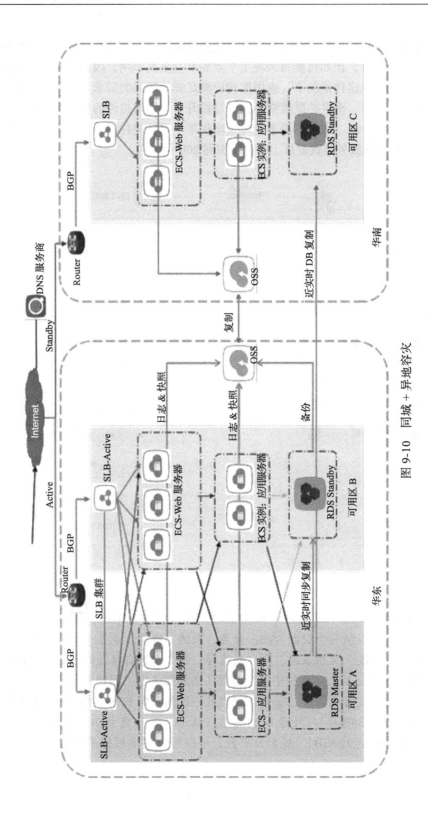

图 9-10 同城 + 异地容灾

在很多情况下，单机性能已经达到瓶颈，提升单机配置并不能提升系统性能。比如，如果系统瓶颈在于网络带宽，提升 CPU、内存可能于事无补。此外，单机配置的提升也是有上限的，这时可以通过水平扩展来提升系统能力。传统上，需要购买新硬件（服务器、网络设备等），周期比较长，而且需要对资源进行预估。基于云平台，则可以很容易实现水平扩展。对于已有的数据中心，可以在云上通过 VPC 构建专有网络，通过专线或 VPN 与自有的数据中心连接，实现架构扩展。通过云上的系统，可以很容易增加具有相同功能的 ECS 节点或 RDS 节点。在短时间（比如 10 分钟）内快速启用或释放百台 ECS，通过镜像功能快速部署应用环境，实现资源的水平扩展。垂直扩展往往需要重启机器或中断服务，且单机扩展有上限，相比之下，水平扩展不影响服务的连续性，而且没有限制。传统的水平扩展一般采用 DNS 域名解析将请求分发到不同应用服务器，或者通过 Nginx、LVS 方式对请求进行转发。前者的问题在于更新不及时，需要数小时甚至一天才能够生效，而且存在不同服务器之间负责不均衡问题；后者转发的负载均衡存在瓶颈，带宽不支持弹性扩展。在云上，可以基于负载均衡服务 SLB 解决这些问题，如图 9-11 所示。

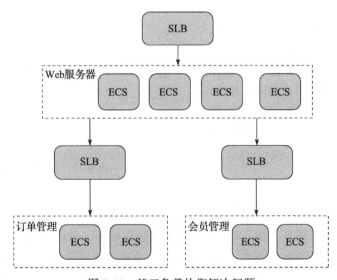

图 9-11 基于负载均衡解决问题

当 SLB 后端的 ECS 配置不同时，可以通过配置不同的权重来转发请求，权重比越高的 ECS 会分配到更多的访问请求。当并发量不断增加，可以动态地调整 SLB 的网络带宽值。

传统弹性扩展往往通过脚本、配置、监控来实现，比较复杂。在云上，可以基于弹性伸缩服务 ESS，实现自动弹性扩展，无需人为干预。比如当 ECS 的 CPU 使用率超过 80%，则自动增加 ECS，反之低于 30% 时，自动减少 ECS。

对于数据层，如果数据量大，可以对数据表进行水平拆分，通过分布式关系型数据库服务 DRDS 把大的数据表拆分到后端每个 RDS 数据库中，实现分库分表，实现数据库层的弹性扩展。DRDS 由每个分库负责每一份数据的读写操作，从而有效分散整体访问压力。在系统扩容时，支持数据库存储平滑扩容，只需要水平增加分库的数据，并迁移相关数据，就可以提升 DRDS 系统的总体容量。

此外，在系统设计上，为了尽量保证系统的可扩展性，可以采用 Web 应用无状态设计，实现应用、数据的分离。在弹性计算服务 ECS 上部署应用，如果在本地存放上传文件、进程内的 Session，就会造成系统无法扩展。以上传文件为例，假设使用本地存储，用户请求上传一个头像文件，存放在 Web 服务器 A 上，然后刷新页面，请求发送到服务器 B 上，他惊奇地发现上传的头像不见了！要解决这个问题，可以把上传文件这种非结构化数据写到对象存储服务 OSS 中，Web 服务器不保留任何数据，保证应用无状态。对于 Session 数据，一种方案是用 Cookie 代替，或者存放到共享的 Session 服务器或数据库 RDS 中。此外，在 Web 服务器前端可以配置负载均衡服务 SLB，用户访问 SLB，屏蔽真实的服务器 IP 地址，在 SLB 后面挂载多台 ECS 服务器，这样一台 ECS 故障，SLB 会自动切到其他 ECS 服务器，不会影响用户访问。此外，SLB 可以开启会话保持功能，保证同一客户端的请求会发到同一台机器。如图 9-12 所示。

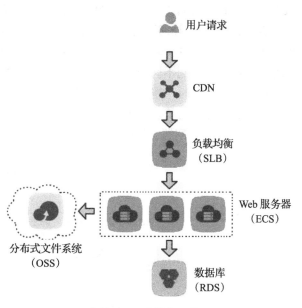

图 9-12　系统的可扩展

9.3.4　高性能

系统性能受两个条件制约：吞吐量（throughput）和系统延迟（latency）。吞吐量是指系统每秒可以处理的请求（任务）数，系统延迟是指系统在处理一个请求（任务）时的时间延迟。这两个条件互相影响：吞吐量越大，延迟也往往会变高，响应速度就会变低；延迟越低，处理单个请求的速度变快，能支持的吞吐量就会越大。在测试系统性能时，需要不断提升系统的吞吐量，观察系统负载和延迟情况，找到系统的性能瓶颈。一般而言，影响性能的因素有以下几点：

- CPU 利用率：如果 CPU 利用率不高，而系统吞吐和延迟都上不去，说明系统瓶颈不在于计算，而是其他方面，比如 IO。
- 系统 IO：包括磁盘文件 IO、驱动程序如网卡 IO、内存 IO。
- 网络带宽的使用情况
- 程序问题，比如锁或其他资源等待。

图 9-13 给出了常见的优化策略，从前端的负载均衡、减少请求，到后端的查询优化、缓存等措施均要考虑。

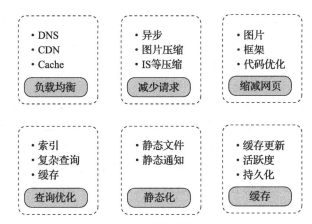

图 9-13 常见优化策略

1. 前端优化

在前端优化方面,可以通过负载均衡把用户请求分发到不同的 Web 服务器上,减少 Web 服务器请求负载。另外,可以通过 CDN 实时"就地访问"。CDN 原理是采用缓存服务器,把这些缓存服务器分布到用户访问相对集中的区域,在用户访问时,根据网络流量和节点连接,利用全局负载技术将用户访问指向离用户最近的服务节点上,使用户可以就近获取所需内容,解决网络拥挤状况,提升响应速度。阿里云 CDN 可以和对象存储服务 OSS 结合,优化静态数据访问,如图 9-14 所示。比如,对于多媒体音视频业务,CDN+OSS 可以支持渐进式点播、流媒体直播服务,提供高质量低延时的视听加速服务。

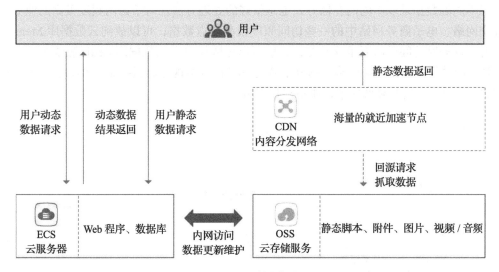

图 9-14 前端优化

由于访问页面时,一个页面的加载往往需要多个请求,除了负载均衡和本地缓存策略,在前端优化上还可以减少尽量连接数和网页的大小，因为请求越多吞吐量就越大，系统延迟就会增加。这时可以采用 JS+CSS 技术，对内容分块展示，减少连接数；此外，对网页大小进行压缩，把一些不常变化的页面和数据静态化。

2. 后端优化

后端优化包括数据库的 SQL 语句查询优化、读写分离、缓存等策略。SQL 的查询优化包括创建索引、避免 Select * 和避免使用 LIKE 等，这里不展开赘述。例如，阿里云 RDS 提供了 SQL 监控和性能调优功能，可以基于历史查询找到哪些 SQL 运行时间长，并给出优化建议。另外，对于读请求很多的应用，可以创建只读请求（Read-Only）数据库实例，采取读写分离的方式，每个只读实例拥有独立的链接地址，由应用端自行实现读取压力分配，降低数据库压力，如图 9-15 所示。

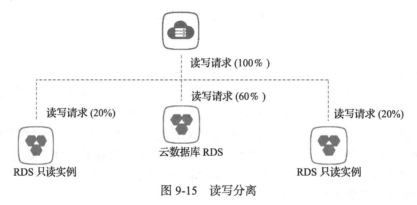

图 9-15　读写分离

对不同的数据采取不同的存储方式也是很好的处理方法。对于访问频度极高的业务，比如社交网络、电子商务网站中的一些访问频度很高热点数据，可以放到云数据库 Memcache 中；游戏业务对访问延时要求非常苛刻，就可以把数据放在云数据库 Redis 版本中。可以把非结构化的数据保存在对象存储 OSS 中，而把其链接等结构化数据存储于 RDS，实现对业务数据的高效存取，同时降低成本，如图 9-16 所示。

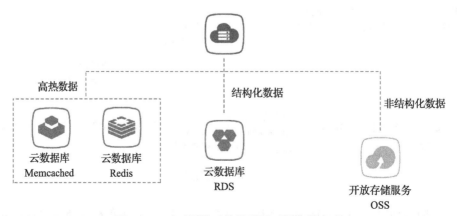

图 9-16　对不同类型数据采用不同存储方式

高效和弹性（扩展）在很多时候是一致的，比如上述基于 DRDS 的分库分表策略，除了支持弹性扩展外，往往也能够有效提升系统性能。

9.3.5 成本效益

在上一节中说过，云计算带来的显著价值是降低 IT 成本，这一价值可以在云上架构设计对成本效益的不断优化中体现。在成本效益优化过程中，可以遵从以下几条原则：

1）供需平衡。云计算产品的购买和使用可以根据业务发展特点来定制。云计算产品的开箱即用和按需付费的特性，可以很好地满足业务的弹性需求，实现供需平衡，避免按最大使用量分配资源。比如，对于弹性计算服务，可以使用包年包月的 ECS + ESS（按量付费扩展 ECS）组合方式来优化资源利用。

2）资源的有效利用。在很多情况下，可能是由于业务的紧迫性或者是一些经验数据的误导，在选择云产品时，常常存在资源配置过高，导致资源有效利用率非常低的情况。反之，如果资源配置过低，比如一个任务在一台配置低的机器上需要运行 10 小时，在配置高的机器上运行 1 小时，那么选择低配的机器不但影响业务产出，而且费用更高。在实际应用中，应该根据业务做一些基线测试，评估系统需求，比如 CPU、IO、负载等，选择合适规格的资源。比如，ECS 要选择几核 CPU、多大内存，网络带宽多少，都需要对业务进行评估，选择匹配的资源（一般选择业务平均利用占资源的 75% 左右，预留一定的业务增长空间），实现资源的最大有效利用。

3）选择合适的技术和产品。在满足业务时，往往会有很多不同的技术选择。比如，要使用缓存，是购买 ECS 自己搭建还是使用 OCS 服务？在保存数据时，是购买 ECS 磁盘还是放在对象存储 OSS，或者选择归档存储 OAS？在做这些选择时，首先应该从业务特点出发，然后考虑产品功能和成本。比如，对于存储产品的选择，可以根据业务对随机读写 IOPS、吞吐量和延时的实际需求来权衡。如图 9-17 所示。

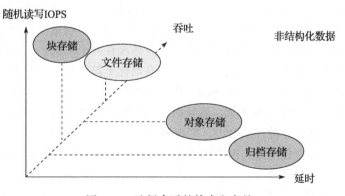

图 9-17　选择合适的技术和产品

如果数据访问频率很低，对延时不敏感，选择归档存储会极大节约存储成本。

4）关注不同的付费模式。对于云产品，常见的有包年包月（预付）和按量付费（后付）

两种模式。比如,对于长期运行的 ECS 服务,一般选择包年 / 包月方式会更经济;对于临时的业务增长或需求,可以选择按量付费,用完后及时释放。网络带宽选择也类似。对于其他云计算服务,也同样需要了解不同付费模式的差异。

5)了解投资回报率(Return On Investment,ROI),综合评估业务的重要性。企业的发展需要业务的支持,有时业务数会呈指数级增长,企业需要评估该业务的投资回报率,权衡业务的必要性和重要性,对该业务的资源配比也会和其 ROI 紧密相关。

6)清理不必要的任务。在业务发展变化中,往往会有很多遗留作业和任务,这些任务在业务中已经被废弃,而开发维护人员往往忽略了它们。如果不及时检查,这些任务往往还会占用系统资源。尤其是对于按计算付费的任务,更需要及时清理,以节约成本。

7)长期不断迭代优化。追求极致是很多卓越工程师一贯坚持的目标。在系统优化中,需要有成本优化的意识,可以通过资源监控等措施,随着系统迭代不断优化成本效益。

9.3.6　可运维

成功的产品犹如经历一场蝶变,在用户需求不断变化的过程中不断通过迭代而蜕变。互联网思维下进行产品开发的最大特色是快速迭代。迭代,迭代,迭代,它的背后是对可运维的强烈诉求。云计算作为互联网时代的基础资源,它在运维上给开发者和服务商分别带来了怎样的变革?可以归结为运维之"轻"与"重"的转移,从传统运维之"重",转变为开发者运维之"轻"和云计算平台服务商运维之"重"。对于传统网站,即使系统规模不大,但于运维而言也是"麻雀虽小五脏俱全",各种运维工作如同一辆满载的货车,让许多网站不堪重负。基于云计算,开发者的网站运维变得很轻、很薄,繁重的运维工作隐身在背后的那朵云里,由云计算提供商实现,如图 9-18 所示。

对开发者而言,随着业务发展,之前经常面临高可用、安全和设备投入等挑战,迁移到云平台后,基于各种云产品特性和提供商提供的更专业的运维保障服务,运维工作变得简单可依赖,原来满载的货车变成轻装上阵的跑车,助力业务腾飞。极简的背后是终极的复杂,开发者运维之轻的背后是云计算服务商运维之重,只是这个"极重"被隐藏在"极轻"的背后,给用户带来最好的体验。服务商的"重"主要体现在两个方面。一是体量之重,在大规模环境下,运维在技术难度、优化改进、规范和自动化上都会遇到非常大的挑战。以故障管理为例,其背后的触发因素包括代码 Bug、IDC 电力故障、网络故障、设备故障、配置变更错误等,且故障由于规模化而被放大,恢复时间由于数据体量大等原因而延长,因此可运维往往需要开发团队和运维保障团队合力,实现多集群高可用、热升级、故障预案、容灾演练、应急响应等机制。二是责任之重,除了服务商自己,它还承载着千千万开发者产品的可用性、口碑、信誉和生命力,责任重大。

在设计云上架构时,从可运维角度来看,主要有以下几点需要注意:写日志、监控和操作审计、服务化。可以通过云服务商(如阿里云)的日志服务(Log Service),快捷完成数据采集、加工处理和分析,实现海量日志处理能力,实时溯源,提升运维能力。云监控服务不但可以对服务资源进行监控,而且可以通过 HTTP、ICMP 等通用网络协议监控互联网应用的可用性。另外，云监控提供报警服务，可以为监控指标设置报警规则，发送报警通知。操作审计（ActionTrail）可以记录云账户的资源操作，提供操作记录查询。基于操作记录，可以实现安全分析、资源变更追踪以及合规性审计。前面提到的两点主要是从运维的问题发现和追踪角度，服务化则是从简化运维的角度出发，其本质是分布式环境下的模块化服务设计，包括松耦合、依赖、设计、命名、颗粒度、无状态性、操作设计等原则。资源编排服务是一种简化资源管理的自动化运维服务。通过模板配置描述云计算资源之间的依赖关系、配置等，资源编排服务可以自动完成所有资源的创建和配置，它是一种标准化的资源和应用交付方式，助力实现自动化部署和运维。

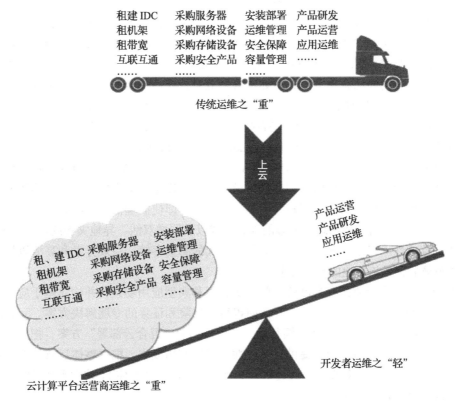

图 9-18　传统运维与云平台运维（引自《程序员》杂志 2013 年的文章"云计算运维之轻与重"，作者张颖杰）

9.4　行业解决方案

随着互联网创新形式的层出不穷，各行各业对 IT 架构的快速、弹性、安全、可靠性要求也越来越高。IT 部门面临着提高成本效益并提升用户体验的业务挑战，云计算提供分布式全球可接入的资源网络、能按需分配资源，不需要把应用绑定在特定硬件组件上，可以降低成本，灵活地满足业务需求。因此，云计算不但受到很多创业企业的青睐，也为传统企业提供新的 IT 交付模式。本节先概述行业解决方案的多维性，然后以游戏日志分析这一具体的应用场景作为案例，探讨解决方案中应该考虑哪些问题，接着分析解决方案随着业务规模和用户数变化如何演进，最后给出几个案例。

9.4.1　行业解决方案的多维性

　　一项技术从概念到成熟，往往是在满足应用需求的过程中不断完善的，需要经过很多应用场景来锤炼打磨。为了满足不同行业的需求，云计算服务商会分析行业特点，推出行业解决方案，在具体的实施过程中不断沉淀和迭代，提炼共性，通过一些成功案例，形成样本工程（灯塔效应），指引相关企业如何实施。

　　经过多年的技术研发和数百万用户场景积累，阿里云针对各行业的业务特性，打造出很多行业解决方案，为用户提供一站式的产品和服务，包括电商、游戏、音视频、移动 APP、物联网、金融、医疗、生物基因、O2O、渲染、能源、广告和数字媒体等领域[⊖]。此外，不同行业也有一些共有的通用解决方案，比如不管是电商行业还是金融行业，几乎都有网站和移动 APP 的需求，它们的解决方案在某些方面可以通用。不同行业的大型企业在业务扩展过程中，可能都面临着从传统 IT 向云计算平台扩容的需求，需要云上云下接入打通相结合的混合云解决方案（具体请参考 https://www.aliyun.com/solution/hcloud）。

　　如图 9-19 所示，从横向看，每个行业有一些共性，可以形成一些基础的通用解决方案。比如，金融行业为了满足金融监管和合规需求，一直对安全、可靠性有非常严苛的要求，因此它往往会采用可靠性更高、更宽裕的资源分配机制，即使极端情况也能有效避免资源争抢带来的性能抖动，同时采取两地三中心的部署模式以及同城双活、异地灾备的业务容灾架构，保障业务的连续性。对于音视频行业，提供一站式的海量存储、高效分发和高清流畅、极速网络的顺滑体验，是该行业的普遍诉求。

　　从纵向看，每个行业又有自己的专门解决方案和典型应用场景，并构建基于应用场景的解决方案。比如，对于金融行业，会有面向银行、保险和证券的专题解决方案。互联网金融的快速发展倒逼银行 IT 转型，面向银行的"双引擎驱动、混合云部署"方案，把原有的技术架构和基于云计算的架构结合，提供计算弹性并降低使用成本，根据整体运营情况分析，逐步减少不可持续发展的业务投入，通过 3～5 年自然淘汰，把整体 IT 技术平滑升级过渡到分布式云架构平台，如图 9-20 所示。

9.4.2　应用案例：游戏行业的日志分析

　　这里以游戏行业的日志分析场景为例，阐述如何分析具体的应用场景，以及解决方案如何落地。我们先来了解一下游戏行业整体应用市场情况。图 9-21 是国外游戏行业应用市场报告，它反映了过去 4 年某款游戏从发布上架到饱和（达到 90% 的下载量）的历时时间，横轴表示年份，纵轴表示持续的周数。在 2012 年，该款游戏平均持续时间达到 180 周，而这个值

⊖　https://www.aliyun.com/solution/all

每年不断下降，到 2015 年已经缩减为 24 周，说明游戏进入快餐式消费时代，从卖方市场逐渐步入买方市场。

解决方案内容的矩阵式组成与演进结构（以电商解决方案为例展开说明）

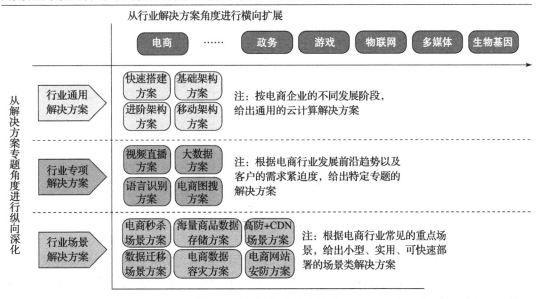

图 9-19 解决方案的多维性

图 9-20 IT 系统的过渡

图 9-21 国外游戏行业应用报告

云计算给游戏行业带来的显著变化是极大减少游戏部署和上线时间，游戏公司的主要工作从传统的运维转向运营。游戏的生命周期通常有 4 个阶段：研发、增长、成熟和衰退。在增长阶段会遇到模仿者竞争，抢占市场份额，如图 9-22 所示。

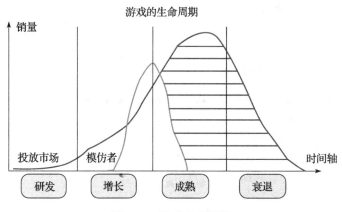

图 9-22　游戏生命周期

在整个游戏生命周期中如何应对竞争者，理解用户需求，实时更新自己的策略成为游戏开发商很关注的问题。在整个过程中，收集用户行为、贴近用户，优化游戏的过程可以分为如下几个阶段（如图 9-23 所示）：

1）在游戏开发阶段就开始埋点。

2）通过各个渠道收集数据。

3）对数据进行多维分析，根据结果采取不同措施。

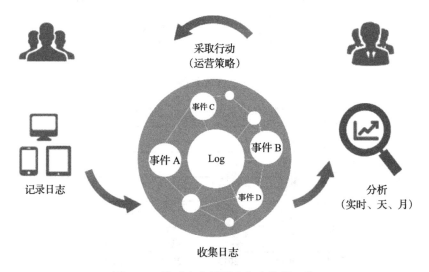

图 9-23　游戏生命周期中各个阶段工作

整个过程是流动的数据把用户端和服务端串联起来。游戏中有两种状态数据：切片数据（SnapShot，指某个时间点的采样／快照数据）和增量数据。游戏用户端有两种行为：行动和绘图。当移动鼠标、点击键盘时改变主人公位置和状态，渲染引擎进行绘图。在一个时间点对游戏状态采样，反映该状态下的系统全貌。日志即游戏过程中不同的状态变化，它可以记录整个过程细节，如图 9-24 所示。

图 9-24　游戏日志

游戏中的日志分析有如下作用：

1）系统恢复：机器宕机数据丢失时，可以通过日志来还原。

2）定位异常：找到作弊等行为。

3）广告营收：对用户画像，投其所好地展示广告。

4）系统运维：什么环节游戏比较卡及其原因；用户登录失败的原因等。

日志分析面临如下多种挑战：一是数据源的生成，涉及多个维度方方面面的合作。比如渠道效果，需要在网页埋点；分析用户行为，需要从移动端、网页端和服务端记录玩家轨迹；分析服务稳定性，需要观察请求的延时等。二是规模、性能和稳定性的挑战，假设每秒平均收集 1KB 的用户数据，当 10 万玩家同时在线时，则系统就需要处理 100MB/s 的数据流。三是不同团队诉求不同，对于访问日志，运营人员希望统计 PV、UV、活跃人数，运维人员关心系统访问状态和稳定性，开发人员关心的是延迟，哪些数据是热点数据，需要优化。因此，在日志数据分析处理时，对同一份数据，需要支持多种处理、统计方法。基于这些考虑点，阿里云的解决方案如图 9-25 所示。

在这个方案中，通过阿里云日志服务（LOG）收集日志数据。日志服务的 LogHub 功能把数据管道化，提供实时收集和消费的功能；LogShipper 提供 LogHub 管道数据落地到存储的功能，它与阿里云的海量处理系统 MaxCompute、OTS、E-MapReduce 等打通，把数据导入到这些系统进行处理分析。

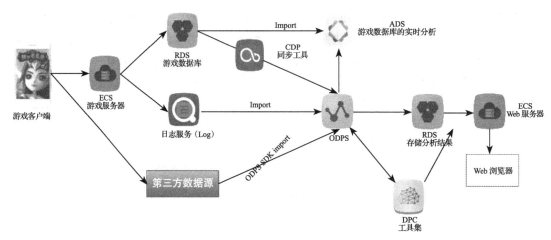

图 9-25   阿里云解决方案

9.4.3   从 1 到千万用户的方案演进

行业解决方案是随着需求变化和产品功能迭代、不断演进的过程。这里以电商行业为例，介绍从 1 到千万用户的架构演进过程中，企业在不同阶段的考虑点。我们把企业发展阶段粗粒度地划分成三个阶段：初创、发展中和成熟，每个阶段有不同的诉求。

1. 初创阶段

初创电商公司往往需要快速搭建平台，其访问量 PV 较小，被攻击可能性较低，它有如下典型的业务诉求：

- 快速搭建。
- 稳定的服务和高效的数据库。
- 简单的安全诉求。
- 方便运维和低成本。

基于该需求，常见的架构设计如图 9-26 所示。对电商核心基础服务平台，根据业务，可垂直切分为会员、订单、商品、促销和库存多个业务模块，把每个模块按照分层设计原理，部署到弹性计算服务 ECS 上，前端采用负责均衡服务 SLB，便于维护，后端采用云数据库 RDS 保存数据，实现应用层和数据层分离。从安全角度，在整个入口通过 WAF 解决常见的攻击问题，在 ECS 上部署安骑士，开通态势

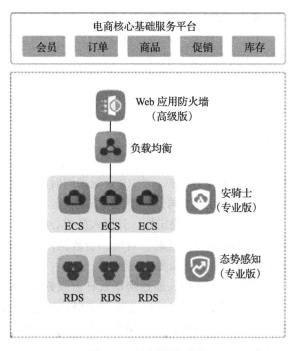

图 9-26   电商平台架构

感知，这样即可简单高效地满足系统抵御能力和感知能力，保障网站的安全。

2. 发展阶段

快速发展阶段的电商公司业务变得更复杂，用户分散在各地，其访问量较大，面临的安全问题变得更加复杂，比如 DDoS 攻击、CC 攻击、羊毛党、木马，还需要有效发现系统漏洞、防止账号盗用、欺诈等，如图 9-27 所示。

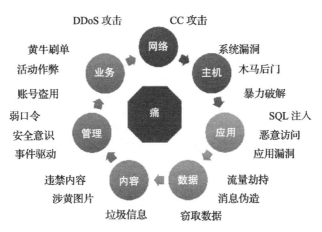

图 9-27 电商平台面临的威胁

这一时期有如下典型的业务诉求：
- 提升性能，满足不同地区用户访问加速。
- 数据量变大，有大量图片等非结构化数据。
- 存在各种安全痛点，需要加强安全防护。

这个时期业务变得复杂，可以以服务化方式切分模块，按业务设计不同的管理模块化服务，如客户管理中心、订单管理中心，不同服务之间尽量松耦合、减少依赖，比如支付服务、客服服务和内部的财务服务。可以使用多台负载均衡服务，应用服务器通过 ESS 弹性扩展，缓存基于不同的数据特点，采用不同的云数据库 Redis、Memcache 等，把结构化数据保存到云数据库 RDS 中，可以通过 DRDS 实现分库分表；商品图片等非结构化数据保存到对象服务 OSS 中，同时利用 CDN 对静态数据进行加速，CDN 同时加速不同地区用户的本地访问，整体架构如图 9-28 所示。在安全防护上，在整个企业入口通过 WAF 企业版防护常见的攻击问题，开通高防 IP 抵御流量攻击，在 ECS 上部署安骑士专业版，开通态势感知和先知计划预防系统漏洞，为企业业务发展保驾护航。

3. 成熟阶段

成熟电商公司的业务变得更错综复杂，其访问量很大，需要进一步提高系统性能和稳定性，而且在安全上面临更严峻挑战。对于规模较大的企业，其业务数据往往成为核心竞争力，会更敏感，因此有的企业会考虑自建数据中心，采用混合云部署模式；有的企业成为在云计算平台上成长起来的独角兽，会依然坚持将全部业务都放在云计算平台上，从而专注自己的业务创新。此外，这些企业开始追求更多的附加业务增值空间，因此基于大数据的业务创新对其具有很大的吸引力，同时希望有更多的生态合作机会。这一时期有如下典型的业务诉求：

- 更强的性能和稳定性。
- 更高的安全性。
- 混合云部署模式。
- 大数据能力和生态合作。

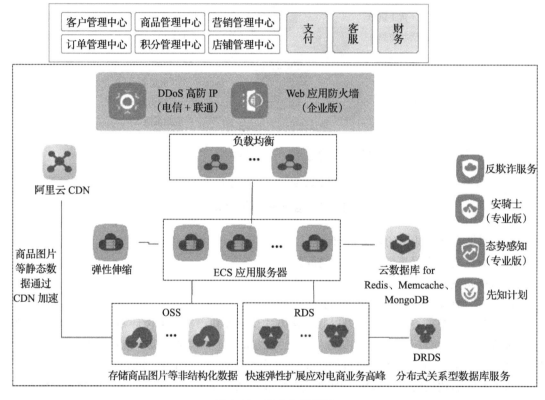

图 9-28   安全方案架构

在这个阶段，可以在自建数据中心中部署阿里云专有云服务；在公共云上，基于 VPC 构建专有网络，通过专线（或 VPN）实现公共云和专有云的互联。充分利用阿里云数加平台提供的大数据能力（如图 9-29 所示）进行业务创新。

4. 解决方案全景图

基于如上所述的企业发展的不同阶段，从产品层、技术层和业务层三个不同层次总结电商解决方案，其全景图如图 9-30 所示。底层基于丰富的云产品，技术层上需要根据业务发展阶段来定制。在业务层，又可以从垂直角度，根据不同场景支持各种不同的应用，包括大数据运营、视频直播、个性化推荐、智能语言、客服机器人等。

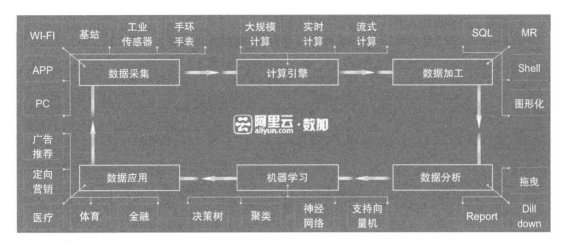

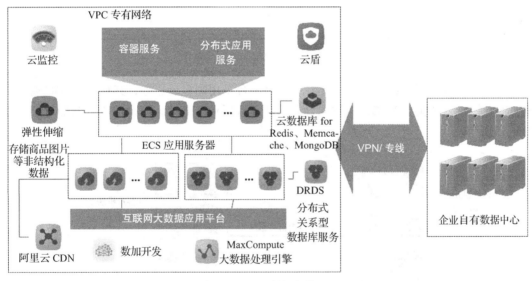

图 9-29 创新架构

9.4.4 行业客户案例

阿里云业务一直保持快速增长，根据阿里巴巴集团公布的 2017 财年第二季度业绩，阿里云付费用户数量增长至 65.1 万，营收同比增长 130%，达到历史新高 14.93 亿元，连续第六个季度增幅领跑全球。大规模效益和飞天操作系统的大规模技术升级支撑云产品价格全线下调，普惠科技为用户带来技术红利。这里分享两个典型的行业客户案例。

客户 A 是国内极具影响力的社交媒体平台，其日活跃用户数过亿。每年春节期间，由于在除夕晚上推出的各种活动，流量会达到高峰，超出平时业务流量的数倍。在过去，该平台为了应对春节业务高峰，需要采购或借用几千台服务器，还要进行一定的业务降级。从业务需求上，主要有以下几点诉求：

- 规模，能够提供 1500+ 台高配置的服务器。
- 弹性，在春节除夕前一天开通，除夕结束后即释放这些资源。

图 9-30　电商行业解决方案全景图

云计算平台是不二选择。2016 年春节，该平台采用阿里云服务，其自建的 IDC 通过高速通道专线接入阿里云 VPC，通过混合云模式，应对业务高峰，降低成本，其部署架构如图 9-31 所示。

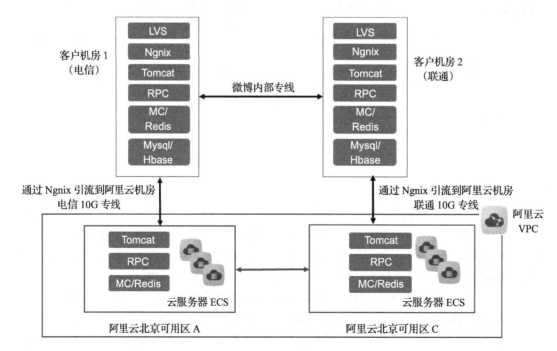

图 9-31　客户 A 部署架构

它基于阿里云 VPC 构建专有云网络，通过双链路专线实现客户机房和阿里云机房之间的延迟小于 5ms，同时保证链路可靠性。除夕这天，电信 / 联通两条 10Gbps 的专线流量峰值和超过了 13Gbps，其中电信流量峰值达到 9.9Gbps，阿里云分担了该客户除夕业务峰值近 60% 的流量。通过混合云模式，相对于之前的扩容方案，资源成本节约约 40%，同时极大减少运维工作。

另一个客户 B 在美国为数百万的智能摄像头提供物联平台，它使用阿里云解决海量视频存储、全球用户快速加载问题。借助阿里云美国节点直连国内节点的优势，该客户可以在国内快速完成海外业务的部署和管理。对于其数据量，据估计，以一万智能摄像头同时在线计算，每分钟上传的视频约为 200 小时，它超过 Youtube 每分钟上传的视频量。

基于阿里云视频监控解决方案（如图 9-32 所示），其流式存储功能，可以使得海量视频可以流式上传，追加新内容，并且已上传的内容在未写完时即可被访问，实现视频录像秒级回放。基于鉴权服务，可以保证仅授权用户可以查看视频，保护用户隐私。作为无国界的云服务，阿里云美国节点和国内节点无缝对接，该客户只需要一个云账号就可以管理在美国和国内的云上应用，实现统一部署运维。

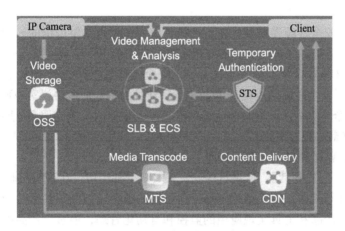

图 9-32 客户 B 部署架构

9.5 云上典型应用开发

本节将在前面云上架构设计最佳实践和解决方案基础上，分析云上应用开发需要关注的问题，并给出一个简单的云上搭建网站的应用开发案例。

9.5.1 云上应用开发原则

前面已经探讨了安全、高可用、可扩展、高性能、成本效益和可运维对云上架构设计的重要性。云计算给企业带来了实实在在的价值，今天企业需要解释的已经不是"为什么要上云"，而是"为什么不上云"。在云上进行实际应用开发设计时，有哪些思路上的转变？下面总结了几项原则。

1. 敏捷开发和快速试错

云计算给客户带来的变革是非常迅速的，对于企业而言，云计算带来的从 Capex 到 Opex 的转变，以及云计算提供商的丰富云产品，可以有效帮助企业敏捷开发和快速试错。

2. 成本

了解不同云产品的付费模式，良好的成本效益意识可以极大降低业务基于云计算的使用成本。

3. 冗余设计，多地域多可用区分布

云计算提供商往往在全球部署多个数据中心，其服务范围覆盖多个国家和地区。应用开发可以根据需求，采取多地域（Region）多可用区（Availability Zone）分布。冗余设计有两个优点，一是便于把不同地区的用户请求分发到不同区域，二是提供灾备功能，一个地域或可用区出现故障时，其他的可用区可以照常提供服务。基于云计算，多地域多可用区的冗余策略变得简单，成本也远远低于传统方案，云上应用设计可以充分利用这一优势。

4. 安全设计

过去云计算的安全性颇受质疑，但云计算提供商在努力提供可信的云计算，应用开发者也应该有责任共担意识，保护好自己的应用系统。在实践中，应从网络安全（通过 VPC 和安全组）、主机安全（账号口令、服务授权、补丁安全、日志审计、系统防火墙等）、应用安全（基于如下图安全开发生命周期流程）、数据安全（通过加密和加密协议实现数据存储安全和传输安全）、业务安全（使用云计算服务商提供的基于大数据的反欺诈服务）层层防护，提升安全运维管理意识（最小授权原则）。

5. 弹性伸缩、监控和自动化应用管理

"工欲善其事，必先利其器"。项目的开发人员多少都经历过在系统初期的痛苦的"人肉"部署、上线、运维等工作，即使精神可嘉，这种方式也是应该淘汰的落后的生产模式。开发人员要善于利用云产品和工具实现应用的监控和自动化管理，通过云产品的规则设置实现弹性伸缩。

6. 好的应用架构设计事半功倍：服务化、模块化、分层设计（数据库层、应用层）

这部分在云上架构设计最佳实践已经有较多介绍，这里不再赘述。

7. 迭代和重构

"平台从来都是做出来的，不是设计出来的"，这并不是否定设计的重要性，更多是强调平台建设往往不是一蹴而就，而是经过不断的迭代和重构锤炼出来的。开发上要对系统不断迭代和重构，有追求极致体验的情怀和修养，这和敏捷开发并不冲突。

8. 全球部署

在第 3 点已经提及，由于全球化已经成为趋势，业务开发中应该有全球化的视野，因此再强调下全球部署。云计算提供商基于全球的多数据中心，意味着采用云计算可以实现全球化的服务可达。

9.5.2 从 0 开始搭建网站

本节将给出一个案例，通过这个案例，可以体验在云上从 0 开始搭建网站的过程，一起动手实践云上应用开发的过程。该网站架构如图 9-33 所示。

其中 ECS 是部署 Web 服务器，RDS 作为后台数据库，OSS 保存图片等非结构化数据。为了演示简单，以构建 WordPress 为例，下面给出一些关键步骤，如下：

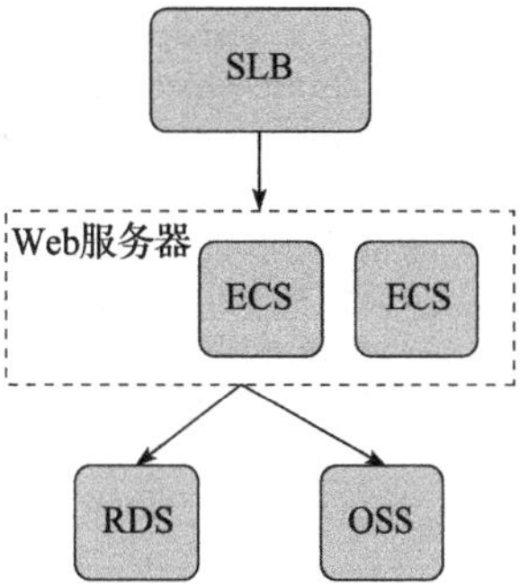

1）创建一台 ECS 服务器实例，安装 Nginx、PHP，启动 Nginx，测试 Nginx 和 PHP 正常工作。

图 9-33 网站架构

```
## ubuntu 14.04
apt-get install -y nginx
apt-get install -y php5-fpm php5-mysql

# 编辑 /etc/nginx/sites-available/default
## 解除下述部分的注释
location ~ \.php$ {
                fastcgi_split_path_info ^(.+\.php)(/.+)$;
        #       # NOTE: You should have "cgi.fix_pathinfo = 0;" in php.ini
        #
        #       # With php5-cgi alone:
        #       fastcgi_pass 127.0.0.1:9000;
        #       # With php5-fpm:
                fastcgi_pass unix:/var/run/php5-fpm.sock;
                fastcgi_index index.php;
                include fastcgi_params;
        }
# 将 index.php 添加到 index 指令中
server {
        listen 80 default_server;
        listen [::]:80 default_server ipv6only=on;

        root /usr/share/nginx/html;
        index index.php index.html index.htm;

        # Make site accessible from http://localhost/
        server_name localhost;
        ......
}

# 重启 nginx
service nginx restart

# 测试 nginx 服务是否正常，浏览器打开 http://121.42.12.104

# 测试 php 是否正常
# /usr/share/nginx/html 目录下创建文件 a.php，其中加入如下内容
<?php phpinfo() ?>
# 浏览器访问 http://121.42.12.104/a.php
```

2）创建 RDS 数据库，注意把步骤 1 创建的 ECS 服务器加入到白名单。

3）在 ECS 上部署 WordPress，配置 MySQL，界面如图 9-34 所示。

```
# install wordpress
cp -rf wordpress /usr/share/nginx/html
cd /usr/share/nginx/html
cp wp-config-sample.php wp-config.php

# 修改 wp-config.php,填充数据库相关的信息
// ** MySQL 设置 - 具体信息来自您正在使用的主机 ** //
/** WordPress 数据库的名称 */
define('DB_NAME', 'wordpress-demo-db');
/** MySQL 数据库用户名 */
define('DB_USER', 'dev');

/** MySQL 数据库密码 */
define('DB_PASSWORD', YOUR PASSWORD);

/** MySQL 主机 */
define('DB_HOST', 'rm-m5esu94jce3sdd086.mysql.rds.aliyuncs.com');

# 浏览器访问 http://121.42.12.104/wordpress 创建管理员用户名和密码
```

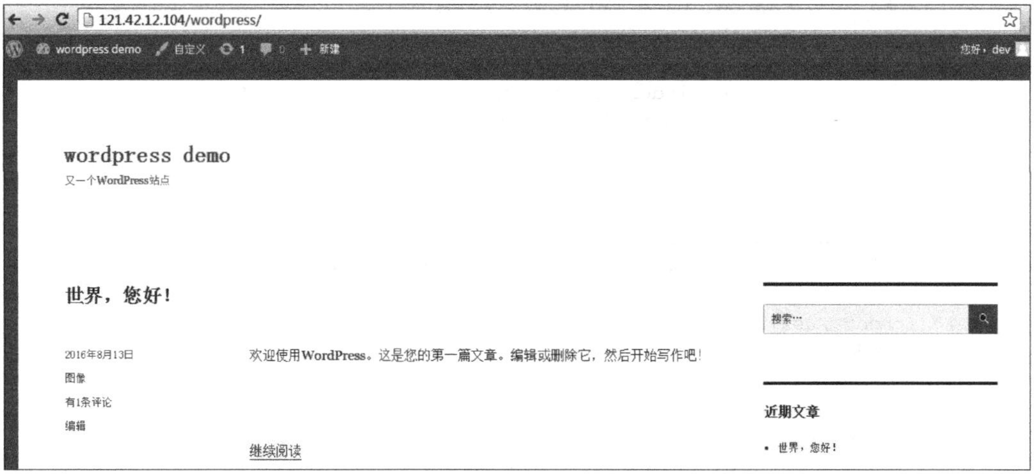

图 9-34　部置 WordPress

4）在一台 ECS 实例上将 WordPress 部署成功后，为该 ECS 实例创建快照，生成镜像。

5）基于 ECS 创建另一台 ECS 实例，注意在 RDS 上把该 ECS 加入白名单，在浏览器访问验证该 ECS 上 WordPress 也可以正常工作。

6）创建 SLB 实例，添加监听，添加创建的两台 ECS 服务器。如图 9-35 所示。

7）在浏览器上访问 SLB 地址，验证 SLB 可以正常工作。

8）开通 OSS 服务，创建 bucket 和文件夹，上传图片到该文件夹，如图 9-36 所示。

图 9-35　添加 ECS 服务器

图 9-36　上传图片

通过"获取地址"，得到图片文件的访问地址，在编写 WordPress 文章时，插入该 URL 地址，更新后，访问 SLB 如图 9-37 所示。

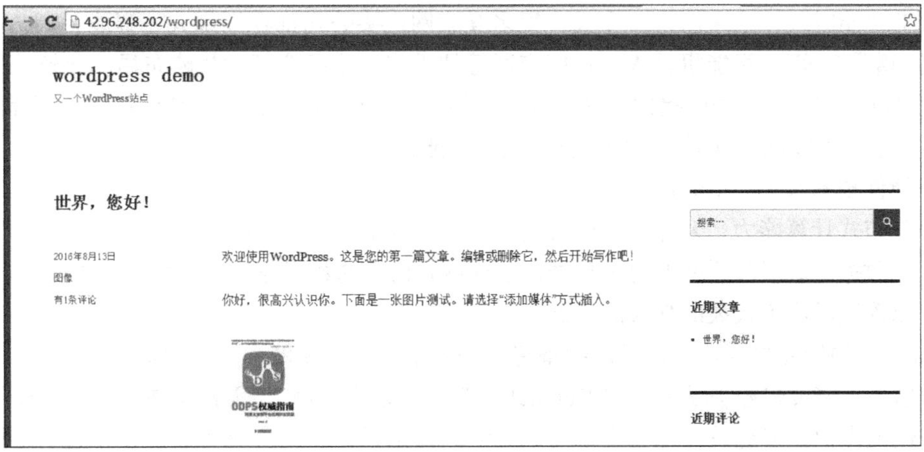

图 9-37　访问 SLB

实际上，OSS 提供了 WordPress 插件，在页面上传图片，可以自动上传到 OSS，而不是 ECS 服务器。

【实例扩展】可以进一步扩展，配置弹性伸缩策略，购买域名，体验使用 CDN 等，有兴趣可以继续实践。

9.6　云计算趋势的思考

云计算的发展风起云涌，无论是在商业模式还是技术变革上都不断推陈出新。本节将从产业角度分享对云计算发展趋势的思考。

9.6.1　公共云和混合云

云计算未来的重点是公共云和混合云。以公共云的形态，计算成为普惠科技，成为各行各业能够轻松获取的能力，才有可能不断探索无法计算的价值。混合云架构也备受很多企业，尤其是大中型企业的青睐，他们已经有庞大复杂的 IT 系统，在采用混合云架构后，可以更清楚了解不同模式的成本。他们在乎如何降低成本，但更关心如何通过云解决方案提升业务性能。

据 Gartner 调查，很多企业自建私有云，绝大多数都失败了，即使存活也并没有达到最初的业务期望。云计算实际上是非常复杂的很多技术的集成体，包括数据中心、虚拟化、分布式存储等，大部分企业并不具备自建私有云的能力。过去，不少企业风风火火地尝试使用开源框架 OpenStack 自己部署私有云，但少有成功者。

公共云和混合云是未来，即使是自建数据中心的企业，也越来越多地采用云计算提供商的专有云部署方案，而不是自己从 0 开始搭建。

9.6.2　极"智"未来

人工智能时代，未来已来。今天，很多互联网巨头公司都在围绕人工智能、VR/AR（虚拟现实 / 增强现实）、智能机器人、智能交通等技术趋势进行全新的战略布局。此外，很多高科技公司也在基于人工智能提供各种有趣的智能服务，包括图像和人脸识别、自然语言处理、无人驾驶等应用领域。以下几个因素催生人工智能的大爆发：

- 硬件技术水平的革命性提高。
- 分布式计算能力，云计算使得大规模计算能力无处不在，唾手可得。
- 大数据，基于互联网的海量数据，各种不同格式的数据源从不同角度描述现实。
- 以深度学习为代表的强大的机器学习算法。

Gartner 的研究报告认为，智能设备将和深度学习、物联网和 3D 打印技术成为未来重要的科技趋势。诺贝尔经济学奖得主 Danniel 认为，在未来 10 年，无论是在工厂生产还是在老年人护理工作中，智能设备都将变得司空见惯。如果说物联网将成为数字业务的基础技术平台，智能设备就是物联网的"端"，人工智能技术是智能设备的大脑。

因此，各大企业也开始在 AI 领域布局，比如阿里云推出了人工智能 ET，结合人工智能技术和大数据技术，从个体感知向全局智能进化。

9.6.3　IoT 遇上大数据

人类经历了从机械化、电气化、自动化到智能化的四次工业革命。物联网（Internet of Things，IoT）一直被认为是"下一个工业革命"的风口，能够改变工业、农业、能源、生命科学等各个领域，带来深刻的变革，也将改变全球政府和企业之间的交互。据 IDC 预测，到 2020 年，40 亿人将被接入网络，他们使用 2500 万种不同的应用，同时有 250 亿个嵌入式和智能系统被接入网络，由此产生的数据量达到 50 万亿 GB。大量智能终端通过传感器联网将会产生数据大爆炸，依靠云计算这一基础设施，能够让数据发挥价值，引发产业重构、业务创新和增值。

9.6.4　云生态

对于云计算提供商而言，新产品发布是第一级系统层的竞争，获取客户是第二级用户层的竞争，而聚拢产业链上下游是终极生态层的布局。云计算产业支撑着公共事业、金融、制造、零售、交通、游戏等不同领域的客户生态，云计算提供商更关注"水平"方向的平台支撑，而垂直方向各个领域的市场和解决方案主要是由各个行业的合作伙伴提供。比如，一些大型解决方案提供商和咨询公司基于云计算提供解决方案；渠道分销商把云服务转售给小客户，云计算提供商给他们赋能，帮助他们建立服务能力；软件开发商基于云计算开发 SaaS 应用；甚至 IDC 服务商也可以为云计算提供商提供定制数据中心解决方案，成为云的运营商。云计算提供商再强大，一棵参天大树也难成森林，必须依赖不同行业、不同领域的合作伙伴帮助共同构建云生态。

9.6.5　云上独角兽

据阿里研究院报告，从计算成本来看，基于云计算的创新创业将会降低 70% 的成本，同时提升 300% 的创新效率。2015 年年初，《财富》(Fortune) 发表了一篇名为《独角兽时代》(The Age of Unicorns) 的封面文章，列出了全球估值 10 亿美金以上的公司名单。在 35 家中国独角兽公司中，大多诞生在移动互联领域，包括交通出行、金融、物联网、O2O 和电商等，据统计其中约有 2/3 使用了云计算作为创业的助力器。我们相信，到 2020 年，云计算将会推动视觉革命、生命科学、数据创新、共享经济、智能物联、DT 城市等热点领域的技术创新、商业变革，造就下一代创新型"独角兽"。

9.6.6　全球化

互联网没有边界。云计算作为新兴的分布式计算模式，通过互联网完成服务交付，它为全球化的事务提供强有力的技术支撑，使得技术和资源不再成为阻碍企业发展的禁锢，满足全球的市场，把全球化带入新的层次。

互联网技术革命解放了脑力，数据成为生产资料，计算是生产力。今天，云计算提供商致力于让计算成为基础设施，开放基于云的能力，他们提供"巨人的肩膀"，为用户提供普惠科技的技术红利，用户可以站在他的肩膀上，迎接全球化的机遇和挑战。

本章小结

在深入介绍云计算的关键技术之后，作为全书总结性的一章，从产业的角度介绍了云计算带来的产业变革，进一步分析了云计算的商业价值和技术价值，在充分了解云计算的关键技术之后，相信读者会对云计算的价值有更深刻的理解。构建能够满足用户需求的云计算系统，拥有良好的架构设计是关键，云计算的架构设计应遵循安全、高可用、可扩展、高性能、成本效益和可运维的原则。读者应充分理解这些原则，并在实践中积极运用。在将云计算用于解决各行各业的实际问题时，还要注意云计算解决方案的多维性，不同行业的解决方案既有共性又有区别，本章通过游戏行业和电商行业的两个例子说明了这一点。在云上开发应用，有其独有的原则，需要转变思路，更好地利用云带来的方便。最后，我们对云计算未来的发展趋势进行了展望，未来的云计算将朝着公有云与混合云结合的方向发展，同时，智能、大数据、IOT 等技术与云计算结合，会催生传统企业的转型、创新企业快速发展、助力科技和业务的全球化。

习题

1. 你认为云上应用开发需要考虑哪些问题？
2. 基于阿里云服务，构建一个海量视频网站 Demo。

参考文献与进一步阅读

［1］ 简志. 海量游戏日志收集与分析［OL］. https://yq.aliyun.com/articles/57242.
［2］ 微博：春节日活跃用户超一亿，探秘如何实现服务器分钟级扩容［OL］. https://yq.aliyun.com/articles/18132.
［3］《财富》：中国的独角兽公司原来是这 35 家［OL］. http://cloud.idcquan.com/yzx/84210.shtml.

推 荐 阅 读

教育部-阿里云产学合作协同育人项目成果

大数据分析原理与实践

书号：978-7-111-56943-5 作者：王宏志 编著 定价：79.00元

大数据分析是大数据产生价值的关键，也是由大数据到智能的核心步骤，因而成为当前快速发展的"数据科学"和"大数据"相关专业的核心课程。这本书从理论到实践，从基础到前沿，全面介绍了大数据分析的理论和技术，涵盖了模型、算法、系统以及应用等多个方面，是一部很好的大数据分析教材。

——李建中（哈尔滨工业大学教授，973首席科学家，哈尔滨工业大学国际大数据研究中心主任）

作为全球领先的云计算技术和服务提供商，阿里云在数据智能领域已经进行了多年的深耕和研究工作，不管是在支撑阿里巴巴集团数据业务上，还是大规模对外提供大数据计算服务能力上都取得了卓有成效的成果。该教材内容覆盖全面，从理论基础到案例实践，并结合了阿里云平台完成应用案例分析，系统展现了业界在数据智能方面的最新研究成果和先进技术。相信本书可以很好地帮助读者理解和掌握云计算与大数据技术。

—— 周靖人（阿里云首席科学家）

大数据分析可以从不同维度来解读。如果从"分析"的角度解读，是把大数据分析看作统计分析的延伸；如果从"数据"的角度解读，则是将大数据分析看作数据管理与挖掘的扩展；如果从"大"的角度解读，就是将大数据分析看作数据密集的高性能计算的具体化。因此，大数据分析的有效实施需要不同领域的知识。从分析的角度，需要统计学、数据分析、机器学习等知识；从数据处理的角度，需要数据库、数据挖掘等方面的知识；从计算平台的角度，需要并行系统和并行计算的知识。本书尝试融合这三个维度及相关知识，给读者一个相对广阔的"大数据分析"图景，在编写上从模型、技术、实现平台和应用四个方面安排内容，并结合以阿里云为代表的产业实践，使读者既能掌握大数据分析的经典理论知识，又能熟练使用主流的大数据分析平台进行大数据分析的实际工作。

推 荐 阅 读

教育部-阿里云产学合作协同育人项目成果

云安全原理与实践

书号：978-7-111-57468-2 作者：陈兴蜀 葛龙 定价：69.00元

    人类科技的变革总是会伴生一些关键词："蒸汽机"、"电"、"汽车"、"互联网"、"云计算"、"AI"，而云计算是这十年乃至未来十年的一个关键科技领域，它代表了科技产业在标准、成本、效率、能力方面的重新定义，认识云计算就是了解通往未来的必经之路。

—— 李津　阿里云资深总监

    在云计算发展的同时，其安全问题也日益凸显，并成为制约云计算产业发展的重要因素。本书在"教育部-阿里云产学合作协同育人项目"和教育部高等学校计算机类专业教学指导委员会"系统能力培养研究项目"的指导下，力求将云安全的基本概念、原理与当前企业界的工程实践有机融合。在内容安排上，从云计算的基本概念入手，由浅入深地分析了云计算面临的安全威胁及防范措施，并对云计算服务的安全能力、云计算服务的安全使用以及云计算服务的安全标准现状进行了介绍。本书的另一大特色是将四川大学网络空间安全研究院团队的学术研究成果与阿里云企业实践结合，一些重要章节的内容给出了在阿里云平台上的实现过程，通过"理论+实践"的模式使得学术与工程相互促进，同时加深读者对理论知识的理解。

本书的主要内容

- 云计算的基础知识
- 云计算服务的安全能力、运维安全以及云安全技术的发展
- 如何安全地使用云计算服务
- 当前云计算服务的安全标准和管理机制